水环境污染物的筛查与风险分析

刘昕宇　吴世良　宗　军　雷四华　编著

科 学 出 版 社

北　京

内 容 简 介

本书共分 14 章，收集整理了水环境中污染物的移动监测、在线监测和突发性水污染事件中的应急监测技术；就水生生态的风险评估原理和技术，详细阐述了基于物种敏感度的生态风险评价理论，就水质评价的毒理学实验方法和以毒性为基础的水质评估技术做了讲解；介绍了珠江毒害性有机污染物和重金属的筛查过程，还针对水环境污染物的风险管理体系的构建，就风险减少措施、风险分级标准、管理程序等多方面的内容做了详细的解读。

本书适用于环境科学和环境工程专业的高等学校师生，也可供从事环境风险评价教学、科研和环境保护管理的人员阅读。

图书在版编目（CIP）数据

水环境污染物的筛查与风险分析 / 刘昕宇等编著. —北京：科学出版社，2018.12

ISBN 978-7-03-060164-3

Ⅰ. ①水… Ⅱ. ①刘… Ⅲ. ①水污染物-水质分析 Ⅳ. ①X52

中国版本图书馆 CIP 数据核字（2018）第 289636 号

责任编辑：朱 丽 宁 倩 / 责任校对：杜子昂
责任印制：吴兆东 / 封面设计：耕者设计

科学出版社出版
北京东黄城根北街 16 号
邮政编码：100717
http://www.sciencep.com
北京中石油彩色印刷有限责任公司 印刷
科学出版社发行 各地新华书店经销
*
2018 年 12 月第 一 版 开本：720 × 1000 1/16
2023 年 2 月第三次印刷 印张：20
字数：400 000
定价：128.00 元
（如有印装质量问题，我社负责调换）

序

在全面推行河长制和湖长制的大环境下，坚持针对水污染危害形成的问题因地制宜、强化监督、严格考核，是解决我国复杂水问题、维护河湖的健康生命、完善水治理体系、保障国家水安全、推进生态文明建设的内在要求。

随着经济社会的快速发展，水资源短缺、水环境质量下降、水污染事故频发等问题日益突出，水生态环境压力不断增大，已严重影响供水安全和河流的健康生命，制约着经济社会的可持续发展。因此，为适应新时期生态环境保护对水资源可持续利用的要求，加强水资源保护、保障河湖健康、实现人水和谐、牢固树立新发展理念，以保护水资源、防治水污染、改善水环境、修复水生态为主要任务，开展水环境污染物的筛查与风险分析工作十分必要。

国家“863”计划项目“分散型水源地突发污染控制与饮用水安全保障技术开发及示范”（课题编号：2008AA06A413）是针对分散复杂水源和突发污染事件发生较多的特点，研究开发适合含盐量较高的水质在线监测预警技术、应急处理技术，应对突发事件的多水源优化调度技术的重大课题项目。

该书作者在对水环境中污染物的监测技术、生态风险评价技术、基于生态与健康风险技术的污染物筛查技术等进行全面阐述的基础上，系统地分析了物种敏感度的生态风险评价理论、风险表征机理的图形拟合技术，并就水生生态系统中的局部毒性效应的量化方法做了详细的解释。书中就珠江的毒害性污染物的筛查方法和风险分析、水环境的健康风险评价的实践过程进行了论述和介绍。

该书内容丰富，案例生动，对水环境污染物的筛查与风险分析处置具有指导意义和借鉴价值。

2018 年 3 月

前　言

河湖管理保护是一项复杂的系统工程，事关人民群众切身利益，通过切实推进水污染防治工作，强化源头控制，水陆统筹，对水环境实施分区域、分阶段科学治理，将有利于系统推进水污染防治、水生态保护和水资源管理的精准化。

典型有毒化学物质被认为是21世纪影响人类生存与健康的重要环境问题，也是容易在水环境中沉积与富集的一类物质。本书针对环境风险类型特点进行了风险源识别。通过辨识出污染因子的来源及产业的分布特征，针对分散复杂水源和突发污染事件发生较多的状况，以及各类污染源的布局特点，本书介绍了一套毒害性污染物的水环境样品监测分析方法，经对水源特征污染物识别成果的研究，确定了典型水环境区域需重点关注目标污染物的研究方案。

虽然利用化学测试可以预测各种污染物的时空分布趋势和生态危害性，但是，化学测试不能识别复杂水体中的全部污染物，不能获得未知污染物的毒性信息，不能测量有毒化学物质的生物有效性和联合作用（如协同和拮抗），无法直接表达测定对受纳水体生物的伤害和影响。而以毒性为基础的水质评估，能够测量毒性物质的生物有效性和联合作用效应，从而预测污染物的生态影响。本书基于水生生态的风险评估技术，就物种敏感度的生态风险评价理论进行了阐述，详述了生态风险评估的物种敏感度正态分布和概率，水质毒性实验的方法，并对水生生态系统中的局部毒性效应进行了量化描述。

本书还通过对水环境化学物质危害性与生态效应评估、风险值的赋分，对不同区域水环境开展了生态风险评估和健康风险评估，提出了建立优控毒害性污染物筛选和排序的评估方法，并给出了需精准化监管的污染物筛查的具体案例。

通过对优控污染物的环境分布情况及风险问题的研究，使水环境污染物的监管工作具有针对性、时效性和可操作性，对于构建、完善我国新的地表水环境质量标准、维系流域良好生态系统方面具有重要的现实意义，有广阔的应用前景，并可为后续流域污染源的评估、管理和治理工作提供精准、有力的技术支撑。

本书共分为14章，重点围绕水环境中污染物的监测技术、水生生态的风险评估技术、基于物种敏感度的生态风险评价理论、以毒性为基础的水质评估、水环境污染物的风险管理体系研究等几个方面展开编写。本书由刘昕宇主编，编写成员有吴世良、马辉、刘胜玉、雷四华、张荧、李逸、宗军、闻平。具体分工为：第1章由张荧、刘胜玉、宗军、雷四华完成，第2、第3、第7章由宗军完成，第

4 章由马辉、宗军完成，第 5、第 6、第 10、第 13 章由刘昕宇完成，第 8 章由闻平、吴世良完成，第 9、第 14 章由李逸完成，第 11 章由张荧完成，第 12 章由刘胜玉完成，全书由刘昕宇定稿。

本书得到国家“863”计划项目“分散型水源地突发污染控制与饮用水安全保障技术开发及示范”（课题编号：2008AA06A413）和国家自然科学基金项目“有机磷阻燃剂在水生生物中的富集和食物链传递”（课题编号：41303082）资助，在本书的编写过程中，编者引用了部分国内外相关著作以及文献的部分文字、数据和图表资料，在此向各位作者一并致以诚挚的谢意；另外，本书的编写过程得到了南京水利科学研究院的大力支持和帮助，在此表示衷心的感谢！

感谢科学出版社对本书出版的大力支持，感谢全体编写成员的共同努力，感谢为本书提供指导和帮助的各位专家与领导。

由于水环境污染物的筛查与风险分析问题具有复杂性，尽管我们尽最大努力去完成本书，但因时间仓促和受水平所限，很多问题还有待于我们进一步探索和研究，因此，书中存在的缺点和不妥在所难免，敬请专家和读者批评指正。

作　者

2018年12月

目　　录

第1章　水环境中污染物的监测技术

1.1　水质监测与水环境保护

1.1.1　我国水环境污染现状

水环境作为自然界辐射范围最广、影响力最大的系统，在整个地球环境中占有极其重要的位置。我国江、河、湖及海洋面积辽阔，水资源丰富，因此对水环境进行各类污染化学物质的监测极具必要性。

改革开放以来，随着我国大力发展重工业，石油、煤炭、天然气及各种金属矿产的大量开采，不仅对矿区土地造成伤害，还对河流、湖泊及地下水造成很大的污染。工业污水、生活废水及农业灌溉废水的随意排放，使得水中氮、磷、钾含量急剧升高，导致水体富营养化，湖泊中藻类暴发、水葫芦疯长，影响着河湖生态系统的稳定性。根据近几年来的不完全统计，一些大型淡水湖泊，如西湖、太湖及滇池已全面处于富营养状态，巢湖的富营养化越来越严重，洞庭湖与洪泽湖的水质较差，污染严重，白洋淀的白色污染物甚至已经影响到了当地生态文明的建设及发展。

1.1.2　水环境监测概述

水环境监测是水资源管理与保护的重要基础，是保护水环境的重要手段。通过对水环境中污染物的监测，探明水质情况，找出各地水环境中的特征污染物，查找其污染源，及时提出科学的、可行性防治对策，对尽快实施特定有毒污染物质排放控制，提高清洁生产水平，更好地保护水体生态安全及人民群众的身体健康，具有无法估量的经济效益和深远的社会效益。

1. 水质监测的含义

水质监测就是检测水体中所含污染物的种类，对各种污染物的量和变化趋势进行测试，进而评价水体质量状况。水质监测的主要目的是监测水体成分和正常水质指标是否相同，其所检测的污染物主要有有机农药、氮、磷、钾、重金属元素和卤族元素等对水质影响较大的化学物质，监测对象有工业废水、河水、湖水、海水及生活废水等水体。在水质监测过程中，主要依据物理水质指标和化学水质指标两种指标对水体进行评价，物理水质指标包括温度、色度、浊度、pH、电导率等，化学水质指标主要有生化需氧量（BOD_5）、化学需氧量（COD）、总有机碳（TOC）、总需氧量（TOD）、植物营养素、无机性非金属化合物、重金属等。

2. 水质监测的分析方法

环境中水质监测的分析方法主要有电化学法、原子吸收法、分光光度法、离子色谱法、气相色谱法等。

1）经典的分析方法

经典的分析方法主要有重量法和滴定方法，其中滴定方法按照原理的不同可以分为酸碱滴定、络合滴定、沉淀滴定、氧化还原滴定等。

（1）重量法。

重量法是按照质量比来实现对水中物质含量测定的过程。首先将试样中的待测物质直接分离或者转化成其他物质分离，通过分析天平得到分离后的物质质量，与分离前整个试样的质量进行相关计算，从而得到该物质在试样中的浓度。一般而言，分离手段有直接分离法和气化法。利用重量法进行水质监测时，不需要使用高精度的仪器，只通过分析天平进行检测。因此，该方法只适用于中高浓度的试样检测，在微量物质浓度检测中存在较大的误差。

（2）滴定方法。

酸碱滴定：此方法通常用来测试水的酸碱度，利用标准浓度的酸或碱对一定浓度的试样进行滴定，同时依靠指示剂判断滴定的过程和终点，通过计算，得到试样中的酸碱浓度值。一般情况下，该方法分为三种情况：强酸＋强碱、强酸＋弱碱、弱酸＋强碱。

络合滴定：该方法是根据生成络合物的稳定常数大小来判别反应发生的次序，通过试样中的某些物质的特定物质形成络合物而从试样中析出，通过消耗掉的滴定液来折算试样中某物质的含量。络合滴定一般选用金属指示剂进行显色，但有一些络合剂会和多种金属显色，容易造成误差。因此，络合滴定的关键点即提升络合反应的选择性。

沉淀滴定：即利用试样中某物质与滴定液形成沉淀从而实现对试样中物质浓度的测试。此方法要求沉淀反应生成足够小的容积量，同时也要求定量和迅速的反应。从实际的应用来看，目前适用该方法进行水质监测的应用不多，常见的有银量法。

氧化还原滴定：利用氧化还原机理来测定试样中存在氧化性或者还原性的物质含量，反应机理相对比较复杂。在测试过程中，要注意反应的条件及副反应的发生对测试结果的影响。

2）仪器分析方法

仪器分析方法主要有分光光度法和色谱法。

分光光度法在水质监测中的应用较多。首先是通过一系列标准浓度的溶液进行测试，将响应值和浓度拟合成线性曲线，然后通过测试待测溶液的响应值计算得到浓度值。分光光度法灵敏且操作相对简单，因此得到较大范围的应用。

色谱法是根据物质在两相中的停留时间不同从而实现分离，并对每种物质种类和含量进行测试的方法。按照流动相的不同，可以分为气相色谱和液相色谱。气相色谱流动相为气体，而液相色谱为液体。色谱法操作简单，是当前实验室发展的重要方向。

1.1.3　监测对水环境保护工作的意义

监测工作对保护各种水环境、保持水环境水质健康、控制污染物的排放等有重要作用。水质监测是治理水体污染的基础，也是管理和保护水资源的重要举措。针对不同水体，水质监测的侧重点有所不同，但其宗旨都是对水质进行监督，以便及时治理。

从饮用水角度来看，如果水中含有有害细菌，那么人的身体健康得不到保障，会传染各种疾病，严重的还会直接导致死亡；如果水中含有如藻类、原生生物等浮游生物，那么水就极易变色并产生异味，影响水的质量；如果水中含有某矿物杂质，严重的会直接影响人体健康，如水体含氟超标，则会严重影响牙齿的健康，从而导致斑齿病，长期饮用这类水会导致牙齿全面崩坏；日常生活用水生成的污水，处理不当时也会传播疾病，所以加强对饮用水的监测显得尤为重要，这对人们的身体健康有重要意义。因此，及时对饮用水进行水质监测，不仅对环境保护起到作用，还能很好地避免依赖水生存的动植物的非正常死亡。

对工业用水而言，各个行业对其要求不同。例如，需要用到锅炉的行业则要求水中的钙、镁、硫酸盐等不能超标，否则锅炉中极易产生水垢，从而使水受热不均匀导致设备受损，进而造成爆炸事故；又如，炼金行业、冶金工厂中冷却设备的用水对水中的悬浮物有很严格的要求。这些充分说明了工业用水和饮用水一样都需要很高的标准，所以监测工业用水的水质是保证企业安全生产的前提，对工业健康发展有极其重要的意义。此外，对工业排放的污水进行水质监测，能及时控制污水指标如重金属含量、氮磷钾含量等，阻止有害物质进入江湖海等水体中，对环境起到保护作用。在江湖海的水质监测过程中，如果能及时发现水体有机质含量的变化，在水体富营养化藻类暴发之前采取措施，便能更好地避免赤潮等现象所带来的生态影响。

除此之外，水质监测对于环境的治理、管理、科学研究等也有重要的意义，通过监测得到的详细数据，确定该地区水中污染物的分布情况，从而可以确定出污染的来源、路径、消长规律等，进而确定出水中污染物的变化规律和污染物类型，并分析出污染的原因，再评价出该污染对周围环境和人员的影响，还能对以前的预防和治理效果进行检测，这些对预防和治理水污染都有重要的作用，对进一步的水环境研究有清晰的指导作用。

1.1.4 水资源管理对水质监测的要求

水质监测是水资源保护的基本手段之一，水质监测是根据具体检测信息和数据来针对性地提出解决方案，是实施监督管理的重要依据。目前水污染情况严重，使得对水质监测的要求也越来越高。

1. 监测数据的准确可靠性

从质量控制和保证的视角出发，水质监测要求能够准确地反映出水环境当时的具体情况，在水质监测中，错误的数据往往比没有数据造成的后果更为严重，所以水质监测数据的准确可靠是水质监测的基本要求。为了达到这一目的，水利部出台了各种措施来保证监测质量，只有取得了科学可靠的监测数据，才能让人们全面地了解水环境，正确地对认识水环境、评价水环境、管理水环境、治理水环境作出指导，正确地改善水环境，摆脱因人们对水环境认知盲目性导致的错误决定使水环境遭受二次污染的困境。

2. 监测数据的及时有效性

在对水环境进行监测时，监测数据的及时有效性也是监测工作中的一大要点，这就要求监测系统具有瞬时监测能力和快速数据传输系统。常用的瞬时监测系统有自动在线监测系统和移动应急监测系统两种。自动在线监测系统主要是安装在固定的河流断面上，自动进行连续性的监测；移动应急监测系统是以车为载体的流动应急监测系统，两者都可以达到监测及时性。因为事故越早发现越容易被控制，损失也越小，水污染也一样，越早发现越容易被遏制，治理成本越低，整改效果也越大，所以监测数据的及时有效性相当重要。

3. 监测数据的连续稳定性

水资源的监测是一个连续的过程，所以在监测时要强调连续、完整、稳定，不能存在随意性。数据连续性主要体现在两个方面：时间连续性和空间连续性。时间上的连续性主要是因为水污染是一个渐变的发展过程，水质情况也随污染的改变而改变，即使如此，经过长时间的监测，也能从中发现一些规律，如果在任一时间中断，会造成数据缺失，规律被破坏；空间上的连续性是因为要对整个河流进行监测，每一段河流的水质情况会存在一定的差异，从上游到下游全面监测才能对整条河流的水质情况有全面的了解，才能达到对整条河流监测的目的。

综上所述，水资源是人类发展的基础，只有通过对水环境中的污染物、污染途径、污染原因、污染危害的深入研究，实施实时监测，完善对水环境污染的治理和预防工作的技术支持能力，才能为开展水污染的事前防控预警、事中指导、事后处理提供有效的服务。因此，监测工作在水环境质量的改善和水资源保护管理工作方面具有重要意义。

1.2　移动监测技术

面对日益严峻的水污染形势，国务院、相关部委、各省市相继出台了一系列政府法规和管理办法，以加强省界、市界、县界水质监督监测和入河排污口监督管理，提高水环境实时监控与应急指挥系统能力，建立合理高效的水资源管理和供水安全保障体系。通过研究流域水环境实时监控和应急指挥的基础理论和技术方法，开发和建设水环境实时监控与应急指挥系统已列为中华人民共和国成立以来环境领域最大的科研项目——水体污染控制与治理科技重大专项的重要内容之一。

固定式水质自动监测系统（以下称固定站）建设主要通过选取监测断面（监测点）、监测站房选址、征地、采样系统的设计、固定站房的建设、水质自动监测系统的建设、安装、调试等工作来实现。从工程实际经验来说，从合同签订开始，项目建设周期少则半年，多则持续2年左右，由此可见，固定站建设是一项持久、系统性的建设工程。按目前高发的环境污染事故现状，固定站不能完全满足水质环境监测需求。另外由于时空的限制，对于环境污染事故的突发性，固定站的响应时间也比较滞后。因此，发展新的快速、准确、机动的预警监测方式显得非常迫切和必要。

随着我国水质监测规划的实施，要实现水质监测的目标，就必须采用先进的水质监测技术作为保障，对水质站网进行优化配置和合理布局，构建选用先进的水质监测仪器设备和技术装备的水质监测实验室、移动水质监测实验室和自动水质监测站。

环境移动监测技术通常指在环境应急情况下，对污染物种类、数量、浓度和污染范围，以及生态破坏程度、范围等进行的现场监测，其目的是发现和查明环境污染情况，掌握污染的范围和程度。没有移动水质分析监测实验室设备，就无法进行现场监测，更不能及时掌握突发性水污染事故，以及洪水淹没、引水、污水闸坝调度与水库调度等重要水利过程的水质突变情况。

为减少环境污染事故造成的损失，尤其是减少事故发生时污染物对人体健康的危害和对生态环境的破坏，提高环境监测工作的反应能力，为污染事故应急处理指挥提供及时、可靠、科学的依据，各地建立环境污染事故的移动监测技术支持系统的需求一直十分迫切。

1.2.1　水质移动监测解决方案——移动实验室

移动监测车通过采用先进的车体设计和保障技术，如温度、湿度调节系统，能够在外界低温–40℃或高温 45℃的恶劣条件下，使车内环境快速达到 20～25℃（±2℃）的工作条件；采用静音降噪、隔热保温的舱体设计和静音发电机，实现低噪增压排风；此外，通过采用电动水平支撑系统，能够保证各类型仪器分析过程中设备台面的高稳定度。先进的移动监测车能够完全满足“实验室”认证要求，是真正意义的“移动实验室”（图 1-1）。

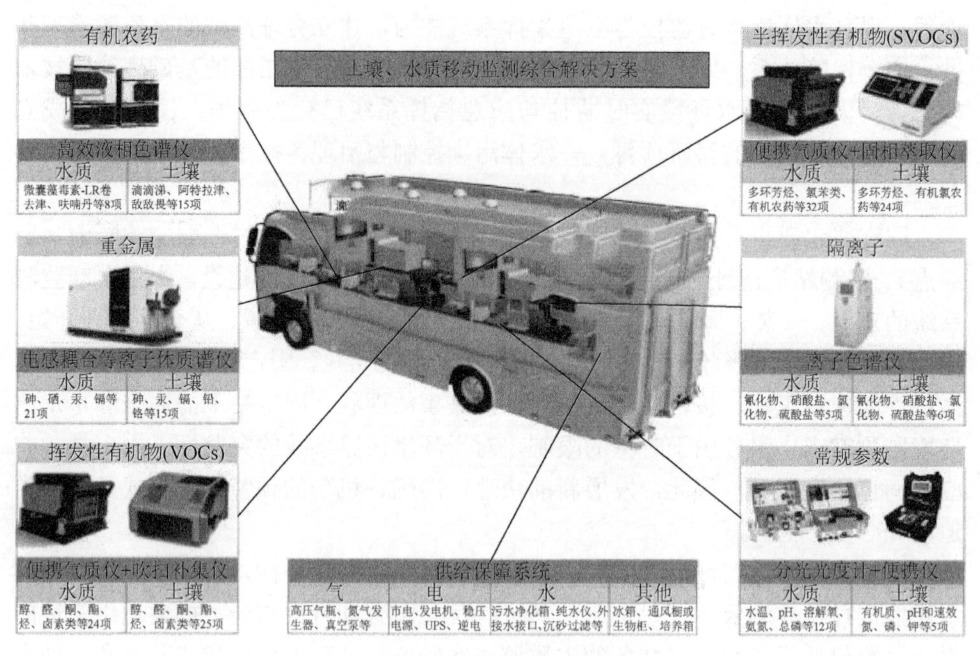

图 1-1　新一代移动监测实验室

UPS 表示不间断电源

移动实验室由车体、车载实验平台、便携式/车载式检测仪器、软件支持系统、车载电源系统、应急保障系统等组成。在自然灾害或环境污染事件发生时，能够迅速抵达现场，判断突发污染类型、出具检测报告，同时满足日常督查、巡检等日常工作。

移动实验室布局平面配置如图 1-2 所示。

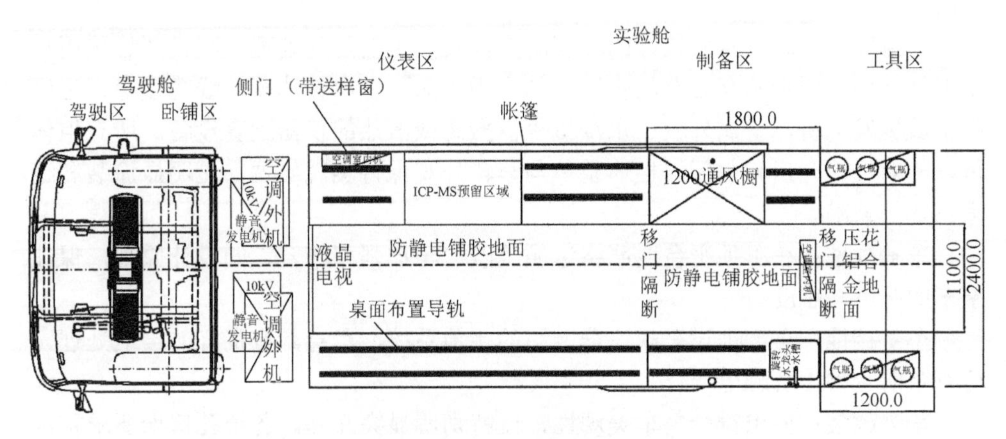

图 1-2　移动实验室布局平面配置图（单位：mm）

1. 车体

车辆分舱：车内分为驾驶舱和实验舱。车身后部的实验舱封闭独立，形成实验空间。驾驶舱沿用原车玻璃和车头，驾驶舱内可乘坐 3 人（含司机），并配备卧铺。实验舱内进行区域功能隔断，分为仪表区、制备区和工具区，其中区与区之间采用移门隔断，移门具备较好的光线通透性，同时具备较好的隔热隔音效果。

车辆开门：车辆驾驶舱沿用原车的门。实验舱尾部，采用双开门结构。同时尾部设有伸缩折叠的迎宾踏板，踏步高度间距不超过 200mm。实验舱副驾驶侧留有侧门，并设有迎宾踏板，踏步高度不超过 200mm。所有门的开关，要求可以轻缓关闭，以减少开关门振动对实验的影响。

车辆窗户：车辆采用方舱，两边设有通光盲窗，采用中空夹层钢化玻璃，盲窗内侧设有遮阳装置；在实验舱侧门边设有样品窗。样品窗主要用于外部样品的送入，设有内外门，减少车外环境对车内的影响。在车辆水箱附近，设置一个外接水接口，满足外部水资源的接入需求。车窗内设有上下动窗帘，可以在任意高度位置停止，类似高铁窗帘。

车辆内饰：驾驶舱内饰沿用原车内饰，卧铺区要符合人体舒适度改造。实验舱的仪表区，墙体采用保温隔热板材并耐酸碱，颜色为浅色系；仪表区地板铺高级耐磨、防酸碱、防滑、防静电聚氯乙烯地板。实验舱的工具区，墙体采用仪表区同质材料，地板铺设防滑花纹铝板，并设置一定数量固定用的预埋挂钩，单个挂钩可承受不低于 100kg 的承重。

车辆外观：车头与方舱设计协调，具备较好的整体美观性。车体外观简洁美观，具有较好的电绝缘性、热绝缘性、阻燃性和保温性。车辆外观颜色为浅色系，表面喷涂的耐候性材料符合车辆相关国家标准，易清理。有机车和无机车采用不同的外观颜色。

车身底部：底盘具备较好的环境耐受性及一定的防腐处理。底盘两边采用封闭柜体结构，用于储存必要的物质，如生活用品、发电机油桶、线缆盘等，也可用于放置发电机、空调外机、水冷机等需搬离或散热的仪器配套设备。所有柜体可以相对轻松开启和关闭。柜体整体与车辆外观保持美观协调，无明显涂装和缝隙不均等缺陷。

车辆顶部：在车顶平台，严格遵循“改造与加强相结合”的设计原则，保证整车的强度与刚度。

车身接地：车辆铺设车载仪器专用的接地系统，车身具有良好的接地处理，可有效防止雷击及触电。

车外改装：要求符合整车美观性，无特别明显突兀件。各个孔口均要求防水处理，且不影响美观。

导流罩：驾驶舱与实验舱之间要装有导流罩，外观与颜色要与整车保持美观协调。两舱之间的间隙，要进行对接设计，并注意散热。

车顶设备：为满足车顶设备的安装及维护维修等，在车顶进行加固处理，能够承受不低于150kg的人体，用于维修和安装车顶设备。在车顶平台上加设护栏，以加强工作人员登上车顶工作时的安全性，护栏形状要与整车外观协调。尾部设置一个可拆卸登顶梯，梯步均需要采取防滑措施处理，为满足登顶梯的安装，在尾门上焊接登顶梯安装所用的预埋件。

车外灯具：车身两侧及后门装有黄、白方形频闪灯（需有警灯警报许可使用）。车顶四周装有泛光灯，能够照亮车辆周围环境，并满足夜间工作照明条件。车外灯具，要与整车外观美观协调一致。

车顶桅杆和摄像：车顶装有可电动/手动控制升降桅杆，桅杆高度高出车厢不小于1.5m。桅杆上部装有摄像云台，装有旋转俯仰360°的强光照明，可照亮100m范围内的环境。安装有摄像集控头，可360°旋转，采集的图像可存储在电脑内进行编辑或传输。桅杆顶部同时可以安装多参数气象仪WS600-UMB（由聚光提供）。

车辆帐篷：车辆左侧（副驾驶侧）安装有可展开式车辆帐篷，便于车外展开，方便实验工作。搭建帐篷长度与车厢一致，宽度不小于2.5m，高度不高于车辆高度。帐篷要求具有一定数量的窗和门。帐篷具备较好的抗台风和雨雪等恶劣天气性能。帐篷收纳在车顶合适位置，捆扎可靠，做好防老化措施。

车底支撑：车辆底部装有自动水平找准电动支撑腿，保持驻车条件下的车身稳定和平衡。单腿承载能力不小于车辆总重的1/2。平衡支撑腿满足在四级公路5%坡度上的调平要求，即水平调整幅度大于100mm。带互锁装置，当支撑腿没有收起时，驾驶舱内的报警器会提醒驾驶员不要发动汽车，以免造成事故。

车辆尾部：车辆尾部装有可平行升降的液压铝合金尾板，要求承重不低于750kg，尺寸大小满足仪器设备及平台等上下车。尾板外观要与车辆外观保持美观协调一致。车辆尾部设有登高爬梯，以便人员登顶操作。尾部登高爬梯没有收起时，要求液压尾板不能操作，以免损坏爬梯。液压尾板没有收起时，驾驶舱内报警器提醒驾驶员不要发动汽车，以免造成事故。

车辆油箱：车辆油箱要求能够满足一次加油开车里程不少于500km。同时，考虑发电机的用油需求，配备发电机用油的油箱，能够满足发电机持续工作24h。油箱盖有明显的不可拆除的加油和油品标识符号，防止错加或混用。

2. 实验舱

整个实验舱采用方舱设计，主要分为仪表区、制备区和工具区。要求符合检测实验室装饰要求，清洁、美观、整齐，满足《移动实验室内部装饰材料通用技术规范》（GB/T 29474—2012）的要求。

1）仪表区

仪表区主要放置各类仪器仪表，作为实验工作区。其主体要求如下。

台面：台面要求能满足车载及便携仪器工作需要的整体实验分析台，采用耐酸碱的实验室理化台板，台板颜色符合整体外观要求，外边圈打磨平整，并进行金属包边处理，防止移动件进出车厢撞坏台面。台面上设有固定仪器用铝合金导轨，导轨与台面平齐，无明显凹凸。台面具备较好的承重能力，个别大型仪器需要内置加强梁支撑，振动较大的仪器位置需设有一定的减震措施，台面转角采用圆弧设计，以防伤人。

仪器柜：仪器柜排布在理化板台面之下，用于存放实验所需的仪器、包装、试剂、耗材、工具等。柜体采用钢木结构，与车辆底盘和侧面固定可靠，踢脚线带有可绑扎固定带的扣环。柜门采用耐酸碱腐蚀的门板制作，封边处理。所有柜体的五金件全部选用国际优质品牌五金件。柜体拉手和锁扣采用内嵌式。柜体根据存放物质的不同定制尺寸，设有抽屉、格挡等形式，精密仪器，如电子天平、显微镜等，柜体需有减震支架、减震器和固定扎带等。整个柜体具备较好的承重能力，台面承受力不低于 $100kg/m^2$。所有柜门或抽屉的正面设有标贴袋。

送样移动台：送样移动台台面高度与仪器柜一致。台面、柜体材质和设计与仪器柜一致。底部设有四个万向脚轮，并有支撑脚。柜体内设有送样窗，窗户大小约 $W400mm \times H300mm$，外部与侧门的送样窗位置吻合，内侧有透明窗门，可快速地与车辆进行可靠固定。

吊柜：在仪表区的内顶四周设有吊柜。吊柜的材料与仪器柜同质。吊柜要具有较好的承重能力。吊柜门采用向上翻结构，类同飞机舱柜。要求吊柜美观，吊柜下沿和转角，采用圆弧设计或防撞保护设计，以防撞人。配有可折叠登高椅一个，用于吊柜物品的取拿。

气路和电路：在仪表区侧壁设有管线的桥架，在合适位置放置防水 220V 五芯电源插座（所有插座和线缆符合仪器功率要求）、气路球阀、网络接口和多媒体接口（VGA、HDMI、USB）。所有管路采用实验室用 1/4 内抛光 316 不锈钢管，球阀为指定品牌（灵峰洛克或 swaglock）并带 1/4 卡套接头球阀。管路桥架与车内装饰协调。

工作椅：仪表区配备可移动的实验室用旋转工作椅 3 把，并配有和车体相连的固定扣件和位置，满足车辆运输过程中紧固的要求。

照明：实验舱内设置两路照明电源。一路照明，使用外接电源照明要求符合实验亮度要求，采用面光源 LED 照明灯具，平均照度不小于 300Lx；另外一路使用原车电瓶电，采用 LED 灯具，侧门打开时亮起。

其他装备：仪器区和制备区内配备有温湿度计（2 个）、烟雾报警器（2 个）、不锈钢纸巾盒、洗手液、洗眼器、试管架等。

2）制备区

制备区主要为样品制备用，放有前处理设备，其要求如下。

台面：台面采用 12.7mm 厚耐酸碱的实验室理化台板，金属包边处理，台板颜色和风格同仪表区。

仪器柜：仪器柜排布在理化板台面之下，柜体材料、颜色和要求同仪表区一致。

吊柜：内顶四周空出部位设有吊柜，吊柜设计同仪表区设计。

车载水系统：包括实验室专用水槽、实验室水龙头、净水桶和污水箱、采样模块。上下水均为电动操作，配有试管架及紧急冲眼器、自动洗手液发送器等。水龙头采用鹅颈三联化验水龙头。水龙头设有外部水资源接入管路，同时要求使用外部水资源时，净水箱需设置单向阀，防止污染净水箱，应具有保温防冻功能。所有水箱具有液位报警功能。污水箱设有排放装置，应具有保温防冻功能。采样模块固定在台面以下位置，设有沉砂过滤设施。配备专用水管轴，长度不低于 50m 输水管，配有标准市政水管快速接口和专用加水枪。

电控箱：电控箱位置合理，操作方便，防止误触碰，标识清楚。

前处理柜：配有带脚轮通风橱，可移动，方便上下车，在车上可以快速可靠固定。前处理柜的设计、外观颜色要与车辆内饰保持一致。

3）工具区

工具区主要放置各类工具及气瓶，其要求如下。

气瓶柜：设备舱两边设有独立气瓶柜，每个气瓶柜可放置 3 瓶钢瓶气，钢瓶气兼容 40L 气瓶（40L 气瓶质量 50kg，外径 219mm，高度 1330mm）和 50L 气瓶

（50L气瓶质量65kg，外径229mm，高度1500mm），采用扎带可靠固定，防止车辆运输过程中气瓶晃动或松脱。气瓶柜门采用实验舱柜体同质材料。气瓶柜尺寸要便于气瓶更换、气瓶保护罩旋拧及减压表头拆装。

吊柜：设备舱上部设有一定吊柜，吊柜材质同实验舱内一致，并有固定扎带和扎扣。

照明：工具区内设有两路LED照明灯。一路照明灯使用舱内电源，可开关控制，亮度满足正常气瓶更换所需。一路照明灯使用原车电瓶，车辆后门开启自动亮起。

3. 供电系统

所有用电器具均可由车载发电机和市电供电，配电系统能满足市电和发电系统电源输入和输出的要求。采用发电机供电时，需要采用两路相同功率的发电机供电，仪器和设备独立供电。部分照明用电应急情况下可以由汽车原车电瓶供电，但必须在驾驶室明显位置设有物理隔断开关，防止原车电瓶馈电。

1）发电系统

发电机：配备车载静音发电机，要满足设备和仪器用电需求。发电机具备一定的降噪措施，确保实验舱内不超过55dB，周围环境不超过60dB（距离7m）。发电机在工作时，不允许产生影响实验舱的振动，以满足电子天平和显微镜工作为准。

发电机用油：要求满足正常使用24h的储油量，配备油箱。并配备20gal[①]空油桶两个，以满足持续供油保障。

2）配电控制柜

整车电源集中控制，电压、电流数字显示，交直流电路分开设计，仪器与车辆设备用电分路设计。控制柜放置在实验舱合适位置。车辆设备采用发电机及外接电源供电；仪器用电，需要配备不间断电源（UPS）供电，也可用外接电及发电机供电。UPS系统要与发电机兼容。外接电源可给UPS充电。整车电源应有良好的保护接地措施，保证人员在车内用电安全。车辆其他仪器配有稳压电源，功率满足仪器需求。

3）UPS供电

在市电、发电机无法正常供电的紧急情况下，实现对车载仪器的应急供电保护。UPS具有高可靠性、高稳定性，转换时间为0s。UPS自带稳压输出功能，保证电压稳定。同时配置免维护蓄电池或锂电池包，可为系统提供稳定的电源。保障所有仪器能够正常关机，所以仪器的功率约为6kW，关机时间约30min。

① 1gal = 4.546L

同时具备 UPS 失效模式下，能够通过外接电源直接供电模式。UPS 插座要有明显标识。

4）线缆盘

车辆配备车体专用 50m 长工业电缆线轴两个，分别供于仪器和车辆设备两路。线缆盘固定在车辆尾部，可以手动和电动收线。线缆线径要符合仪器和设备功率要求。

4. 空调及通风系统

1）空调系统

实验舱内，安装冷暖两用空调，合理计算制冷量和制热量，配备一定的风道和辅助加热系统，合理布局，采用市电或车载发电机双路供电，在车辆停驶状态下，在全国大部分地区全天候下，满足实验舱温度在（25±2）℃，从而保证仪器温度正常。当环境温度为（–40±2）℃时，应能在 2h 内使实验舱内平均温度升至 20℃，且最低温度应不低于 10℃；当环境温度为（40±2）℃时，应能在 2h 内使实验舱内平均温度降至 25℃，且最高温度应不高于 28℃。要求空调具备除湿功能或有独立除湿设施，保障实验舱内相对湿度不大于 50%～60%。

空调室外机要合理放置，注意保持通畅，不影响实验舱内环境温度，同时防止空调过热或冰冻影响效能。

2）排风系统

车辆设置排风系统，符合《移动实验室内部装饰材料通用技术规范》（GB/T 29474—2012）的要求，满足实验舱内的通风换气要求，排风风量可调，排风量要求不小于 140m^3/h，风机噪声小于 60dB。车顶换气罩在紧急情况下可作为逃生通道。排风罩在车顶外部采用蘑菇头防腐蚀罩，不受雨水影响，受风速影响小。内部排风管路接口直径为 110mm，风速不小于 10m^3/h。风口可对接电感耦合等离子体质谱（ICP-MS）仪器的波纹管；也可以对接万向关节罩，方便用户拉动。所有排风系统做好防腐蚀措施、耐酸碱处理。

3）前处理橱

车辆配备符合实验要求的前处理橱通风橱，外观要与舱内保持美观协调。橱内风量不小于 0.5m/s，具备一定的洁净度，并满足车载需求。橱内设有独立工作灯和风量调节器。进风滤网更换要方便简易。

5. 中央控制系统

1）实验舱控制系统

液晶显示：实验舱内配备不小于 40 寸的液晶显示器，放置在实验舱内合适位置，要求与舱内空间协调。显示器带 VGA、USB、HDMI、以太网等接口。

网络系统：配备数据服务器 1 台和路由器 1 个，路由器能够接入不少于 5 台笔记本电脑，实现仪器数据通过电脑上传到数据处理系统。

2）驾驶舱控制系统

液晶监视器：驾驶处彩色液晶监视器，能进行后视监控并与倒车监视器和 GPS（全球定位系统）卫星导航显示相连。能够切换监控运输过程中的实验舱情况。

车辆参数显示：车辆电源按功能分块集中控制及显示，可显示车辆电流电压及蓄电池剩余电量报警，安装有工作环境温湿度数字显示器及烟雾报警器。

控制开关：用于实验舱内使用原车电瓶的控制开关，放置在驾驶舱醒目位置，根据使用情况能够快速打开和关断。

原车电瓶充电机：在驾驶舱配有原车电瓶充电机模块，用于对原车电瓶馈电情况下的充电，可满足 6V/12V/24V 直流电压输出，电流不小于 30A。

1.2.2　便携式水质监测仪

1. 便携式多参数水质测定仪

便携式多参数水质测定仪在使用配套试剂的情况下，不需要配制标准溶液、绘制标准曲线，可直接将样品或稀释溶液放入仪器进行定量水质检测，水质检测结果准确，操作简便。便携式多参数水质测定仪体积小、重量轻、携带方便，多参数水质监测是其重要发展方向。根据便携式多参数水质测定仪的要求，进行便携式多参数水质测定仪的信号采集和传输等关键技术的研究，具有广泛的应用需求。

本节以便携式多参数水质测定仪 326 953 为例介绍该类仪器的测定项目和测定范围。

该仪器为综合比色多参数测定仪，可测量高精度浊度、余氯、总氯、六价铬、氰化物等 34 项水质监测项目，适合于在实验室或者野外等各种条件恶劣的环境条件下，对地表水、地下水、工业废水等各种水质进行分析测量，具有实验室级的精度、低价格的耗材和配置灵活等优点。其对常见水质参数的测定范围如下。

浊度：0.00～9.99 NTU、10.0～99.9 NTU、100～1 000 NTU；

铝：0.00～1.00mg/L；

氨氮：0.00～3.00mg/L；

溴：0.00～8.00mg/L；

二氧化氯：0.00～2.00mg/L；

余氯：0.00～2.50mg/L；

总氯：0.00～3.50mg/L；

六价铬-HR：0～1000μg/L；
六价铬-LR：0～300μg/L；
色度：0～500 PCU；
铜-HR：0.00～5.00mg/L；
铜-LR：0.00～1000μg/L；
氰化物：0.000～0.200mg/L；
氰尿酸：0～80mg/L；
氟化物：0.00～2.00mg/L；
钙硬度：0.00～2.70mg/L；
镁硬度：0.00～2.00mg/L；
碘：0.0～12.5mg/L；
铁-HR：0.00～5.00mg/L；
铁-LR：0.00～400μg/L；
锰-HR：0.0～20.0mg/L；
锰-LR：0.00～300μg/L；
钼酸盐：0.0～40.0mg/L；
镍-HR：0.00～7.00g/L；
硝酸盐：0.0～30.0mg/L；
亚硝酸盐-HR：0～150mg/L；
亚硝酸盐-LR：0.00～0.35mg/L；
溶解氧：0.0～10.0mg/L；
磷酸盐-HR：0.0～30.0mg/L；
磷酸盐-LR：0.00～2.50mg/L；
总磷：0.0～15.0mg/L；
二氧化硅：0.00～2.00mg/L；
银：0.000～1.000mg/L；
锌：0.00～3.00mg/L。

使用便携式多参数水质测定仪监测水质的过程中，影响水质监测的因素主要有来源因素和类别因素。首先是来源因素，在平时的工作中，有时工作人员会将需要检测的水质样品的来源弄错，这会导致无法正确地进行水质结果分析，从而导致无法提供解决问题的方法。其次应该针对不同的水质样品，采取不同的水质监测方法。例如，地面水质与地下水质所使用的检测方法不同。根据水体的水位、流速和流向的变化及沿岸城市分布、工业布局、污染源及排污情况、城市给排水情况等可对地面的水质进行初步的采样。但是地下水质的采集就不适用于这种方法，它需要根据水质区域内的城市发展、工业分布、土地利用率等情况来进行水样收集。假如没有正确认识到各类水质的差别，就会影响到水质检测结果的正确性。

2. 红外分光测油仪检测石油类

石油类主要源于工业废水和生活污水的污染，工业废水中石油类污染物主要源自原油的开采和加工，其包含的烃类有机化合物会漂浮在水面，将影响水气界面间氧气的交换，分散在水中、吸附在悬浮颗粒上、以乳化形态存在于水体的石油类，被微生物氧化分解会消耗溶解氧，造成水质恶化。

采用红外分光测油仪，开启测油仪后接通电源，稳定 15min。

试剂：盐酸（1＋1）、测油用四氯化碳、60～100 目硅酸镁、无水硫酸钠、氯化钠。

器皿：50mL 比色管，4cm 石英比色皿，500mL 分液漏斗（活塞上不得使用油性润滑剂），500mL 分液漏斗架，3 个 100mL 容量瓶，滤纸，天平，500mL、25mL 量筒各 1 个，手套，镜头纸。

1）样品的前处理

取 250mL 水样装入分液漏斗中，加 2mL 盐酸、10g 氯化钠、15mL 四氯化碳，振荡 2min，排气。静置分层后，将萃取液加入比色管中；再用 10mL 四氯化碳重复萃取 1 次，萃取液混合于同一比色管中。向比色管加入适量无水硫酸钠（直至无水硫酸钠不结块），加入 5g 硅酸镁，摇匀，上清液用于测定，用同样体积的纯水代替样品进行空白对照。

2）样品测定

测油仪与笔记本电脑连接（电脑右边的 USB 接口），打开测油仪软件；选定仪器端口，必要时调节基准波长，用浓度为 40mg/L 左右的石油类标准样品进行 F3 界面上的“空白液调零”，反复修改“F1 条件设定”中的“基准波长”参数，使得样品中亚甲基的吸收倒峰的峰尖对准 2930 波长。

定容体积 25mL，水样体积 250mL，萃取液稀释倍数 1，吸收光程为 4cm。调用已有标准曲线，必要时重新建立标准曲线。

进行样品测定时，放入纯水空白对照样，进行空白调零；放入样品，进行样品测试。

3）注意事项

由于石油类萃取液四氯化碳对人体健康有毒害，本实验需在有抽风系统或通风条件好的环境中进行，并注意个人防护。

3. 便携式毒性检测仪快速监测技术

发光细菌体内因荧光素酶催化荧光素的氧化作用从而产生生物光，任何生物抑制正常代谢都会导致发光强度的减弱，毒性就能抑制甚至阻止正常代谢。毒性越强，对代谢的抑制作用越强，发光被抑制得越显著。

1）样品的前处理

用一个新的带旋盖的硼硅酸盐玻璃容器（30～50mL），容器上有刻度线（聚碳酸酯或聚丙烯容器也可以），使容器中充满样本液，不要留任何可遗留空气的空间。使样本液充满容器可以保证易挥发性物质保留在样本溶液中。收集到样本后尽可能快地进行测试以免发生不可预知的变化，如果不得不推迟测试，将样本冷藏到普通冰箱中（2～8℃）。样本的毒性会因时间变化而发生变化，尽量在收集到样本的 2～4h 内进行检测。如果不能做到，应该在采集到样本后 72h 内进行检测。

对于浑浊的或含有不沉淀颗粒物的样本，需要用一些通常的处理办法去除浊度。例如，可以以适当的速度离心一定时间，达到去除浊度或颗粒物的目的。应当注意的是，样本的浑浊可能引起不明确的发光增强或减弱，只有当不考虑浑浊带来的毒性时，才使用以上的去浊度过程。如果有明显的颜色（特别是红、棕或黑色），可能会吸收光而影响测试精度，这样的样本应该在测试前用蒸馏水或去离子水稀释（25%或 50%）。

由于氯消毒过程会使样本中含有氯，这些氯会影响细菌试剂的活性，从而影响测试结果。这种样本首先要用硫代硫酸钠（$Na_2S_2O_3$）溶液去氯。准备浓度为 10g/L 的 $Na_2S_2O_3$ 备用液，按照体积 100∶1 的比例加入水样中混匀即可。$Na_2S_2O_3$ 备用液要冰箱冷藏保存，使用周期不超过 2 个月。

样本的 pH 可能以一种不可预测的方式影响测试结果。理想地讲，采样应该带着其本有的 pH 进行检测（不作任何调整）。当 pH 在 6.0～8.0 之间时，测试试剂表现出良好的发光性，当样本的 pH 超出这个范围，对发光菌的影响是明显的，会影响毒性检测。因而，样本的 pH 应该按照规定使用 NaOH 或 HCl 调节到 6.0～8.0 之间。但是应该注意，样本 pH 的调整会影响测试准确性和样本完整性。

2）样品测定

将 4 个小试管 A1、A2、B1、B2 分别置于试管支架（A1 为空白样，B1 为空白样加菌种，A2 为水样，B2 为水样加菌种）。加入 1000μL 稀释液于试管 A1，加入 1000μL 水样、100μL 渗透压调节液（OAS）于试管 A2，充分混合，加 300μL 稀释液于菌种瓶中，用移液枪混合水合菌种试剂 3～4 次，各取 100μL 水合菌种试剂于试管 B1 及 B2 中，等待 15min。按上下键选择所用模式 B-Tox，确定分析室内没有试管的情况下，仪器会创建 1 个记录。

将 B1 置于样本分析室。盖好盖子，进行 B1 读数，从分析室取出小试管 B1 放回试管架。将 B2 置于样本分析室。迅速从 A1 中转移 900μL 溶液于 B1（常温条件下的对照）；迅速从 A2 中转移 900μL 溶液于 B2（常温条件下的测试样本）。充分混合B1及B2。经过5min后，仪器发出警报。将小试管B1（对照）置于样本分析室盖好盖子，按下“ENTER”键。从分析室取出小试管B1放回试管架。将小试管B2（测试样本）置于样本分析室。主机将自动显示Light Loss%或Light Gain%。

注意准确控制实验时间，进行多个样本测试时，前后样本操作时间要控制一致，间隔时间以不超过20s为宜。

4. 便携式金属测定仪现场测定镉（Cd）、铅（Pb）、砷（As）、铜（Cu）、汞（Hg）、锑（Sb）、铊（Tl）

在重金属突发水污染事故的应急监测工作中，现场监测存在着检出性能不高、检测手段复杂等问题，导致样品需长途运输至实验室进行检测，数据时效性严重滞后。现场快速检测技术的不足严重制约着污染事故的处置，成为污染事故处置的最大瓶颈之一。因此开发重金属污染物的现场快速检测技术并进行推广，显得非常必要和紧迫。珠江流域中特征重金属有Cd、As、Sb、Tl、Hg，这几种重金属的环境风险很大，在珠江流域存在一定的暴露风险。但它们的现场快速检测都存在着以下问题。

（1）Tl、Sb的实验室检测方法以电感耦合等离子体质谱法及经富集后采用原子吸收法为主。两种元素属于非常规的特定项目，监测的检次极少，且较多实验室相应检测能力不足。其现场快速检测方法目前仍属于应用空白，暂时未见便携式阳极溶出伏安计现场快速检测这两种重金属的报道和应用。

（2）对于重金属As，其应用阳极溶出伏安法现场快速检测已有报道，近年来逐渐受到更多的关注。当前研究虽然都能满足应急状态下现场分析的要求，但其测试样品大多为国家标准物质，样品基体简单，缺乏对于其他重金属干扰情况和干扰去除的研究。在同时受多种重金属污染的情况下，不对干扰元素进行排除将会导致As的检测结果产生极大的误差。日常检测的实际样品成分复杂且变化多样，重金属污染事故中的样品也同时受到多种重金属的污染，这是现场应急监测中不容忽视的重要因素。

（3）重金属Hg作为地表水基本项目，其Ⅰ类、Ⅱ类标准限值低至0.00005mg/L，Ⅲ类为0.0001mg/L。Hg的阳极溶出伏安法现场快速监测也有少量报道。但对于Hg而言，目前文献报道的检出限仅能满足《地表水环境质量标准》中Ⅳ类以上的水质评价，仅限于Hg的重度污染的应急监测，不能解决偏远地区、交通不便、样品运输时间长的监测断面样品的检测和监控。

利用市面上常见的便携式重金属测定仪研究出基于阳极溶出伏安法的As、Sb、Tl、Hg现场快速检测的实用方法，使其能应用于突发水污染事故的现场快速检测，提出珠江流域典型重金属的现场快速检测技术方案。主要研究如下：

（1）阳极溶出伏安法现场快速测定 As、Sb、Tl、Hg 的方法开发：对阳极溶出伏安法的各种参数，如沉积时间、工作电极、扫描速率进行优化，得出仪器测定相关重金属的最优条件。在最优化条件下，对仪器共存元素的影响进行摸索与排除，并对方法的准确度、稳定性、重复性、线性范围与检出限等进行方法学考察，评估方法的适用性。

（2）Tl 的前处理富集方法技术开发：针对 Tl 的检出要求高，便携仪器直接测定低浓度 Tl 会存在“定量不准”的情况，研究了各种文献中的常用富集前处理方法，筛选出既适合应急监测现场使用，又能与阳极溶出伏安法联用的前处理方法，使前处理富集更加快速，更适合野外应急使用，使得本方法定量检出限下降 1 个数量级，更适用于痕量地表水 Tl 的现场快速检测。

1）阳极溶出伏安法现场快速检测 Tl 的方法研制

Tl 有着强烈的神经毒性，对哺乳动物的毒性高于 Hg、Cd 和 Pb，是美国环境保护局（USEPA）、欧盟和我国的优先控制污染物（priority control chemicals，PCCs，简称优控污染物）。在《地表水环境质量标准》（GB 3838—2002）和《生活饮用水卫生标准》（GB 5749—2006）里，Tl 的限值低至 0.1μg/L。目前常用的监测方法是电感耦合等离子体质谱法和石墨炉原子吸收法。这两种方法仪器成本高，且石墨炉原子吸收法在测定样品前还需进行萃取等分离富集前处理，且需现场采样后运输至实验室分析，分析周期长。数据时效性的严重滞后大大影响了污染事故的分析和处置，成为处置污染事故的最大瓶颈。

（1）仪器及工作条件。

PDV6000Plus 便携式重金属测定仪（澳大利亚 Cogent 公司）配备三电极（对电极、参比电极和玻碳电极），采用方波扫描方式，起始电位–850mV，终止电位–520mV（vs Ag/AgCl），沉积电位–1300mV，沉积时间 600s，平衡时间 15s，扫描速率 200mV/s。

7500a 电感耦合等离子体质谱仪（美国 Agilent 公司），用 10μg/L 的含 Li、Y、Ce 和 Tl 的调谐液调整仪器参数，使仪器灵敏度、氧化物和双电荷等各项指标达到测定要求。RF（射频）功率 1400W，载气流速 1.05L/min，进样速率 0.1L/min，元素积分时间 0.3s。

（2）试剂与溶液。

Tl 100mg/L 的标准储备液（国家钢铁材料测试中心），用 1% HNO_3 稀释至 200μg/L 使用液；Cd、Pb、Cu 和 Zn 标准溶液（Cd 100mg/L，Pb、Cu、Zn 500mg/L，国家环境保护部标准样品），用 1% HNO_3 稀释至 20mg/L 使用液。

汞镀膜液（20mg/L，澳大利亚 Cogent 公司）；乙酸钠（分析纯，广州化学试剂厂）、乙酸（优级纯，广州化学试剂厂）、氯化钠（优级纯，广州化学试剂厂），EDTA 二钠（分析纯，广州化学试剂厂），氯化钾（分析纯，广州化学试剂厂），硝酸（优级纯，广州化学试剂厂）；超纯水（电阻率≥18.2MΩ·cm，美国 Milipore 公司）。

（3）实验方法。

电极准备：玻碳电极（工作电极）使用前应用氧化铝粉进行打磨，打磨完后用纯水清洗干净。参比电极应填充好 KCl 溶液，确认参比液中无明显气泡，将三个电极连接好，用汞镀膜液进行工作电极的电镀。

电解液准备：分别称量乙酸钠 1.5g、氯化钠 7.5g，量取乙酸 1mL，一并溶解于 50mL 去离子水中，制成电解液，电解液中 pH 为 5。然后往电解液中加入 10g EDTA 二钠并溶解。

样品测试：样品与电解质按照 9∶1 的体积比进行混合。进行空白测试确定电极和分析杯未受污染，再进行标准样品的测试，然后分析实际样品，将样品的信号值与标准样品相比较，获得分析结果。

（4）结果与讨论。

Tl 的溶出伏安曲线：图 1-3 是 Tl 浓度为 0.2μg/L 时的溶出伏安曲线图，Tl 在电位–780～–540mV 有溶出，从图上可以看出，0.2μg/L 的 Tl 溶出伏安曲线图响应值比较高，峰值电流有 7.2μA，灵敏度比较高，可以满足《地表水环境质量标准》（GB 3838—2002）中限值 0.1μg/L 的检测要求。

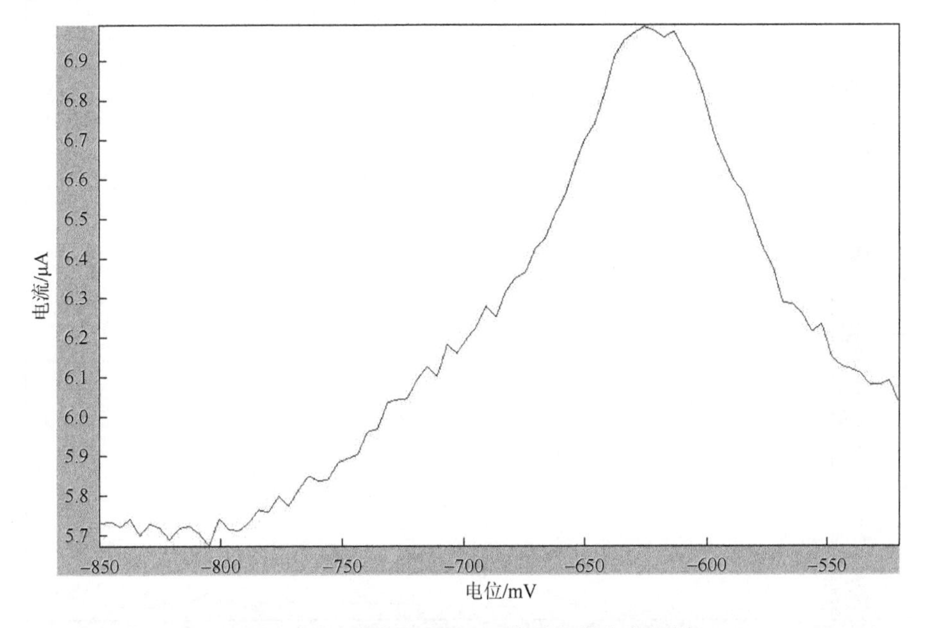

图 1-3　Tl 浓度为 0.2μg/L 的溶出伏安曲线图

溶出伏安条件选择：PDV6000 Plus 提供了三种伏安扫描模式，分别是线性扫描模式、差示扫描模式和方波扫描模式，实验中比较了三种模式下 Tl 的灵敏度，发现方波扫描模式是最灵敏的，故采用方波扫描模式。在实际应用中，Tl 是浓度极低的样品，故采用浓的电解液，以体积比 9∶1 混合进行分析。实验中选择沉积时间为 10min，是因为对于溶出伏安法而言，沉积时间越长，沉积的目标物越多，溶出电流也越大，但是沉积时间越长，方法的重现性会变差。综合考虑应急监测的数据时效性，实验中沉积时间 10min 时的灵敏度已经达到要求，故选择 10min 的沉积时间。扫描速率是另一个影响溶出伏安法灵敏度的重要参数。一般来说，扫描速率越大，溶出电流越大，灵敏度越高，但一般到达一定的值后溶出电流不再增加，过大的扫描速率会影响工作电极的寿命，因此通过实验确定 200mV/s 为最优扫描速率。

干扰元素的影响和消除：由已有的实验室溶出伏安法测 Tl 的报道来看，干扰主要来自于溶液中的其他共存重金属离子，主要是 Pb 和 Cd。实验中，通过单独添加 Pb 和 Cd 考察干扰，发现 Pb 在此实验条件下不出峰，没有影响。而 Cd 会与 Tl 重叠，且响应值很大，把 Tl 的峰完全覆盖，干扰 Tl 的监测（图 1-4）。实验中加入 EDTA 排除干扰，EDTA 可以与多数金属发生络合反应，而几乎不与一价 Tl 络合。电解液中含有抗坏血酸，可保证样品中 Tl 以一价形式存在。实验中加入

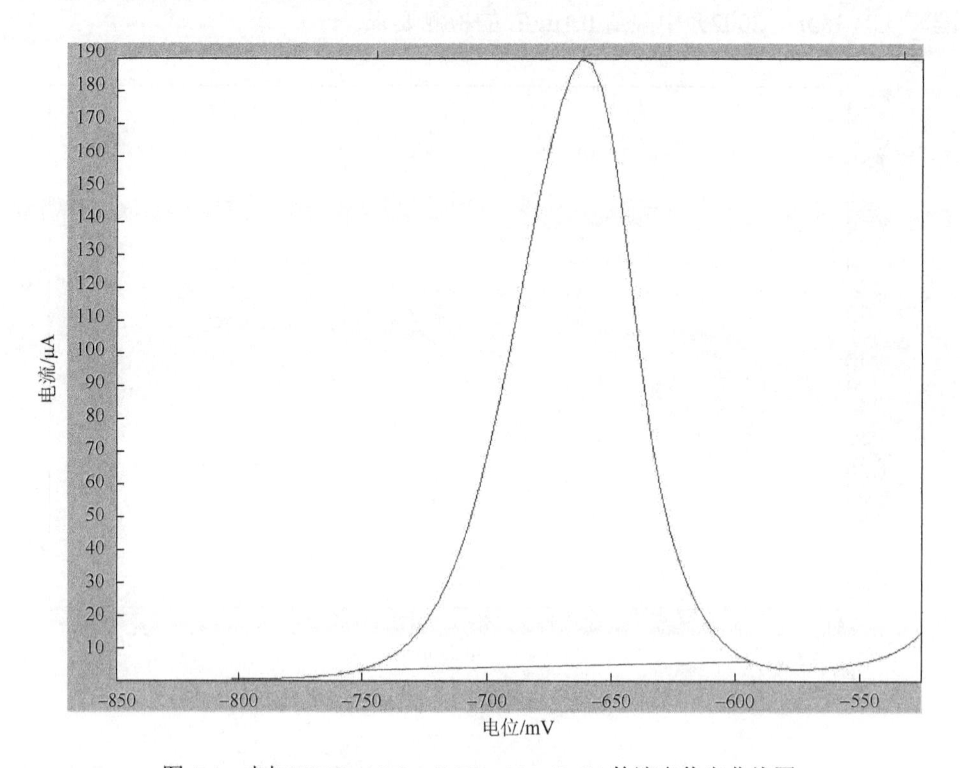

图 1-4 未加 EDTA，0.2μg/L Tl + 10μg/L Cd 的溶出伏安曲线图

EDTA，发现 Cd 峰发生正移而且响应值明显下降，基本上不影响 Tl 的定量(图 1-5)。实验中在 Cd 浓度为 Tl 浓度 500 倍的情况下不干扰测定。而在实际情况下，地表水中 Cd 的含量很低，基本上不会对 Tl 的检测造成影响。

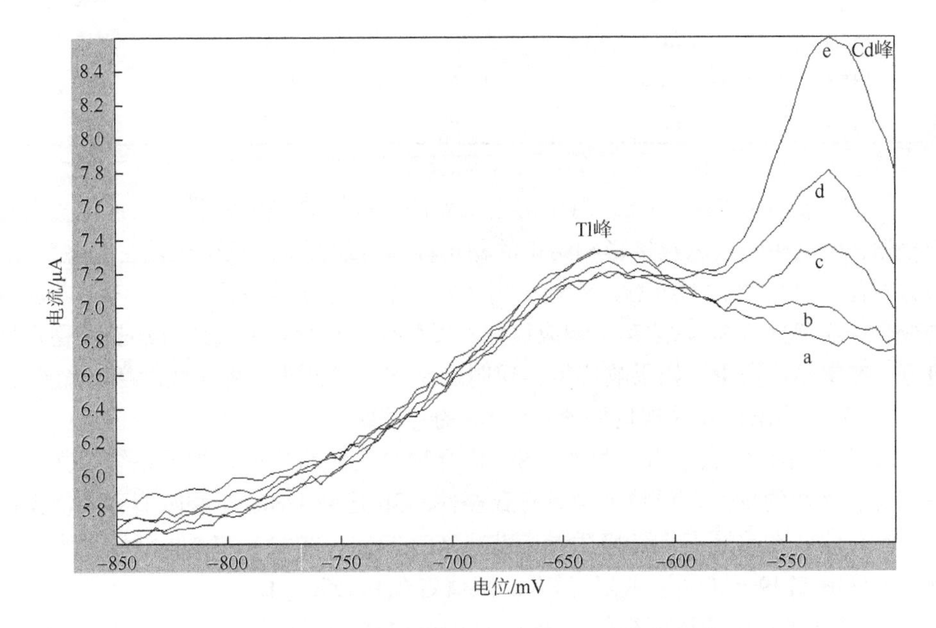

图 1-5　加 EDTA 后 Tl 和 Cd 的溶出伏安曲线图

a. 0.2μg/L Tl；b. 0.2μg/L Tl + 10μg/L Cd；c. 0.2μg/L Tl + 20μg/L Cd；d. 0.2μg/L Tl + 30μg/L Cd；e. 0.2μg/L Tl + 50μg/L Cd

线性范围和检出限：考虑到 Tl 在地表水中的浓度很低，故考察了在 Tl 浓度为 0.1～0.5μg/L 的线性关系，线性回归方程是 $y = 3\,862x + 100.8$。回归系数 R 为 0.998，在此区间线性关系良好。对 0.1μg/L 的样品进行了 7 次平行测定，标准偏差 S 为 0.015μg/L。按照方法检出限（MDL）$= t_{(n-1,\,0.99)} \times S$，当 $n = 7$，置信度 99%时，t 值取 3.143，确定方法的检出限为 0.05μg/L，检出限满足《地表水环境质量标准》（GB 3838—2002）的评价要求。

准确度、精密度和回收率：对国家环境保护部铊标准样品（GSB 07-1978-2005-206702）进行了 7 次重复测试，测定均值为 53.2μg/L，在样品的标准值范围之内［(51.8±3）μg/L］，方法有一定的准确性。对实际水样进行 7 次重复测试，RSD（相对标准偏差）为 2.57%～5.04%，对水样加标 0.2μg/L，回收率为 88.0%～108%，相关结果见表 1-1，本方法的精密度良好，回收率也能满足痕量分析的要求。

表 1-1　方法的精密度和回收率

样品	测定均值/(μg/L)	加标后测定均值/(μg/L)	RSD（$n = 7$）/%	回收率/%
标准样品	53.2	—	3.21	—
水样 1	0.142	0.332	3.80	95.0
水样 2	0.130	0.319	4.57	94.5
水样 3	0.278	0.454	5.04	88.0
水样 4	0.253	0.469	2.57	108

工作电极的长期稳定性：对于溶出伏安法，因为是在镀汞膜的工作电极进行阳极溶出，电极的状态直接影响结果的稳定性和可靠性，一旦电极发生细微变化，将会对结果产生很大的影响，实验中用实际样品进行连续多次分析，考察响应值的变化。连续分析 30 次之后，响应值都没发生明显变化，证明此方法长期稳定性良好。在实际应用中，如果响应值出现明显衰减，可通过重新打磨、镀膜来解决。

2）阳极溶出伏安法现场快速检测 Sb 的方法研制

Sb 及其化合物属于有毒物质，Sb 化合物对人体的免疫、神经系统、基因、发育等有潜在的毒性，已被证实具有致癌性。Sb 已被 USEPA 和欧盟列为优先控制的污染物。在《地表水环境质量标准》（GB 3838—2002）和《生活饮用水卫生标准》（GB 5749—2006）中都将 Sb 的限值定在 0.005mg/L。

Sb 在地表水中的浓度很低（小于 0.005mg/L），且标准限值严格，因此 Sb 的监测需要极高的仪器和人力成本。由于 Sb 属于地表水特定项目，需要用到电感耦合等离子体质谱等大型仪器设备，因此 Sb 的监测尚未广泛开展，许多地市级实验室均无相应的资质条件，因此历史监测数据更是匮乏。

我国是世界上主要产 Sb 的国家之一，而珠江流域中的都柳江流域、武江流域上游是我国 Sb 污染最为严重的地区之一，曾经发生过 Sb 污染事故，其中都柳江的 Sb 污染已引起了贵州省环保厅和国家环境保护部的高度重视。

（1）仪器及工作条件。

PDV6000Plus 便携式重金属测定仪（澳大利亚 Cogent 公司），配备三电极（对电极、参比电极和玻碳电极），采用线性扫描方式，起始电位–250mV，终止电位–50mV（vs Ag/AgCl），沉积电位–500mV，沉积时间 120s，平衡时间 5s，扫描速率 500mV/s。

电感耦合等离子体质谱（安捷伦 7500a），用 10μg/L 的含 Li、Y、Ce 和 Tl 的调谐液调整仪器参数，使仪器灵敏度、氧化物和双电荷等各项指标达到测定要求。RF 功率 1400W，载气流速 1.00L/min，进样速率 0.1L/min，元素积分时间 0.3s。

（2）试剂与溶液。

Sb 标准溶液：500mg/L 的标准储备液（国家钢铁材料测试中心），用 1% HNO_3

稀释至 20mg/L 使用液；Cd、Pb、Cu 标准溶液（Cd 100mg/L，Pb、Cu 500mg/L，国家环境保护部标准样品），用 1% HNO_3 稀释至 20mg/L 使用液。

汞镀膜液（20mg/L，澳大利亚 Cogent 公司），硝酸（优级纯，广州化学试剂厂），盐酸（优级纯，广州化学试剂厂），超纯水（电阻率≥18.2MΩ·cm，美国 Milipore 公司），氯化钾（优级纯，广州化学试剂厂），抗坏血酸（分析纯，广州化学试剂厂）。

（3）实验方法。

电极准备：玻碳电极（工作电极）使用前应用氧化铝粉进行打磨，打磨完后用纯水清洗干净。参比电极应填充好 KCl 溶液，确认参比液中无明显气泡，将三个电极连接好，用汞镀膜液进行工作电极的电镀。

电解液准备：量取 83.6mL 盐酸，称量 14g 抗坏血酸，一并溶解定容至 100mL。

样品测试：样品与电解液按照 9∶1 的体积比进行混合。进行空白测试确定电极和分析杯未受污染，再进行标准样品的测试，然后分析实际样品，将样品的信号值与标准样品相比较，获得分析结果。

（4）结果与讨论。

锑的溶出伏安曲线：图 1-6 是 Sb 浓度为 5.0μg/L 时的溶出伏安图，Sb 在电位 –200～–80mV 有溶出，从图上可以看出，5.0μg/L 的 Sb 溶出伏安图峰形尖锐，响应值比较高，峰值电流有 18μA，灵敏度比较高，可满足《地表水环境质量标准》（GB 3838—2002）中限值 5μg/L 的检测要求。

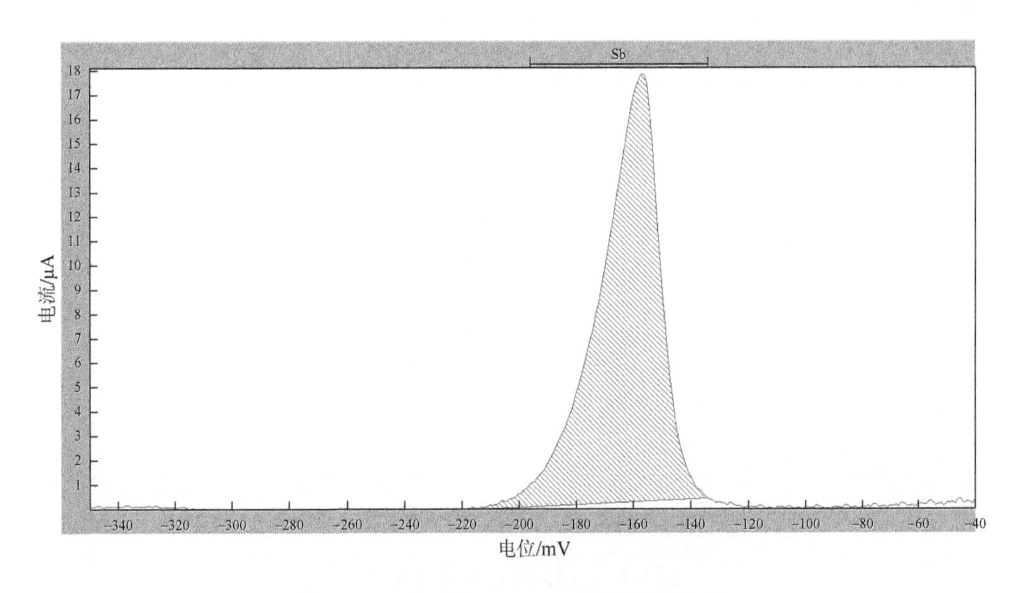

图 1-6　Sb 浓度为 5.0μg/L 时的溶出伏安图

溶出伏安条件选择：PDV6000Plus 提供了三种伏安扫描模式，分别是线性扫描模式、差示扫描模式和方波扫描模式，实验中比较了三种模式下 Sb 的灵敏度，发现几种扫描模式没有太大的区别。实验中选择沉积时间为 2min，是因为对于溶出伏安法而言，沉积时间越长，沉积的目标物越多，溶出电流也越大，但是沉积时间越长，方法的重现性会变差。综合考虑现场快速检测的数据时效性，实验中沉积时间 2min 时的灵敏度已经达到要求，故选择 2min 的沉积时间。扫描速率是另一个影响溶出伏安法灵敏度的重要参数。一般来说，扫描速率越大，溶出电流越大，灵敏度越高，但一般到达一定的值后溶出电流不再增加，过低的扫描速率会影响工作电极的寿命，因此通过实验确定 500mV/s 为最优扫描速率。

干扰元素的影响和消除：由已有的实验室溶出伏安法测 Sb 的报道来看，干扰主要来自于溶液中的其他共存重金属离子，主要是 Cu 和 Bi。往水样中单独添加常见 Cd、Cu、Zn、Fe、Mn、As、Se、Pb、Hg 等元素，证明除 Cu 以外，其他元素均无干扰。而在地表水中，Bi 的含量极低，基本未检出，在此不考虑。Cu 与 Sb 的含量通常在同一级别，因此要考虑 Cu 给 Sb 检测带来的干扰。

实验中，通过单独添加 Cu 考察干扰，发现 Cu 在此实验条件下会与 Sb 同时出峰，结果如图 1-7 所示。往 5.0μg/L 的 Sb 标准水样中分别加入 5.0μg/L 和 10.0μg/L 的 Cu 溶液，发现溶出峰的面积随着 Cu 浓度的增大而增大，Cu 给 Sb 的检测带来了正干扰。当 Cu 与 Sb 浓度相当时，约带来正向 10%的误差，而 Cu 浓度是 Sb 浓度 2 倍时，正向误差将达到 100%，这是现场快速检测不可接受的。因此必须采取措施控制 Cu 的干扰。

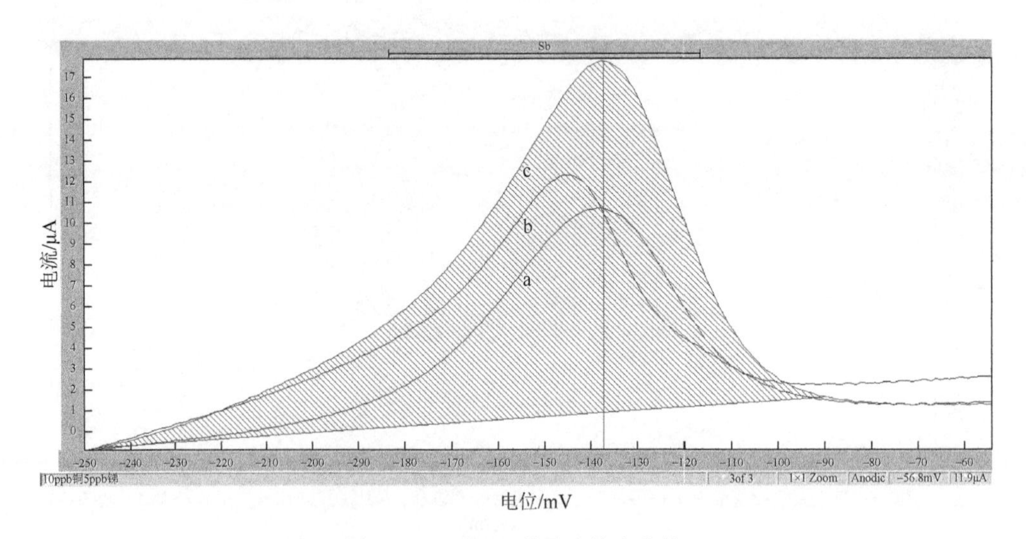

图 1-7　Cu 和 Sb 的溶出伏安曲线

a. 5μg/L Sb，b. 5μg/L Sb + 5μg/L Cu，c. 5μg/L Sb + 10μg/L Cu

从目前仅有的几篇阳极溶出伏安法测 Sb 的报道看，Cu 的干扰可通过加入络合剂来去除，但仅能去除 5 倍的 Cu 干扰。本研究利用 Sb 和 Cu 的沉积电位有一定的差别（Cu 的溶出电位更小）将沉积电位从–500mV 正向调整，达到不让 Cu 溶出的效果，通过实验发现当沉积电压调整到–250mV 时，Cu 将不溶出，如图 1-8 所示，只有 Sb 溶出峰，20 倍 Sb 浓度的 Cu 也不会干扰 Sb 的定量检测。但值得注意的是，正向调整沉积电位，也会使 Sb 的溶出有一定的减少，灵敏度下降 20%。若水样中无 1 倍以上的 Cu 干扰，则无须调整沉积电位至–250mV。

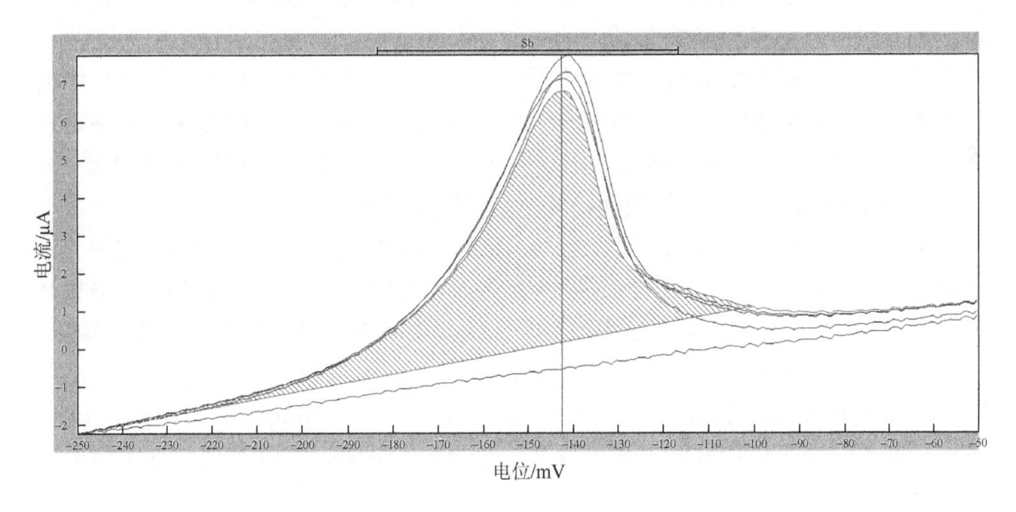

图 1-8　改变沉积电位后 Cu 和 Sb 的溶出伏安曲线

图中曲线由下往上分别是 5μg/L 的 Sb 和往 5μg/L 的 Sb 中分别加入 10μg/L、20μg/L、100μg/L 铜

线性范围和检出限：考虑到 Sb 在地表水中的浓度很低，故考察了 Sb 浓度为 1～5μg/L 时的线性关系，线性回归方程是 $y = 190x–91$。回归系数 R 值为 0.995，在此区间线性关系良好。对 1μg/L 的样品进行了 7 次平行测定，标准偏差 S 为 0.015μg/L。按照 $\mathrm{MDL} = t_{(n-1,\ 0.99)} \times S$，当 $n = 7$，置信度 99%时，t 值取 3.143，确定方法的检出限为 0.5μg/L，检出限能满足《地表水环境质量标准》（GB 3838—2002）的评价要求。

准确度、精密度和回收率：对国家环境保护部 Sb 标准样品（GSB 07-1376-2001-204907）进行了 7 次重复测试，测定均值为 26.2μg/L，在样品的标准值范围之内［(25.0±2.3) μg/L］，方法有一定的准确性。对实际水样进行 7 次重复测试，RSD 为 3.52%～7.80%，对水样加标 2μg/L，回收率为 86.3%～120%，相关结果见表 1-2，本方法的精密度良好，回收率也能满足痕量分析的要求。

表 1-2　方法的精密度和回收率

样品	测定均值/(μg/L)	加标后测定均值/(μg/L)	RSD（$n=7$）/%	回收率/%
标准样品	26.2	—	5.57	—
水样 1	2.113	4.320	7.80	110
水样 2	3.217	5.024	6.57	90.4
水样 3	35.31	43.94	3.52	86.3
水样 4	53.23	65.21	4.31	120

工作电极的长期稳定性：对于溶出伏安法，因为是在汞膜工作电极进行阳极溶出，电极的状态直接影响着结果的稳定性和可靠性，一旦电极发生细微变化，将会对结果产生很大的影响，实验中用实际样品进行连续多次分析，考察响应值的变化。连续分析 20 次之后，响应值都没发生明显变化，证明此方法长期稳定性良好。在实际应用中，如果响应值出现明显衰减，可通过重新打磨、镀膜来解决。

3）阳极溶出伏安法现场快速检测 As 的方法研制

As 及其化合物属于有毒物质，含 As 化合物的“三致”作用（致畸、致癌、致突变）亦有不少研究报道，已证实多种 As 化合物具有致突变性，可在体内外导致基因突变、染色体畸变并抑制 DNA 损伤修复。As 是 USEPA 和我国的优先控制污染物。

在《地表水环境质量标准》（GB 3838—2002）Ⅲ类水以上和《生活饮用水卫生标准》（GB 5749—2006）中分别将 As 的限值定在 0.05mg/L 和 0.01mg/L。As 属于地表水环境质量标准的基本项目，因此 As 的监测已广泛开展，许多地市级实验室均有相应的资质条件。

我国是世界上主要产 As 国之一，而珠江流域中的南盘江流域、都柳江流域和武江流域上游是 As 污染最为严重的地区。2007 年、2008 年都柳江、阳宗海还曾经爆发过 As 污染事故。而且从掌握的沉积物和水质现状数据来看，这几个流域的 As 背景值比较高，属于 As 污染高发地区。

（1）仪器及工作条件。

PDV6000Plus 便携式重金属测定仪（澳大利亚 Cogent 公司），配备三电极（对电极、参比电极和固体金电极），采用线性扫描方式，起始电位–50mV，终止电位 400mV（vs Ag/AgCl），沉积电位–900mV，沉积时间 120s，平衡时间 15s，扫描速率 500mV/s。

电感耦合等离子体质谱（安捷伦 7500a），用 10μg/L 的含 Li、Y、Ce 和 Tl 的调谐液调整仪器参数，使仪器灵敏度、氧化物和双电荷等各项指标达到测定要求。RF 功率 1400W，载气流速 1.00L/min，进样速率 0.1L/min，元素积分时间 0.3s。

（2）试剂与溶液。

As 标准溶液：500mg/L 的标准储备液（国家钢铁材料测试中心），用 1% HNO_3

稀释至20mg/L使用液；Cd、Pb、Cu标准溶液（Cd 100mg/L，Pb、Cu 500mg/L，国家环境保护部标准样品），用1% HNO_3稀释至20mg/L使用液。

硝酸（优级纯，广州化学试剂厂），氯化钾（优级纯，广州化学试剂厂），抗坏血酸（分析纯，广州化学试剂厂）；实验用水为超纯水，电阻率≥18.2MΩ·cm。

（3）实验方法。

电极准备：金电极（工作电极）使用前应用氧化铝粉进行打磨，打磨完后用纯水清洗干净。参比电极应填充好KCl溶液，确认参比液中无明显气泡，将三个电极连接好。放入纯水，将电极先进行电化学极化，在500mV极化40s，然后用循环伏安法活化，扫描范围500～1000mV，扫描10圈，最后用二次蒸馏水彻底清洗。

电解液准备：量取69.0mL硝酸，称量12g抗坏血酸，一并溶解定容至100mL。

样品测试：样品与电解液按照9∶1的体积比进行混合。进行空白测试确定电极和分析杯未受污染，再进行标准样品的测试，然后分析实际样品，将样品的信号值与标准样品相比较，获得分析结果。

（4）结果与讨论。

As的溶出伏安曲线：图1-9是As浓度为0.01mg/L时的溶出伏安图，As在电位50～300mV有溶出，从图上可以看出，0.01mg/L的As溶出伏安图峰形尖锐，响应值比较高，峰值电流有3μA，灵敏度比较高，可满足《地表水环境质量标准》（GB 3838—2002）中Ⅰ类限值0.05mg/L的检测要求。

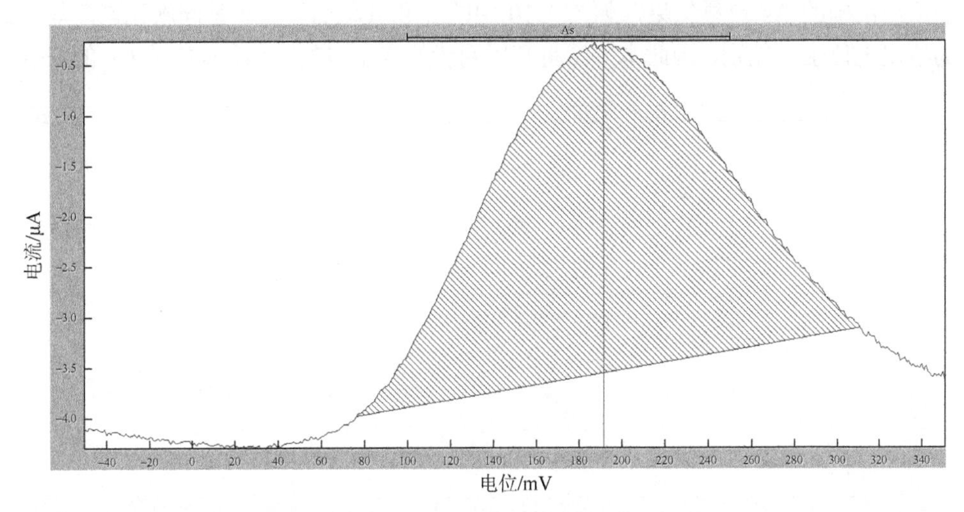

图1-9　As浓度为0.01mg/L的溶出伏安图

溶出伏安条件选择：本方法中，As的富集和溶出发生在金表面上，目前比较常用的做法是在玻碳电极上镀金膜。此法烦琐，既要使用昂贵的镀金液（使用次数有限），而且镀好的金膜有一定的使用次数，使用到一定程度就会有脱落现象，导致稳定性和灵敏度下降。玻碳电极在本研究中主要用作镀汞膜，为避免金膜洗不干净造成交叉污染，选择固体金电极作为工作电极。与镀膜电极不同，固体金电极已经将金固化在电极表面，因此不存在“掉膜”问题，稳定性好。

实验中选择沉积时间为3min，是因为对于溶出伏安法而言，沉积时间越长，沉积的目标物越多，溶出电流也越大，但是沉积时间越长，方法的重现性越差。综合考虑应急监测的数据时效性，实验中沉积3min时的灵敏度已经达到要求，故选择3min的沉积时间。扫描速率是另一个影响溶出伏安法灵敏度的重要参数。一般来说，扫描速率越大，溶出电流越大，灵敏度越高，但一般到达一定的值后溶出电流不再增加，过高的扫描速率会影响工作电极的寿命，因此通过实验确定500mV/s为最优扫描速率。

干扰元素的影响和消除：阳极溶出伏安法的干扰主要来自溶液中的其他共存重金属离子，在最佳实验条件下，通过单独添加各种常见重金属元素标准溶液，发现水样中常见K、Ca、Na、Mg、Cd、Fe、Zn、Pb、Hg均不干扰测定，干扰主要来自于Cu。

实验中，通过单独添加Cu考察干扰，发现Cu在此实验条件下会比As晚出峰，两峰之间会有一小部分重叠，与As的峰有一点重叠。如果两者浓度相近，然后Cu峰的基线被As峰的基线包含，将可以给出一个准确的As的结果，如图1-10中的b。但如果Cu的浓度比As的浓度高。Cu的基线将把As的基线掩盖住，不能给出准确的As定量结果，如图1-10中的c和d。As与Sb是同族元素，与Cu的溶出电位也有差别，因此本方法将利用两者的溶出电位差别，来排除Cu的干扰。

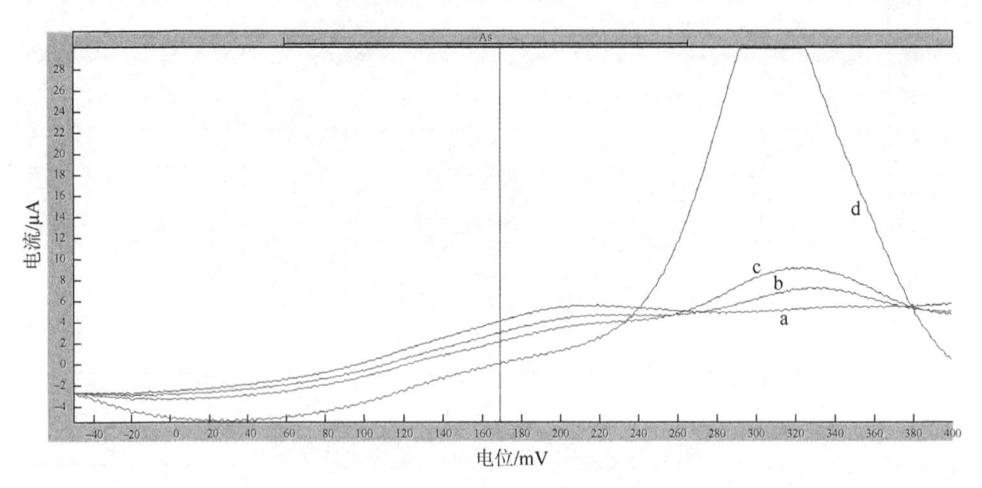

图1-10　As和Cu的溶出伏安图

a为10μg/L的As，b、c、d分别为10μg/L的As加入10μg/L、20μg/L、50μg/L的Cu

如果Cu的浓度比As的浓度高，那么可以通过降低沉积电位到−250mV，使得只有 Cu 富集到电极上，这个样品就当作空白来运行。再次运行这个样品（按原来的沉积电位–900mV），则 Cu 峰的值可以在减去空白值中去除，得出准确的 As 的结果，如图 1-11 和图 1-12 所示。因此为了准确排除 Cu 干扰，As 的检测除了做试剂空白外，最好也同时做“测 Cu 不测 As”的空白，确保 Cu 不会干扰到 As 检测。

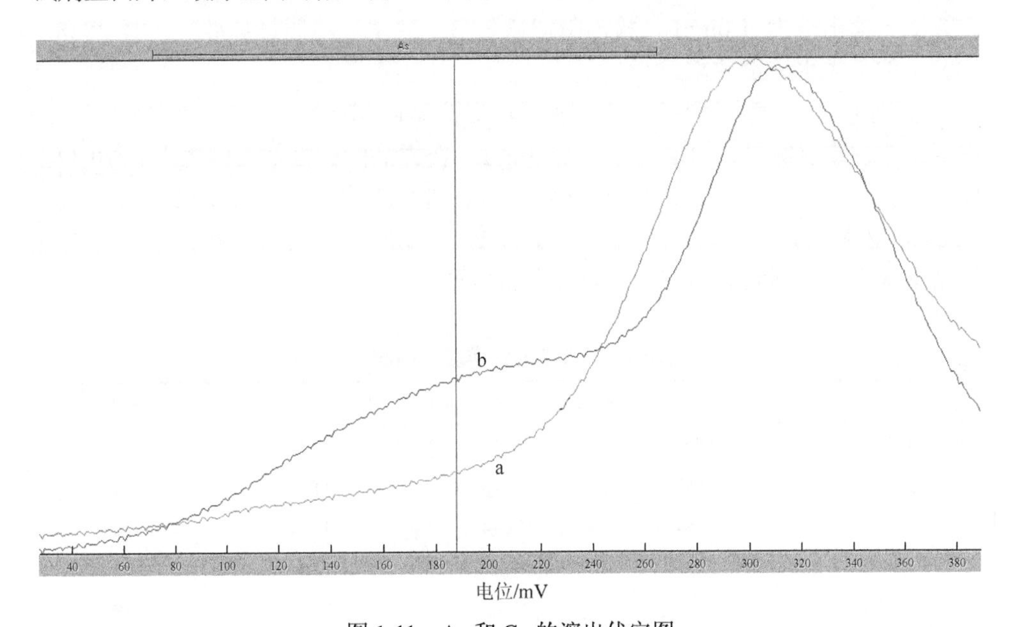

图 1-11　As 和 Cu 的溶出伏安图

a 为 10μg/L 的 As 和 50μg/L 的 Cu 同时溶出，b 为 a 溶液改变沉积电位只溶出 Cu

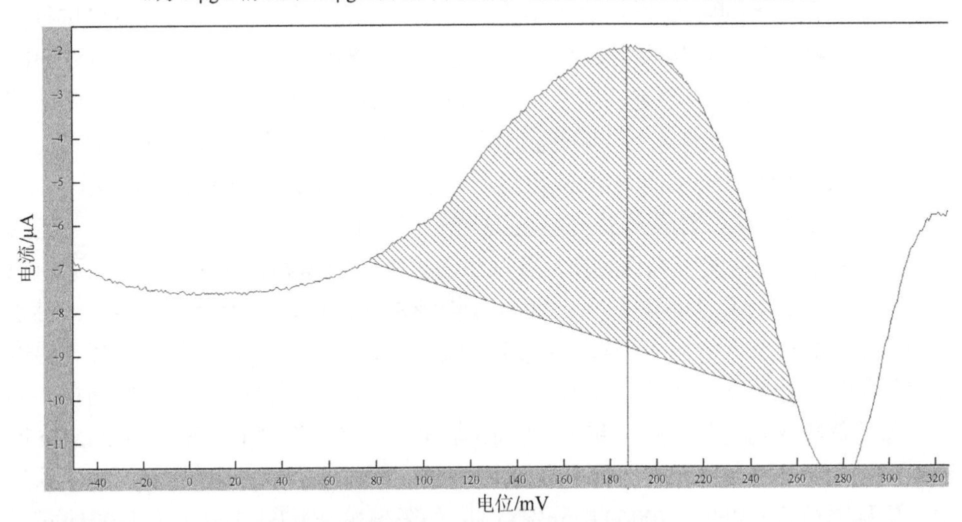

图 1-12　As 的溶出伏安图

图 1-11 的 a 线扣减 b 线，扣除 Cu 的干扰

线性范围和检出限：考虑到 As 在地表水中的浓度很低，故考察了 As 浓度为 2～10μg/L 的线性关系，线性回归方程是 $y = 37.91x + 62.1$。回归系数 R 值为 0.997，在此区间线性关系良好。对 5μg/L 的样品进行了 7 次平行测定，标准偏差 S 为 0.33μg/L。按照 $\mathrm{MDL} = t_{(n-1,\,0.99)} \times S$，当 $n = 7$，置信度 99%时，t 值取 3.143，确定方法的检出限为 1.0μg/L，检出限能满足《地表水环境质量标准》（GB 3838—2002）的 I 类水评价要求。

准确度、精密度和回收率：对国家环境保护部砷标准样品（BW 085513-110418）进行了 7 次重复测试，测定均值为 65.3μg/L，在样品的标准值范围之内［(70.37±6.33)μg/L］，方法有一定的准确性。对实际水样进行 7 次重复测试，RSD 为 2.34%～4.98%，对水样加标 10μg/L，回收率为 84.2%～118%，相关结果见表 1-3，本方法的精密度良好，回收率也能满足痕量分析的要求。

表 1-3　方法的精密度和回收率

样品	测定均值/(μg/L)	加标后测定均值/(μg/L)	RSD（$n = 7$）/%	回收率/%
标准样品	65.3	—	3.23	—
水样 1	3.451	12.720	3.96	92.7
水样 2	2.354	12.084	4.33	97.3
水样 3	23.51	31.93	4.98	84.2
水样 4	31.34	33.12	2.34	118

工作电极的长期稳定性：对于溶出伏安法，因为是直接在金工作电极进行阳极溶出，电极的状态直接影响着结果的稳定性和可靠性，电极一旦发生细微变化，将会对结果产生很大的影响，实验中用实际样品进行连续多次分析，考察响应值的变化。连续分析 20 次之后，响应值都没发生明显变化，证明此方法长期稳定性良好。在实际应用中，如果响应值出现明显衰减，可通过重新打磨来解决。

4）阳极溶出伏安法现场快速检测 Hg 的方法研制

Hg 及其化合物属于剧毒物质，可以在动植物体内蓄积。进入水体中的无机汞离子可转变为毒性更大的有机汞，经过食物链进入人体，引起全身中毒。天然水体中含 Hg 量极少，一般不超过 0.1μg/L。仪表厂、食盐电解、贵金属冶炼、温度计和军工等工业废水中可能存在 Hg。Hg 化合物是世界卫生组织重点限制清单中列出的储药危险废物之一，也是我国、USEPA 和欧盟优先控制的污染物名单。Hg 的毒性巨大，因此在《地表水环境质量标准》（GB 3838—2002）Ⅲ类水和《生活饮用水卫生标准》（GB 5749—2006）中分别将 Hg 的限值定在 0.0001mg/L 和 0.001mg/L。

我国是世界上主要产 Hg 的国家之一，而珠江流域中的贵州省是我国 Hg 污染最为严重的地区之一。丹寨汞矿、兴仁槛木厂就属于我国主要的汞矿田，对珠江流域上游的北盘江、都柳江流域造成了一定的污染。部分文献报道这两大片区的Hg污染已经相当严重。

Hg在地表水中的浓度极低（小于0.01μg/L），且标准限值严格，因此Hg的监测需要极高的仪器和人力成本。Hg属于地表水基本项目，因此Hg的常规监测开展广泛，方法成熟，市级以上监测站都有能力监测。国家标准和行业标准里Hg的常规监测以冷原子吸收法、电感耦合等离子体质谱法和原子荧光法为主，三种方法都无须富集，直接上机测试。相比较而言，原子荧光法作为国内广泛推广应用的方法，成本低，普及度很高。

（1）仪器及工作条件。

AF9020型原子荧光仪（北京吉天）、PDV6000Plus便携式重金属测定仪（澳大利亚Cogent公司），配备三电极（对电极、参比电极和玻碳电极），采用线性扫描方式，起始电位350mV，终止电位700mV（vs Ag/AgCl），沉积电位200mV，沉积时间900s，平衡时间5s，扫描速率2000mV/s。

（2）试剂与溶液。

Hg标准溶液：100mg/L的标准储备液（国家环境保护部标准样品），用1% HNO_3稀释至20μg/L使用液；Cd、Pb、Cu标准溶液（Cd 100mg/L，Pb、Cu 500mg/L，国家环境保护部标准样品），用1% HNO_3稀释至20mg/L使用液。

金镀膜液（20mg/L，澳大利亚Cogent公司），硝酸（优级纯，广州化学试剂厂），盐酸（优级纯，广州化学试剂厂），超纯水（电阻率≥18.2MΩ·cm，美国Milipore公司），氯化钾（优级纯，广州化学试剂厂）。

（3）实验方法。

电极准备：玻碳电极（工作电极）使用前应用氧化铝粉进行打磨，打磨完后用纯水清洗干净。参比电极应填充好KCl溶液，确认参比液中无明显气泡，将三个电极连接好，用金镀膜液进行工作电极的电镀。

电解液准备：市售质量分数为35%的盐酸作为电解液。

样品测试：样品与电解液按照9∶1的体积比进行混合。进行空白测试确定电极和分析杯未受污染，再进行标准样品的测试，然后分析实际样品，将样品的信号值与标准样品相比较，获得分析结果。

（4）结果与讨论。

Hg的溶出伏安曲线：图1-13是Hg浓度为0.1μg/L时在金膜电极上的溶出伏安图，Hg在电位450～650mV有溶出，从图上可以看出，0.1μg/L的Hg溶出伏安图响应值比较高，峰值电流有4μA，灵敏度尚可，可以满足《地表水环境质量标准》（GB 3838—2002）中Ⅲ类限值0.1μg/L的检测要求。对比文献报道中使用固体金电极进行溶出，Hg浓度为0.1μg/L时在固体电极上的溶出伏安图如图1-14所示，灵敏度提高了10倍以上。

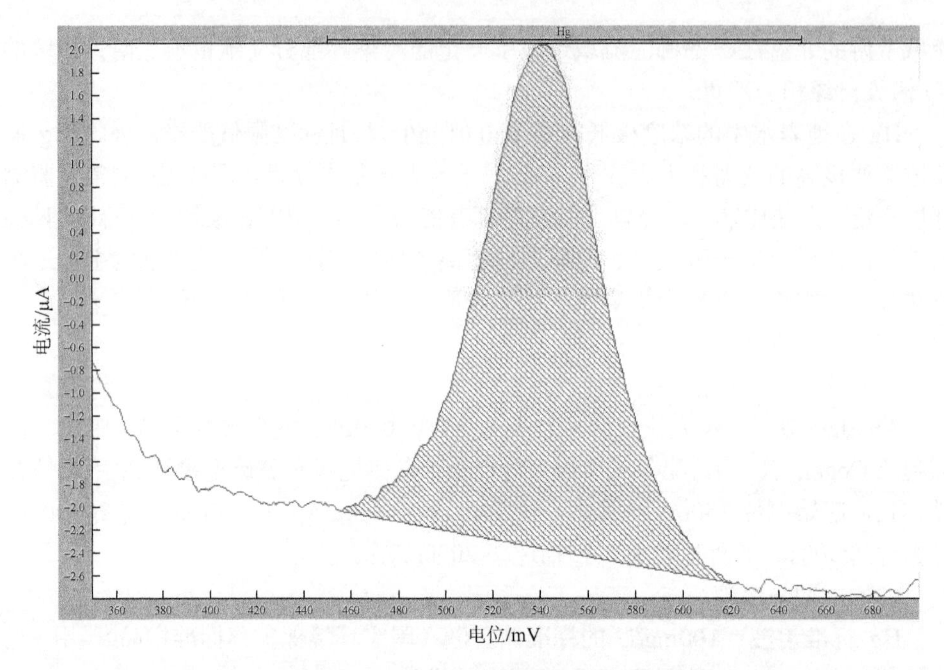

图 1-13　Hg 浓度为 0.1μg/L 时在金膜电极上的溶出伏安图

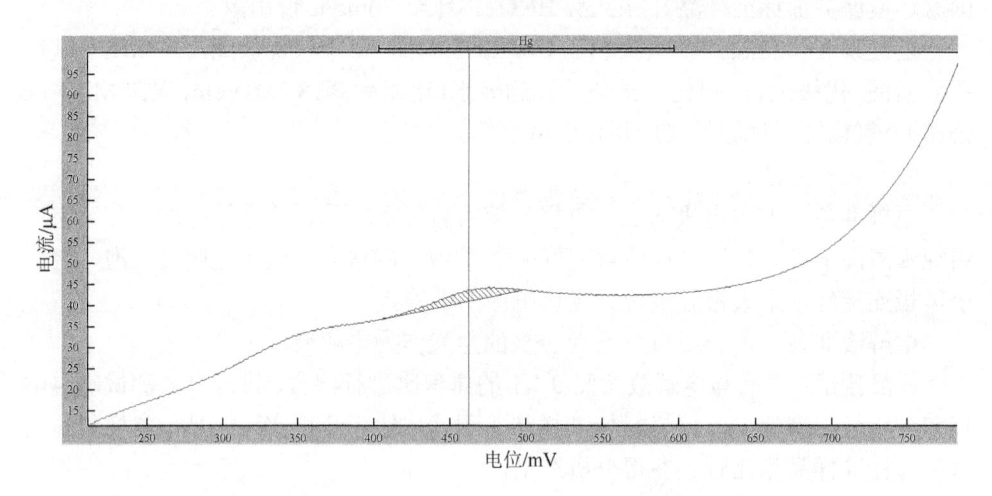

图 1-14　Hg 浓度为 0.1μg/L 时在固体电极上的溶出伏安图

溶出伏安条件选择：Hg 在地表水的浓度极低，因此实验中需要选择较长的溶出时间，为保证方法的灵敏度，实验中选择沉积时间为 15min。综合考虑现场快速检测的数据时效性，实验中沉积时间 15min 时的灵敏度已经达到要求，故选择 15min 的沉积时间。扫描速率是另一个影响溶出伏安法灵敏度的重要参数。一般来说，扫描速率越大，溶出电流越大，灵敏度越高，但一般到达一定的值后溶出电流不再增加，过高的扫描速率会影响工作电极的寿命，因此通过实验确定2000mV/s 为最优扫描速率。

干扰元素的影响和消除：干扰主要来自于溶液中的其他共存重金属离子，尤其是 Cu 离子。在最佳实验条件下，通过单独添加各种常见重金属元素混合标准溶液，发现水样中常见 K、Ca、Na、Mg、Fe、Mn、Cd、Zn、Pb、Cu 均不干扰测定，上述元素在 Hg 浓度 100 倍时无任何干扰。值得注意的是，个别文献中提到的 Cu 会干扰 Hg 的检测，在本实验中并没有出现，见图 1-15，原因可能是本实验采用了金膜，而能在金膜上溶出的元素有限。

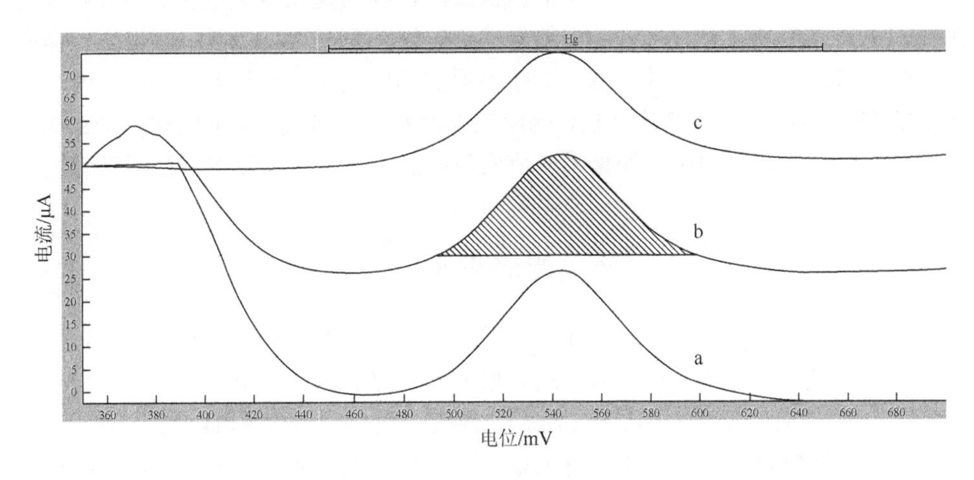

图 1-15　Hg 和 Cu 的溶出伏安曲线

a. 0.5μg/L Hg，b. 0.5μg/L Hg + 5μg/L Cu，c. 0.5μg/L Hg + 20μg/L Cu

线性范围和检出限：考虑到 Hg 在地表水中的浓度很低，故考察了 Hg 浓度为 0.2～1μg/L 时的线性关系，线性回归方程是 $y = 1\,408x + 43.2$。回归系数 R 值为 0.992，在此区间线性关系良好。对 0.1μg/L 的样品进行了 7 次平行测定，标准偏差 S 为 0.015μg/L。按照 $\mathrm{MDL} = t_{(n-1,\,0.99)} \times S$，当 $n = 7$，置信度 99%时，t 值取 3.143，确定方法的检出限为 0.05μg/L，检出限可满足《地表水环境质量标准》（GB 3838—2002）中Ⅲ类水的评价要求。

准确度、精密度和回收率：对国家环境保护部汞标准样品（GSBZ 50016-90-202030）进行了 7 次重复测试，测定均值为 6.33μg/L，在样品的标准值范围之内[（6.14±0.42）μg/L]，方法有一定的准确性。对实际水样进行 7 次重复测试，RSD 为 0.00%～5.31%，对水样加标 0.2～1μg/L，回收率为 89.2%～106%，相关结果见表 1-4，本方法的精密度良好，回收率也能满足痕量分析的要求。

表 1-4 方法的精密度和回收率

样品	测定均值/(μg/L)	加标后测定均值/(μg/L)	RSD/%	回收率/%
标准样品	6.33	—	4.85	—
水样 1	<0.05	0.212	0.00	106
水样 2	<0.05	0.186	0.00	93.0
加标水样 1	1.342	2.234	3.53	89.2
加标水样 2	1.521	2.431	5.31	91.0

工作电极的长期稳定性：对于溶出伏安法，因为是在玻碳电极上镀金膜进行阳极溶出，电极的状态直接影响着结果的稳定性和可靠性，一旦电极发生细微变化，将会对结果产生很大的影响，实验中用实际样品进行连续多次分析，考察响应值的变化。连续分析 20 次之后，响应值都没发生明显变化，证明此方法长期稳定性良好。在实际应用中，如果响应值出现明显衰减，可通过重新打磨来解决。

1.3 在线监测技术

近年来，水质自动监测技术在许多国家地表水监测中得到了应用，开发更全面的水质在线监测技术，已成为水质领域的研究热点。其主要的监测项目分为三大类，一是反映水质状况的综合指标，如温度、色度、浊度、pH、电导率、氧化还原电位、溶解氧（DO）、化学需氧量等；二是反映水质营养的指标，如氨氮、总氮和总磷；三是对环境敏感的有毒物质，如氰化物、重金属与有毒有机污染物等。

目前，国际上用于分析有机污染物的在线水质分析仪有两大类：在线紫外-可见分光光度法水质分析仪和连续光谱在线水质分析仪。水质的在线自动监测只需经过几分钟的数据采集，水质量情况信息就可发送到水质分析中心的服务器中，一旦观察到有某种污染物的浓度发生异变，监管部门就可以立刻采取相应的措施。

目前国际上具代表性的在线水质分析仪主要包括以下三种类型。

1.3.1 常规五参数分析仪

pH、温度、溶解氧、电导率、浊度一般采用电化学电极检测方法，发展已非常成熟。常规五参数分析仪经常采用流通式多传感器检测池结构，无零点漂移，无须基线校正。水温为温度传感器法，pH 为玻璃或锑电极法，溶解氧为金-银膜电极法、电导率为电极法（交流阻抗法），浊度为光学法（透射原理或红外散射原理）。

五参数分析仪常具有一体化生物清洗及压缩空气清洗装置，如英国 ABB 公司生产的多参数分析仪、法国 Polymetron 公司生产的常规五参数分析仪、澳大利亚 GREENSPAN 公司生产的多参数分析仪（包括常规五参数、氨氮、磷酸盐）等。其他参数的检测也由以化学反应为主发展到以电化学分析和光谱分析为主，进样方式也已由间断检测发展为连续分析、流动注射分析、顺序注射分析等快速自动进样分析。水质自动监测仪器和连续自动监测系统的研究和生产主要集中在德国、法国、美国、日本、澳大利亚等发达国家。主要厂商有德国的 WTW、LAR、STIP、ISCO，以及美国的 YSI、日本的岛津等公司。

1.3.2　氨氮在线水质分析仪

通过将样品、逐出溶液和指示剂分别输送到逐出瓶和比色池中，利用分光光度计进行清零检测，样品和逐出溶液在空气的作用下，充分混合并发生化学反应，产生的氨气被隔膜泵传送到比色池，从而改变指示剂的颜色，经过一段时间，光度计再次对样品进行检测，并且和反应前的检测结果进行比较，最后计算出氨氮的浓度值。该设备在无人操作的情况下可同时进行自动校正、自动清洗、自动管道灌注等操作。供应商主要有美国的哈希和 SevernTrent 等公司，欧洲的 E + H、ABB 等公司。

1.3.3　在线紫外-可见分光光度法水质分析仪

分光光度法可用于测定一些特定有机化合物，经过多年的研究积累了许多较为成熟、高效的分析方法。目前在一些特定有机物（如甲醛、硝基苯等）应用分析中，光度法的灵敏度高，选择性好，应用光度法开发特定有机物的现场连线实施监测方法不仅技术可行，而且经济合理，有着广阔的应用前景。

1. 原理

1）电子跃迁与光谱的形成

分子吸收光能发生电子跃迁，不同的电子跃迁对特定波长的光产生特定吸收，对一系列不同波长的光吸收即产生吸收光谱。由于各种物质具有各自不同的分子、原子和不同的分子空间结构，其吸收光能量的情况也不相同，因此，每种物质有其特有的、固定的吸收光谱曲线。

原子光谱是不连续的线状光谱。这是由于谱线的频率（υ）或波长（λ）与跃迁前后两个能级的能量差（ΔE）之间的关系服从普朗克（Planck）公式，即

$$\Delta E = E_2 - E_1 = h\upsilon = hc/\lambda \tag{1-1}$$

两个能级之间的能量差一般为 1～10eV，因此各条谱线的频率或波长差别较

大，呈线形分开。分子吸收光谱形成的机理与原子光谱形成的机理是相似的，也是能级之间的跃迁所引起的。

但是由于分子内部运动所牵涉的能级变化比较复杂，分子吸收光谱也就比较复杂。一个分子的总能量 E 可以写成内在能量 E_0、平动能 $E_{平}$、振动能 $E_{振}$、转动能 $E_{转}$及电子运动能量 $E_{电子}$的总和，即

$$E = E_0 + E_{平} + E_{振} + E_{转} + E_{电子} \tag{1-2}$$

一个分子吸收了外来辐射之后，它的能量变化 ΔE 为其振动能变化 $\Delta E_{振}$、转动能变化 $\Delta E_{转}$及电子运动能量变化 $\Delta E_{电子}$的总和，即

$$\Delta E = \Delta E_{振} + \Delta E_{转} + \Delta E_{电子} \tag{1-3}$$

在式（1-3）右边的三项中，$\Delta E_{电子}$最大，一般在 1～10eV 之间。分子的振动能级间隔 $\Delta E_{振}$大约比 $\Delta E_{电子}$小十倍，一般在 0.05～1eV 之间。分子的转动能级间隔 $\Delta E_{转}$，大约比 $\Delta E_{振}$小十倍甚至百倍，一般小于 0.05eV。

一切物质都会对不同波长的光线表现出不同的吸收能力，这一性质称为选择吸收。物质只能选择性地吸收那些能量相当于该分子振动能量变化 $\Delta E_{振}$、转动能变化 $\Delta E_{转}$及电子运动能量变化 $\Delta E_{电子}$的总和的辐射。各种物质对光线的选择吸收性质，反映了它们分子内部结构的差异，即各种物质的内部结构决定了它们对不同光线的选择吸收。

缓慢地改变通过某一吸收物质的入射光的波长，记录该物质在每一波长处的吸光度（A），以波长为横坐标，以吸光度为纵坐标作图，这样得到的谱图称为该物质的吸收光谱。从某物质的吸收光谱可以看出它在不同的光谱区域内吸收能力的分布情况。物质吸收光谱的形状与它的内部结构紧密相关，研究各种物质的吸收光谱，可以为研究它们的内部结构提供重要的信息。

2）有机化合物分子的电子跃迁与吸收光谱

有机化合物的紫外吸收光谱与它们的电子跃迁有关，即吸收光谱取决于分子的结构。一般来说，某有机化合物分子中含有某种基团，在它的吸收光谱中就会呈现某种标志性的特征吸收带。一个有机化合物分子对紫外光或可见光的特征吸收，可以用吸收峰的波长表示，记为 $\lambda_{最大}$。$\lambda_{最大}$取决于分子的激发态与基态之间的能量差。

从化学键的性质来看，与吸收光谱有关的电子主要有三种：①形成单键的 σ 电子；②形成复键的 π 电子；③未共享的电子，或称非键 n 电子。根据分子轨道理论，分子中这三种电子的能级高低次序是

$$\sigma < \pi < n < \pi^* < \sigma^*$$

σ、π 表示成键分子轨道，n 表示非键分子轨道；π^*、σ^*表示反键分子轨道。$\sigma\text{-}\pi^*$跃迁、$\pi\text{-}\sigma^*$跃迁及 $\sigma\text{-}\sigma^*$跃迁引起的吸收光谱都发生在小于 200nm 的远紫外区，较常见的 $\pi\text{-}\pi^*$跃迁、$n\text{-}\pi^*$跃迁、$n\text{-}\sigma^*$跃迁引起的三种吸收光谱在紫外和可见光区。紫

外光区的波长为 10～380nm，受实验条件限制，通常使用 200～380nm 的近紫外区域进行紫外光谱分析。

3）溶剂效应对 π-π*跃迁和 n-π*跃迁吸收谱带的影响

有机化合物的紫外光谱一般是在溶剂中测定，易受溶剂效应的影响。同一种化合物在极性不同的溶液中，紫外光谱不同，主要表现在吸收峰产生位移、形状改变，有时还会影响吸收强度。

某一物质吸收光谱的特性与所采用的溶剂有关。溶剂的极性不同，会使这两种吸收光谱的位置向不同方向移动。改用极性较大的溶剂，会使 π-π^*跃迁谱带移向长波长方向，即发生红移；使 n-π^*跃迁谱带移向短波长方向，即发生蓝移。

因而要将一种未知物质的吸收光谱与已知物质的吸收光谱进行比较时，必须采用相同的溶剂。在绘制吸收光谱时应使用非极性溶剂。

4）朗伯-比尔定律

一种物质的溶液对光的吸收程度，取决于光通过路程中能吸收光子的物质微粒数目和光程的长短，一束具有某种波长的平行光通过一种物质溶液的示意图详见图 1-16。

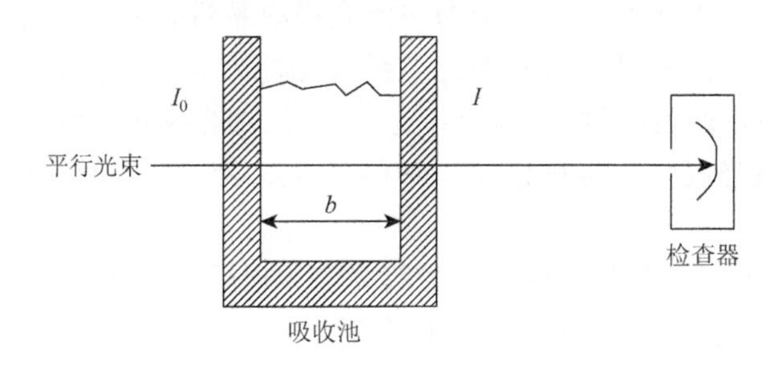

图 1-16　样品溶液吸收光示意图

I_0 表示每秒入射到浓度为 c 的溶液上的光子数，即入射光强度；I 为透射光强度，即每秒从溶液中透过并被检测器接收到的光子数；光程用 b 表示。入射光强度 I_0 与透射光强度 I 比值的对数定义为吸光度，用 A 表示：

$$A = \lg(I_0/I) \qquad (1\text{-}4)$$

各有关物理量间的关系可定量地表达为

$$\lg(I_0/I) = A = abc \qquad (1\text{-}5)$$

式中，b 为光程（cm）；c 为溶液中吸光物质的浓度（g/L）；a 为吸光系数[L/(g·cm)]。

式（1-5）为朗伯-比尔定律，简称比尔定律。a 是一定量某种物质在一定波长下对光吸收的特征常数，它随波长变化而变化。当浓度 c 取不同单位时，吸光系数值也不同。以 mol/L 为单位时的吸光系数称为摩尔吸光系数，以符号 ξ 表示，单位为 L/(mol·cm)。式（1-5）可改写为

$$A = \xi bc \tag{1-6}$$

在实际测量吸光度 A 时，通常在仪器上测出的是比值 I/I_0，定义为透光度或百分透光度，以符号 T 表示：

$$T = I/I_0 \tag{1-7}$$

在分光光度计上同时标有 A 和 T，它们之间的关系为

$$A = -\lg(I/I_0) = -\lg T \tag{1-8}$$

需要注意的是，虽然式（1-5）或式（1-6）表示吸光度和浓度之间呈线性关系，但只有在稀溶液时才能成立。在此种意义上说，比尔定律是一个有限的定律。由于在高浓度（通常＞0.1mol/L）时吸收成分之间的平均距离缩小到一定程度，邻近质点彼此的电荷分布都会相互受到影响，这种影响能改变它们对特定辐射的吸收能力。相互影响的程度取决于浓度，这个现象的存在致使吸光度与浓度之间的线性关系发生偏差。比尔定律适用于均匀、单一、无散射光的物质溶液，也适用于其他均匀非散射的物质，如气体或固体。因此，比尔定律是各类吸光物质光度法测定的定量依据。

5）紫外光谱检测原理

紫外光谱法的工作原理是基于物质的光吸收特性，物质的结构决定了其在光吸收时只能吸收某些特定波长的光。经过光栅分光后得到的不同波长的单色光透过该物质后，通过测量物质对不同波长单色光的吸收程度（吸光度），以波长为横坐标，吸光度为纵坐标作图，就可以得到该物质在测量波长范围内的吸收曲线。

不同有毒有机污染物都有特征的吸收光谱，根据吸收光谱的不同和吸光度的大小，可以分别对污染物进行定性和定量监测。

利用紫外分光光度法进行检测是一种估算天然河流水体中污染物含量的简便技术，日本已于 1978 年将 UV254 值列为水质监测的正式指标，欧洲也已将其作为水厂去除有机物效果的监测指标。

2. 在线监测有毒有机污染物的研究现状

1）国外的研究现状

目前，国外有毒有机污染物在线监测技术比国内先进，仪器设备的研发和应用也相对领先，国外已应用的和具代表性的有毒有机污染物在线监测仪主要有以下 3 款。

（1）CMS5000 在线监测仪（美国 INFICON 公司）。

该设备用吹扫捕集法进行水样前处理，以气相色谱法的微氩离子检测器监测水中的 18 种挥发性有毒有机污染物。其不足是难以监测沸点高于 240℃的半挥发性有机物，设备复杂，对操作人员技术要求高，维护难，成本高。

（2）Multisensor 1200-SYS 在线监测仪（英国 Modern Water 公司）。

该设备采用顶空法测量箱顶部空间气体和其他挥发性物质。基于采样箱顶部空间的气体平衡原理（亨利气体定律，Henry's Gas Law），仪器的多探头监测器"电子鼻"根据分子量、极性和分子直径，有选择地与化合物反应，产生电阻变化进行测定，再根据环境中本底值对挥发性有机化合物（VOCs）的测量结果进行校正得出检测结果。

该设备除了不能测半挥发性有机物外，在量程范围、精确度指标方面也存在不足。以甲苯为例，周绪申等的研究发现甲苯在 200μg/L 以上时标准曲线即为抛物线状，不能准确定量，而厂家说明书中显示其检测范围为 0～1000μg/L。

（3）SPE 250 在线监测仪（法国 HOCER 公司）。

该仪器基于在线对微量有毒有机污染物进行提取和浓缩技术（SPEBox®）和紫外分光光度法探测有毒有机污染物的技术，可在线监测阿特拉津、敌草隆、绿麦隆、微囊藻毒素等 4 种有毒有机污染物，检出限可达 10^{-3}mg/L 级别。

该技术基于光谱法，较稳定，好维护，且成本低。

2）国内的研究现状

目前，由于有毒有机污染物种类多，在水中含量极低，实验室内主要还是依靠复杂耗时的样品富集浓缩前处理条件和色谱/质谱联用仪等高端实验室分析仪器进行检测。由于这种方法受复杂、耗时的样品前处理和仪器的限制，此类技术很难应用于在线实时监测，成为我国有毒有机污染物在线监控不足的制约因素之一。

（1）国内有毒有机污染物在线监测技术多处于科研阶段，实际应用相对较少。

国内除常规的水质参数，如溶解氧、氨氮、COD、电导率、浊度等的实际应用外，开展微量有毒有机污染物在线监测方面的实际应用较少，多处于科研阶段，而对于稳定性好、人员技术水平要求不高、维护成本低、可同时监测多种类的、检出限达 10^{-3}mg/L 级别的微量有毒有机污染物的监测技术研究和应用的领域，没有相应的成果和运用，属空缺。

（2）国内有毒有机污染物在线监测技术的研究方法。

国内有毒有机污染物在线监测技术研究主要基于光谱法、气相色谱法和质子转移反应质谱法等。

（a）光谱法。

光谱法在线监测技术利用物质在吸收光波后，会在某一波段有一个吸收峰的原理，通过分析这个波段，得出该物质的光谱特性。其优点是反应灵敏度高、检测速度快、稳定性好、易维护、成本低，是一种绿色监测技术。目前，国内的光谱法在线设备检出限较高，一般为 10^{-1}mg/L 级别，高于《地表水环境质量标准》（GB 3838—2002）中多数有毒有机污染物的标准限值。例如，北京利达科信环境安全技术有限公司生产了 UV-300、UV-400，可在线监测水中的 PAH

和酚类，还生产了 KS2903 用于监测水中的苯酚，其检出限仅为 10^{-1}mg/L 级别，然而苯酚的标准限值为 2×10^{-3}mg/L，因此这些仪器在苯酚超标时不能及时检出；陆建华和方晓南发明了“一种监测水中苯胺浓度的在线监测仪”的专利技术，但该技术仅能监测苯胺，且并未产品化，仪器的检出限也仅为 10^{-1}mg/L 级别。

（b）气相色谱法。

气相色谱法利用有毒有机污染物的吸附能力、溶解度、亲和力、阻滞作用等物理性质的不同，可对可挥发、热稳定的有机物组分进行定量监测，流动相为气体，常用于在实验室内检测有机物，用于在线监测时，多与顶空设备或吹扫捕集装置联用，以测定水体中 VOCs。该方法检测的有机物种类较少，对维护仪器的技术人员要求较高，需使用氮气，维护成本高，安全性较差，如力合科技（湖南）股份有限公司生产的 LFGC-2012 系列水质分析仪。

此外，中国科学院大连化学物理研究所研发了多孔膜萃取/微捕集-气相色谱法在线测定水中的 VOCs，该技术为科研成果，暂未实际应用。

（c）质子转移反应质谱法。

质谱是利用有机物在高真空环境受到高速电子流或强电场作用，失去外层电子后发生化学键断裂的原理，通过收集和记录磁场中生成的各种碎片离子，实现检测。质谱法在线监测技术的检出限极低、准确度高、能同时检测多类有毒有机污染物，但是该技术对技术人员的要求比气相色谱法更高，需使用氦气，且对环境要求特别高，一旦湿度和温度达不到要求，仪器就可能损害，维护成本非常高。相关研究成果有中国科学院（中科院）设计制作的水中 VOCs 高效萃取的喷雾进样（SI）装置，通过自主研制的质子转移反应质谱仪（PTR-MS）联用的方法实现了对水中乙醛、乙醇、丙酮、二甲苯、乙醚、乙腈等六类 VOCs 快速在线检测。

综合国内外在线监测技术的研究现状发现，光谱法是一种纯物理的光学测量法，往往不需要像传统实验室内检测方法一样使用大量试剂，检测速度快，又不需要花费太多的精力去维护相关的仪器设备，应用前景很大。

3. 连续光谱在线水质分析仪

将分光光度法直接用于水体中有毒有机污染物的监测时，其检出限过高，有些甚至高于《地表水环境质量标准》（GB 3838—2002）的标准限值，因此，对于有毒有机污染物，如具有很强致癌性、水环境残留持久性及沿食物链生物富集放大效应突出的有机污染物（如有机氯农药、有机磷农药、多环芳烃类污染物等）却缺乏相应的在线监测手段，主要还是依靠复杂耗时的样品富集浓缩前处理条件和色谱/质谱联用仪等高端实验室分析仪器，由于方法受复杂、耗时的样品前处理和仪器的限制，此类技术很难应用于在线实时监测，造成了水源地监管的空白区。

法国研发了一款微量有毒有机污染物在线监测仪，该仪器基于在线对微量污染物进行提取和浓缩技术及紫外分光光度法探测污染物的创新技术，可在线监测多环芳烃类、有机磷农药类、三嗪类、苯系物等微量有毒有机污染物。

目前，该技术是国际领先的在线监测和识别微量有机污染的技术，但是，该仪器因主要在法国使用，其配置的监测方法主要针对法国的水质标准中规定的项目（阿特拉津、敌草隆、绿麦隆、微囊藻毒素），不符合我国国情及珠江的污染情况，即该仪器没有配置我国水质标准中规定的监测项目，无法监测。如我国水质标准中的对硫磷、苯、甲苯、乙苯、二甲苯、甲萘威、邻苯二甲酸二丁酯、邻苯二甲酸二（2-乙基己基）酯等，该仪器的配置中均没有。因此，将该仪器应用于珠江三角洲时，需针对当地的污染情况，重新开发研制新的在线监测方法。

1.4 气质联用技术在水环境突发性污染事件中的应用

突发环境污染事件应急技术是近年来国内外十分热门的研究课题。突发性环境污染事件，是指发生突然、污染物在较短时间内大量非正常排放或泄漏，对环境造成严重污染并影响人民群众生命安全和国家财产的恶性事件。其中，水环境突发性污染事件占很大比例，在这类事件中，有机污染占相当一部分，在短时间内了解有机污染物种类及污染程度是处理这类突发性环境污染事件的前提。

气质联用技术可以快速鉴定出多数常见的有机污染物，因此在有机污染应急监测中起着重要的作用。目前我国还没有建立环境应急监测的国家标准和应急监测分析标准方法，通过对气质联用技术快速检测水中挥发性有机物（VOCs）和半挥发性有机物（SVOCs）进行研究，确定一套规范的快速检测方法，有助于使气质联用在水环境突发性污染事件中能快速、准确地监测有机污染物。

1.4.1 水中挥发性有机污染物的快速测定

顶空萃取和吹扫捕集技术适于富集水体中低分子量、易挥发的有机污染物，富集后可进入色谱或色谱/质谱联用仪开展检测。

1. 顶空萃取技术

顶空萃取分析技术具有简单、方便、经济且易于自动化分析的特点，在运用顶空气相色谱法分析检测过程中，使用到的顶空进样器是一种样品前处理仪器。顶空萃取分析被认为是一种“一步到位气体萃取”技术，工作原理是将待测样品置入一密闭的容器中，通过加热升温使挥发性组分从样品基体中挥发出来，在气-液或气-固两相中达到平衡，直接抽取顶部气体进行色谱分析，从而检验样品中挥发性组分的成分和含量。使用顶空进样技术可以免除冗长烦琐的样品前处理过程，避免有机溶剂对分析造成的干扰、减少对色谱柱及进样口的污染。

顶空分析通过样品基质上方的气体成分来测定这些组分在原样品中的含量。显然，这是一种间接分析方法，其基本理论依据是在一定条件下气相和凝聚相（液相和固相）之间存在着分配平衡。所以，气相部分的组成能反映凝聚相的组成。因而，顶空分析就是一种理想的样品净化方法。传统的液-液萃取及固相萃取技术都是将样品溶在液体中，不可避免地会有一些共萃取物干扰分析，况且溶剂本身的纯度也是一个问题，这在痕量分析中尤为重要。而气体作溶剂可以避免不必要的干扰，既可避免在除去溶剂时引起挥发物的损失，又可降低共提物引起的噪声，具有更高的灵敏度和分析速度，对分析人员和环境危害小，操作简便，是一种符合“绿色分析化学”要求的技术手段。

顶空气相色谱法常用于水环境中易挥发组分分析、行人发生交通事故后对其血液中酒精分析、医药投入市场前其残留溶剂的分析、刑事案件中有毒气体和挥发性毒物的认定分析等，这种分析方法可避免水分、高沸点物或非挥发性物质对分析柱造成超载和污染问题，而且操作简单、快速，分析结果与气相色谱一样灵敏、可靠、准确。

在使用顶空气相色谱法做分析试验过程中，需注意以下事项：

（1）进入顶空的载气与气化的样品同时进入气相色谱，所以用于顶空的气体需作净化处理。

（2）顶空瓶中的蒸气压是样品中所有组分的分压之和，如果样品为液体，那么溶剂的蒸气压就决定了顶空瓶内的压力，而溶解的溶质蒸气压（分压）又较小，其与溶剂蒸气压相比可以忽略不计；尤其当溶剂的沸点较低时，溶剂在顶空瓶中的压力就会更大，所以，在选择溶剂时应该尽量选择沸点高的溶剂，以利于待测组分的蒸发。

（3）设置时间需注意，样品充满定量管的时间和进样的时间应足够长。

（4）顶空进样器的压力调节如果是手动，需记录样品加压和载气压力值，以免阀状态的变化引起压力变化。

2. *吹扫捕集技术*

吹扫捕集技术适用于从液体或固体样品中萃取沸点低于 200℃，溶解度小于2%的挥发性或半挥发性有机物。吹扫捕集是将水中的挥发性有机物用惰性气体

（如 N_2 或 He）吹扫转移至气相，携带有机物的气体通过捕集阱时被吸附在捕集阱里，然后烘烤捕集阱将有机物解吸下来，载气将有机污染物载入气相色谱或气相色谱-质谱联用仪进行分离测定。

吹扫捕集技术主要包括三个步骤。

首先，将样品注入可密封的玻璃样品瓶中，对水环境样品而言，通常注入 5mL，但干净的地表水样品或饮用水通常注入 25mL 就能得到足够的监测灵敏度。需使用高纯 He 或 N_2，以恒定的流量、样品温度与时间对样品进行吹扫，从样品基质中吹扫出来的挥发性有机物被吹扫气输送至捕集阱。捕集阱是由多种吸附剂填充的金属管，可置于低温冷阱中，通常用于常温下进行待测挥发性有机物的捕集。捕集阱中的吸附剂通常为活性炭、硅胶吸附剂、Tenax 等。吹扫气体通过捕集阱时，其中的挥发性有机物会被捕集阱吸附浓缩，吹扫气体流过捕集阱排空。

其次，经快速加热捕集阱，将待测组分热解析，然后输送至气相色谱的色谱柱。这一过程要求加热速度快，热解析的温度足够高，而且热脱附时间足够长，可满足待测组分的热脱附需求。载气流速和流量应适当，可满足待解析组分在色谱进样分析前处于窄的进样带状态，经色谱分离后，通常以质谱（MS）或气相色谱的氢火焰离子化检测器（FID）、电子捕获检测器（ECD）进行检测。

最后，为了对接下来的样品进行吹扫捕集分析，要将样品管、吹扫管、捕集阱等部件进行清洗，以排除样品可能的残留物对后续检测造成的误差。通常采用纯水对进样针、样品管、吹扫管进行清洗，用加热的方法对捕集阱烘烤。烘烤过程的载气流动方向与热解析时的流动方向相反，它可以在对样品进行色谱或质谱检测的同时进行。

以对水中 62 种挥发性有机物的吹扫捕集法为例，如图 1-17 所示，从进样吹扫到报告结果的整个检测过程时间小于 25min，检测限在 0.16～0.63μg/L，回收率在 74.1%～115.9%，使用此方法可以同时检测超过 100 种挥发性有机物，可以满足对水中挥发性有机物的应急检测要求。

吹扫捕集条件：Vocarb3000 捕集管，25mL 样品管，水样吹扫时间 11min，解吸温度 250℃，解吸流速 200mL/min，解吸时间 1min，烤焙温度 260℃，烤焙时间 4min。

进样口：150℃，分流比 50∶1。

色谱柱：DB-VRX 毛细管色谱柱（20m×180μm×1.00μm），恒流模式，流量 1mL/min。

程序升温：35℃（保持 3min），以 36℃/min 升温至 190℃（保持 0min），以 20℃/min 升温至 225℃（保持 1min）。

MS：接口 230℃，MS 源 230℃，四极杆 150℃，扫描范围 45～260amu。

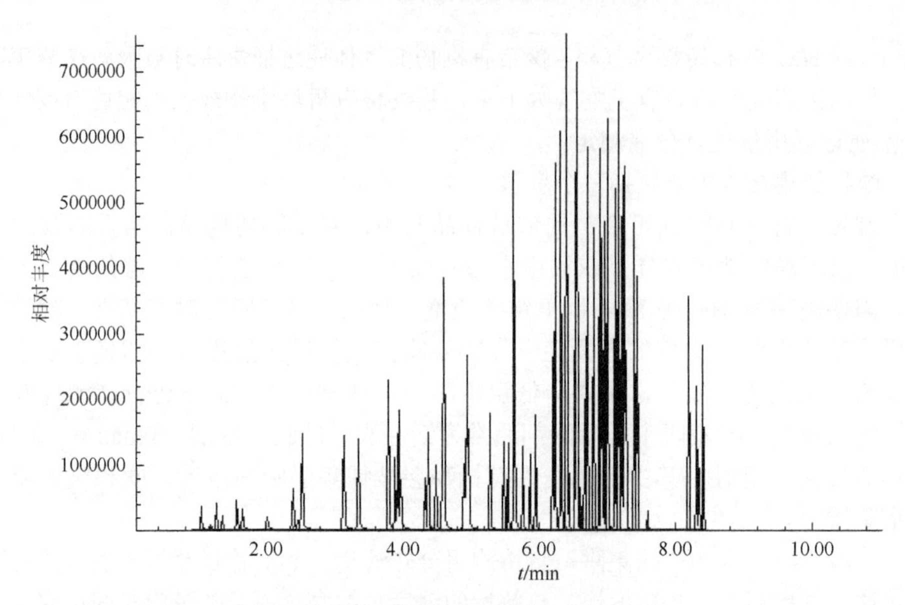

图 1-17 62 种挥发性有机物总离子流图

出峰顺序：二氯二氟甲烷、氯甲烷、氯乙烯、溴甲烷、氯乙烷、三氯一氟甲烷、1, 1-二氯乙烯、二氯甲烷、反-1, 2-二氯乙烯、1, 1-二氯乙烷、顺-1, 2-二氯乙烯、溴氯甲烷、三氯甲烷、2, 2-二氯丙烷、1, 2-二氯乙烷、1, 1, 1-三氯乙烷、1, 1-二氯丙烯、四氯化碳、苯、二溴甲烷、1, 2-二氯丙烷、三氯乙烯、二氯一溴甲烷、环氧氯丙烷、顺-1, 3-二氯丙烯、反-1, 3-二氯丙烯、1, 1, 2-三氯乙烷、甲苯、1, 3-二氯丙烷、一氯二溴甲烷、1, 2-二溴乙烷、四氯乙烯、1, 1, 1, 2-四氯乙烷、氯苯、乙苯、间二甲苯、对二甲苯、三溴甲烷、苯乙烯、1, 1, 2, 2-四氯乙烷、邻二甲苯、1, 2, 3-三氯丙烷、异丙苯、溴苯、丙苯、2-氯甲苯、4-氯甲苯、1, 3, 5-三甲苯、叔丁苯、1, 2, 4-三甲苯、仲丁苯、1, 3-二氯苯、1, 4-二氯苯、4-异丙基甲苯、1, 2-二氯苯、丁苯、1, 2-二溴-3-氯丙烷、1, 3, 5-三氯苯、1, 2, 4-三氯苯、萘、六氯丁二烯、1, 2, 3-三氯苯

3. 痕量挥发性有机污染物的在线分析

质子转移反应质谱（PTR-MS）是一种基于质子转移反应的化学电离源质谱，PTR-MS 分析系统主要由离子源、漂移管和离子检测系统三部分组成，检测前，首先要对 VOCs 分子离子化，即利用母体离子（H_3O^+）与 VOCs 反应，把 VOCs 分子转换成离子，最后通过质量分析器检测 H_3O^+和 VOCs 中 H^+强度的变化，计算出 VOCs 分子的绝对浓度。

水蒸气经过离子源区域，经放电产生 H_3O^+，然后进入漂移管，在漂移管内与待测物在漂移扩散过程中发生碰撞，H_3O^+将质子转移给待测物，并使其离子化。反应如式（1-9）所示，其中 R 表示待测物 VOCs。

$$H_3O^+ + R \longrightarrow H_2O + RH^+ \tag{1-9}$$

该反应有两个主要特点。首先大多数 VOCs（除了 CH_4 和 C_2H_4 等少数有机物）的质子亲和势大于水，空气主要成分 N_2、O_2 和 CO_2 等的质子亲和势小于 H_2O，H_3O^+可与大多数 VOCs 发生质子转移反应，而不与空气成分发生质子转移反应。

因此，用 PTR-MS 检测空气中的痕量 VOCs 时，不受空气中常规组分的干扰，且不需要对样品进行预处理。其次，大多数 VOCs 发生质子转移反应释放的能量不足以使有机物分子产生更多的离子碎片。

检测的一般过程为：离子源产生母体离子 H_3O^+，进入充满空气的漂移管，与空气中的 VOCs 发生离子-分子反应，将 VOCs 转化为唯一的（VOCs）H^+，产生的离子进入漂流管末端的质谱检测器进行检测。

PTR-MS 技术出现十多年来，在环境监测方面得到了广泛应用，在快速检测痕量 VOCs 方面有着成功的应用和广阔的前景。但 PTR-MS 也存在着问题和局限性：质谱扫描只能通过荷质比来区分离子，因此较难区分有机物分子的同分异构体。PTR-MS 因在检测 VOCs 方面具有快速、高灵敏度及高准确性等特点，而被广泛用于大气环境监测、医学研究及食品监控等领域。

1.4.2　水中半挥发性有机物的快速测定

水污染事故的发生是突然的，应急监测应以快速准确地判断污染物种类、污染浓度、污染范围及可能的危害为核心内容。

1. 样品的前处理

对水中半挥发性有机物的检测，其中一个关键技术在于样品的前处理，既要使被富集的污染物种类尽可能多，以免漏检，又要操作简单，快捷高效。常用的前处理方法有液液萃取、固相萃取、固相微萃取等。传统的液液萃取需要的水样和萃取溶剂量大、操作麻烦、重现性差，固相萃取、固相微萃取虽然可以自动化，但仍然需要较长的萃取时间，而液液微萃取具有所用水样量和萃取溶剂量小、萃取时间短等优点。本节选择液液微萃取为水样前处理方法。

取 20mL 水样加入 10μg/L 64 种组分混合，移至带盖玻璃离心管中，加入 300μL 的二氯甲烷，使用振荡混合器以 1800r/min 的速度振荡 2min，经离心机离心分层后，吸取下层萃取液并定容至 100μL，进样检测。前处理时间小于 5min，从液液微萃取到报告结果的整个检测过程时间小于 50min。富集倍数为 200 倍，方法检测限在 0.073～3.1μg/L。回收率在 34.2%～135.5%，平均为 85.9%。实验发现酚类化合物的回收率偏低，平均为 47.4%，原因可能是酚类化合物属于弱酸性物质，水样前处理没有调节 pH 而使得其萃取效果较差。在发生突发性污染时，污染物浓度一般会比较高，因此本前处理方法仍然可以快速定性。

2. 仪器条件

进样口：250℃，不分流。

色谱柱：HP-5MS，30m×250μm×0.25μm；恒压模式，保留时间锁定甲基毒死蜱在16.596min。

溶剂延迟时间：3min。

程序升温：70℃（保持2min），以25℃/min升温至150℃（保持0min），以3℃/min升温至200℃（保持0min），以8℃/min升温至280℃（保持10min）。

MS：接口280℃，MS源230℃，四极杆150℃，扫描范围50～550amu。

按此色谱条件检测的结果可以使用解卷积报告软件DRS和农药数据库对926种农药和内分泌干扰物进行定性筛查，使用内标法校正时即使没有标准品也可得到定量结果。本节对64种半挥发性有机物混合标准进行检测，其中*N*-亚硝基二甲胺在溶剂延迟时间内出峰而漏检，标准谱图见图1-18。此色谱条件对样品的仪器检测时间约为40min。

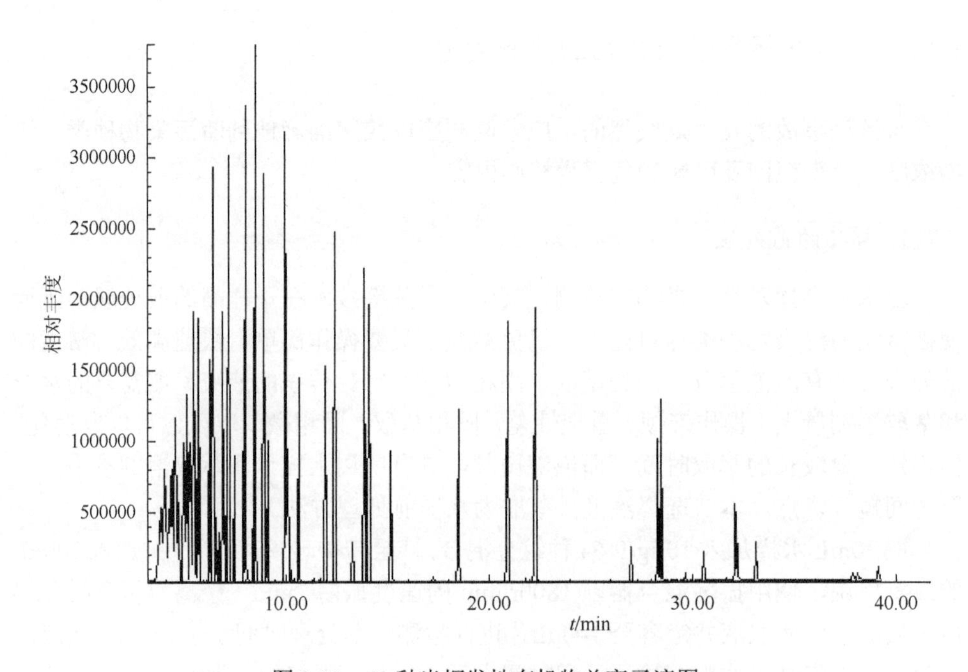

图1-18　63种半挥发性有机物总离子流图

出峰顺序：苯酚、双（2-氯乙基）醚、2-氯苯酚、1, 3-二氯苯、1, 4-二氯苯、1, 2-二氯苯、2-甲酚、双（2-氯异丙基）醚、4-甲酚、*N*-亚硝基二正丙胺、六氯乙烷、硝基苯、异佛尔酮、2-硝基苯酚、2, 4-二甲基苯酚、双（2-氯乙氧基）甲烷、2, 4-二氯苯酚、1, 2, 4-三氯苯、萘、4-氯苯胺、六氯丁二烯、4-氯-3-甲基苯酚、2-甲基萘、六氯环戊二烯、2, 4, 6-三氯苯酚、2, 4, 5-三氯苯酚、2-氯萘、2-硝基苯胺、邻苯二甲酸二甲酯、苊烯、2, 6-二硝基甲苯、3-硝基苯胺、二氢苊、2, 4-二硝基苯酚、4-硝基苯酚、二苯并呋喃、2, 4-二硝基甲苯、芴、邻苯二甲酸二乙酯、4-氯苯基苯醚、4-硝基苯胺、4, 6-二硝基邻甲酚、偶氮苯、4-溴联苯醚、六氯苯、五氯苯酚、菲、蒽、咔唑、邻苯二甲酸二正丁酯、荧蒽、芘、丁基苄基邻苯二甲酸酯、苯并（a）蒽、䓛、双（2-乙己基）邻苯二甲酸酯、邻苯二甲酸二正辛酯、苯并（b）荧蒽、苯并（k）荧蒽、苯并（a）芘、茚并（1, 2, 3-cd）芘、二苯并（a, h）蒽、苯并（ghi）苝

3. 讨论

吹扫捕集-气质联用法快速、简便、高效，本节所用方法能在25min内完成检测，基本满足对水中挥发性有机物的应急检测要求。

水样的前处理是水中半挥发性有机物检测的关键技术之一，选择液液微萃取，5min内完成水样的前处理，获得了较好的结果，但存在酚类化合物回收率低，所用的萃取剂二氯甲烷挥发性较强等缺点，因此有进一步完善的必要。

对水中半挥发性有机物的检测，使用有关数据处理技术，不但可以对近千种污染物进行定性筛查，而且以内标法校正时即使没有标准品也可得到定量结果；对色谱条件进行优化可以在更短时间内完成检测。

使用便携式气质联用仪直接在现场进行监测，能极大地提高应急监测的效率。

气质联用技术本身存在一定的局限性，如不能直接检测热不稳定和不挥发有机物、存在错检和无法鉴定的有机物、溶剂延迟造成部分有机物的漏检等，因此在应急监测中还需要分析者结合实际情况，充分利用各种手段和设备进行分析鉴定。

1.4.3　受污染水体中未知药物和个人护理品的筛查和定量分析

随着区域经济和社会的快速发展，许多毒性污染物经各种生产、使用环节进入水源区内的水环境中，造成了公众对于水质、水生态安全性状况的质疑。虽然这些污染物对化学需氧量、氨氮等常规水质控制指标的贡献不大，但其对水环境产生的危害性却是长期的。例如，抗生素的长期服用会引起人体的耐药性，还有许多其他微量污染物具有高致畸、致癌和致突变影响，但绝大多数水厂由于各种原因尚不具备处理这些微量毒性污染物的条件。

本研究使用超高效液相色谱-串联四极杆飞行时间质谱（UPLC-Q-Tof）和超高效液相色谱-串联三重四极杆质谱（UPLC-MS/MS）完成某流域受污染水体样中未知药物和个人护理品（pharmaceutical and personal care products，PPCPs）的筛查和定量分析。

1. 实验部分

1）样品采集

某区域2014年12月开展抗生素监测的测点布设见表1-5。

表1-5　监测断面信息

断面编号	监测断面	断面编号	监测断面	断面编号	监测断面
A1	水厂取水泵站	B1	干流饮用水水源地	B3	污水厂下游干流1km
A2	干流渡口	B2	汇流口	B4	污水厂排污口

续表

断面编号	监测断面	断面编号	监测断面	断面编号	监测断面
C1	石马河	D2	污水处理厂排污口	D6	某城市水厂
C2	饮用水水源地	D3	污水处理厂下游干流 1km	E1	干流泵站
C3	深圳河	D4	城区水道水厂	E2	水产养殖区
D1	某城市码头	D5	水源取水口		

2）样品前处理

首先将 1L 水样以 10mL/min 的流速上样到两个上下叠加的 Oasis MAX 和 Oasis MCX 固相萃取柱小柱上。上样完成后，将两个小柱分开，分别进行处理。Oasis MAX 小柱用 5mL 5%的氨水溶液进行淋洗后，用 5mL 甲醇和 5mL 含 2%甲酸的甲醇溶液依次进行洗脱，分别得到中性 PPCPs 和酸性 PPCPs。Oasis MCX 小柱用 2%的甲酸淋洗后，用 5mL 含 2%氢氧化铵的甲醇进行洗脱，得到碱性 PPCPs。合并所有洗脱液，在 60℃下，用温和氮气吹干。将干燥后的提取物复溶于 900μL（2×450μL）10mmol/L 的甲酸铵溶液中，并向其中加入 100μL 内标混合物，使其达到 1.0μg/L 浓度。

基质校准标准液制备：水样的富集、洗脱、收集、吹干步骤同上。将干燥后的提取物复溶于 800μL（2×400μL）10mmol/L 的甲酸铵溶液，向其中加入 100μL 内标混合物后，加入 100μL 不同浓度 PPCPs 的 10mmol/L 甲酸铵溶液，形成不同浓度的基质标准溶液（基质标准溶液浓度分别为 0.1μg/L、0.2μg/L、0.25μg/L、0.5μg/L、1.0μg/L、2.0μg/L、2.5μg/L 和 5.0μg/L）。有 13 种化合物的检测限较高，它们的分析范围为 1.0～50.0μg/L，这 13 种化合物分别是头孢氨苄、西诺沙星、可待因、皮质酮、双氯青霉素、红霉素、吉非罗齐、布洛芬、酮洛芬、萘普生、托芬那酸、去炎松和华法林。内标混合物由 3 种同位素标记标准品（西咪替丁-d3-*N*-甲基-d3、氯苯那敏-d6-马来酸盐-*N*, *N*-二甲基-d6 和吉非罗齐-d6-2, 2-二甲基-d6）组成，均购自 C/D/N/ISOTopes Inc。

3）仪器与试剂

Milli-Q 超纯水仪（美国 Millipore 公司）；ACQUITY UPLC I-Class（美国 Waters 公司）；XevoTQ-S 三重四极杆质谱（美国 Waters 公司）；Oasis MAX 固相萃取柱（6mL，150mg）；Oasis MCX 固相萃取柱（6mL，150mg）；0.22μm 有机微孔滤膜。

甲醇：质谱级（美国 Fisher 公司）；乙酸，乙酸铵：色谱纯（Sigma 公司）。

4）分析方法

色谱条件。色谱柱：ACQUITY UPLC HSS T3（2.1mm×100mm，1.8μm）；流动相 A：10mmol/L 甲酸铵的水溶液（pH = 3.2）；流动相 B：10mmol/L 甲酸铵（pH = 3.2）

的甲醇溶液；梯度条件：0～5min，5%A～95%A；5～5.1min，95%A～5%A；5.1～8min，5%A～5%A；流速：0.45mL/min；柱温：45℃；进样量：100μL。

质谱条件。离子化模式：ESI + /–；毛细管电压：3.0kV；离子源温度：150℃；脱溶剂气温度：500℃；脱溶剂气流量：1000L/h；MRM（多反应离子监测模式）运用 Quanpedia 数据库中录入的方法。

2. 数据处理和结果分析

使用 Xevo G2-XS QTof 采集 MSE 的数据，使用 UNIFI 科学信息管理系统进行处理。在 UNIFI 中，数据经过峰顶检测和校准处理算法处理（具体见 9.5.3 节）。

1.5　车载式 ICP-MS 在水环境突发性污染中的应用

1.5.1　全元素分析能力

当前 ICP-MS 能胜任极低的检测限（ng/L～μg/L）要求，从而满足《生活饮用水卫生标准》（GB 5749—2006）中无机元素的所有测试要求。除此之外，ICP-MS 的检测范围支持扩展，可满足环保行业标准《水质 65 种元素的测定 电感耦合等离子体质谱法》（HJ 700—2014）水中 65 种元素检测。目前国内有较先进的车载式 ICP-MS 型号，如杭州谱育科技发展有限公司的 supec 7000，其仪器检出限指标详见表 1-6。

表 1-6　supec 7000 仪器检出限指标

元素	国标限值/(μg/L)	检出限/(μg/L)	标准出处
^{9}Be	2	0.0016	GB 5749—2006《生活饮用水卫生标准》
^{11}B	500	0.0280	GB 5749—2006《生活饮用水卫生标准》
^{23}Na	200000	0.9696	GB 5749—2006《生活饮用水卫生标准》
^{27}Al	200	0.3780	GB 5749—2006《生活饮用水卫生标准》
^{51}V	50	0.0055	GB 3838—2002《地表水环境质量标准》
^{52}Cr	50	0.0443	GB 5749—2006《生活饮用水卫生标准》
^{55}Mn	100	0.0642	GB 5749—2006《生活饮用水卫生标准》
^{54}Fe	300	0.7856	GB 5749—2006《生活饮用水卫生标准》
^{59}Co	1000	0.0173	GB/T 14848—2017《地下水质量标准》
^{60}Ni	20	0.7534	GB 5749—2006《生活饮用水卫生标准》
^{65}Cu	1000	0.0594	GB 5749—2006《生活饮用水卫生标准》

续表

元素	国标限值/(μg/L)	检出限/(μg/L)	标准出处
^{66}Zn	1000	0.6661	GB 5749—2006《生活饮用水卫生标准》
^{75}As	10	0.0098	GB 5749—2006《生活饮用水卫生标准》
^{82}Se	10	0.2086	GB 5749—2006《生活饮用水卫生标准》
^{98}Mo	70	0.0160	GB 5749—2006《生活饮用水卫生标准》
^{107}Ag	50	0.1947	GB 5749—2006《生活饮用水卫生标准》
^{114}Cd	5	0.0023	GB 5749—2006《生活饮用水卫生标准》
^{121}Sb	5	0.0130	GB 5749—2006《生活饮用水卫生标准》
^{137}Ba	700	0.0460	GB 5749—2006《生活饮用水卫生标准》
^{202}Hg	1	0.1793	GB 5749—2006《生活饮用水卫生标准》
^{205}Tl	0.1	0.0015	GB 5749—2006《生活饮用水卫生标准》
^{207}Pb	10	0.0449	GB 5749—2006《生活饮用水卫生标准》

1.5.2　快速分析能力

（1）23 种全元素同步分析《生活饮用水卫生标准》（GB 5749—2006），单次分析时间 70s，其中 20s 样品提取，30s 数据采集（单次扫描时间约 10s，常规定量为 3 次扫描），20s 样品冲洗。

（2）单元素分析，单个样品分析时间小于 45s，其中样品提取 20s，数据采集 5s，样品冲洗 20s。

1.5.3　快速筛查能力

ICP-MS 特有的半定量功能，只要在正常分析时增加额外若干秒的时间采集一张全谱图就可以得到全元素的半定量结果。在未知污染源，或者已知主要污染元素排查可能存在伴生污染的情况下，快速筛查可以很好地发挥作用（表 1-7）。

表 1-7　全谱扫描参数设置

起始质量数	终止质量数	驻留时间/ms	通道数/amu	分辨率
4.59	11.41	0.6	10	标准
22.59	27.41	0.6	10	标准
28.59	29.41	0.6	10	标准
30.59	31.41	0.6	10	标准

续表

起始质量数	终止质量数	驻留时间/ms	通道数/amu	分辨率
32.59	33.41	0.6	10	标准
38.59	39.41	0.6	10	标准
42.59	79.41	0.6	10	标准
80.59	245.5	0.6	10	标准

1.5.4　车载 ICP-MS 紧急应对锑（Sb）污染事件

2015 年 11 月 28 日，某锑业有限责任公司尾矿库发生的尾砂泄漏造成跨省水污染。水质采样分析的结果显示，检出特征污染物锑超标 18.6 倍。

车载式 ICP-MS 现场作用：

（1）污染源上游水监控；

（2）自来水厂工艺过程优化；

（3）自来水厂过程水监控；

（4）应急井和其他自来水水源监控。

移动监测车根据应急事故的发展负责将仪器运输至测试点开展现场测试，由于测试频率较高（峰值 1 次/0.5h）且取样方便，采用就近取水的原则布置监测。

1. 现场测试数据

1）方法检出限与定量限

车载 ICP-MS 的检出限和定量限如表 1-8 所示。

表 1-8　车载 ICP-MS 的检出限和定量限

元素	检出限/(μg/L)	定量限/(μg/L)	元素	检出限/(μg/L)	定量限/(μg/L)
^{9}Be	0.011	0.036	^{65}Cu	0.086	0.286
^{11}B	0.132	0.441	^{66}Zn	0.096	0.319
^{48}Ti	0.026	0.088	^{75}As	0.071	0.235
^{51}V	0.059	0.197	^{98}Mo	0.056	0.188
^{52}Cr	0.087	0.291	^{114}Cd	0.010	0.033
^{55}Mn	0.010	0.032	^{121}Sb	0.009	0.029
^{54}Fe	0.831	2.771	^{137}Ba	0.048	0.159
^{59}Co	0.008	0.028	^{205}Tl	0.003	0.009
^{60}Ni	0.038	0.127	^{207}Pb	0.027	0.090

2）全流程水样分析数据

表 1-9 的数据是事故发生后从河流源头水到出厂水的全流程、全元素的测定结果范例。其中 Na、Ca 由于浓度较高未检测。

表 1-9　河流源头水到出厂水的全流程、全元素的测定结果　（单位：μg/L）

样品名	^{9}Be	^{11}B	^{27}Al	^{51}V	^{52}Cr	^{55}Mn	^{54}Fe	^{59}Co	^{60}Ni	^{65}Cu
源头水	0	12.145	16.269	0	1.0713	10.965	1100.9	0	0.8123	0
取水口	0	13.307	16.156	0	1.1308	10.308	1153.6	0	0.7903	0
配水井	0	10.716	19.371	0	0.3403	10.492	1063.6	0	0.8733	0
沉淀后水	0	8.9139	11.959	0	0.0679	31.577	13.79	0	1.1975	0
滤后水	0	8.681	17.787	0	0.1214	27.463	12.88	0	1.3542	0
出厂水	0	5.261	12.523	0	1.5175	1.6815	12.47	0	1.3366	0

样品名	^{66}Zn	^{75}As	^{82}Se	^{98}Mo	^{107}Ag	^{114}Cd	^{121}Sb	^{137}Ba	^{202}Hg	^{205}Tl	^{207}Pb
源头水	0	1.7758	0.4929	1.3282	0.039	0.1035	11.3106	63.397	0	0.0228	0.049
取水口	0	2.022	0.7076	1.7648	0.0395	0.0635	10.3675	70.944	0	0.0224	0.0443
配水井	0	1.5201	0.685	1.5712	0.0359	0.0877	7.1596	62.746	0	0.0184	0.1339
沉淀后水	0	0.1202	0.6336	1.5023	0.0341	0.0709	2.5388	57.579	0	0.0224	0.0955
滤后水	0	0.1764	0.2884	1.4715	0.0353	0.0714	2.1644	58.082	0	0.0207	0.1019
出厂水	0	0.3683	0.8942	1.8895	0.0389	0.0148	1.9343	136.94	0	0.0029	0.0185

3）Sb 元素定量线性

Sb 的限值为 5μg/L，选取 0μg/L、2.5μg/L、5μg/L、10μg/L、15μg/L、20μg/L 标准曲线，$R>0.9999$，相对误差均小于 5%。

4）Sb 元素准确度

住房和城乡建设部（住建部）规划院采用质控样品对广元市环境保护局、广元市疾病防治控制中心和车载 ICP-MS 进行比对，车载 Expec 7000 的测试数据 EN 值为 0.1，效果非常理想（EN 值 = 测量偏差/不确定度，小于 1 为满意）。

2. 车载 ICP-MS 现场使用情况

1）连续分析模式

事故现场测试要求 24h 不间断连续监控水质，因此采取了两瓶氩气交替更换的方式，保证仪器能够连续工作。仪器点火后，一次运行连续测样时间超过 3 天（72h），运行状态良好。

2）仪器快速开机时间测试

仪器在冷机状态下启动，经过开机抽真空，经过半小时后真空度到达 10^{-7}Torr

（1Torr = 1.33322×10^2Pa），然后立即执行点火命令，随即开始建立标准曲线，从而进入正常的样品分析流程。整个开机准备到仪器预热的全过程小于40min。由此可见，Expec 7000经过专项设计，不仅可以满足长途运输的需求，而且具备快速抽真空、信号快速稳定的特点，加之ICP-MS仪器引入内标的方便性，可以克服外界环境温湿度对信号的影响，因此能够很好地满足现场应急测试要求。

3）标线使用时长测试

定量曲线建立后，连续进行进样分析，每1h进行质控样分析（Sb，浓度为25μg/L），以质控样偏离10%作为定量曲线失效重新进行定量曲线建立的标准。现场实际测试过程中，标线使用时间超过24h，即每天只需要建线1次即可满足全天数十个批次的定量需求（图1-19）。

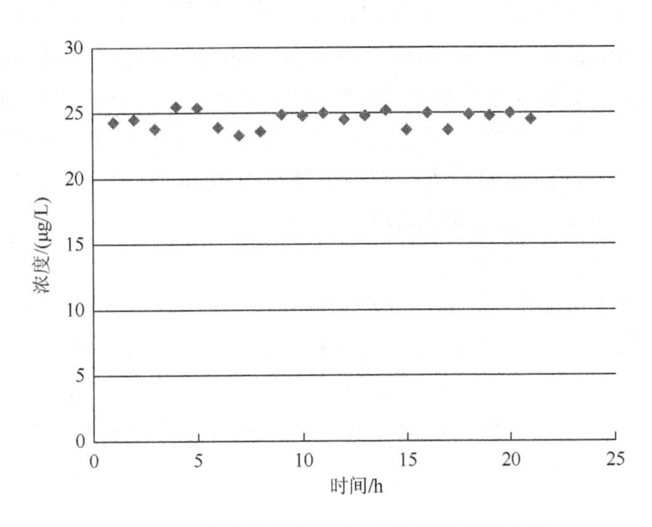

图1-19 仪器连续运行的质控样数据稳定性

1.6 水库的富营养化水质特征研究

水库是一种由人工筑坝形成，介于河流和湖泊之间的半自然生态系统，随着淡水资源的短缺及用水量的增加，水库的供水功能日益重要，已成为缓解供水压力的重要水源，但是随着社会的发展，污染排放增加，水库普遍存在富营养化问题，而且水体富营养化有加剧的趋势，供水水质退化较为明显。水体富营养化的直接表现为浮游植物的大量繁殖及少数浮游植物种类的绝对优势度，以及水华的大规模暴发。因此，水库富营养化成为供水过程中的重要议题。

1）研究方法

采样对象为珠海市的南屏水库和大镜山水库两座连通调水水库（表1-10），水库取水口均在磨刀石水道中的平岗/广昌泵站。该库区属南亚热带季风气候，年平均气温为 26℃，有明显的枯水期（10 月～次年 3 月）和丰水期（4 月～9 月）。

表 1-10　南屏、大镜山水库基本情况

基本情况	大镜山水库	南屏水库
库容/万 m^3	1053	574
集雨面积/km^2	5.95	2.36
建库时间	1975 年	1993 年
水库类型	中型	小型

采样时间为 2006～2008 年，每月采样一次，采样点设在大坝处。采样指标包括总氮（total nitrogen，TN）、总磷（total phosphate，TP），以及藻类丰度。在水下 0.5m 处打水，装在白色 500mL 玻璃瓶中，用于分析总磷、总氮指标，所用分析方法分别为国家标准《水质 总磷的测定 钼酸铵分光光度法》（GB 11893—1989）和《水质 总氮的测定 碱性过硫酸钾消解紫外分光光度法》（GB 11894—1989）；藻类丰度直接用藻类测定仪现场测定。

2）数据分析与水文数据对比

全部数据用 Excel 作图，并用 SPSS 做方差分析和相关性分析，南屏水库和大镜山水库水文数据年季间相差不大。2008 年和 2009 年数据分析（图 1-20）结果显示，南屏水库和大镜山水库的降雨量相差并不大，全年降雨量主要集中在丰水期，枯水期降雨量较小，但南屏水库和大镜山水库的水力滞留时间却有显著性差异（$P<0.05$），大镜山水库的水力滞留时间远远高于南屏水库。

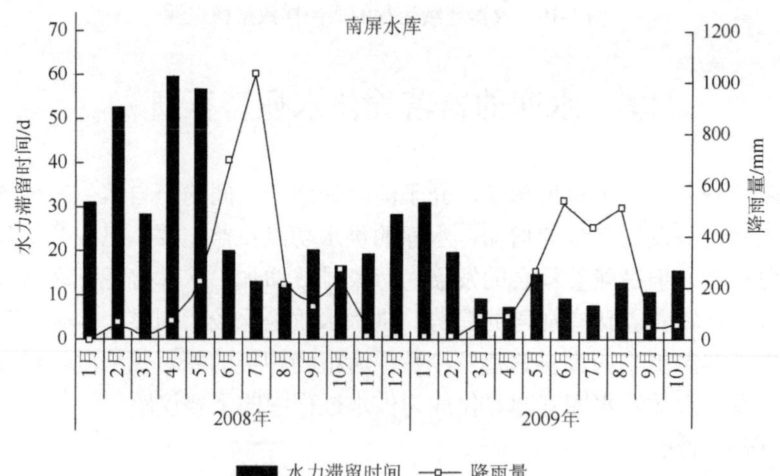

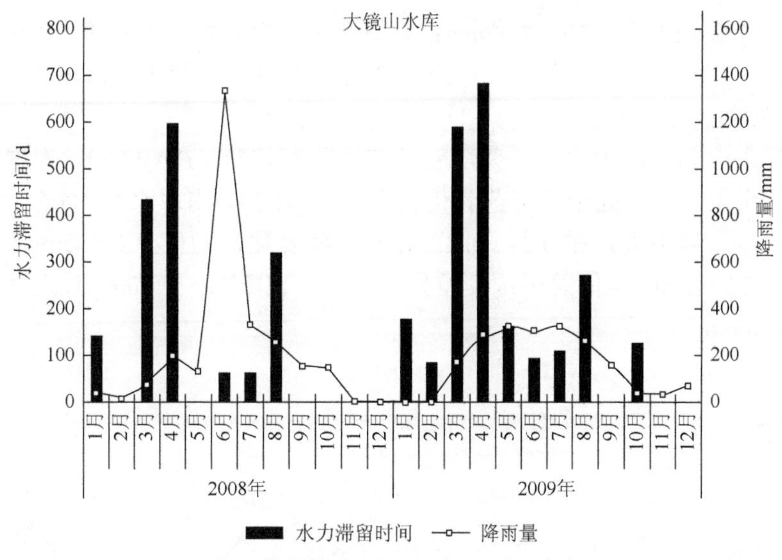

图 1-20　南屏水库和大镜山水库水文数据

3）总氮的数据对比

南屏水库和大镜山水库总氮浓度有显著性差异（$P<0.05$），南屏水库远高于大镜山水库，但两个水库总氮浓度均处于富营养化状态（图 1-21）。南屏水库 2006～

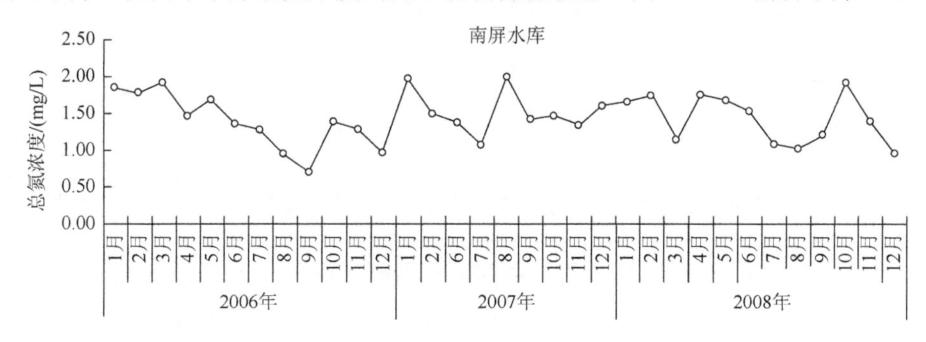

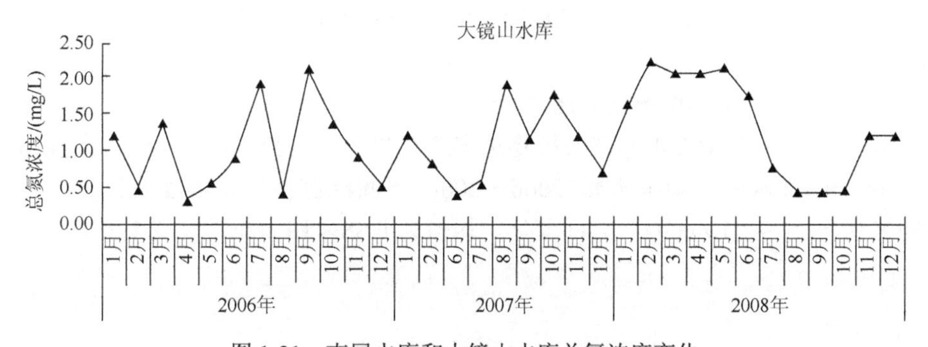

图 1-21　南屏水库和大镜山水库总氮浓度变化

2008 年间总氮浓度在 0.72～2.02mg/L 之间变化，均值为 1.47mg/L。大镜山水库 2006～2008 年间总氮浓度在 0.32～2.1mg/L 之间变化，均值为 1.14mg/L。

4）总磷的数据对比

南屏水库和大镜山水库总磷浓度没有显著性差异（$P>0.05$），南屏水库稍高于大镜山水库，均处于中富营养化状态（图 1-22）。南屏水库 2006～2008 年间总磷浓度差异不大，在 0.01～0.12mg/L 之间变化，均值为 0.035mg/L；大镜山水库 2006～2008 年间总磷浓度差异也不大，在 0.01～0.10mg/L 之间变化，均值为 0.03mg/L。

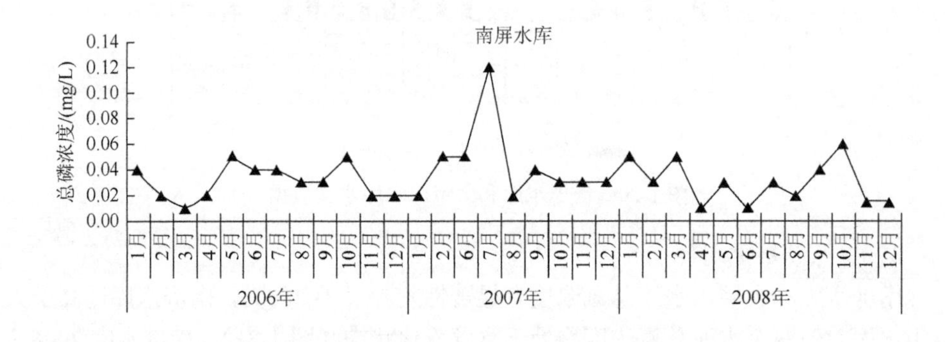

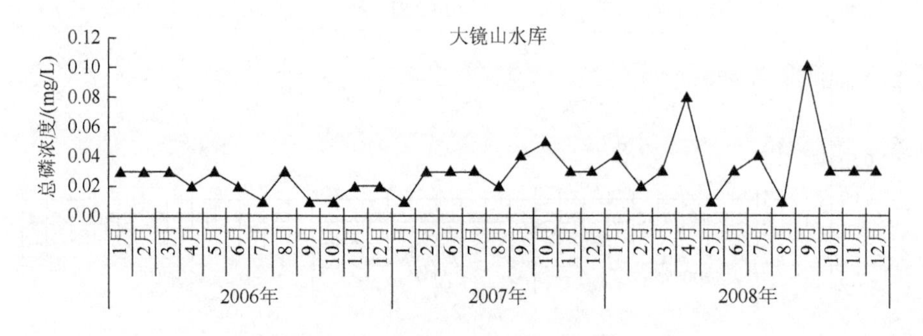

图 1-22　南屏水库和大镜山水库总磷浓度变化

5）浮游植物总丰度数据对比

南屏水库和大镜山水库浮游植物总丰度有显著性差异（$P<0.05$），大镜山水库远高于南屏水库。南屏水库 2006～2008 年间浮游植物总丰度差异不大，在 0.34×10^6～24.9×10^6cells/L 之间变化，均值为 6.88×10^6cells/L（图 1-23）。

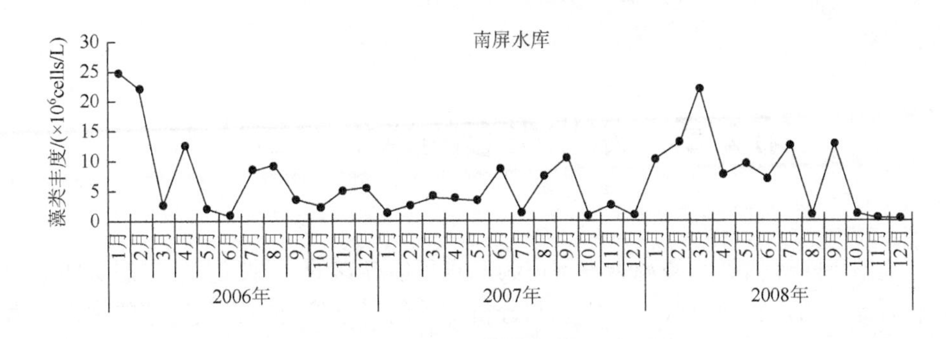

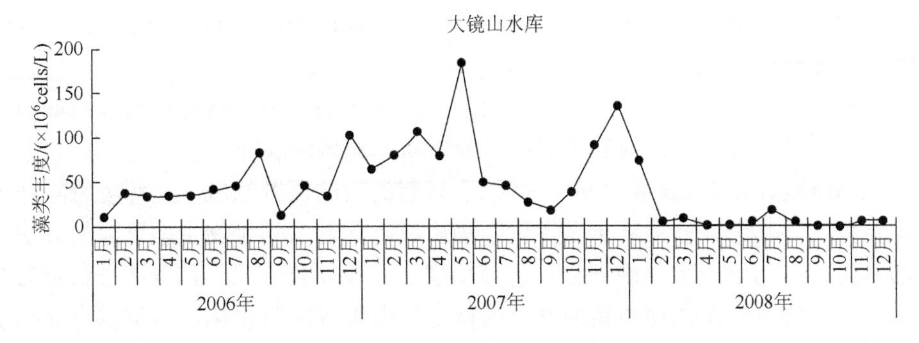

图 1-23　南屏水库和大镜山水库浮游植物丰度变化

大镜山水库 2006～2008 年各年间浮游植物总丰度有显著性差异（$P<0.05$），在 0.23×10^6～182×10^6cells/L 之间变化，均值为 43.5×10^6cells/L。

南屏水库富营养化状态高于大镜山水库，但其浮游植物总丰度却显著低于大镜山水库（$P<0.05$）。这两座水库的浮游植物总丰度与总氮、总磷均无显著相关性（$P>0.05$），与水力滞留时间有显著相关性（$R=0.375$，$P<0.05$），也就是说，水力滞留时间是造成南屏水库浮游植物总丰度显著低于大镜山水库的主要原因。

6）结论

水力滞留时间是造成南屏水库和大镜山水库浮游植物丰度明显不同的主要原因。当水库富营养化状态严重时，水力滞留时间的缩短有助于浮游植物丰度的降低。

第2章　水生生态的风险评估技术

生态风险评估是水资源管理部门为应对可能存在的一种或多种生态负面效应影响而提出的，它通过收集、组织和分析有关的科学信息，评估所谓的生态压力因子以使得流域水资源的管理和决策更加合理、更加科学（Brain et al.，2006；Gomez-Gutierrez et al.，2007；Jin et al.，2012；Naito et al.，2002；Solomon et al.，1996；Solomon et al.，2013）。

生态风险评估过程基于两个基本要素：污染物的环境暴露特征与风险如何表征。其重要阶段有三个，问题的提出、分析问题和风险表征。

生态风险评估是20世纪90年代以后兴起的新的研究领域，是环境风险评价的重要分支，其中评估暴露于有毒化学物质或农药的水生生物生态风险的方法由三部分组成：①筛查级风险评估；②使用现有数据量化在第一部分中被认定为有潜在重要性的风险；③使用新的站点的特定数据进行风险量化。本章重点介绍了二级评估中的物种效应分布的发展，导出了潜在概率和物种敏感性分布（SSDs）的数学模型，并进行了详细的描述；讨论了环境预测浓度（expected environmental concentrations，EEC）和物种衍生风险分布的开发和使用。本章就两个案例研究的数据，说明了SSDs在评估水生生态方面的应用。在美国犹他州约旦河的案例研究中，涉及点源排放到废水处理厂的流中，使用该方法的风险评估软件被用于计算，然后应用于对氨、银和汞进行基于风险的排放限值计算。结果表明几乎所有污水都是由氨造成的。在1996年，除了两个月外，污水按照基于风险的排放限值进行排放。在1月和9月，有6%～7%的约旦河水生生物可能会受到氨的慢性毒性的不利影响，因而排水限值超过约旦河水生生物的风险较小。在没有点源危害性风险的第二个案例研究中，首先通过筛查及风险评估确定美国得克萨斯州的萨拉多河需要检查的毒害性化学物质，确定出二嗪农为具有最大风险的污染物，因此在使用该方法的风险评估软件进行概率风险评估的过程中，对该化学物质进行了监测检查。结果表明，萨拉多河有高达11%的淡水水生生物种群和13%的节肢动物可能会受到二嗪农的慢性毒性的影响。因此，Parkhurst等（1996）描述的方法及实测数据，可用于对流域内水生生物的生态风险进行定量化的评估。

2.1　风险评估技术的研究进展

水生生态风险评估方法是由美国水环境研究基金会（Water Environment

Research Foundation，WERF）首先发起并开展的，该方法旨在给各监管机构或受监管机构保护的社区成员进行有毒化学物质评价和农药对水生生态系统的影响评价时使用，主要包括：

（1）新的污染点源或非点源的化学物质；

（2）改善废污水处理厂工艺时；

（3）现有废水处理设施的排放量出现增加或减少排放情况时；

（4）农药释放的种类与总量改变时；

（5）修订出台更严格或宽松的水质标准规范时；

（6）清理或修复危险废弃物的现场时。

水生生态风险的评估过程一般包括三个阶段：第 1 阶段，风险评估的筛查阶段（screening-level risk assessment，SLRA）；第 2 阶段，使用现有数据量化在第一部分中被认定为有潜在重要性的风险；第 3 阶段，划定相关风险区域并对相关数据值进行风险量化。

在风险评估过程中，每个风险评估阶段均包括风险源解析、环境暴露评估、生态受体表征和生态效应表征、风险表征和风险管理的具体方法。表 2-1 已对风险评估流程各阶段的情况进行了概述，指出了不同风险评估内容之间的差异。

表 2-1　水环境的风险评估技术流程

名称	第 1 阶段	第 2 阶段	第 3 阶段
风险源解析	用已有数据，辨识出 COPC、污染源和污染物的载体	同第 1 阶段	收集污染源的毒害性污染物的新数据
环境暴露评估	用已有数据、物料平衡模型和各类污染物的浓度预测 EEC 的急性与慢性浓度值	做现场监测；也可以基于时空变化数据，经迁移转化模型预测各类污染物的概率分布，并根据水环境中的污染物浓度，评价其生物的可利用程度	收集新的基于时空变化的监测数据，经迁移转化模型分析以获得污染物的概率分布；使用当地的数据模型，评估当地污染物的生物可利用性
生态受体表征	推测不同水生生物物种、不同营养级的生态群落的生存现状，生态系统的完整性是否良好	基于已有数据，表征当地土著物种种类、数量和种群状况	基于已有数据和新获得数据，表征土著物种种类、数量和种群状况
评估终点	生存、成长、水生种群的繁殖和生物富集毒害性污染物的情况	当地水生生物种群的生存、成长或繁殖率的数值和种群结构	同第 2 阶段
测试终点	急性毒性实验、慢性毒性实验、生物富集实验	收集通用的或当地的参数：急性毒性数据、慢性毒性数据、生物富集性、生物种类、生物数量、种群数量	仅收集当地的参数：急性毒性数据、慢性毒性数据、生物富集性、生物种类、生物数量、种群数量
生态效应表征	运用水环境质量标准、国际公认的一些毒理学数据库（如 AQUIRE）、QSAR 或 BCFs 推算毒理学和生物富集方面的数据	构建每种化学物质的浓度与物种受影响比例间的关系模型，此模型可以是通用型或当地专用型	同第 2 阶段

续表

名称	第 1 阶段	第 2 阶段	第 3 阶段
风险表征	经不确定分析后，EEQ = EEC/水环境质量标准； 急性 EEQ＞0.3， 慢性 EEQ＞0.3， 总风险 = 各种化学物质 EEQ 值的总和	检验 EEC 值和生态效应的标准值之间的差别，综合进行暴露评估、受影响生物物种的比例和不确定度分析	同第 2 阶段，用当地生物富集和原位毒性测试实验验证风险评估的有效性
风险管理	评估开展生态修复、生态风险、生态风险评价工作的经费需求，对各类 COPC 的生态风险结论进行优化，进入第 2 阶段	评估开展生态修复、生态风险、生态风险评价工作的经费需求，对各类 COPC 的生态风险结论进行优化，进入第 3 阶段	评估开展生态修复、生态风险和风险评价工作的经费需求

本章重点介绍了第 2 阶段风险评估中物种影响分布的发展情况，并对水生生态风险评估的第 1 和第 3 阶段实施方法做了简要阐述。

2.1.1 第 1 阶段：筛查排序及风险评估

第 1 阶段旨在成为风险评估过程中最具成本优势、环保效益和科技含量的阶段，SLRA 一方面辨识了那些具有潜在风险的有毒化学物质，另一方面消除了风险微不足道的潜在风险，进而识别出水生生态系统潜在的重大风险。第 1 阶段对入河排污口、受纳水体、排放物、沉积物和水生生物体中，单一或混合化学物质的潜在毒害性效应开展了评估，这一阶段还对其他类的风险源，如识别出的具有或多或少风险的生态受体、相关的遗迹（区域或栖息地），进行风险分级。

开展 SLRA 第 1 阶段有关水生生态资源及水生生态的风险评估（the aquatic ecological risk assessment，AERA）工作，应满足以下 4 个前提条件：

（1）水生生态的暴露场应包括最差的情况（即在最敏感物种存在的条件下，污染物的最大浓度水平）。

（2）化学物质浓度应该都是可被生物吸收和利用的，即应为生物体的可利用浓度。

（3）多样化、多营养级的生态体系，应是当地的、完整的水生生态系统。

（4）应严格执行有关水生生态系统保护的相关水环境质量标准或监管要求。

水生生态风险评估工作第 1 阶段要求确证水体中的有毒化学物质必然会对水生生物物种的生存、生长或繁殖产生显著的不利影响，或者在生物体内有显著的生物累积。那么，通过比较水体和沉积物中化学物质的 EEC 与急性和慢性生态风险基准（ecological risk criteria，ERC），并通过使用生物浓缩因子计算水生生物中的化学物质浓度，就能测试该阶段水生生态系统受到的生态风险。

第 1 阶段的风险表征用 EEC 除以 ERC 得到的商值进行表达，若商值大于 1，就表示水生生物存在潜在风险。对暴露浓度和风险标准采用保守数值，有助于减少或消除有毒有害化学物质对水生生态系统产生生态风险的机会。

生态风险评估的第 1 阶段，会给出存在潜在生态风险的需关注化学物质（chemicals of potential concern，COPC）名录、全部样品所包含的每种化学物质风险商、具体的实施方法、相关数据及预测管理方案，化学物质名录的排序分级方案主要由它们所构成潜在风险的大小决定。

2.1.2　第 2 阶段：用现有数据进行定量风险分析

AERA 的第 2 阶段，为第 1 阶段确定的每个 COPC 提供定量化的概率风险评估。在第 2 阶段，数据需经过更严格的评估，以便能更准确地估计给定化学物质构成的生态风险。第 2 阶段共包含了三类具有潜在风险且需予以关注的化学物质：①明显不构成风险；②确定会形成水环境污染风险，且需进行风险管理和环境修复的化学物质；③可能构成或不构成重大的生态风险，需要进一步研究和收集数据的。因此，第 2 阶段与第 1 阶段的不同之处在于：

（1）推测和假设的因素减少了；

（2）仅考虑第 1 阶段筛选中未排除的 COPC；

（3）风险的计算是源于产生不利生态效应的概率；

（4）水生生态风险是根据受有毒化学物质影响生物的种或属的百分比来量化的；

（5）特定区域受毒害性污染物影响的生物受体、不断变化的生态风险基准和水质基准等，都应适时地进行风险分析；

（6）采用第 2 阶段的数据，在定量风险分析工作中，数据的质量会更好地反映野外的实际情况；此外，一些更复杂和全面的建模技术会更有利于开展对化学物质相关生态暴露风险的评估；

（7）围绕环境暴露及其生态效应评估过程存在的不确定性，包括风险评估结果存在的不确定性，均进行了严格的计算。

在风险分析的第 2 阶段，前提是假设化学物质的 EEC 对水生生物的生存、生长或繁殖及水生生物群落的结构存在着不利影响。而且，随着生态效应数据的逐步完善，通过比较 EEC 的概率分布，这些假设的前提条件均会被加以测算。

第 2 阶段中出现的对物种分布规律的研究，主要用于评估有毒化学物质对环境产生的风险。风险分析将通过测算暴露浓度的分布规律，得出化学物质明确的环境风险水平，并对水生生物群落将产生的预期危害性影响做出评估。

第 2 阶段完成以后，在同一地点的许多潜在关注化学物质可能会被定为无明显毒害性风险，或者被认为是处于可接受的风险水平的化学物质。对于第①类没有明确毒害性的化学物质，可首先予以剔除；而对第②类化学物质，不但需要进行水生生态风险的评价，还需要相关职能部门进行风险管理方面的监管。在第 2 阶段，由于监控断面的特征化学物质监测数据比较缺乏，存在难以做出可靠评价结论的情况时，就需要第 3 阶段进一步开展风险评估工作。

2.1.3　第 3 阶段：用新数据与已有数据进行风险定量化评估

尽管水生生态的风险评估第 3 阶段的基本过程与第 2 阶段相同，但它的特点是在同样条件下，监管部门用到了更及时的、监测断面位置更准确的数据，进而减少了风险评估结果的不确定性。

2.2　风险评估过程中的物种分布

第 2 阶段的方法涉及了对风险评估水平高低的确定，主要针对受毒害性影响后，水生物种在水环境中的分布情况。第 2 阶段共包括 EEC 的研究进展与运用、基于物种的风险分布技术进展与运用、风险表征三个部分。

2.2.1　环境预期浓度的开发和使用

第 2 阶段的暴露评估数据，使用了实测值且生物可利用的暴露浓度，并对当地的水生生物的暴露途径进行了辨识与评估。此外，在评估中还考虑了化学物质的形态（如三价态砷、甲基汞、离子化的铜）和分布的相态（如溶解相、颗粒相、生物体的残余物相），或者两者兼具。对暴露途径进行辨识的突出特点要基于对 COPC 的表征及被排放到环境中化学物质自身性质的研究。例如，如果亲脂性化学物质在暴雨条件下伴随颗粒物释放，蓄积在沉积物上，那么，地表水和沉积物就构成该类化学物质的两条蓄积路径，随后的 COPC 扩散行为（如从沉积物释放或由底栖生物吸收）就有了明确的相关来源途径。

在第 2 阶段，以概率分布的形式表达的 EEC，主要用以描述其随时空的变化状况，当然有现场实测数据最好，但尚未预先监测水环境背景值的情况下，对特征毒害性污染物的风险评估，通常要采用水环境的迁移转化模型，预测相关浓度背景值和边界条件。此外，由于水质模型的选择要与待评估水体存在的问题与时空条件变化紧密相关，选择合适的水质预测模型的过程又比较复杂，这里并不做详细的讨论。水环境的风险评估技术流程见表 2-1。

常规使用的预测模型包括一些质量平衡和稀释模型，而结构-活动关系和质量平衡模型的使用，当然是最常规的办法，而针对不同环境介质中 EEC 时空分布的更复杂模型的应用，也已经非常广泛。

在第 2 阶段的水生生态风险评价中，可以考虑 COPC 的溶解态浓度和总浓度，但是更应该强调 COPC 的溶解态浓度，因为它们被认为是最具指示性的生物利用度（DiToro et al.，1991，1992；USEPA，1994c）和最能代表实验室的毒性实验结果。因为水溶性或具有生物可利用性的化学物质浓度，能对大多数对水生生物造成毒性风险的化学物质进行更加准确的风险评价。另外，在某些化学物质和特殊情况下，摄入受污染的食物可能会对水生生物和营养水平较高的食肉动物造成重大的暴露接触毒性风险。

通常情况下，由于缺乏地表水溶解态的金属浓度数据，必须对其予以预测。对某些金属类化学物质，USEPA（1992）提出了一种基于地表水中总金属和溶解态金属的平均比例换算值，来预测这些数据的通用方法（表 2-2），但 USEPA（1992）并未指出该比例的不确定性。

表 2-2　地表水金属总浓度与溶解态金属浓度的比例换算值

金属名称	淡水	海水*
Al	0.07	0.07
Ca	0.04	0.81
Cu	0.40～0.62	0.40～0.50
Pb	0.10	0.08
Ni	—	0.60～0.73
Ag	—	0.11
Zn	0.20	0.60

*不包括接近海水底部水体中金属浓度的换算（USEPA，1992）

在第 2 阶段中，预测环境中化学物质的浓度源于经现有水质数据或水质模型的推导。因此，该预测的化学物质浓度存在着固有的不确定性。第 1 阶段中，预期环境浓度被假定为准确的单一值，但实际上第 1 阶段预测的化学物质浓度是预期环境浓度的最高值（或接近最高值）。而在第 2 阶段中，预期的环境浓度就被视为可以用不确定性度量的预测浓度值。

通常，风险评估者都会面临样本量偏小和监测结果小于方法检测限值的情况，由于表征风险的第 2 阶段涉及要使用比第 1 阶段更复杂的统计定量方法，如果涉及的样本量少或存在大量低于检测限值的情况，就可能使风险评估出现问题。特别是需要指定的数据量来评估特定区域内预期环境浓度的分布情况时，要尤其注意，针对小样本量的风险评估策略，可参阅 Parkhurst 等（1996）的处理方法。

在环境样品的检测报告中，特别是有毒化学物质的检测报告，若发现大部分样品报告的结果显示为方法检测限值或未检出，不一定意味着浓度为零，只是代表有毒化学物质的检测数据范围在零和方法检测限值之间。

方法的检测限值并不是要被忽略，而且其代表性意义能影响实测浓度的平均值和数据方差，处理方法检测限值的常用方法包括：先假定所有数据点分别等于零、方法检测限值的一半或方法检测限值。当然，设定检测限值等于零的数据应该是最不可靠的，而将检测限值选择成方法的检测限则是最保守的，而且这三种检测结果的数据处理方法均会产生平均值和标准偏差的变化。

对于一些对称性分布，如正态分布，其中位数值和平均值的数值分布预期结果相当，只要检测结果至少有一半的数据高于方法的检测限值，中位数值就可作为样本数据的中间值，不受方法检测限值数据的影响。因此，用对称分布的检测限值数据推导平均值，与采用中位数值的评价结果一致。然而，这种计算方法并不能解决数据在方差方面存在的问题，仅可以计算出置信限区间，而且还要涉及对平均值的假设检验。此外，如果数据的分布是不对称的，则平均值与中位数值之间也会存在差异。

对于具有有限比例（如≥50%）的方法检测限值数据和单个方法检测限值的对称分布的方法，由 Dixon 和 Tukey（1968）及 Gilbert（1987）等描述的 Winsorized 平均值和标准偏差计算如表 2-3 所示。

表 2-3　Winsorized 平均值和标准偏差的计算

假设样本的数据量是 n 且对称分布，按照升序排列，且任意 k 值的首个样本不列入统计，Winsorized 程序如下：
（1）将第一个样本 k 值（不列入的样本）用最大的（$k+1$）样本值替换；
（2）将最后 k 个值[$(n-k)$到 n]替换为（$n-k-1$）值；
（3）计算 Winsorized 均值作为生成的数据集的均值；
（4）计算相同数集的样本标准差；
（5）计算 Winsorized 标准偏差为 $sw=[s(n-1)]/(n-2k-1)$。
通常的方式是采用 Winsorized 平均值和标准偏差来计算平均值的置信区间，除了 t 分布的自由度为$(n-2k-1)$而不是$(n-1)$

资料来源：Gilbert，1987

环境数据通常被假定为正态分布。当这个假设适用时，有几种技术可用于估计平均值和标准偏差。最简单的方法是对数概率分析，可以通过图形来实现。

当对数正态分布的数值按照概率比例绘制时，它们位于一条直线上。在概率尺度上，5.0 的概率值相当于数据的第 50 个百分位数，而±1 个概率值相当于 1 个标准偏差（对数变换空间）。如果 n 个值的第一个 k 值是方法检测限值，则将（$k+1$）值绘制在完整数据集中的适当位置（累积百分位数），就会产生线性图。线交叉概率 5.0 的点是分布的几何平均值（自然对数的平均值），而线的斜率是几何标准差（自然对数的标准偏差），然后可以使用这些值来估计算术平均值和标准偏差。

对于沉积物中化学物质的浓度，可以采取与第 2 阶段中水环境浓度相同的方法进行数据的统计汇总。所需具有潜在风险化学物质的数据应为沉积物中孔隙水测得的浓度，例如，对于中性疏水性有机化学物质，既可以直接监测也可以使用平衡分配法计算。但是，如果这些数据得不到，却还需要执行定量水生生态风险评价时，就应进行第 3 阶段，以获得所需的数据。此外，另一种评估沉积物的危害和影响的方法则是直接进行沉积物的毒理学实验。

2.2.2　生理效应特征：种群和毒性的联合图形表征

依据毒理学数据提出的水质标准，可研究 COPC 浓度与水生生物群落产生的急性和慢性风险影响之间的关系，这些相关性问题的研究成果，既可以是通用的成果，也可以仅针对当地特定物种保护（Carlson et al.，1984；USEPA，1994b）。图 2-1 和 2-2 是基于各种水生水质标准文件中，针对铜和锌的允许值数据，同时就铜和锌对水生生物不同种属的急性和慢性毒性进行了描述。对此类图形的构建，应注意如下四个方面：

（1）随着 COPC 浓度的增加，受急性和慢性毒性影响群落中的生物物种数量将增加。

（2）COPC 浓度与物种群落之间的效应关系，可以根据水质标准文件或知名专业学术数据库公布的数据进行推导。

（3）选择具有代表性的曲线，描述潜在的有生态风险化学物质与受影响水生生物种群间的关系。

（4）虽然存在竞争和捕食行为，但不存在栖息地、水质、水量、化学物质生物可利用度和生物物种间的混合效应。

利用图 2-1 和图 2-2 绘制水生生物属的几何平均值 LC_{50}，称为属平均急性毒性值（USEPA，1985a），每个 LC_{50} 都是汇总了水质标准中属的所有急性毒性数据得到的，由于铜和锌的毒性与水体硬度值有关，本节的总硬度值设定为 $CaCO_3$ 50mg/L，在风险评估的第 2 阶段应注意水体的硬度大小。通过对属的平均急性毒性值进行分类和排序，构建了累积排序方程，详见式（2-24）。

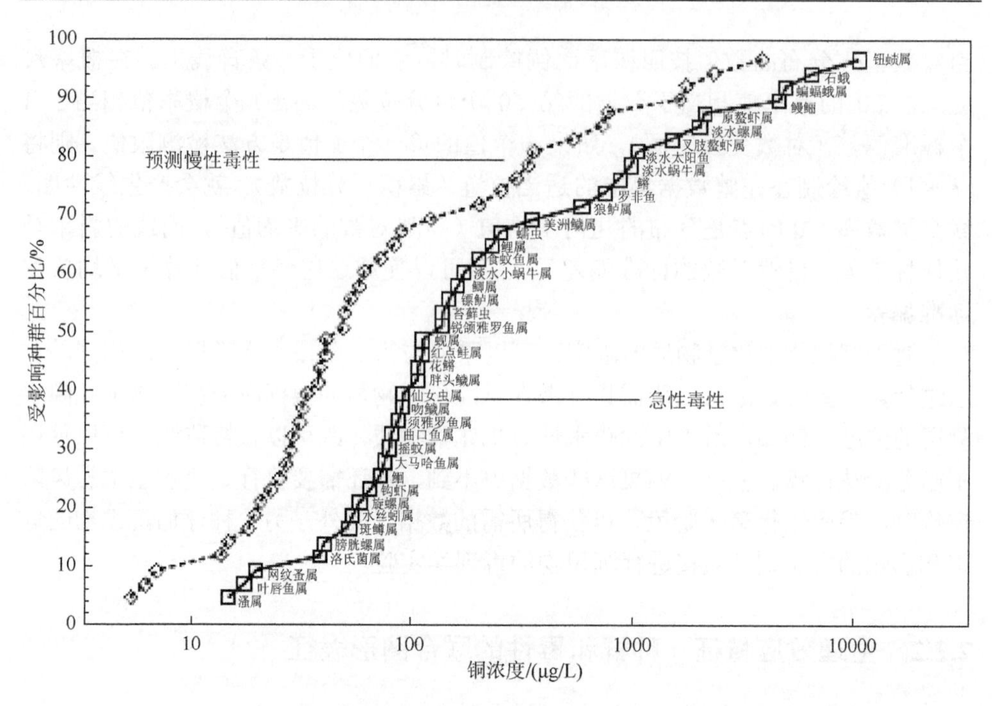

图 2-1 铜对淡水水生属的急性和慢性毒性

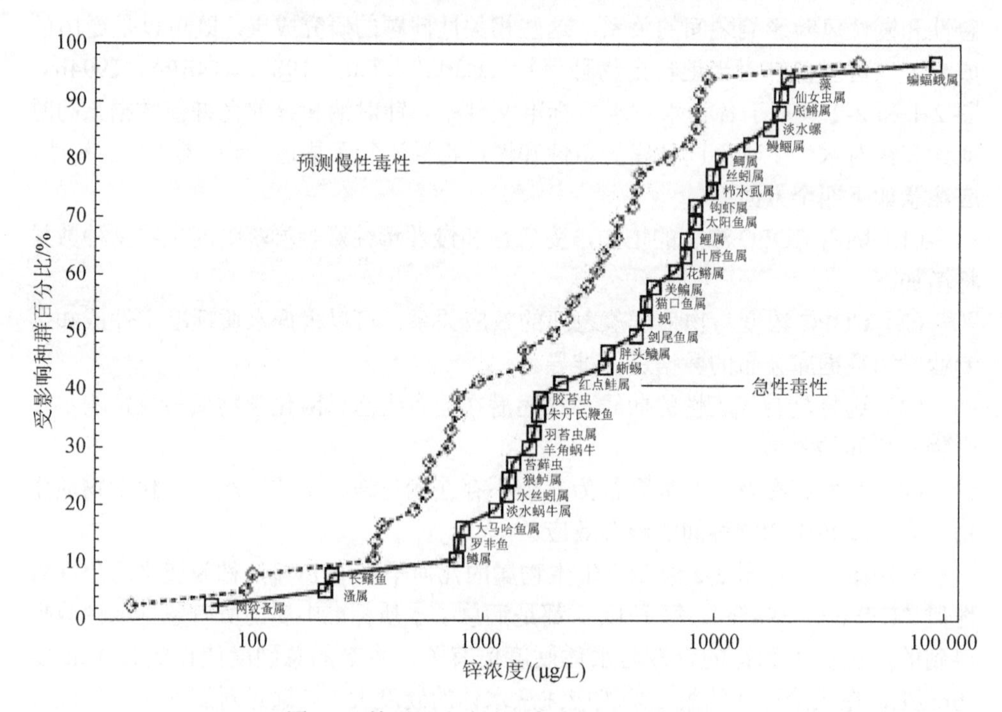

图 2-2 锌对淡水水生属的急性和慢性毒性

通过绘制 4 个最低点的回归并推导与第 5 百分位数相对应的 LC_{50} 来估计每种化学物质的水质标准。除以 2 后对应的值（即最终急性值）成为 USEPA 规定的急性毒性水质标准，即标准最大浓度（CMC）。在美国，水环境的生物物种慢性毒性基准值，即所谓标准连续浓度（CCC）的获取，通常是将最终急性毒性数值除以化学物质的几何平均急-慢性比例（ACR）的平均值。因此，急性和慢性数据获取所需要的条件是一样的，仅在数值的大小上因急性-慢性比例值的不同而不同，这是因为已将所有属的急性和慢性毒性间的比值设定为常数。但是，如果是直接测量慢性毒性，则这两条曲线就可能不会平行排列。因为这些基准值的计算都是基于群落的，急性和慢性的毒性数据均源于所有水生属（物种），基准值设定的目的就是至少防止所有水生属（物种）的 95%受到伤害。

图 2-1 说明铜的急性毒性（总硬度为 $CaCO_3$ 50mg/L）浓度值为 17～5000μg/L，溞属（网纹蚤属）的灵敏度排在第 2 和第 7 百分位，但相比之下，斑鳟属却排在第 16 百分位，大马哈鱼排在第 28 百分位，红点鲑属排在了第 47 百分位。无脊椎动物可能比鱼类对铜更敏感（如水蚤、蜗牛和无脊椎动物），但却不如小龙虾、蜻蜓、石蛾和石蝇等敏感。对于群落而言，铜的慢性毒性浓度值（$CaCO_3$ 总硬度 50mg/L）介于 6～500μg/L 之间。

图 2-2 所示锌对物种的急性毒性浓度值范围为 69～88 000μg/L（$CaCO_3$ 的总硬度为 50mg/L），相应的慢性毒性浓度值范围为 31～40 000μg/L。两组鲑科鱼、鳟鱼和大马哈鱼的敏感度排在第 11 和第 17 百分位，而带状鳉鱼在第 89 百分位数，胖头鱥鱼则位于近似图中敏感度中间值的位置。

2.3　生态风险基准的急性和慢性数据分析

与预期环境浓度分析一样，单一化学物质的环境水质标准通常在不考虑其相关不确定性的情况下进行计算和应用（Erickson and Stephan，1988）。本节介绍一种与环境水质标准或其他预期环境浓度相关的不确定性估计方法。该方法包含用于制定 USEPA 环境水质标准的数据，原则上是基于 USEPA 开发的环境水质标准方法（USEPA，1985a）。

USEPA 用于制定环境水质标准的原始数据（USEPA，1985c，1987b）用于估计预期环境浓度及其相关方差。数据用于将累积物种平均急性值与化学浓度相关联的逻辑回归模型（图 2-3）。这些相同的程序可以应用于物种 LC_{50} 值和慢性毒性实验端点的慢性值（如无观察影响浓度或最低观察影响浓度），所有值均遵循 S 形响应函数。该函数已被证明符合许多化学物质的数据，包括金属、农药和有机化学物质。

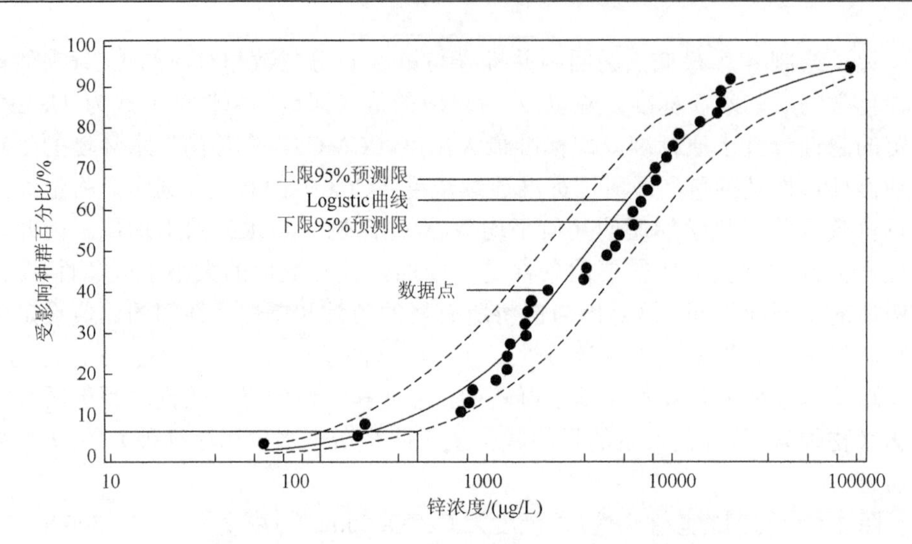

图 2-3　锌对淡水水生物种急性毒性的逻辑回归模型

本图显示了对急性风险标准的不确定性估计，其中实线是适合这些数据的逻辑回归模型，虚线是模型的 95%预测限

从该回归模型可以选择预期环境浓度的期望风险水平，如 5%，并且可以通过回归模型预测产生该目标的浓度分布。因此，预期环境浓度的不确定性被量化。在这个风险水平上，不同生物属的所有测试结果平均值的 95%都大于 ERC，因此这些水生物种就应由此 ERC 进行保护。

对于一些金属，其毒性大小还取决于总硬度（$CaCO_3$ 浓度，单位 mg/L），因此，为了准备在逻辑回归模型中使用的数据，LC_{50} 的数据必须首先调整到一致的硬度，调整后的原始数据之间的关系为

$$LC_{50}\text{修正值}=\left(\frac{50}{\text{硬度}}\right)^{\text{斜率}}\times LC_{50} \tag{2-1}$$

斜率值由环境水质专业性文件获得，硬度（$CaCO_3$ 浓度值）源于实测值，每个属的几何平均 LC_{50} 值从 LC_{50} 修正值求得。

对于大多数金属，毒性主要以水溶态显现，用于制定这些金属的水环境质量标准，在以微粒形式存在的金属浓度中具有一定的比例。对于需将实验室数据发展转化为水质基准值的情况，指定形态金属的浓度转化存在着相应的比例系数，因此，USEPA 给出了一些因子，能将实验室获得的毒理学实验数据转化为水溶态的生物可利用浓度值。为了对水溶态金属的环境浓度值开展生态风险评价，这些转换因子应可用于对 LC_{50} 浓度的转换。

种属统计数据的逻辑回归模型为

$$\frac{e^{\alpha+\beta\times\lg(LC_{50}\text{均值})}}{1+e^{\alpha+\beta\times\lg(LC_{50}\text{均值})}} \tag{2-2}$$

将该模型以线性回归的形式表达后，变为

$$\lg p = \alpha + \beta \times \lg(\mathrm{LC}_{50}\text{均值}) + \varepsilon \tag{2-3}$$

式中，自变量为生物种属平均急性值的对数值（如 LC_{50}）；p 为毒害性化学物质特定浓度下造成的风险效应概率。$\lg p$ 可定义为

$$\lg p = \ln \frac{p}{1-p} \tag{2-4}$$

式（2-3）被称为对数概率模型。对数变换可使与 LC_{50} 数据密切关联的常规 S 形曲线（如图 2-3）转换为直线，此变换不会改变自变量和因变量之间的关系，只是改变了纵轴数据的刻度比例，这样就可以使用简单的线性回归曲线来描述相关的模型，式（2-3）的相关参数见表 2-4。由于金属的毒性浓度值是总硬度的函数，表 2-4 的总硬度为 $CaCO_3$ 50mg/L。由于金属的原始毒性数据是基于检测金属的总量浓度值的，则需使用适当的转换因子将这些数据转化为水溶态的金属浓度。

表 2-4　急性毒性的逻辑回归模型参数

COPC[a]	参数	估计值	标准差[b]	均方根[c]
氨	α	−1.5759	0.0994	0.4223
	β	2.2519	0.1015	
镉	α	−4.3779	0.2444	0.5296
	β	0.6892	0.0363	
氯丹	α	−4.2451	0.397	0.4107
	β	1.2244	0.1093	
氯	α	−10.3013	0.4033	0.3127
	β	2.0636	0.0799	
铬III	α	−16.541	1.4765	0.5086
	β	1.7656	0.1571	
铬VI	α	−4.5825	0.421	0.6471
	β	0.485	0.0426	
铜	α	−5.0024	0.2261	0.4301
	β	0.9476	0.0409	
双对氯苯基三氯乙烷	α	−2.1437	0.1348	0.4178
	β	0.8349	0.043	
狄氏剂	α	−2.7052	0.2139	0.3787
	β	0.8018	0.0564	

续表

COPC[a]	参数	估计值	标准差[b]	均方根[c]
异狄氏剂	α	–0.6054	0.1476	0.6631
	β	0.7298	0.071	
七氯	α	–2.1960	0.1689	0.3369
	β	0.7564	0.0492	
铅	α	–4.9125	0.3679	0.2987
	β	0.544	0.0394	
林丹	α	–5.6742	0.2549	0.2491
	β	1.3242	0.0577	
镍	α	–15.7101	0.9635	0.345
	β	3.869	0.2363	
多氯联苯	α	–1.8770	0.3254	0.4098
	β	0.6646	0.0988	
银	α	–2.3596	0.2457	0.5282
	β	2.1201	0.1903	
锌	α	–8.5337	0.3061	0.3253

a. 受硬度影响的溶解态重金属浓度，$CaCO_3$ 浓度为 50mg/L

b. 标准差指标准误差，用以衡量参数不确定度，双侧标准误差的置信区间是 5%

c. 平方根是均方根误差，这是一个度量模型相对拟合的值；均方根误差越小，拟合效果越好

95%的保护水平源于水环境质量标准的推导需求，在这一保护水平下，5%的物种将受到化学物质毒害效应的影响，5%对应的对数值是–2.9444，为了计算生态风险的基准值，将–2.9444 代入式（2-3），可以反算出生态风险的基准值浓度。

在回归模型中，计算水环境基准浓度的 $\lg p$ 对应的水生生态系统的风险控制限的 $\lg(LC_{50})$是 5%，画出此控制线并与拟合曲线、上下边界线相交，则控制线与拟合曲线的交汇点就是 ERC，而上下边界线的交汇点就是 95%水生生态物种受到保护的相关边界限值。

方法 1：ERC 的设定范围可以直接从图中获取，如图 2-3 所示。

方法 2：ERC 的边界限值范围，可以使用一阶误差分析的方法计算。α，β 是线性回归模型中的参数，α 代表每个参数的方差，β 代表不同参数之间的协方差（假设误差与每个参数的协方差均为零），这些值要由线性回归模型生成，相关方程式是

$$(\mathrm{ERC})\text{方差}=\left(\frac{1}{\beta}\right)^2(\alpha)\text{方差}+\left(\frac{z-\alpha}{\beta^2}\right)^2(\beta)\text{方差}-2\left(\frac{1}{\beta}\right)\left(\frac{z-\alpha}{\beta^2}\right)(\alpha,\beta)\text{协方差} \tag{2-5}$$

式中，

$$z = \ln\frac{p}{1+p} \tag{2-6}$$

方法 3：可以通过求解二次方程来计算 ERC 的边界范围和置信区间。例如，对数模型［式（2-3）］可以写成

$$Y = a + b \times X \tag{2-7}$$

式中，

$$Y = \lg p, \quad X = \lg(\mathrm{LC}_{50}\text{均值}) \tag{2-8}$$

在设定生态风险基准的概率 p 下，可以预测 ERC（对数值）的边界范围，式（2-9）就是通过指定的 y 值，求解 x 的方程：

$$a + b \times x \pm t \times s \times \sqrt{1 + \frac{1}{n} + \frac{(x-\overline{x})^2}{d}} = y \tag{2-9}$$

式中，a 为截距；b 为斜率；$x = 1-\alpha$，为预测水平；临界值 t 为自由度$(n-2)$的$(1-\alpha/2)$值；s 为回归模型的均方根误差（MSE）；n 为参与拟合回归模型的样本数；$\overline{x}$ 为所有 x 值的平均值，即拟合回归模型的所有 $\lg(\mathrm{LC}_{50}$均值$)$的平均值。

$$d = \sum(x_i - \overline{x})^2$$

$$y = \lg p = \ln\frac{p}{1-p}$$

代数变换后，方程的根是

$$x_{1,2} = \frac{-B \pm \sqrt{B^2 - 4AC}}{2A} \tag{2-10}$$

式中，

$$B = 2 \times b \times n \times d \times (y-a) - 2 \times t^2 \times s^2 \times n \times \overline{x} \tag{2-11}$$

$$A = t^2 \times s^2 \times n - n \times d \times b^2 \tag{2-12}$$

$$C = t^2 \times s^2 \times (n \times d + d + n \times \overline{x}^2) - n \times d \times (y-a)^2 \tag{2-13}$$

较小的 x_1 值与 ERC 的对数值下限（1–α）100%有关，较大的 x_2 值与 ERC 的对数值上限（1–α）100%有关。

ERC（对数值）的置信区间可经相同方式获得，但求解方程略有不同：

$$a + b \times x \pm t \times s \times \sqrt{\frac{1}{n} + \frac{(x-\overline{x})^2}{d}} = y \tag{2-14}$$

在获得95%置信区间的ERC（对数值）（即 x_1，x_2）的过程中，通过计算 $[(x_2-x_1)/4]^2$ 值可以获得ERC（对数值）的方差值，因为95%的置信区间大约是平均值标准偏差的两倍以上或两倍以下。因此，

$$\text{ERC(对数值)}_{\text{平均}}=\frac{\lg p-a}{b} \tag{2-15}$$

$$\text{ERC(对数值)标准偏差}=\frac{x_2-x_1}{4} \tag{2-16}$$

计算ERC的平均值和方差需要进行转换，这种转换易于通过对数分布获得。

在自然对数的转换方面，令 $X=\ln Y$，如果 X 是正态分布的，且平均值为 μ_x，标准偏差为 σ_x，Y 就可以认为是呈对数正态分布的。可由 X 按下述方法计算 Y：

$$Y_{\text{平均值}}-\mu_y=\exp\left[\mu_x+\frac{\sigma_x^2}{2}\right] \tag{2-17}$$

$$Y\text{标准偏差}=\sigma_y=\mu_y[\exp(\sigma_x^2)-1]^{1/2} \tag{2-18}$$

平均ERC和标准偏差可以按如下方程计算：

$$\mu_x=\text{ERC(对数值)}_{\text{平均}}\times\ln 10 \tag{2-19}$$

$$\sigma_x=\text{ERC(对数值)标准偏差}\times\ln 10 \tag{2-20}$$

需注意的是，以上计算ERC的标准偏差是受影响物种种属比例变化的函数，例如，存在2.5%风险的标准偏差与存在5%风险的标准偏差是不相同的。

2.4 无慢性数据的慢性生态风险基准值计算

对于大多数化学物质，可用的慢性毒理学的数据量往往有限，USEPA（1985a）推荐使用ACR，通过化学物质的急性数据计算慢性ERC，计算方法为

$$\text{慢性ERC}=\frac{1}{\text{ACR}}\times\text{急性基准值} \tag{2-21}$$

通过对数转换计算方法为

$$\lg(\text{慢性ERC})=\lg\left(\frac{1}{\text{ACR}}\right)+\lg(\text{急性基准值}) \tag{2-22}$$

从而，

$$\lg(\text{慢性ERC})=\lg(\text{急性基准值})-\lg(\text{ACR}) \tag{2-23}$$

因此，通过对数转换，按 $\text{ERC}_{\text{慢性}}=\text{ERC}_{\text{急性}}-\lg(\text{ACR})$ 可以获得慢性ERC值，$\text{ERC}_{\text{慢性}}$ 的方差与 $\text{ERC}_{\text{急性}}$ 的方差相同（如锌的ERC计算参见图2-2）。

2.5　风 险 表 征

风险表征包括对风险暴露评估和生态效应表征结果的比较，以下使用图形和统计理论开展对生物群落存在的生态风险进行评价的例证。

2.5.1　图形表征

图 2-4 和图 2-5 采用两种方法观察比较了水环境中铜的浓度，并从水质标准数据库中比较了铜急性和慢性浓度值之间的关系。在图 2-4 中，划出了环境浓度从最小值至最大值的范围，而在图 2-5 中，相同的水环境浓度范围由累积概率分布表示。本例中，由于数据量的限制，并未对数据的分布模型进行指定，而是通过简化的模型，对所测环境浓度的数据分布进行分级，指定的绘图数据点累积排序方程为

$$y_j = \frac{j}{n+1} \tag{2-24}$$

式中，y_j 为第 j 个监测的环境浓度数的累积排序；j 为位置序；n 为监测次数。

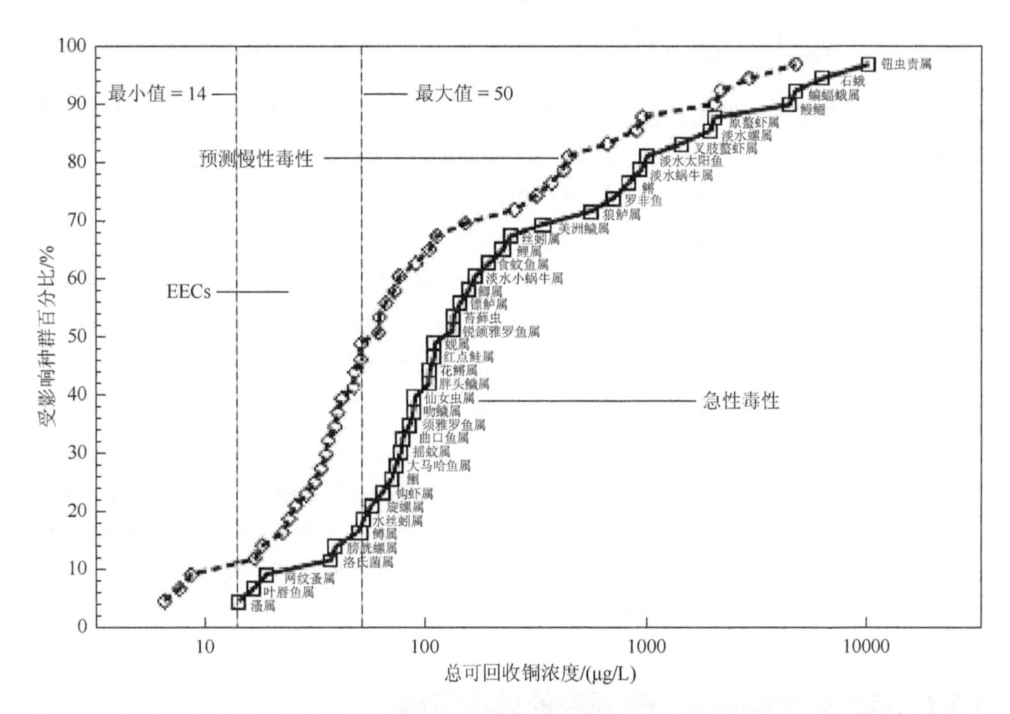

图 2-4　铜的风险表征：通过比较铜的 EEC（最小值和最大值）及水生物种的急/慢性毒性数据的累积概率分布曲线

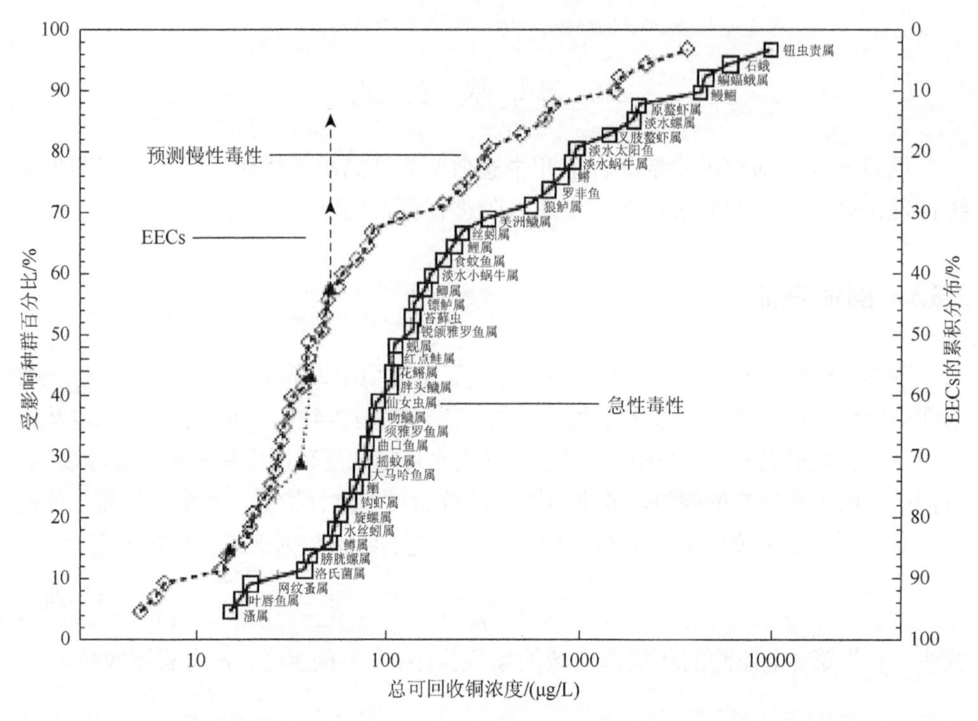

图 2-5　铜的风险表征：通过比较 EECs 和水生生物的急/慢性毒性数据的累积概率分布曲线

图 2-4 提供了毒性数据和预期环境浓度快速、定性、可视化的比较，这表明水生物种染毒浓度范围为 14～50μg/L 的铜溶解浓度，中位数为 27μg/L。为了表征潜在风险，应将平均浓度与慢性毒性数据进行比较，并将最大浓度与急性毒性数据进行比较。平均值、中位数和最大浓度值都存在急性和慢性毒性的风险，当水环境中位数浓度为 27μg/L 时，占比 8%的水生生物存在急性毒性风险；而且那些与水蚤（水蚤属和网纹蚤属）以及大型的可食用淡水鱼（叶唇鱼）或其他同等敏感性物种相关的无脊椎动物，在急性毒性的中位数浓度时也会存在风险。铜的最大溶解浓度为 50μg/L 时，急性毒性的风险将更高，其中 17%的物种处在潜在危险之中，包括鲑鱼、膀胱螺属蜗牛、苔藓虫和羽苔虫等。

如图 2-5 所示，当铜的溶解性中值浓度为 27μg/L 时，对大约 25%以上的物种（包括片脚类钩虾属、棕色鲶鱼真鲴属和其他同样敏感的物种）会造成很大的慢性毒性风险。若进行各种风险表征，就可以同时使用这些图形来表达 EEC 和毒性数据的分布。例如，铜的溶解浓度为 38μg/L 时，会对 10%的水生物种产生急性毒性，还会对 30%的水生物种产生慢性毒性风险。

2.5.2　单一化学物质对群落风险的效应预测

计算生物群落风险模型的发展过程中，群落风险的存在应为生物或者物种受

到急/慢性毒性效应的百分比，首先要关注的是化学物质浓度与受影响物种（或属）百分比之间关系的模型表达，在此类模型中，风险（R，代表受影响生物的数量）是浓度（预期环境浓度）的函数，给定浓度的风险可以写成 $g(R|\mathrm{EEC})$（这个符号表示风险以浓度为条件）。

预期环境浓度由概率分布 f（EEC）描述，风险和浓度可由联合概率函数 h（R，EEC）表示，概率理论中

$$h(R,\mathrm{EEC}) = g(R\,|\,\mathrm{EEC})f(\mathrm{EEC}) \tag{2-25}$$

条件概率 $g(R|\mathrm{EEC})$假定为二项式（n, p）：

$$\mathrm{g}(R\,|\,\mathrm{EEC}) = cp^r(1-p)^{n-1} \tag{2-26}$$

同时，

$$c = \frac{n!}{n!(n-r)!} \tag{2-27}$$

二项式参数 p 可以通过逻辑回归模型［式（2-2）］与毒性效应建立关系，逻辑模型参数 α 和 β 可通过最小二乘法进行推断［式（2-3）］。

参数 p 被解释为在给定浓度下 COPC 的风险对于属或者物种存在毒性的概率。在任意浓度条件下，风险值（即受影响的水生物种数）为 $n\times p$。

假设预期环境浓度的分布是对数正态［即 $\lg C\approx N(\mu, \sigma^2)$］。如果变换数据由 $\lg C$ 表示，则分布函数 $f(\lg C)$具有以下形式：

$$f(\lg C) = \frac{1}{\sigma\sqrt{2\pi}}\exp\left[\frac{-1}{2\sigma^2}(\lg C-\mu)^2\right] \tag{2-28}$$

因此，风险和浓度联合概率（单一 COPC 风险）具有以下形式：

$$h(R,\lg C) = (c)p^R(1-p)^{n-R}\frac{1}{\sigma\sqrt{2\pi}}\exp\left[\frac{-1}{2\sigma^2}(\lg C-\mu)^2\right] \tag{2-29}$$

基于单个 COPC 的概率分布函数，可以计算出其风险的预期值、风险的方差、风险的边际概率函数。水生生态风险评估软件 2.0 版（The Cadmus Group, Inc.，1996b）通过数值求解三个积分来计算这些量值，它首先计算预期的风险值，求解：

$$E(R) = \int_0^n\int_{-\infty}^{+\infty} R\cdot h(R,\lg C)\,\mathrm{d}\lg C\,\mathrm{d}R \tag{2-30}$$

通过简单的离散近似，最容易显示群落风险的计算结果。假设预期环境浓度

可以采用从 50 到 1225ppm[①]的 6 个离散值之一，并且这些浓度的概率 p(EEC)和相关的群落风险 $E(R|C)$是已知的。则总群落风险可以简化为

$$E(R) = \sum_{i=1}^{6} p(\mathrm{EEC}_i) \cdot E(R \mid \mathrm{EEC}_i) \tag{2-31}$$

然后评估预期的群落风险，如表 2-5 所示。接下来，计算风险的方差，其中涉及求解积分：

$$\int_0^n \int_{-\infty}^{\infty} R^2 \cdot h(R, \lg C) \mathrm{d} \lg C \ \mathrm{d}R \tag{2-32}$$

表 2-5　预期的群落风险评估实例

EEC	p(EEC)	$E(R\|\mathrm{EEC})$	$p(\mathrm{EEC}) \times E(R\|\mathrm{EEC})$
50	0.015	0.04	0.000 6
175	0.145	0.1	0.014 5
325	0.33	0.12	0.039 6
625	0.33	0.15	0.049 5
875	0.145	0.2	0.029
1 225	0.025	0.5	0.012 5
预期总风险（百分比损失，加权超过 C）			0.145 7

最后，计算风险的边际概率函数，由式（2-33）给出：

$$f(R) = \int_{-\infty}^{\infty} h(R, \lg C) \mathrm{d} \lg C \tag{2-33}$$

边界概率函数用于计算风险的累积分布函数（CDF），而（1–CDF）图则可用于评估单一化学物质的风险，以及受影响地点所有 COPC 的总风险。

2.5.3　多种化学物质对群落风险的效应预测

给定单一化学物质（R）（$i = 1, n$ 和 $R = 0, 100$）风险的概率密度函数，可以估计多种化学物质 $f_m(R_t)$的群落风险分布。该过程有两个步骤：①对所有化学物质的风险近似相加；②将估计风险归一化。

1. 附加风险的离散近似预测

假设 COPC 的毒性作用是独立的，COPC 的风险是可相加的，可以通过卷积积分的离散近似来计算 $f_m(R_t)$。然而，对于独立性和可加性的假设前提，实际上是

① $1\mathrm{ppm} = 1 \times 10^{-6}$

存在潜在问题的：总风险（即所有 COPC 的风险总和）可能会超过 100%。如果 COPC 的风险总和大于 100%，则总风险可以通过假设为 100%进行调整。在这种情况下，在 $R_t = 100\%$时，总风险的概率密度函数需要不同的公式。例如，假设我们对两种 COPC 感兴趣：C1 和 C2，总风险 R_t 可以取 0～100 这 101 个离散值中的 1 个；然后可以通过以下方法获得多种化学物质（$R_t = 0\sim99$）的总风险 R_t 的概率函数

$$f_m(R_t) = \sum_{R=0}^{R_t}[f_1(R) \times f_2(R_t - R)] \tag{2-34}$$

式中，$f_1(R)$为化学物质 C1 的风险边缘概率函数；$f_2(R)$为化学物质 C2 的风险边缘概率函数。

$R_1 + R_2 \geqslant 100$ 的情况下，多个化学物质的总风险为 100%的概率函数可以通过如下公式推导：

$$f_m(100) = \sum_{R_1=0}^{100}\sum_{R_2=100-R_1}^{100}[f_1(R_1) \times f_2(R_2)];\ R_1 + R_2 \geqslant 100 \tag{2-35}$$

该算法很容易扩展到两种以上化学物质毒性风险的推导，例如，对两种化学物质的总风险分布，可以认为是各个单一化学物质的风险“组合”，并用上述公式的迭代加以推导。

2. 总风险的归一化预测

对上述生物群落受多种化学物质总风险效应的推导显示，总风险效应是近似的、离散的，由于预设了风险的可累加性，总风险产生的概率提高到接近 100%，而当各个化学物质的风险概率都比较低时，风险概率的可累加性效果是最好的。

总风险的归一化预测，如果以步骤 1 中描述的方式计算，总风险为 100%，$f_m(100)$的概率就会高得不合理，如远远大于 2%。

若以单一化学物质的浓度对数为单位，如果风险概率是正态分布的，就意味着以对数概率为单位所表达的总风险，在风险具备可累加性的前提下，其总风险是正态分布的。以对数概率为单位的总风险平均值和方差均拥有明确的分布模型，可通过步骤 1 中的总风险概率函数（算术空间）的计算得到。

由于 COPC 的生态风险基本属于偏态分布的，因此，以对数概率为单位表达总风险时，使用总风险中位数评价总风险的平均值更为合适。令 R_{50} 表示算术空间中总风险的中值，可以通过步骤 1 中获得的 $f_{\mathrm{m}}(R_t)$得到总风险中第 50 位的百分位数值。若总风险的平均值用 μ_{RL} 表示，则：

$$\mu_{\mathrm{RL}} = \lg R_{50} \tag{2-36}$$

可以通过以下步骤从步骤 1 的结果估计对数概率空间中的总风险的方差：

（1）由 $f_m(R_t)$求得总风险的第 5 百分点，以 R_5 表示。因为在步骤 1，推算总风险较低情况下的概率值更准确，因此，可以确定出总风险第 5 百分位的数值而不是第 95 个百分位的数据。

（2）通过 $P_{R_5} = \lg it(R_5)$计算 R_5 的对数概率（由 P_{R_5} 表示）。

（3）由于总风险的对数概率空间是正态分布的，所以 μ_{RL} 和 P_{R_5} 之间的差值近似于对数概率空间中的总风险中 $Z_{0.95} = 1.64$ 的标准偏差。因此，用对数概率单位计算的总风险方差，以 σ_{RL}^2 表示，可以通过下式计算：

$$\sigma_{RL}^2 = [(\mu_{RL} - P_{R_5}) / Z_{0.95}]^2 \tag{2-37}$$

对数概率空间中的总化学风险遵循正态分布 $N(\mu_{RL}, \sigma_{RL}^2)$，总化学风险的分布如图 2-6 所示，图中显示了镉、铜和锌三种化学物质的浓度影响。镉对超过 5%的物种产生影响的概率只有 1%；对于铜，超过 5%的物种受到影响的可能性约有 25%；对于锌，超过 5%的物种将受到影响的概率约有 41%。

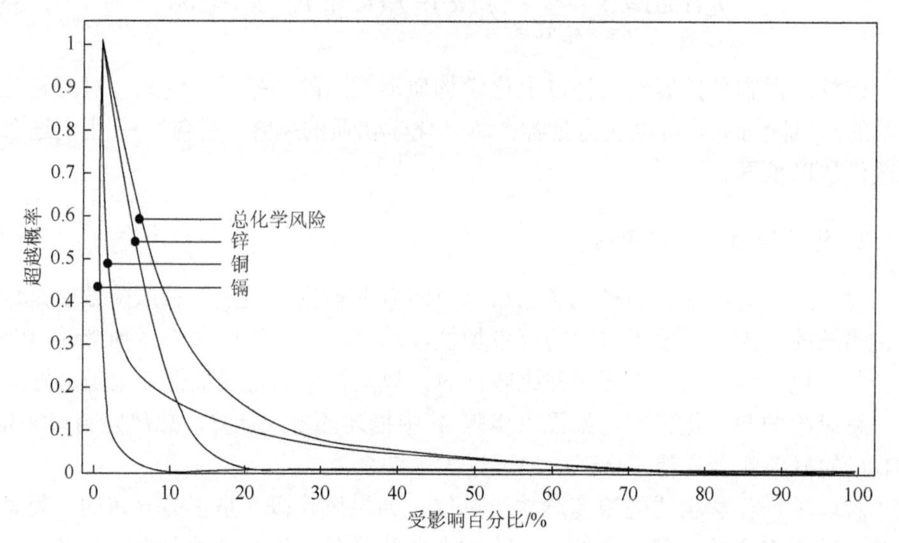

图 2-6　镉、铜和锌的急性风险分布图，用于评估受影响物种所占的百分比及这些金属对水生生物形成的总风险

该图还描绘了该采样点位化学物质的合并风险曲线以便于评估，图 2-6 中标识的总化学风险曲线表示了镉、铜和锌的总合并风险，此处超过 40%的物种将受到影响的概率约为 9%，镉、铜和锌组合毒性影响 5%以上物种的概率约为 72%。对总化学风险的这种分析假定 COPC 的毒性作用是独立的（即 COPC 间不相互作用），COPC 的风险是可累加的，对于具有相似毒性模式的二价金属阳离子，预测结果也是有效的。

2.6 案例分析

美国水环境研究基金会（WERF）曾使用 SSDs 就两个区域的水生生态风险进行了相关研究，包括：①美国犹他州盐湖城附近的约旦河；②得克萨斯州圣安东尼奥市的萨拉多河。目前，该方法已在全球很多地方的金属、农药和其他化学物质的生态风险评价方面得到成功的应用。

2.6.1 约旦河

在研究中，评估了 1996 年处理废水过程中，氨、汞和银等化学物质被排放到约旦河所造成的潜在水生生态风险。要评估这些化学物质是否符合基于风险的排放限值，其定义为污染源的排放物经约旦河稀释后，化学物质的浓度将会对 5%或者更大比例的水生生物种群产生不利的影响，选择 5%的值作为风险限值，也是因为它与 USEPA（1985a）针对水质标准设定的保护水平相一致。

1. 材料与方法

已处理的废污水、约旦河及其支流的污染物浓度和流量监测数据，分别来自污水处理厂、地方和美国联邦的相关机构，计算污水处理厂下游各种化学物质的月平均浓度和标准偏差，可使用逐日流量和质量平衡方程：

$$C_{\mathrm{D}}=\frac{(C_{\mathrm{E}}\times Q_{\mathrm{E}})+(C_{\mathrm{M}}\times Q_{\mathrm{M}})+(C_{\mathrm{J_{UP}}}\times Q_{\mathrm{J_{UP}}})}{Q_{\mathrm{E}}+Q_{\mathrm{M}}+Q_{\mathrm{J_{UP}}}} \tag{2-38}$$

式中，C 为浓度；Q 为水量；E 为排放的化学物质；M 为 Mill Creek 溪；Jup 为约旦河上游；D 为下游。

污染物浓度是由排放出的化学物质的浓度计算出来的，这些化学物质主要来自污水处理厂的下游、河流的上游。

基于风险分析的化学物质排放限值的确立，要针对单一化学物质进行相关检测与风险评估，以满足基于急慢性毒性数据的拟合回归模型，以及随之开展的对风险评价标准的确立工作，本例中的风险评价标准是基于对 5%及以上生物物种进行保护而设定的（图 2-7）。

氨对水生生物产生毒性的预测及其毒性效应的研究，可以基于氨的毒性仅受 pH 影响而不受温度影响进行。月度 pH 的最大值用于评价氨的毒性，而银的毒性被认为是硬度的函数，本例使用硬度最小的月度检测值来评价银的毒性。

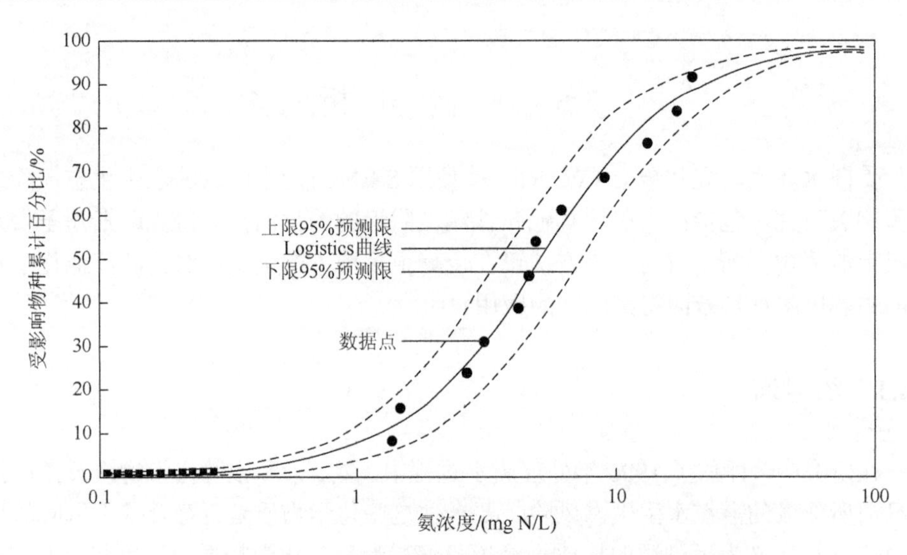

图 2-7　氨水对 pH 8.0 的淡水水生物种的慢性毒性的逻辑回归模型

由于银对淡水生物物种的慢性毒性数据不足，USEPA 就设定 ACR 为 15.7 用于评价银的慢性毒性。同样，设定 ACR 为 3.731，用于汞慢性毒性的预测。因此，风险评价过程完全适用于对化学物质的风险基准及其标准差的研究。

根据污水处理厂下游约旦河每个化学物质估计的月平均浓度，分别推导每种化学物质和 3 种化学物质的混合对物种产生不利影响的百分比，欲取得该不利影响的百分比，需对单一化学物质进行检测、结果分析、风险分布和多组分化学物质联合作用的研究。如果受影响生物物种的百分比大于 5%，则认为超出了风险效应允许的限值。

2. 结果与讨论

对于氨，除两个月外，1996 年全年的废污水排放能够满足基于风险控制的氨水排放限制。在这两个月（1 月和 9 月）期间，约旦河的水产品只有 6%～7%受到慢性氨毒性的不利影响（表 2-6）。因此，氨对约旦河水生生物超标风险的影响相对较小。

表 2-6　基于生态风险许可限值得出的 1996 年污染物不利影响百分比

	1 月	2 月	3 月	4 月	5 月	6 月	7 月	8 月	9 月	10 月	11 月	12 月
氨												
通过		3.6	0.3	<0.1	0.2	0.3	0.3	1		2	<0.1	<0.1
未通过	7								6			

续表

	1 月	2 月	3 月	4 月	5 月	6 月	7 月	8 月	9 月	10 月	11 月	12 月
汞												
通过	<0.1	<0.1	<0.1	<0.1	<0.1	<0.1	<0.1	<0.1	<0.1	<0.1	<0.1	<0.1
未通过												
银												
通过	<0.1	<0.1	<0.1	<0.1	<0.1	<0.1	<0.1	<0.1	<0.1	<0.1	<0.1	<0.1
未通过												

对于汞和银，不到 0.1%的水生物种将受到慢性汞毒性的危害；因此，汞不会超出基于风险的限值（表 2-6）。银也有类似的情况。汞的风险小主要是因为汞的水质标准为 0.012μg/L，这极大地高估了汞在水中对水生生物的直接毒性。该标准旨在保护人类健康免受汞污染，但汞会在生物体内逐渐富集并通过食物链最终进入人体，对人类造成危害。银慢性毒性的低风险可能是约旦河水的高硬度造成的，其中碳酸钙（$CaCO_3$）为 260～400mg/L，显著降低了银对水生生物的毒性。

1996 年期间的监测结果显示，氨、汞和银 3 种化学物质的总风险几乎都是由氨引起的，汞和银对水生生物的风险微乎其微（图 2-8 和图 2.9）。

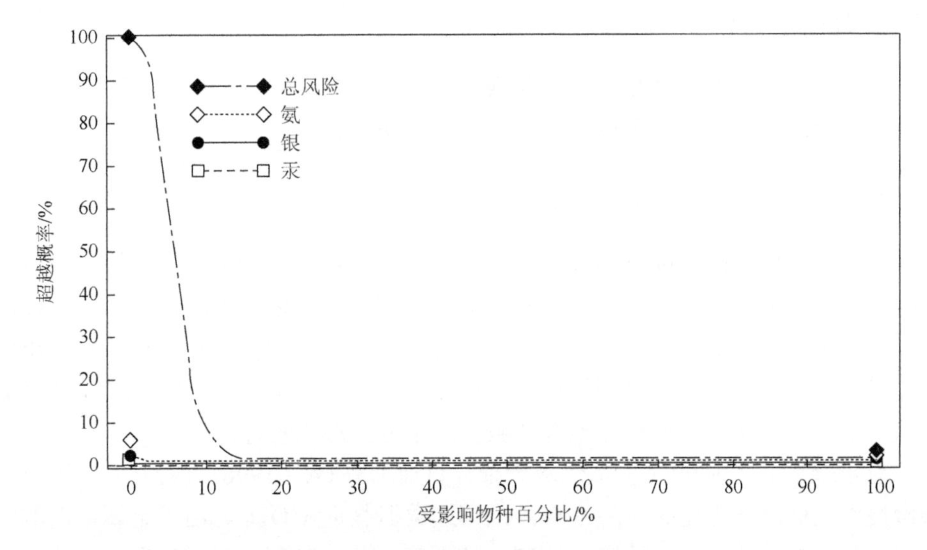

图 2-8　1996 年 9 月期间约旦河中氨、银和汞对水生生物的慢性毒性的风险分布

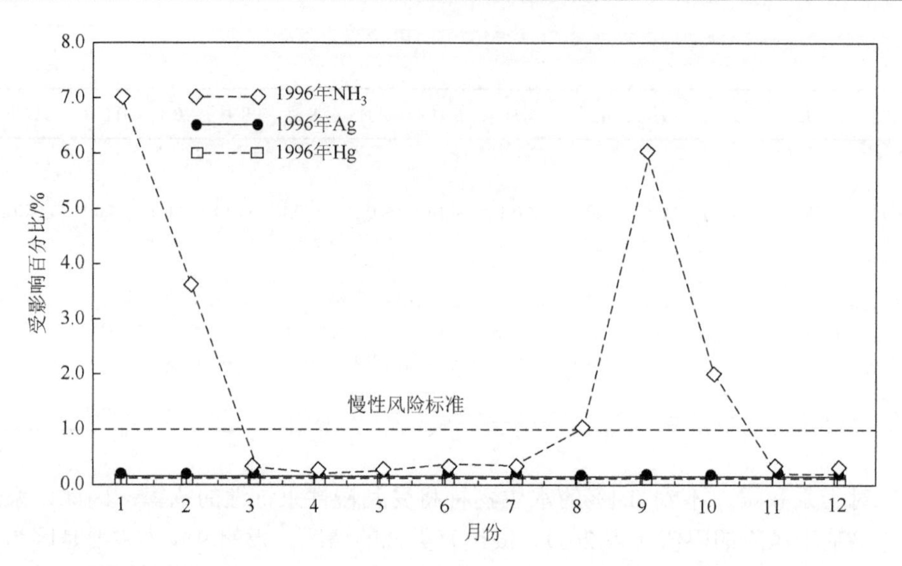

图 2-9 1996 年中央山谷污水回收利用装置下游氨、银和汞对受影响物种比例的总风险

2.6.2 萨拉多河

此案例研究的目的是进行萨拉多河化学物质的水生生态风险评价，萨拉多河是位于美国德克萨斯州圣安东尼奥市内的一条小溪，没有点源污染排放到溪里，所有已知的污染源都是面源污染。

1. 材料与方法

萨拉多河水质的数据和流量监测数据，来自美国联邦、州和地方的相关机构，进行第 2 阶段的概率风险评估以量化 COPC 的风险。

2. 第 1 阶段，筛查排序及风险评估

在暴露评估方面，按照 WERF 方法，每个化学物质的预期急性和慢性环境浓度的计算，需要加 2 倍标准偏差和 95%置信区间的环境浓度平均值；对所有检测项目，均采用了溶解态的化学物质浓度，这是因为它们比检测总量更能反映出生物体对毒害性污染物的吸收利用程度。选取时间跨度为 1993 年至 1997 年的监测数据，主要因为这些数据在完整性和数据总量方面都比较好。

对于金属和氨基酸的生态效应表征，目前 USEPA（1996，1998a）使用急性和慢性水质标准作为生态风险基准，来筛选数据鉴定 COPC。由于金属浓度测定受硬度值影响，测定浓度同时应测定水体硬度，萨拉多河金属浓度经硬度值校正的同时，还需测量 pH 以调整氨的基准值。

对于二嗪农，没有急性或慢性水质标准。USEPA（1998b）提出了一个 0.09μg/L 的急性标准草案，但由于鱼（ACR = 284.1）和无脊椎动物（ACR = 1.3）之间的 ACR 几何平均值范围变化比较大，无法推导出慢性水质标准数值。

3. 第 2 阶段，概率风险评估：急性与慢性毒害

基于 USEPA（1998b）、WERF 方法和软件的毒性数据，采用以下方法推导二嗪农的急性和慢性基准值：

第一步，使用 WERF 软件对淡水物种单一化学物质的平均急性值（即平均急性 48～96h LC_{50}），进行逻辑回归模型的拟合（表 2-7 和图 2-10）。

表 2-7　WERF 水生生态风险评估软件中二嗪农的急性毒性数据库

属和物种	48～96h LC_{50}/(μg/L)	属和物种	48～96h LC_{50}/(μg/L)
钩虾	0.2	孔雀鱼	800
模糊网纹蚤	0.38	美洲原银汉鱼	1170
水蚤	0.78	乔氏鲻	1643
大型蚤	1.05	克拉克大马哈鱼	2166
锯顶低额蚤	1.59	福寿螺	3198
端足虫	6.51	地龙花	7841
摇蚊	10.7	斑马鱼	8000
加州大石蝇	25	黑头呆鱼	8641
虹鳟鱼	425.8	鲫鱼	9000
蓝鳃太阳鱼	459.6	肥鳃螺	11000
湖红点鲑	602	三角涡虫	11640
水藓	723		

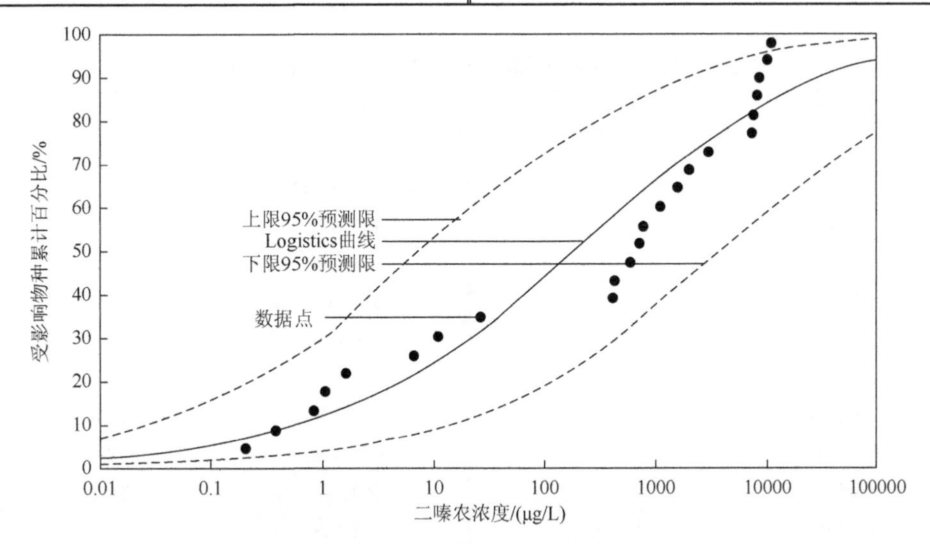

图 2-10　所有淡水生物的二嗪农急性毒性水生群落风险模型

在萨拉多河，Menidia beryllina（某种内陆的银河鱼）是处在河口流域内的水生物种，是当地具有经济价值的鱼类，而且 Menidia beryllina 的主要栖息地也在萨拉多河。

萨拉多河有着巨大的水生物种数量，在节肢动物、鱼类或无节肢的无脊椎动物等物种方面，其最低的急性 LC_{50} 值差异是很大的。二嗪农是一种可以快速杀死节肢动物的杀虫剂，因此，节肢动物对二嗪农的敏感性要高于非节肢动物。鉴于物种灵敏度的巨大差异，由逻辑回归模型拟合 95%置信区间 LC_{50} 值的变化范围也非常大（图 2-10）。

对于单一化学物质，将最敏感生物物种数量 5%的 LC_{50} 值运用在 WERF 软件上进行分析和风险评估，可以获得水生生物的急性 ERC。

当二嗪农的 LC_{50} 值为 0.37μg/L 时，对最敏感水生生物个体的 50%是致命的，因此将风险标准除以 2，以评估急性毒性浓度阈值（USEPA，1985a）。最终的生态基准值，是可以保护除了最敏感物种 5%以外的其他物种，该值为 0.19μg/L。本节的基准值是 USEPA 急性标准值 0.09μg/L 的两倍，然而图 2-10 的结果表明，0.19μg/L 二嗪农的急性基准值就已可以充分保护几乎所有的水生生物物种。

第二步，USEPA（1998b）通过将每个鱼类和无脊椎动物物种的物种平均值分别除以鱼类（ACR = 84.1）和无脊椎动物（ACR = 0.3）（表 2-8 和图 2-11）的几何平均值推导其急性标准草案，来估计每一个物种对二嗪农的平均慢性值。由于缺乏慢性二嗪农毒性数据，ACR 只能用于估计物种平均值。如图 2-11 所示，逻辑回归的模型不能很好地拟合二嗪农慢性毒性数据。慢性数据可分为两组：①四种非常不敏感的物种，都是非节肢动物无脊椎动物；②其余物种都是节肢动物或鱼类。

表 2-8　基于水生生态风险评估技术的二嗪农慢性毒性数据

属和物种	慢性估计值	属和物种	慢性估计值
钩虾	0.15	乔氏鲻	6
模糊网纹蚤	0.29	克拉克大马哈鱼	8
水蚤	0.59	摇蚊幼虫	8.1
大型蚤	0.81	美国石蝇	19
锯顶低额蚤	1.2	斑马鱼	28
虹鳟鱼	1.5	黑头呆鱼	30
蓝鳃太阳鱼	1.6	鲫鱼	32
湖红点鲑	2	福寿螺	2408
孔雀鱼	3	圆斑星鲽	5904
美洲红点鲑	3	肥腮螺	8283
美洲原银汉鱼	4.1	三角涡虫	8765
端足虫	4.9		

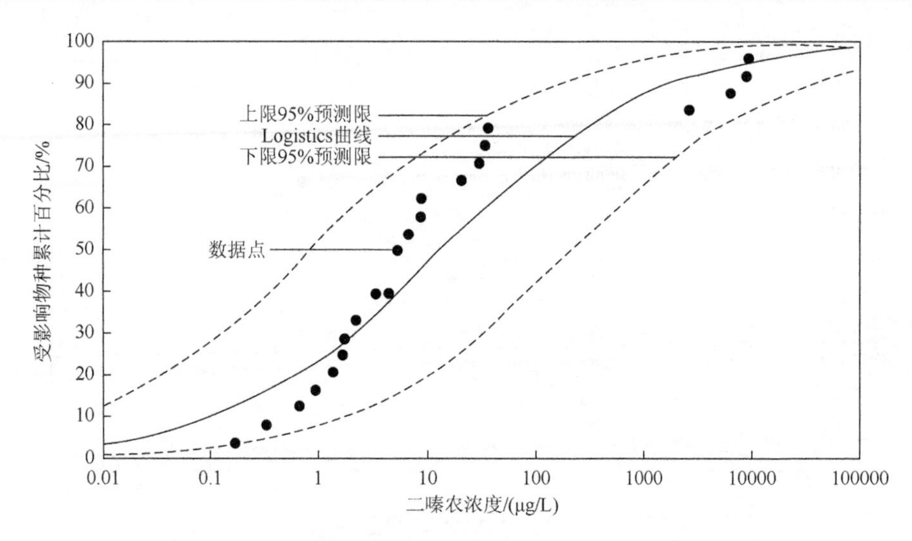

图 2-11　所有淡水生物种群的二嗪农慢性毒性水生群落风险模型

第三步，为了解决慢性敏感性差异，除将非节肢动物排除在数据集之外，还可以将新的逻辑回归模型与节肢动物和鱼类的数据进行拟合，图 2-12 显示拟合效果非常好。使用这个模型中单一化学分析风险评估程序的慢性基准估计为 0.17μg/L。根据图 2-12 的数据，该基准应可充分保护几乎所有的淡水水生生物，特别是节肢动物（图 2-13）和鱼类（图 2-14）。这种慢性基准也可以被认为是基于二嗪农潜在风险的慢性水质标准。

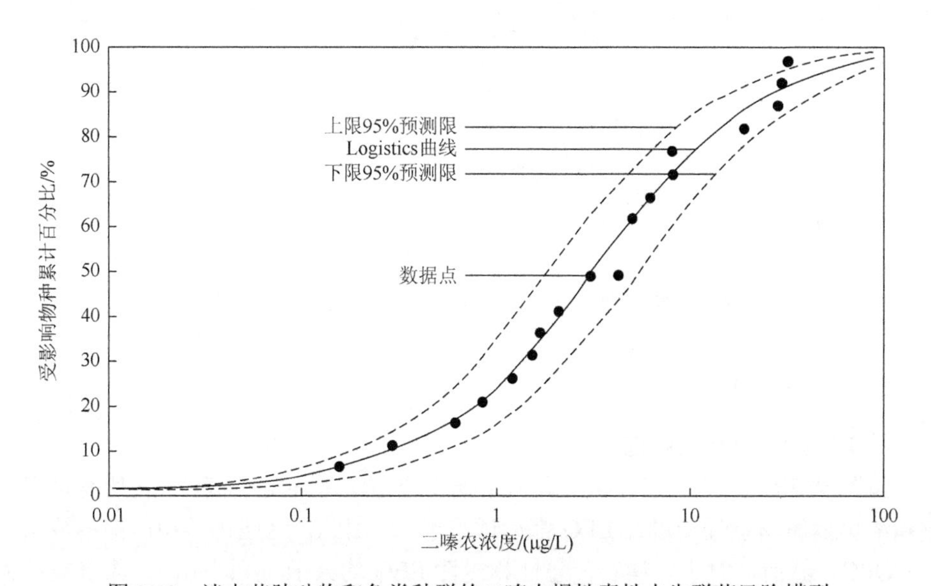

图 2-12　淡水节肢动物和鱼类种群的二嗪农慢性毒性水生群落风险模型

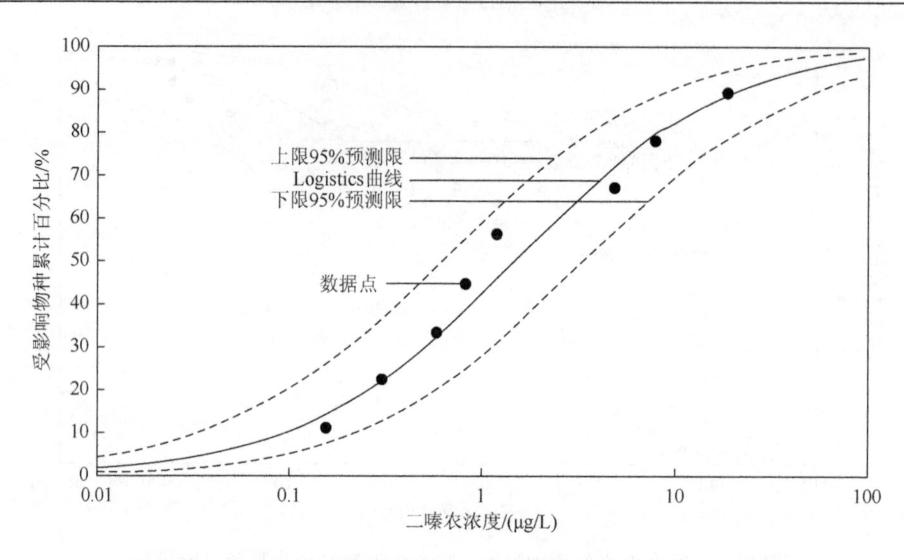

图 2-13　淡水节肢动物种群的二嗪农慢性毒性水生群落风险模型

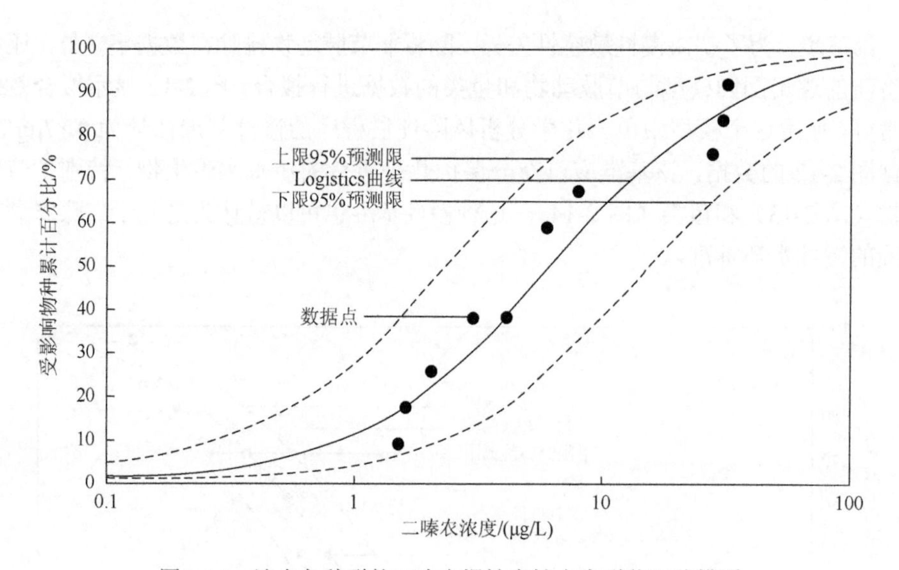

图 2-14　淡水鱼种群的二嗪农慢性毒性水生群落风险模型

4. 结果与讨论

第 1 阶段，风险的筛选评估。

按照 WERF 方法，在方法 1 评估中使用商值法来鉴定 COPC。在所有地点，氨和溶解金属的急性和慢性 EEQ 都远远小于 1；因此，这些化学物质都不被认为是 COPC。然而，对于二嗪农，急性和慢性 EEQ 均大于 1；因此，二嗪农被认为是下萨拉多河的急性 COPC 和慢性 COPC。

第 2 阶段，急性和慢性风险的概率风险评估。

就二嗪农对水生生物种群造成的急/慢性风险，通过运用 WERF 软件，使用风险分布曲线可量化位于萨拉多河下游的计量站，而 1993 年和 1997 年间的二嗪农的浓度和流量数据使用最为广泛，由于节肢动物与鱼类之间对二嗪农的敏感性差异很大，因此，就节肢动物、鱼类和所有淡水水生生物群的毒性风险分别进行了评估。创建了用于二嗪农的急性和慢性毒性数据库。然后，将年均浓度及其标准偏差纳入，即可根据每组种群数据评估每年受化学物质影响的种群百分比。

二嗪农类化学物质对节肢动物有快速急性毒性，因此，在年度二嗪农最大浓度及暴雨影响下，二嗪农雨水污染造成的生态风险可以使用单一化学分析方法、急/慢性毒性效应对比的方法，进行最大浓度数据的逻辑回归模型拟合图形的比较。从这些图中，可推导出二嗪农的年度最大浓度和其雨水浓度的急性毒性效应所占的百分比。

第 3 阶段，风险的结果表征。

表 2-9 总结了第 2 阶段，当超标概率为 50%，即风险发生情形为平均概率时的急/慢性风险分析结果。由表 2-9 可知，1993 年是二嗪农浓度最高的一年，估计约 13%的节肢动物分类和 11%的所有淡水生物分类受慢性二嗪农毒性的影响。这一发现表明，二嗪农对生长、繁殖和长期生存率的不利影响可能已经发生。估计约占群落总量的 5%和 11%的节肢动物会受到急性二嗪农毒性的不利影响，这表明，此时敏感的节肢动物物种的显著性死亡现象已经发生，萨拉多河的鱼可能不受急性或慢性二嗪农毒性的显著影响。1997 年期间，风险估计值有所降低。高达 8%和 4%的分类群可能分别受到慢性和急性毒性的影响。

表 2-9　萨拉多河二嗪农对水生生物群落*的急性和慢性风险

二嗪农浓度（g/L）	1993 年	1997 年
	0.16	0.065
1997（SD）	（0.21）	（0.079）
所有分类群：急性	5	4
所有分类群：慢性	11	8
节肢动物和鱼类：急性	7	5
节肢动物和鱼类：慢性	5	2
节肢动物分类单元：急性	11	6
节肢动物分类单元：慢性	13	7
鱼类毒性：急性和慢性	2	<1

*其值为种群受到二嗪农慢性毒性影响的百分比

图 2-15 显示了 1993 年节肢动物受到二嗪农影响的慢性风险分布，约 13%的节肢动物会受到影响，但是，有 5%的水生生物群落会受影响的风险概率将超过 95%，而且有超出 20%的物种会受影响的情况存在大于 5%的概率。1993 年受最大浓度二嗪农急性毒性影响和 1997 年暴雨径流中受二嗪农急性毒性影响的萨拉多河地区节肢动物类所占比例的推导分别如图 2-16 和图 2-17 所示。

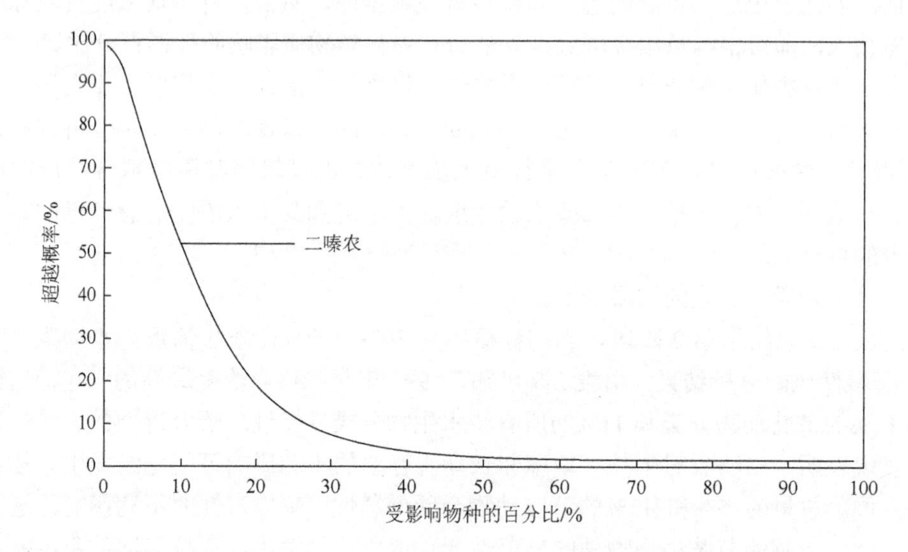

图 2-15　1993 年萨拉多河地区二嗪农对节肢动物的慢性毒性风险分布

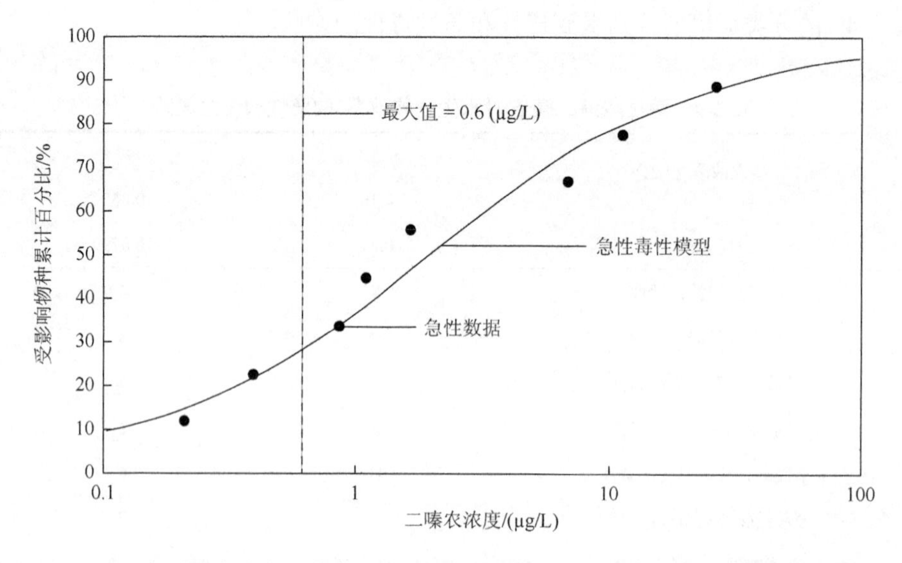

图 2-16　1993 年受最大浓度二嗪农急性毒性影响的萨拉多河地区节肢动物类所占比例推导

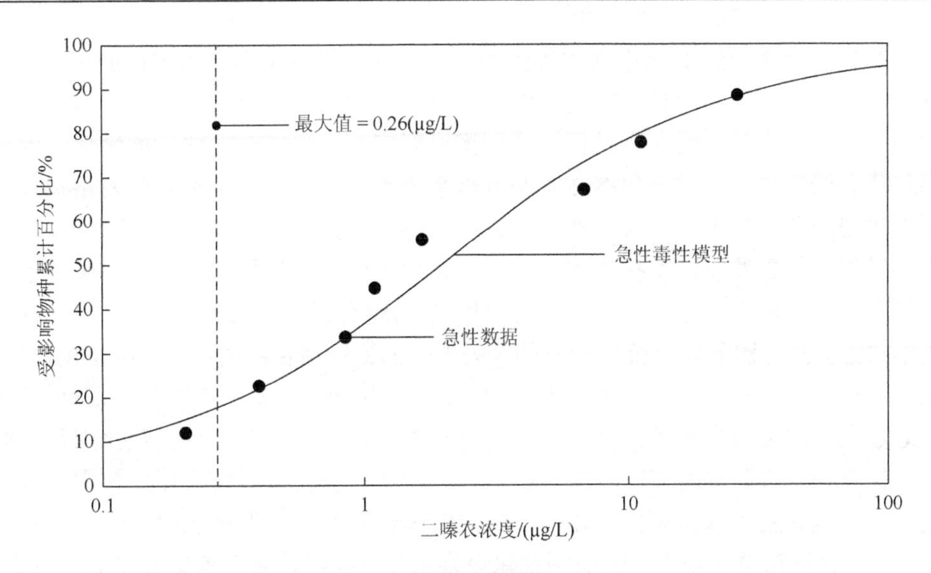

图2-17　1997年暴雨径流中受二嗪农急性毒性影响的萨拉多河地区节肢动物类所占比例的推导

2.7　毒害性污染物的风险评价技术研究

水环境污染物的筛查与风险分析始于20世纪中期，各项工作主要集中在工业发达的国家和地区，经过多年的研究和实践，这项工作的技术体系已日臻完善。研究热点既包含对人体健康风险的评价，也包含生态风险的评价工作。而生态风险的评价也从考虑生物个体和种群，向生物群落，甚至整个生态系统的风险分析评估方面发展。从污染物作用机理的研究方面看，已从化学物质对生物体致死剂量的研究，转向化学物质在代谢组学、宏基因组学及宏转录组学方面的环境安全性研究；从产生环境风险的污染物数量方面看，已从对单一化学物质的毒害性风险分析转向多污染物的联合作用；从风险评价的结果表征方面看，也已由定性表述向半定量与定量结果表述方向发展。

水环境污染物的筛查与风险分析的原理、技术路线和评价内容已较成熟，对于毒害性化学物质风险评估工作的重要性也有了比较明确的认识，而且许多国家都已经开展了优先污染物的筛选排序与环境风险评价工作。但在具体实践工作中，仍然存在着理论与实践的巨大差距。尤其是污染物的风险分析目前偏重于毒害性化学物质的突发性污染事件短期内对周围环境产生的危害；但对于渐变式风险预警，即水环境中的污染物造成的生态及人体健康风险是经过较长时间的潜伏、演化和累积才表现出来的危害，仍然需要在污染风险源的毒害性分级评价、废污水污染化学物质的原位辨识、污染生态风险评价、流域污染源风险评估监督管理标准化技术体系构建等多方面，继续深入开展工作。

2015 年 4 月 25 日，《中共中央国务院关于加快推进生态文明建设的意见》明确指出“把生态文明建设放在突出的战略位置，融入经济建设、政治建设、文化建设、社会建设各方面和全过程，协同推进新型工业化、信息化、城镇化、农业现代化和绿色化，以健全生态文明制度体系为重点，优化国土空间开发格局，全面促进资源节约利用，加大自然生态系统和环境保护力度，大力推进绿色发展、循环发展、低碳发展，弘扬生态文化，倡导绿色生活，加快建设美丽中国，使蓝天常在、青山常在、绿水常在，实现中华民族永续发展。”2016 年 12 月，在中共中央办公厅、国务院办公厅印发的《关于全面推行河长制的意见》中指出：“加强水污染防治，落实《水污染防治行动计划》，明确河湖水污染防治目标和任务，统筹水上、岸上污染治理，完善入河湖排污管控机制和考核体系。强化水环境质量目标管理，按照水功能区确定各类水体的水质保护目标。切实保障饮用水水源安全，开展饮用水水源规范化建设，依法清理饮用水水源保护区内违法建筑和排污口。结合城市总体规划，因地制宜建设亲水生态岸线，加大黑臭水体治理力度，实现河湖环境整洁优美、水清岸绿。”

但是，随着经济社会的快速发展，大量的毒害性污染物进入水环境，不同流域内的水环境污染问题、水生态保护问题面临着越来越复杂的管理形势。

水环境受到污染时，往往存在多重压力因子共存、危害效应共存的情况，如何从众多效应产生的结论中找出最需要关注的污染物，就需要开展优控污染物的筛查。

在综合考虑环境污染、人员暴露及生态效应各方面影响关系的情况下，通过详细地评估毒害性污染物对生态系统、人身健康的负面影响，可以进行对水环境中具累积性风险危害污染物的识别与监管。结合污染物的检出率、危害属性、环境分布筛查结果和对水环境造成危害的风险分数，建立流域特征毒害性污染物对水生态环境造成影响的总风险值的计算模型，对需重点关注的风险污染物进行赋分排序，依据风险分数较高污染物的检出断面，整合出在干流、排污口和水源地等不同水体需重点关注污染物的管理清单和重点管理的区域，对于建立以河流生态系统安全与人身健康为基础的污染物管理与控制体系，保障流域水资源安全具有重要意义。

2.7.1 国外的风险评价技术

国外的毒害性污染物生态风险评价技术研究主要包括以下 3 个方面。

1. 生态风险评价技术框架研究

美国 1972 年通过的《联邦水污染控制法修订案》确定了以排污限值为指标的

排放标准，当时也主要依据 COD、BOD 和 TOC 等常规综合性指标反映污染状况。但是，1976 年 USEPA 受到公众控告后，法院随即要求 USEPA 制定和公布主要污染点源、主要污染物类别的排放限制。由于每个污染物类别包含多种化合物，如果对总数达数千种的化合物逐一进行检测和控制，不仅花费巨大，而且在检测方法上也不可行。因此，需要从每一类污染物中挑选出数种具体的化合物，即筛选优先污染物（顾宝根等，2009；Bu et al.，2013；Dobbins et al.，2009；Solomon et al.，2013；Strempel et al.，2012；USEPA，2005）。筛选原则包括：

（1）法令指出的 65 个化合物和污染物类名单中，属于具体化合物的必须列入；

（2）筛查中污染物的检出率在 5%以上的；

（3）存在可定性鉴定和定量分析的化学标准物质；

（4）该物质的稳定性较高；

（5）具有分析测定的可能性；

（6）有较大的生产量；

（7）具有环境与健康危害性。

1998 年美国又正式颁布了《生态风险评价指南》，提出生态风险评价“三步法”，即提出问题、分析（暴露和效应）和风险表征。20 年以来，USEPA 和各国环保管理机构纷纷进行生态风险评价技术框架研究，同时在评价范围、评价内容及评价方法等方面进行了扩展研究（USEPA，1993，1998，1999）。

欧洲的生态风险研究集中在发展更实用的污染物排放估计方法方面。针对评价数据参差不齐的现状，开发专业简便的数据判断方法，逐步发展亚急性效应和慢性效应在生态风险评价中的应用，对高残留、高生物有效性的有机污染物予以特别关注。

欧洲共同体在 1975 年提出的《关于水质的排放标准》技术报告中列出了“黑名单”和“灰名单”。目前，欧盟通过开展《水框架指令》（Water Framework Directive，WFD）的工作，建立了筛选水环境中优先污染物的规范用于监测和治理。2000 年欧洲议会和理事会发布 Directive 2000/60/EC，构建了欧盟的水污染控制行动框架，要求欧盟必须采取措施，控制具有水环境风险或通过水环境产生风险的污染物。Directive 2000/60/EC 对有害物质和水环境污染优先物质作出了定义，前者是指有毒、在环境中持久存在并易于在生物体内累积的单一物质或污染物类，后者指对水环境或通过水环境产生显著风险的污染物（European Union，2006；USEPA，2001；ECB，2003）。

欧盟的目标是在 WFD 法令公布之后的 20 年内逐步减少各类污染物的排放，尤其对于需优先控制的毒害性污染物则要逐步停止排放、挥发和渗漏，最终完成使有自然来源的物质达到与海洋环境背景值相当的水平，使人工合成产生的污染物浓度水平接近于 0 水平（Huang et al.，2008；Morales-Caselles et al.，2008）。

2. 污染物的毒性效应

要获得污染物的慢性毒性效应数据值，欧洲化学物质管理局（European Chemicals Bureau，ECB）在对化学物质排放风险管理的技术导则中曾指出，为得到预测无效应浓度（predicted no effect concentration，PNEC）应采取的两种方式：一种是毒理学数据不足，难以获得预保护物种的慢性毒性效应浓度阈值时，通过推导因子（extrapolation factor）的方式，将少量污染物慢性毒理学数据从种内数据转变为种间数据，或从室内数据转变为野外慢性毒理学数据，或直接将急性效应数据转为慢性数据；另一种是通过从 8 种不同的动植物中获取至少 10 个（最好 15 个以上）的慢性毒性数据，构建 SSDs 曲线的方式获得（ECB，2003）。

例如，在塞纳河河口，有学者就针对列入欧盟水框架导则（2000/60/CE）的污染物——阿特拉津和敌草隆进行了相关的风险评价。运用推导因子法，将生态系统中三种水生态营养级的无可观测效应浓度（no observed effect concentrations，NOEC）值转变成了 PNEC。通过污染物的预测环境浓度（predicted environmental concentration，PEC）/PNEC 比值大于 1 的情况，揭示了从 1993 年至 1996 年的春季，在塞纳河河口中上游区域的阿特拉津存在生态风险；用同样的评价方式对敌草隆的研究表明，在 1993 年至 2005 年的春季期间，该地区生态风险也比较高（Guérita et al.，2008）。

而在繁忙的生产港口区内，有学者则赋予易产生各类事故、生态灾害及对周边环境等各类易造成生态危害的污染物较高权重，用打分的方式评估污染物的毒性效应。筛查出了以五氯酚等为代表的 15 种污染物是芬兰湾最主要的优先控制污染物，从而为控制这些污染物的排放、应对突发污染事件提供了技术依据（Jani Häkkinen et al.，2013）。

在药物滥用的环境污染物控制方面，鉴于其生态毒理学研究数据稀少，经常仅占已有药物数量不足 1%的情况，欧盟的毒性毒理与环境科学委员会（Commission's Scientific Committee on Toxicity，Ecotoxicity，and Environment，CSTEE）于 2001 年推荐了运用模型的方法预测毒理学数据。有学者在此基础上开展了对地表水中污染物的筛查与优先控制毒害性污染物风险效应的评估，评估方法采用风险商法（Sanderson et al.，2004）。

3. 污染物的健康风险评价

近年来，在针对人群的健康风险评估及保护工作方面，随着毒性数据的日臻完善，尤其是污染物对人体暴露危害性资料的充实，美国有毒物质与疾病登记署（The Agency for Toxic Substances and Disease Registry，ATSDR）和 USEPA 共同提出了主要污染点源最常出现的有毒污染物名单，根据其对人体及生态系统存在的毒性，建立基于危害严重程度的优先排序，平均每两年更新一次。这方面有学者做了比较深入的研究，其成果不但对大宗化学物质，而且对许多存在于水环境中的新兴毒害性污染物，如药物、PPCPs、农药或其代谢物、内分泌干扰物等的筛查、评估与分析结论都做了比较详尽的论述。

因为多种 PPCPs 的用量巨大，其在水环境中大量存在且总量仍在不断增加，并通过各种途径进入人体，对人身健康造成巨大的风险。Murray 等（2010）给出了在德国、美国的地下水、河流与污水处理厂等地发现的 71 种 3 大类工业化学物质、农药和 PPCPs 的健康风险评价。

而在以污染物经口、水、食品等为研究对象的一般毒害性污染物的健康风险评估方面，Solomon 等（2013）指出，在 1996 年有关北美地表水中的阿特拉津生态风险评价工作推动下，美国整合学术界、工业界和政府部门随即构建了有关评估杀虫、杀菌与灭鼠药剂行为的专门委员会（Ecological Committee on Federal Insecticide，Fungicide，and Rodenticide Act，FIFRA），随后推出了有关生态风险评价的（Ecological Committee on FIFRA Risk Assessment Methods，ECOFRAM）软件，还推出了基于风险概率评估技术对地表水浓度模型论述的专著及基于环境因素影响的表格化概率风险评估工具（Probabilistic Risk Assessment Tool，PRAT）等健康风险评估技术成果。

4. 风险源的辨识与评估及与生态保护目标的结合研究

Solomon 等（1996）首次针对北美地表水中的阿特拉津污染做了详细的调查、监测与风险评价，指出运用概率风险评估技术评估水环境中毒害性污染物的技术路线是可靠的。将阿特拉津释放量大的美国中西部地区各河流及入海口、水库监测结果与毒性效应结果相结合，指出在 5μg/L、5～20μg/L 和大于 50μg/L 的浓度水平下，水生生态系统受波及的水生生物类型；指出为保护水生生态系统完整性，尽管水环境中阿特拉津的均值大多数低于 5μg/L，北美水环境整体受阿特拉津危害风险水平不明显，但对于一些具体的水库、小流域及在洪水情况下的小流域水体受污染的情形，以及需要采取的措施等方面则针对性地提出了明确的对策建议。欧盟有关优先污染物的评估简化程序主要包括污染物的固有危害性证据，尤其是其水生生态毒性和通过水环境对人体的毒性证据；大范围开展环境污染的监测证据；其他证明其可能造成大范围污染的证据，如生产量、使用量、使用方式等方面的信息（Luit et al.，2003）。

de Ortiz 等（2013）运用定量结构-性质/活性关系（Quantitative structure-activity/properties relationship，QSAR）技术，并采用 EPI Suite 软件对 96 种 PPCPs 及其代谢物产生的环境负面效应进行了评估与排序，又采用了基于 Hasse 技术的污染物筛查与决策分析（Decision Analysis by Ranking Techniques，DART）软件针对PPCPs及其代谢物进行了评分。

其他国家和地区如加拿大、南非和新西兰等，其生态风险评价研究大多按照美国1998年的《生态风险评价指南》展开，并在此基础上对评价流程和具体操作方法进行适合本国的调整和改进。由于有大量的野外观测数据，包括种群、生态系统等多方面的长期数据，因此国外在进行生态风险评价研究时，往往侧重于利用观测数据从某一种或几种生物个体和种群的变化来反映生态系统的功能变化和生态风险（USEPA，1997）。

近年来，欧盟针对毒害性污染物生态风险评价方面的研究又有了新的进展。例如，在利用农药残留物的生态模型开展风险评价工作方面，有学者指出未来模型的发展应集中于面源种群恢复的影响因素；同时，在评估生物种群的恢复方面，利用实验室毒理学数据提供可靠的保护性基准（Forbes et al.，2009）；此外，在污染物的筛查方面，结合地理信息系统（geographic information system，GIS）分不同阶段对地理信息单元（elementary geographic units，EGUs）进行污染物的毒性风险评分。例如，将优先控制的毒害性污染物依危害途径与危害程度划分出三大类，即对自然环境造成的污染程度、对相关人员造成的污染承纳水平高低，以及对人员产生的毒害性大小，并通过赋分的方式，用多基准决策分析（multi-criteria decision analysis，MCDA）模型对优先控制污染物的EGUs进行评估，确定出污染物毒害的大小及其危害区域（Giubilato et al.，2014）。

综上所述，国外在风险评价技术方面，已经从单一的污染物筛查、毒性效应评估层面向管理控制污染物的法律法规构建、区域监管的实施层面发展。经过多年的管理运行，风险评价已成为各国控制优先污染物危害，构建水资源、生态系统保护体系的关键性技术支撑。

2.7.2　我国水环境风险评估与管理现状

我国各大流域内的排污口众多，污染物也很多，哪些地方的哪些排污口、排污口的哪类毒性污染物应该被重点监控与管理？受人力、物力、时间、资源等客观条件的限制，对水环境中存在的全部毒性化学物质进行全面的监测与评价既不合理也不可能。

为了应对水环境中日益增多的各类毒害性污染物的危害，需从数量巨大的污染化学物质当中筛选出优先控制污染物，有几个重要因素需要考虑，主要包括污染物的排放量、污染物的持久性、污染物的生物蓄积性、污染物的生物毒性效应承纳水平等方面。

据统计，在总计超过800万的注册化学物质当中有约6万至10万种化学物质列入商品化生产，从而成了对生态环境造成危害的潜在风险源（EC，2003；USEPA，1999a）。我国化学物质生产使用量巨大，2010 年产量已居世界第一。2012 年全国化学物质生产使用调查数据显示，全国共有 7142 家企业生产或使用具有致癌特性的化学物质 296 种，占全部受调查企业总数的 39%。由于有毒有害化学物质落后产能的大量存在，各类毒害性化学物质的风险严峻，不但严重威胁人民群众身体健康，而且还对流域水生生态系统的完整性带来了重大生态风险。

伴随近代工农业的发展，各种毒害性污染物的排放与日俱增，污染物的排放遍及河流、水库及地下水，对那些特别容易在生态系统各类生物体中累积起来，可能会通过饮水、食物链等途径危及人类的有毒有机污染物，在开展水环境污染物的筛查与风险分析工作中，必须给予更多的关注，因为它们在水环境中大多数情况下含量很低，通常以微克级（10^{-6}g/L）或更低级存在，但这类污染物有些极其难被生物分解，可以在水生生物、农作物和其他生物体中迁移、转化和富集，并具有致癌、致畸、致突变（“三致”）效应，它们即使剂量很低，经过长周期，也能够对生态环境和人体健康造成严重的，甚至是不可逆的影响。例如，人体脂肪内二噁英含量仅有百万分之五时，就可能会患上癌症，因此，有毒有机污染物对人类的危害性非常大。

主要表现在：①对内分泌系统的危害；②对动物和人类的生殖能力产生影响，导致雄性动物器官畸形，影响精子浓度和活力；③具有强的致癌、致畸、致突变作用，研究表明，人类患肿瘤病例的 80%～85%与有毒有机污染物污染有关，约有 140 多种有机污染物对动物有致癌作用，已经被确认的对人致癌物和可疑致癌物约有 40 多个种类。

随着经济和社会的快速发展，大量的有害污染物经各生产、使用环节进入水环境中，鉴于水资源利用的长期性及与之形成的水资源运行体系形成之后的难以替换性，大量具有毒性风险的毒害性污染物进入水生态、饮用水运行体系，不但会给区域的生态系统带来风险，也会给人民群众的身体健康带来巨大的威胁（姜巍巍，2011；刘新，2011；原盛广，2008），因此，确定哪些有毒有机污染物是源于人为因素的生态风险，评估其对生态系统所产生不可逆的、结构性影响的污染物类型、范围及强度，对于管理机构极为重要。

环境保护部科技标准司于 2010 年出版的《国内外化学污染物环境与健康风险排序比较研究》中指出，据测算，目前已知的有机物在 700 万种以上，人们常用的 5 万种化学物质中 95%以上是有机物，而且每年还有成千上万种新的有机物诞生。截至目前进入环境中的化学物质约有 10 万种（环境保护部科技标准司，2010）。

当多重压力因子共存、造成危害效应共存的情况出现时，如何从众多效应产生的结论中找出最需要关注的污染物，即“聚焦”建立的过程，就是实质性筛查的过程。化学物质风险防控措施，主要涉及流域层面、企业层面。

在流域层面，需要开展的工作包括有毒有害污染物分布调查监测和评估、筛选建立各流域优控污染物名单，通过建立工业废水综合毒性评价技术方法，提出相应的对策、措施，进而制定优控污染物的治理方案。对于重点流域水环境管理的工程治理思路方面的十大类工程，主要包括保护与修复方面的饮用水水源地污染防治工程、良好水体生态保护工程、水资源调配工程；点源治理方面的工业污染源达标排放工程、工业集聚区集中污水处理设施建设工程、城镇污水处理及配套设施项目、规模化畜禽养殖污染防治工程、产业结构和布局调整；非点源整治方面的农村环境综合整治工程、区域水环境综合整治工程。

20 世纪 90 年代国家环境保护总局划定了以明确水质目标为目的的自然保护区、饮用水水源保护区、渔业用水区、工农业用水区、景观娱乐用水区等，以及混合区、过渡区；2002 年水利部划定了以明确水体使用功能为目标的各类水功能区，包括水资源保护区、缓冲区、开发利用区、保留区；2008 年环境保护部与中科院共同划定，2015 年修编形成的水生态功能区，包括水源涵养、生物多样性保护、土壤保持、防风固沙、洪水调蓄、农产品提供、林产品提供、大都市群、重点城市群。还有 2012 年国家发改委主持划定，以产业布局为目的的主体功能水功能区，包括禁止开发区、限制开发区、优化开发区、重点开发区、自然保护区、饮用水水源保护区、渔业用水区、工农业用水区、景观娱乐用水区、混合区和过渡区等。

我国从 20 世纪 90 年代至今，已经形成了多套水环境保护分区方案，体现出了从“水体”向“水陆一体化”、从“水环境”向“水生态”的发展趋势。落实“山水林田湖”生命共同体管理要求的具体措施，建立以流域生态系统为管理对象，以建立健康流域生态系统为目标，以系统的整体性、规律性、系统性为原则，以综合治理为手段的管理体系。

水环境功能区划（环境保护部）包括了自然保护区、饮用水水源保护区、渔业用水区、工农业用水区、景观娱乐用水区、混合区和过渡区等；全国区划河流长度为 29 万 km，湖库面积为 5 万 km^2，覆盖了环境管理涉及的水域。

经将“十二五”控制单元与水专项水生态功能区相结合，国家已构建出水生态环境功能分区的管理体系，我国流域水生态环境功能分区体系是由“流域—水生态控制区—水环境控制单元”三部分构成的，主要按照保护流域生态系统完整性、水系分布状况和行政区划的管理范围，实施重点流域的水环境管理。总体思路是“突出重点、三分体系”。“突出重点”包括优先控制单元：即水质达标方案的制定、骨干项目实施两方面，以及开展水环境整体性治理的各个项目任务。“三分体系”包括分类、分级、分区三部分。分类是指优先控制单元，包括水质改善、生态保护、风险防范、供水保障三部分；分级是指分一般和优先两种控制单元；分区是指要开展流域内的水生生态环境功能区划。

流域的水生态环境功能主要包括两部分：服务功能和生态功能。水生生态环境的服务功能通常是指农业生产支撑、城市生活的支撑部分，生态功能通常指水源的涵养与水文调节、土壤保持、水生珍稀特有物种栖息地和洄游通道、重要生态资产保护、生境维持等方面。

环境保护部《重点流域水污染防治“十三五”规划》（简称《水十条》）指出，必须全面落实《水十条》中的流域水环境质量目标，但现行的水环境管理主要以水体为对象，侧重水体的使用功能以及单一的水质管理，但尚未统筹考虑流域水生态系统完整性。面对生态环境问题突出，环境污染风险增加的态势，必须按照《国务院关于实行最严格水资源管理制度的意见》（国发［2012］3 号）的要求，坚持以人为本，着力解决人民群众最关心最直接最现实的水资源问题，保障饮水安全、供水安全和生态安全；坚持人水和谐，尊重自然规律和经济社会发展规律，处理好水资源开发与保护关系，以水定需、量水而行、因水制宜；坚持统筹兼顾，协调好生活、生产和生态用水，上下游、左右岸、干支流、地表水和地下水关系；坚持改革创新，完善水资源管理体制和机制，改进管理方式和方法；坚持因地制宜，实行分类指导，注重制度实施的可行性和有效性。

2.7.3 我国毒害性污染物的风险评价技术研究

国内毒害性污染物的生态风险评价技术研究主要包括以下三个方面。

1. 水环境中污染物的来源及分布

鉴于水环境中污染物控制标准的区域性差异，以及对产生差异性的影响因素开展研究的必要性，我国学者在这方面进行了比较深入的探索。

由于不同国家和地区社会经济发展水平的不同，只采用单一的全国水质量标准（water quality criteria，WQC）无法适应我国流域水环境改善和生态恢复的管理需求，在建立水环境毒害性污染物的优先控制机制、筛选质量基准（water quality benchmarking，WQB）的技术体系方面，应遵循水环境的现实情况。

有学者通过 2010 年 5 月至 2011 年 4 月间每月一次共 69 项优先控制污染物的监测与生态风险评价，探讨了为长江流域巢湖水系水生生物的保护制定新的水质管控指标的必要性。指出目前 WQC 低估了污染物在水生生态系统中的毒性风险，提出了巢湖需优先控制的污染物清单，研究表明生态风险水平最高的是有机氮磷农药，如对硫磷、敌敌畏、马拉硫磷、乐果和邻苯二甲酸二丁酯等 20 个优先控制污染物，但列入国家“黑名单”的毒害性污染物只覆盖了 7 个，其他 13 个优先控制污染物则不能有效控制。由于在不同水体中污染物的毒性效应是不相同的，筛查优先控制污染物清单应结合区域具体情况并与水生生态系统的保护相结合，开发出更全面的、切合区域实际的国家污染物控制清单列表（He et al.，2014）。

一些研究者对南方与北方河流及湖泊中 PAHs 类、半挥发性有机污染物（semi-volatile organic compounds，SVOCs）类分布规律的研究表明，长江口沉积物中 SVOCs 的分布主要受采样点所处的水利条件、与排污口的相对位置、沉积物颗粒粒径、有机质含量和洪枯季等因素的影响；采样点的水动力条件越弱，与排污口的距离越近，沉积物颗粒粒径越小，沉积物中污染物的种类和数量就会越多（刘征涛等，2008）；推断出太湖表层沉积物中 PAHs 主要来源于化石类燃料的燃烧（李玉斌等，2011）。此外，周怀东等（2008）指出严重的 PAHs 生态风险在我国北方的白洋淀湿地表层沉积物中并不存在，因此在监控白洋淀湿地的沉积物时，对于优先控制哪些毒害性污染物必须有所侧重并作进一步调查。

应光国等（2012）对东江流域化学物质的生态风险评价结果显示，持久性有机污染物的部分单体在东江不同河段可大量检出，PAHs 和有机氯农药（organochlorine pesticides，OPCs）的多个单体具有生态高风险，有 7 种农药在水体中存在高风险区域，PPCPs 在重污染支流和部分干流中具有高风险。对于沉积物，刘征涛等（2009）应用评价区间低值（effects range-low，ERL）与评价区间中值（effects range-median，ERM）指标技术对长江口沉积物中的 PAHs 进行了生态风险的细分；在白洋淀部分区域，相关研究也表明某些 PAHs 的含量超过了 ERL，可能存在着对生物的潜在危害（周怀东等，2008）。李玉斌等（2011）对水环境中污染物的生态风险评价表明，太湖表层沉积物中的 PAHs 并不存在严重的生态风险，但局部地区（梅梁湖）芴的浓度略高于 ERL 而小于 ERM，具有一定的潜在生态风险。

陈锡超等（2013）在北京官厅水库定性筛查出了 80 种具有潜在健康风险的有机污染物作为进一步深入研究的目标污染物，指出官厅水库水体中的有机微污染对人体健康的风险总体上处于较低水平。

2. 污染物的毒性效应

在毒性污染物的选取方面，由于重金属污染物的测试相对简单，国内学者对重金属所产生毒性效应的研究较多。如针对不同生物类别，研究并计算了重金属对淡水生物形成毒性效应的 5%危害浓度（hazardous concentration 5%，HC_5）值，在不同污染物环境浓度情况下，评估超过不同生物类别受潜在影响比例（potential affected fraction，PAF），并利用 SSDs 曲线分析比较了不同重金属对不同生物类别的毒性差异（孔祥臻等，2011）。魏摇威等（2012）则研究了不同植物对重金属毒性敏感性的差异，通过对叶菜类植物与禾本科类植物对 Zn 毒性效应的研究，表明叶菜类植物对土壤中 Zn 的毒害较为敏感，而禾本科类植物（如玉米）却对 Zn 具有较强的抗性。

在有毒有机污染物的研究方面，我国学者主要针对的是 SVOCs 类。如针对 PAHs 类污染物对淡水生物的生态风险评估（刘良等，2009）；通过对太湖表层沉积物中代表性 PAHs 的生态风险分析，使用商值法进行的定量化风险表征（蒋丹烈等，2011）。在 OCPs 方面，我国学者构建了淡水生物对 DDT 和林丹的 SSDs 曲线，预测了不同浓度 DDT 和林丹对生物可能造成的危害，并比较了不同类别生物对 DDT 和林丹的敏感性（王印等，2009）。在酞酸酯类污染物方面，构建了邻苯二甲酸二辛酯（DEHP）对淡水生物的 SSDs 曲线，评价了我国不同地区水体 DEHP 对不同生物类别的生态风险。结果表明，不同物种对 DEHP 污染物的耐受范围存在差异，从小到大依次为：无脊椎动物＜脊椎动物＜藻类，作者认为这些差异性源于水生生物物种的多样性，耐受浓度范围越大表示随着污染物质量浓度的增加，风险增大的趋势较缓慢（胡习邦等，2012）。在 OPCs 类污染物方面，有学者构建了 4 种常用 OPCs（二嗪磷、对硫磷、杀螟硫磷和马拉硫磷）对淡水生物的 SSDs 曲线，计算了 4 种有机磷农药对不同淡水生物的 HC_5 及其不同暴露浓度对淡水生物的 PAF，长江、九龙江和五小川流域水体中对硫磷与马拉硫磷对淡水生物的 PAF 及它们的复合潜在影响比例（multisubstance potential affected fraction，msPAF）均小于 0.5%，生态风险很低（徐瑞祥等，2012）。

此外，针对各种环境污染物组成的混合物所引起的联合毒性效应，也有学者介绍了混合物联合毒性的评价方法，并研究了浓度加和与独立作用两个模型在混合物联合作用评价中的应用（张亚辉等，2008）。

在污染物复合污染的毒性效应研究方面，通常将毒性效应危害机制相同的污染物类型以浓度加和形式表达；将各自具有独立毒性作用机制的污染物毒性效应以独立作用模型进行描述。由于依靠单一污染物研究不足以提供全面风险信息，有学者就通过对复合污染的联合毒性效应及其研究方法的分析，综述和比较不同生态风险评价方法的实用性和不足，探讨了适合于建立流域不同生态单元质量和复合污染效应间关系的方法（王雪梅等，2010）。

3. 污染物的健康风险评价

污染物的健康风险评价主要针对毒害性污染物危害人体健康的影响程度进行概率分析，不同区域有不同的优先控制污染物和不同的水环境条件。

有研究表明，在我国大江大河的水源水体的健康风险研究方面，长江武汉段个人年致癌风险为 $5.37\times10^{-8}\sim1.67\times10^{-4}a^{-1}$，苯并[a]蒽（BaA）是主要的风险贡献者。非致癌风险平均为 $2.19\times10^{-10}a^{-1}$，远低于国际辐射防护委员会（ICRP）推荐水平（唐阵武等，2009）。对 2005 年年底的松花江硝基苯污染事件的研究表明，其致癌风险值远远超过国际接受的限值，从而提升了污染事故危害级别；而对 2006 年年底北江重金属 Cd 污染的健康风险评价则表明，Cd 虽为致癌污染物，但污染事故中致癌风险值仍在可接受限值内，对污染事故危害级别的提升贡献不大（李二平等，2010）。

对黄河三门峡段的水环境健康风险评价的结果表明，非致癌物质由饮水途径所致健康危害的个人年风险以 Pb 为最大，NH_3-N 次之；化学致癌物质中 As 和 Cd 的最大个人年风险分别达到 $2.272\times10^{-4}a^{-1}$ 和 $3.173\times10^{-5}a^{-1}$。其中，致癌物质对人体健康危害的个人年风险远远超过非致癌物质对人体健康危害的个人年风险，应作为风险决策管理的重点对象（王勇泽等，2007）。

董继元等（2009）应用 USEPA 的健康风险评价方法，结合黄河兰州段 2004 年全年对 11 个采样点的水质监测数据，对黄河兰州段 PAHs 有机污染物通过饮水和皮肤接触途径进入人体的健康风险进行了初步评价。结果表明，黄河兰州段 PAHs 类有机污染物的非致癌风险指数值均小于 1，其中萘的非致癌风险指数值在 10^{-3} 数量级，偏高于其他污染物；苯并[a]芘的致癌风险指数值在 10^{-4} 数量级以下。与国内其他地区相比，黄河兰州段萘的非致癌风险亦较高，特别是地面饮用水源水 PAHs 污染物具有较大的健康风险。也有学者对我国不同区域 59 个城市自来水厂进水区的 PAHs 的健康风险评价进行了更大范围的研究，结果表明各水厂终身致癌风险的数量级始终在 $10^{-6}a^{-1}$，处于 USEPA 对致癌物质可接受风险水平 10^{-6}～$10^{-4}a^{-1}$ 范围内，表明水厂出水中 PAHs 对人体健康风险处于可接受的水平；非致癌风险在 10^{-9}～$10^{-8}a^{-1}$ 之间，其总致癌风险不超过 $10^{-6}a^{-1}$，符合 ICRP 推荐的最大可接受风险水平 $5\times10^{-5}a^{-1}$，也未超出希腊雅典环保局和荷兰建设与环境部推荐的 $10^{-6}a^{-1}$ 的最大可接受水平，这表明我国多数地区水厂水中 PAHs 对人体的总体健康风险尚不明显（刘新等，2011）。

对北京官厅水库特征污染物筛查及健康风险评价的结果显示，17 种污染物致癌风险处于 10^{-6}～10^{-5} 水平，37 种污染物的非致癌风险处于 10^{-2} 水平，均低于国际认同的风险控制阈值（陈锡超等，2013）。2001～2005 年对新疆地区水源地的水质指标调查发现非致癌物质以氟化物为最大，Pb 次之，个人年风险水平为 10^{-11}～$10^{-8}a^{-1}$，致癌物质由饮水途径所致健康危害的个人年风险由大到小的顺序为 Cr^{6+}＞As＞Cd（梁爽和李维青，2010）。

郑德凤等（2008）对华东地区某城市河道型饮用水源地受污染的饮水途径健康风险率进行了分析与评价。结果表明，化学致癌物对人体健康危害个人年风险率远超过非致癌物。汛期与非汛期的健康风险评价对比表明，汛期应加强对化学致癌物 As 与非致癌物氟化物和 Pb 的监控，非汛期应侧重治理氟化物和 Fe。

在华南与西南地区，2003～2007 年对四川境内湖泊类水源地的调查与健康风险评估显示，致癌物 As 和 Cr^{6+}是此类饮用水水源地产生健康危害的主要有毒污染物，其非致癌物的年均健康风险均未超标（倪彬等，2010）。王若师等（2012）通过研究东江流域有机污染物健康风险水平发现，其致癌风险水平相对全国其他地区较高，成人和儿童的饮水致癌风险最高分别达到了 $1.17\times10^{-5}a^{-1}$ 和 $2.19\times10^{-5}a^{-1}$，非致癌风险较低，处于国际推荐的可接受水平范围内。

此外，由于我国各地气候、地理和地质条件差别很大，实际研究过程经常缺乏相关的基础资料，也有学者通过采用健康风险评价模型的方式，研究场地有机污染物环境标准取值的区域差异及其影响因素（吴亚非等，2009；曹云者等，2010）。

综上所述，目前国内对流域毒害性污染物的研究主要集中于三个方面：一是污染物的分布研究，二是毒性效应方法研究，三是在前两方面基础上针对水源水开展的健康风险评价方面的研究。但是，对于水环境中风险源的辨识与控制、与生态保护目标相结合的系统性研究方面尚缺乏流域层面的实际研究成果支撑，在发展和构建切实反映流域时空尺度变化规律的生态风险评价模型、流域水生态毒理机理、水环境的生态响应和流域多目标优化管理方面，仍存在局限性，还需要做进一步的拓展与深入探索。

第3章 污染物筛查概述

在生态与健康风险技术的污染物筛查方法基础上，水环境的风险评估系统构成通常包括：保护目标、化学物质毒理学数据、参数的选取与评判、模型运算方法和优控污染物的赋分与排序等。但是，由于缺乏当地勘查与相关生态监测数据，往往难以给出需优先关注哪些有毒有机污染物，必须通过对环境污染、人员暴露及健康危害效应的综合评价，构建起环境与人员健康之间的响应关系，基于这样的数据集成才会有利于完善优控污染物的筛查方法（Hawthorne et al.，2000）。

USEPA对污染物排放量的分级采用了不同的筛查模型，对于不同排放量级污染物的筛查分别根据理化性质、自身毒性、相关模型参数来确定是否考虑污染物的暴露水平。USEPA根据毒害性污染物的毒性、在环境中存在的持久性、生物蓄积效应和在水体中出现概率的高低等多重条件，提出了评估污染化学物质对环境与人体形成危害的筛查策略。

欧盟开展了优先控制污染物的筛选，采取同时将污染物的模型计算暴露值与实测情况相结合的评估方式计算暴露得分，然后分别与效应得分结合以求得被测污染物的总得分。1967年，欧盟为规范危险化学物质的储存、分级，推出了导则67/548/EEC；1993年3月23日，推出了793/93/EEC，为已存在化学物质开展系统化风险评估制定了规则。筛查过程包括四个阶段：毒理数据收集、优控污染物排序、风险评估和采取措施，降低风险水平。

Swanson等（1997）指出把污染物筛查出来只是风险评估的第一步，更重要的是如何确证对不同污染物的分类与评级。多数筛查方法源于污染物的固有性质，即理化性质和毒理学性质，或由其生产及使用过程所产生的对人群造成影响的情况。其中，主要的评分模型包括欧盟的“欧盟风险分级方法”（European Union Risk Ranking Method，EURAM）模型（Hansen et al.，1999）和USEPA（Davis et al.，1994；Swanson et al.，1997）的基于管理策略的风险化学物质评估技术（Chemicals Hazard Evaluation for Management Strategies，CHEMS）模型；Institute for Environment and Health（Kincaid and Bartmess，1993）的MRC模型。此外，USEPA还推出了基于人员潜在暴露风险的ExpoCast程序以评估毒害性化学物质的危害（Mitchell et al.，2013），该程序主要考虑了化学物质在环境中存在和使用的周期。

3.1 毒害性污染物辨识的主要方面

水体的毒害性污染主要来自三个方面。

1. 工业生产废水

工业生产废水是最重要的污染源，它有以下几个特点。

（1）排放量大、污染范围广、排放方式复杂和工业生产用水量大。相当一部分生产用水中都携带原料、中间产物、副产物及产物等排出厂外。工业企业遍布全国各地，污染范围广。不少产品在使用中又会产生新的污染，例如，全世界化肥施用量约 5 亿 t，农药 200 多万 t，使遍及全世界广大地区的地表水和地下水都受到不同程度的污染。工业废水的排放方式复杂，有间歇排放和连续排放，规律排放和无规律排放的区别，给水污染的防治造成很大困难。

（2）污染物种类繁多、浓度波动幅度大。由于工业产品的品种多，工业生产过程中排出的污染物种类也是数不胜数。不同污染物性质有很大差异，浓度也相差甚远，高的可达数万 mg/L 以上，如生产酚醛树脂时，排出的含酚废水浓度可达 40000mg/L；低的仅在 10mg/L 以下，有的甚至不含污染物，只有温度发生变化。

（3）毒害性化学物质有毒性、刺激性、腐蚀性和 pH 变化幅度大，悬浮物和富营养物多。被酸碱类污染的废水有刺激性、腐蚀性，有机含氧化合物如醛、酮、醚等则有还原性，能消耗水中的溶解氧，使水缺氧而导致水生生物死亡。工业废水中含有大量的氮、磷、钾等营养物，使藻类大量生长耗去水中溶解氧，造成水体富营养化。工业废水中悬浮物含量也很高，最高可达数千 mg/L，是生活污水的 10 倍。

（4）污染物排放后迁移变化规律差异大。工业废水中所含各种污染物的物理性质和化学性质差别很大，有些还有较大的蓄积性及较高的稳定性，一旦无序化排放，迁移变化规律就显著不同，或成为沉积物，或经挥发转入大气和富集于各类生物体内，有的则分解转化为其他化学物质，甚至造成二次污染，使污染物具有更大的危险性。例如，某些有机氮在水中经微生物作用可分解为硝酸盐，然后进一步还原为亚硝酸盐，进入人体后与仲胺作用生成亚硝胺，有强烈的致癌作用。

2. 生活污水

生活污水的排放量比工业废水要少得多，而且在组成上也有很大不同，其中固体悬浮物含量很少（不到 1%），主要是日常生活中的各种洗涤水，生活污水有如下几个特点：

（1）含氮、磷、硫高；

（2）含有纤维素、淀粉、糖类、脂肪、蛋白质、尿素等，在厌氧性细菌作用下易产生恶臭物质；

（3）含有多种微生物如细菌、病原菌，易使人传染上各种的疾病；·

（4）洗涤剂的大量使用使其在污水中含量很大，对人体有一定危害；

（5）日常生活中用量最大的化学物质——药物与个人护理品，特别是抗生素类药物对环境的污染。例如，细菌耐药性的不断增强和环境雌性化是当前人类面临的两个重大健康挑战，它们都和药物的使用和污染有关。

3. 农业生产污水

农业生产污水主要是农村污水和灌溉水。化肥和农药的大量使用，使溜沥后排出的水或雨后径流中常含有一定量的农药和化肥，造成水体污染和富营养化，使水质恶化。

由于大量人造化学物质的生产和使用，其对生态环境所造成的危害得到人们越来越多的关注，因为当许多人造化学物质被大剂量或大范围使用时都会对生态系统造成很大的伤害。因此，化学物质对环境所产生风险大小的评估也越来越成为公众所关心的问题。

中国是生产、消费及进出口化学物质的大国。这些化学物质确实在社会进步和提高人民生活水平等方面起到了重要作用。但在化学物质登记和管理方面仍不够完善。虽然 20 世纪 90 年代以来我国化学物质管理工作取得了重要进展，但与发达国家相比尚有改进的余地。主要差距是背景资料不准确、法规和标准不够健全等。当前最紧迫的需要是尽快开展对有毒化学物质的调查与风险评价，了解这些有毒化学物质在生态环境中的本底值及其在环境中的行为，以及对人体健康的影响，确定它们对生态环境产生的毒性等，并在此基础上制定有毒化学物质的控制清单。

但是，为了最大限度地发挥化学物质的优点，克服由其负面影响造成的危害，达成针对化学物质在有效使用与污染控制方面双赢的效果，应基于污染化学物质的浓度、持久性、活跃性及其在大气、水、土壤、沉积物和生物相间分配情况的趋势开展工作，通过现场监测、模型计算等技术手段评估它们的环境行为，从而辨识出水环境中需优先控制的毒害性污染化学物质。从数量巨大的污染化学物质当中筛选出优先控制污染物一般都需要经过几个阶段，包括对污染物进行详细的审查、强化监测预案、毒害性测试、来源追踪、归趋模式和效应评估等方面。在众多特征污染物的辨识影响因子选择过程中，作为优先控制污染物的几个重要因素，需要考虑污染物的排放量、持久性、生物蓄积性、生物毒性效应等。

对于水环境中高累积、易残留、生物毒性作用突出的有毒有机化合物，必须进行的评估内容包括：如何获取污染物的 PEC 和 PNEC；如何进行污染物 PBT（持久性、富集性和毒害性）评估；如何结合生态毒害效应的终点，筛查并控制水环境中需优先监控的高风险污染物。

因此，本节就有机污染物在环境中的排放、残留、对食物链体系的影响及毒性效应表征等方面加以讨论。

3.1.1　排放量

对于毒害性污染化学物质的排放，需关注的方面主要包括生产、制造、使用和转运，以及由于使用而残留在环境中的部分。

对于毒害性污染化学物质的排放，需关注的方面主要包括生产、制造、使用和转运，以及由于使用而残留在环境中的部分。污染化学物质的扩散排放有几种机制，如蒸发、淋溶、腐蚀、磨损和风化作用等。

一些化学物质（如苯）虽作为燃料大量存在，但仅有一小部分（通常少于 1%）由于燃烧不完全或者储运过程中的泄漏会被释放到环境中。其他化学物质（如农药类）虽然用量相对较少，但由于完全的开放式使用而直接进入环境体系，因此可以认为此类化学物质具有 100%的排放量（Finizio et al.，2001）。最有效的管理方式就是降低污染物的排放量以保证环境生态安全的需求。而作为环境及水资源保护的监管部门，虽不能降低污染物自身的毒性，却可以控制其释放量的水平，这就需要掌握污染源的情况，如排放的污染物类别、影响的范围等（Mitchell et al.，2013）。控制污染物排放的各类工业化学物质的清单，如美国的污染物排放清单（Toxics Release Inventory，TRI）、加拿大的国家污染物排放目录（National Pollutant Release Inventory，NPRI），这些优先控制毒害性污染物的排放清单在欧洲、澳大利亚和日本也同样存在，开展这些工作有利于提高在污染物排放量方面的管理能力。

对半衰期长的化学物质而言，其自身多具有低蒸气压和亲脂性的特征，对于被颗粒物吸附的毒害性化学物质，其迁移转化与归趋过程表现为更低的生物可利用性与更长的降解半衰期。与直接排放方式相比，随颗粒物一起排放的污染化学物质将有不同的环境行为特性，如较低的生物可利用度和更长的持久性。在缺少吸附/生物利用度/持久性数据的情况下，排放量可以被假定正比于其排放的表面积，然后经排放因子得出重量值。

与直接从生产和使用阶段废弃物的排放情况相比，金属类和持久性有毒化学物质类污染物释放出来的有毒成分可能较慢，但其长期释放产生的生态及健康风险可能更令人担忧。因此，对污染物排放量的控制标准必须建立在评估废弃物造成的危害性是否在生态环境和人体可承载水平之上。

首先，根据生产量和使用方式，对废污水中的污染物总体积进行初步评估，并要考虑到污染物本体及其分解产物的毒性和其他不良危害，以确定这种废物可能造成的危害性大小。

其次，尽管垃圾填埋场的厌氧降解或填埋场模拟条件的公开信息可能表明不需要开展深入的风险评估，然而，土壤中污染物的水溶性、吸附/解吸能力或淋滤实验的效果如何，仍可以作为评价浸出潜力的重要指标。尤其需要注意的是，即使垃圾填埋场的污染物已被吸附，但毒害性的化学物质仍可以通过垃圾填埋场渗滤液被排放出来。

另外，为评估是否应当将焚烧排放物列入风险评估中，同样应以背景浓度是否增加，是否已过度排放为依据，经过计算，评价是否需要对废弃物焚烧排放量加以控制。

垃圾填埋场的排放物和废物焚烧残渣中的残留物通常会存在很长一段时间，因此，污染物的监测浓度值通常也会比较低，其长期释放的风险评估也需要逐案确定，特别是对于持久性和有毒的金属或有机污染物。

3.1.2　持久性

持久性是指污染物呈现在环境中的半衰期（half-life，DT_{50}）、存在的有效期或残留周期较长。一些化学物质，如 DDT 或多氯联苯（PCBs）类污染物由于长期使用且难以通过生物的或者物理的方法自然降解，在环境介质中会残存数年。半衰期通常以 $T_{1/2}$ 表示，它以污染物降解至其初始含量一半的时间来表示。物质的持久性反映了其对生物体长期暴露于毒害性化学物质影响情况下，产生生态与健康问题的潜在风险，同时也反映了这些污染物能够扩散到各类水环境，并被运到偏远非发达地区的可能性。通常，为确定污染物是否为持久性污染物，主要依靠其在污染源的实际检测浓度值，在实测值难以获取的情况下，可以用其他方式获得持久性污染的数据来源，包括：①与污染源相同的水环境条件的实验模拟数据；②生物降解评估模型推导。

欧盟认为，水环境条件下，半衰期≥60 天，沉积物条件下半衰期≥180 天可以认为该化学物质具有持久性（European Commission Joint Research Center，2003）。

影响污染物持久性的降解因子主要源于污染物所处的环境介质、温度、阳光强度、污染物本身特性、降解微生物情况及其他因素（pH、反应物的情况及催化条件等）。通常情况下，确定污染物是否需要优先控制的主要因素就是其在环境中的持久性（如 OCPs 类）。Swanson 等（1997）按污染物降解方式的不同，将 $T_{1/2}$ 分成 BOD 降解与水解性降解（HYD）$T_{1/2}$ 两大类，并给出了不同降解周期的划分标准；Baun 等（2006）指出污染物在水环境条件下，其富集、扩散与降解的持久性可以按 $T_{1/2}$ 的大小分成 3 种不同的级别。

3.1.3 生物累积性

生物累积性是指生物体通过各种暴露途径接触化学物质的净积累，生物累积性常用生物富集系数（bioconcentration factor，BCF）来表示，BCF 是稳态条件下，测试生物体富集的污染化学物质浓度与生物体暴露的水环境中污染化学物质平均浓度间的比值。BCF 用以观察生物体长期暴露在受毒害性化学物质的影响条件下所产生直接与间接毒害效应的情况。

国际上众多学者都对有机化合物的吸附与分配理论做过大量的研究，Poerotti、Tsonopoulous 和 Chiou 等利用分配理论来研究卤代脂肪烃、芳香烃、有机氯和有机磷农药等的辛醇-水分配系数（K_{ow}）和溶解度之间的关系，在水-沉积物、水-水生生物中的污染分布的研究方面取得了大量成果。

K_{ow} 代表化学物质在辛醇和水之间的平衡浓度之比；K_{oc} 是标化的分配系数，是以有机碳为基础表示的分配系数。根据 K_{oc}、K_{ow}、溶解度（S）和有机化合物自身的极性特征数据，可以构建在受毒害性有机污染物影响下，生物累积性和食物链的放大、传递的过程机理，这对于污染控制、开展完整水生生态系统的保护工作具有非常重要的技术支撑作用。

生物的累积性产生毒性，进而对生物本身或其上游掠食动物产生影响。1962 年，作家 Rachel Carson 在《寂静的春天》一书中描述了鸟类体内农药富集所导致的生态灾难，这极大地提升了人们对身边环境污染的关注度。脂溶性的化学污染物更易被生物体的组织系统吸收，如水环境中鱼类组织对 PCBs 类污染物的富集因子甚至可高达 10^5，具有生物累积性的化合物在生物体内的浓度与其在生存环境中浓度的比值可用于表示生物累积性的程度，通常以 BCF 表示，BCF 是指测试生物体组织中的化学物质残留与外部环境相（包括水、沉积物等）在分配平衡状态下的浓度之比。如果怀疑一个化学物质存在生物富集，那么它可能会存在一个或多个生物富集过程，而开展生物累积性实验的目的就是确定或预测 BCF。

生物体对污染物的浓缩、富集与放大效应可促使其产生相当严重的毒性效应，尤其对高营养级的生物体而言。如果水体里的 PCBs 是 1ng/L，鱼类就会是 10^5ng/kg。因此，如果每人每年消费 1000L 水，则 PCBs 的摄入量就是 1000ng；但是，如果每人每年消费 10kg 的鱼类，那么 PCBs 的摄入量就会达到 10^6ng，为水摄入量的 1000 倍，因此，在食物链体系内，依靠鱼类作为主要食物来源的鸟类和哺乳动物们更易受到伤害（USEPA，2005）。Hansen 等（1999）则按照污染物的分子量和亲脂性能力大小，以分子量 700 为边界条件，设定了各类污染物的 BCF 值在优先控制污染物赋分排序方案中的不同计算方法，给出了具有不同生物累积性污染物的环境暴露风险值。

3.1.4 毒性效应

最直接的污染物毒害性的表达方式是急性毒理数据，如半致死浓度（LC_{50}）和半致死剂量（LD_{50}）。LC_{50} 是指水生生物（如鱼类、无脊椎动物、大型溞等）在测试条件下培养 24～96h 的半致死浓度，LC_{50} 值越小，代表污染物的毒性越强；LD_{50}［以污染物的量（mg）/受试动物体重（kg）表示］是指实验室条件下的小白鼠经口或皮下注射得到的半致死剂量，该值越低，同样代表污染物的毒性越强。

但在实际环境中，整个生态系统可能受各种污染物污染，某些污染物可能不会导致生物迅速死亡，但其毒害效应仍然会危及生物生命，例如，水环境中存在相当于 1/10～1/100 急性毒理剂量浓度水平的污染物，虽不能立刻致命，却可能会对水生生物体的自然生长、繁殖或自身行动力造成不可逆的影响，从而对其实际生存形成致命伤害。此外，一些污染物具有致癌、致畸和致突变的基因毒性，它们会长期潜伏在人体内，有时会长达 20～30 年，通过短期的实验室实验常难以完全阐释其对人体所形成的危害。因此，在实际环境中，对毒性效应的评估需要获取整个生态系统由不同污染物产生的完整食物链体系慢性毒性、亚致死剂量数据，正如欧盟1488/94/EC文件所指出的，污染物的毒性效应评估应包括如下几个部分：急性毒性，对刺激性、腐蚀性、反复毒性剂量作用下的敏感性，污染物的致突变性、致癌性和对生物繁殖能力的毒性。目前，对实际环境中污染物的毒性效应评估最核心的技术是 SSDs 技术（Posthuma et al.，2002）。

3.2 毒理性数据的类型

为保护生物群落，使其受污染物危害影响的物种所占百分比保持在可接受的程度，若仅以单一物种的慢性 NOEC 来提出预测污染物控制阈值是不够可靠的（Jagoe，1997）。通常是以统计学方式给出群落的分布规律，并以最少的代表性数据预测出生态系统内生物群落的 NOEC。对于同样生物在相同的毒性效应终点情形下有不同的毒性数据时，取数据的平均值；对于同样生物在不同的效应终点情形下有不同的毒性数据时，选择最低的效应终点数据。在同一参数存在多个数据的情况下，选择平均值。对生物处于不同生长阶段的毒性效应数据的可靠性，如果某一受影响的独特阶段被证明是对污染物毒性效应最敏感的，那么该生长阶段的毒理数据也可被用于进行毒害性污染物监控浓度阈值的外推（Lepper，2002）。

第4章　基于物种敏感度的生态风险评价理论

环境保护的风险评估方法可以考虑作为环境中潜在的化学物质毒性影响的意外事件的定量评估框架，用以识别这些事件的出现频率或概率。风险评估的应用是通过选择任意不同类生物物种，将其暴露在远大于其无效应浓度水平的环境中，运用 SSDs 技术实现对污染物负面效应的评估。这里存在着两种解决风险评估问题的方法，一个是正向法，此方法是将浓度视为给定值，然后推导出风险大小；另一个是反向法，方法是将风险值给定，旨在推导出浓度值。如果环境浓度 PEC 和无效应浓度（No-Effect Concentration，NEC）都是分布变量，则可以通过将全部浓度水平的 PEC 概率密度函数和 NEC 的浓度累积分布函数来进行整合获得预期的风险值。虽然预期风险值的解析十分困难，但进行其数值积分推导却不难。应用实例以酸化土壤和土壤中金属毒性之间的相互作用进行研究，结果表明，当土壤 pH 从 6.0 降低到 3.5 时，在荷兰土壤保护条例中，当初认为是安全无毒害性效应的 Pb 浓度参考值，可能会对土壤中无脊椎动物群落造成不可接受的高风险，这表明随着土壤 pH 的降低，Pb 的预期风险值有着明显的非线性特征。但是，这种现象对于 Cd 而言就有所不同，研究表明，Cd 的土壤 pH 与预期风险值之间的非线性关系特征并不明显。这些例子说明，在实际条件下，SSDs 技术具有良好的定量风险评估能力。

4.1　概　　述

风险理念是处理各种环境政策问题，如排放管理、污染土地清理、新化学物质登记等方面引人注目的概念。其引人注目的原因在于理念的可量化性，而且它可以与当前由人类活动产生的各种环境问题结合起来。本节讨论了生态风险评价的科学方法，重点在于一般公理和逻辑理论方面的技术路线。

风险的最直接定义是不良事件的发生概率。作为概率，风险数值总是 0 到 1 之间的数字，有时也以百分比表示。实际上，风险数值通常十分接近 0，因为由其性质决定的意外事件发生的实例相对较少。将概率视为相对频率是最容易的，它由实际状况发生的次数与总次数的比值来计算。

科学文献和政策文件中，有关风险的定义常存在很多不同的解释，通常不仅要将意外事件的发生视为风险的一部分，还要考虑环境效应的数值大小。表达式为：风险 =（不利影响的概率）×（效应的量级）。但是这本身就是一个误导性的定义。

它将那些会有低概率/高危害的事件和高概率/低危害的事件相提并论，这是两类不同类型的事件，因此不能混为一谈。但这并不否定将效应进行量级化计算的重要性，相反，风险的统计应充分考虑环境效应的数量值，这由 Kaplan 和 Garrick（1981）提出的“风险曲线”函数可以解释，此函数的定义为一系列危害性事件出现的相对频率，并按危害程度递增的顺序排序。所以，风险本身从概念上就应该与环境效应的数量值相区分，应将风险的最大可接受范围归因于其造成危害性的程度大小。

因此，风险问题的评估就可以简化为两步：①确定哪些是负面影响事件；②找出其中的关联性。基于 SSDs 有关毒害效应的技术路线，风险评估应是随机从一套完整生态体系中挑选出来的一种物种，而且其所处的毒害性污染物的环境浓度值远大于其无效应浓度值。

必须强调的是，这个风险评价终点只能是众多风险评价理论结果当中的一个，Suter 等（1993）就曾对生态风险评估的各种可能进行广泛的讨论，指出意外事件的对象可以是生态系统、群落、种群、物种、个体。对意外事件进行规范需要回答一个问题：我们保护环境的最终目的是什么。SSDs 只是生态风险评估中一种狭义的解释方法。由于其定义问题的精确性，SSDs 方法可以给出理论上和定量的处理，大幅度地增加了这种方法的实际效用。

SSDs 理论打破了原有理论有关危害效应的定义，对相关问题的论述进行了细化。

（1）物种的随机选择：这意味着关心对象是物种而不是个体，同时稀有物种与优势种的考量度同等重要，而且脊椎动物和无脊椎动物也有相同的考量，它还意味着占随机采样样本主导地位的可能为优势种或者个体数目多的种群如昆虫等。

（2）效应范围的划定：物种的组合并没有预先指定好的群落结构，而是要这些物种相互之间没有依赖关系。换句话说，在这个格局下，各物种之间的食物链关系是不需要考虑的。

（3）环境的暴露浓度：在 SSDs 理论中，环境浓度是给定好的。如果环境浓度随时间变化，环境风险值也会随时间变化，那么问题就会变得相当复杂。

（4）远大于 NOEC：SSDs 认为所有物种都有一个固定的浓度水平，低于此浓度时物种不会受到影响，当环境浓度超过这个水平，其相应的物种会受到不利环境危害的影响。

就风险评价的狭义定义而言，若只专注于 SSDs 的环境风险评估，其结论可能就会存在很荒谬的情况，因为它忽略了所有物种之间的相互关系。然而，若风险评价的技术路线构建考虑到了物种间突出、明显的相互作用，则评价的结论就会十分有效，正如本节所列各种示例，风险评价及分析技术会成为管理和决策的重要技术支撑。

4.2　生态风险的来源

一般情况下，将意外事件的出现作为生态风险评价的起始点，有两种生态风险评价的方法，即正向法和反向法。对正向法，必须提前预估与环境风险相关的暴露浓度值，这已在环境中化学物质的存在问题中提到，同时也必须作出其暴露浓度值的假设并得到其存在的可接受性浓度，可以使用风险评估作为选择整治措施或者管理方案的决定因素。正向法使用了原位生物分析领域的现场评估方法进行实验，得到生态风险值。

反向法的风险评估则利用已经给出的生态风险值（如假设的最大可接受值）与风险相关的环境暴露浓度，这是传统的用于推导环境质量标准的方法，与生态毒理学的实验方法相对应，常被用于导出未在环境中检测到准确值的化学物质最大可接受浓度。

无论是在正向还是反向的风险评估方法中，一个物种的 NEC 总可被以变量 c 作分布函数进行表达。由于数据不对称性等原因，往往考虑浓度的对数比考虑浓度本身方便得多。因此，用符号 c 表示浓度的对数值（以 e 为底），虽然浓度本身从原则上变化范围为 0 到正无穷，即其对数范围为负无穷到正无穷，但是在实际应用中浓度范围是有限的。式（4-1）为浓度 c 的概率密度分布 $n(c)$ 的表达式：

$$\int_{c_1}^{c_2} n(c)\mathrm{d}c \tag{4-1}$$

即从“大集合”中抽取的一个物种的 lgNEC 值在 c_1 和 c_2 之间，如果 c 是一个分布变量而且其环境背景浓度是一个常数，那么生态风险的值可以定义为

$$\delta = \int_{-\infty}^{h} n(c)\mathrm{d}c \tag{4-2}$$

式中，h 为环境浓度的对数。在正向方法中，环境浓度 h 是已知的，需要预算生态风险的值；而在反向方法中，是已知生态风险的值，需要预算环境浓度的值。

表示 $n(c)$ 的分布函数有多种可能，如正态分布函数和常用对数分布等，这些分布都具有平均值和标准偏差等代表性参数，因此，式（4-2）给出了生态风险值和环境浓度值 h 及其浓度平均值和标准偏差之间的数学关系，这些关系构成了生态风险的估计过程的基础。

对环境浓度的常数假设可以使上述框架的应用相对容易，环境浓度的对数值的概率密度函数由 $p(c)$ 给出：

$$\int_{c_1}^{c_2} p(c)\mathrm{d}c \tag{4-3}$$

环境浓度的概率对数值介于 c_1 和 c_2 之间，生态风险的值则可以由 $n(c)$和 $p(c)$两个式子进一步表示为

$$\delta=\int_{-\infty}^{\infty}[1-P(c)]n(c)\mathrm{d}c=1-\int_{-\infty}^{\infty}P(c)n(c)\mathrm{d}c \tag{4-4}$$

式中，$P(c)$为 $p(c)$的累积分布函数，定义如下：

$$P(c)=\int_{-\infty}^{c}p(u)\mathrm{d}u \tag{4-5}$$

式中，u 为集合 c 的参数变量。

另外，如果 n 和 p 可以通过选择的特定分布进行参数化，那么风险值 δ 可以用这些分布的均值和标准偏差来表示。实际上，这些计算相当复杂，一般没有简单的分析表达式，例如，如果 n 和 p 都使用常用对数分布来表示，其分布均值为 μ_n 和 μ_p 及形状参数为 β_n 和 β_p 时，则式（4-4）变为

$$\delta=1-\int_{-\infty}^{\infty}\frac{\exp\left(\dfrac{\mu_n-c}{\beta_n}\right)}{\beta_n\left[1+\exp\left(\dfrac{\mu_n-c}{\beta_n}\right)\right]^2\left[1+\exp\left(\dfrac{\mu_p-c}{\beta_p}\right)\right]}\mathrm{d}c \tag{4-6}$$

式（4-6）的应用等同于推导 PEC 与 PNEC 的比率（PEC 高于 PNEC），一般情况下 PNEC 与 PEC 的比较只用比较均值的方法进行，且用它们的商数作为风险的度量（van Leeuwen and Hermens，1995）。然而，即使 PEC 的均值低于 PNEC 的均值，仍然不能说明其没有环境生态风险，因为 PEC 和 PNEC 都是可变变量，具有多变性，最低无效应浓度和最高环境浓度同时发生的现象是存在的，式（4-6）则同时将 PEC 和 PNEC 的变化考虑在内。

式（4-4）以图 4-1（a）表达，风险值 δ 可以认为是曲线 n 下方的阴影面积，然后乘以随浓度增加而变得越来越小的分数，如果环境预测浓度 PEC 没有变化，$P(c)$则降阶为阶跃函数，风险值 δ 则相当于 $n(c)$ 代表的某种分布的百分数［图 4-1（b）］。

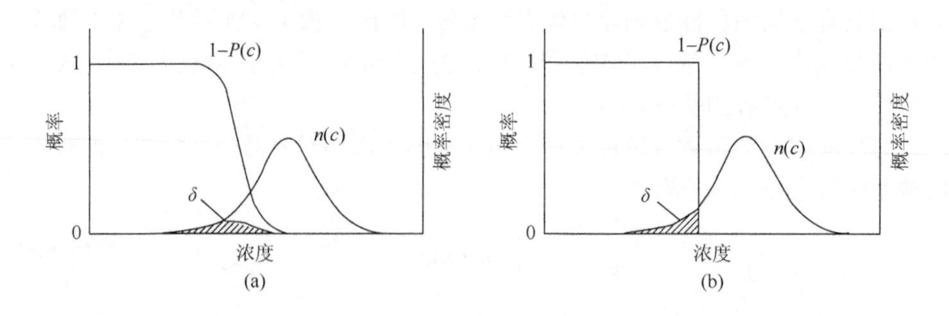

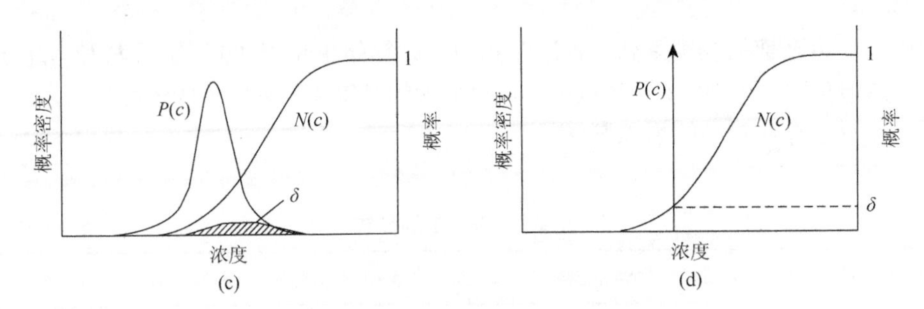

图 4-1 生态风险计算的图形显示

式（4-4）还可以用另一种方式表达，应用分部积分法，令 $N(-\infty)=P(-\infty)=0$，$N(\infty)=P(\infty)=1$，则其可以写为

$$\delta=\int_{-\infty}^{\infty}p(c)N(c)\mathrm{d}c \tag{4-7}$$

式中，N(c)为 $n(c)$的累积分布函数，定义为

$$N(c)=\int_{-\infty}^{c}n(u)\mathrm{d}u \tag{4-8}$$

式中，u 为积分的变量，式（4-7）以图 4-1（c）表达，风险值 δ 可以看作曲线 P 下的阴影面积，然后乘以随浓度 c 增大而增大的分数。如果 $p(c)$不变，则式（4-7）在 $c=h$ 时降阶为脉冲函数。这种情况下，风险值 δ 等于交点处的 $N(c)$值［图 4-1（d）］。此图形曾被 Solomon 等（1996）选择用于对地表水中三嗪类农药残留的风险评价。

图 4-1 将风险值 δ 定义为环境浓度大于无效应浓度 NECs 的概率，环境浓度的概率密度分布表示为 $p(c)$，NECs 的分布表示为 $n(c)$，$P(c)$和 $N(c)$是 $p(c)$和 $n(c)$的累积分布函数。在图 4-1（a）和（c）中，这两个变量都会存在偏差，（b）和（d）中的环境浓度恒定；（a）和（b）是根据式（4-4）风险值 δ 的计算得出的；（c）和（d）则是根据式（4-7）得出；（b）由 HC_p（对 P%的物种有害的浓度）值构建；（d）图由 Solomon 等（1996）的三嗪类农药风险评价图构建。

van Straalen（1990）最初提出的上述理论基本上与 Parkhurst 等（1996）所描述的方法相同，这些作者都从基本概率论中出发，最后得出式（4-7），并且提供了一个简单的近似数学模型。假设环境中化学物质的浓度可以被分组为一系列的非连续数据系列，每个系列有特定的出现频率，则设 P_i 为第 i 系列的浓度密度，系列的浓度变化范围为 Δc_i。N_i 为 NEC 数值低于 i 系列物种 NEC 的中位数值的那部分物种所占比例，则有

$$\delta=\sum_{i=1}^{m}P_iN_i\Delta c_i \tag{4-9}$$

式中，m 为全部的浓度系列。各浓度系列的计算结果见表 4-1，显示 P_i 和 N_i 设定后，风险预测值为 19.7%。该例中，风险最大的是第 4 系列所处的浓度范围，尽管第 3 系列也存在较高的累积概率。

表 4-1　风险值的推算

系列号（i）	浓度范围 Δc	环境暴露浓度概率 $P_i\Delta c$	i 系列中位数的效应累积概率 N_i	风险值*
1	0～10	0	0.01	0
2	10～20	0.10	0.05	0.005
3	20～30	0.48	0.10	0.048
4	30～40	0.36	0.30	0.108
5	40～50	0.06	0.60	0.036
6	＞50	0	1	0
合计		1		0.197（＝ δ）

总而言之，风险评估的方法由 SSDs 发展而来，风险的概念源于某些生物物种暴露在极大于其可承受的无效应浓度的环境浓度情况下产生的概率。

物种的敏感性和环境浓度都可以被看作分布变量，而且一旦分布函数确定，风险就可以直接评价（正向方法），或者推导出生态系统可以接受的最大环境浓度（反向方法）。

4.3　概　　率

前面回避了造成物种敏感度的分布是动态变化的原因，真正原因是什么？Suter（1998a）就曾指出：将敏感度的分布作为概率进行解释可能是不正确的，因为概率分布并不能明确指出产生这些变化的机理。

一种观点认为所有物种的敏感度基本上都是相同的，但是，对物种敏感度的检测过程存在着偏差问题，这就是物种敏感度产生各种分布形式的原因。

另一种观点认为物种敏感度本身是有差异的，对物种敏感度的检测没有错误，但有些物种天生确实比其他物种的敏感度更高，这也可以解释物种敏感度为什么可以以某种分布函数的形式表达。

在第一种观点中，一个物种的敏感度比另一个物种的高不是由于其物种的关系，而是与敏感度检测存在相关的误差、检测方法等有关。检测的生物物种可以生活在环境中的任何地方，而不是特定的一个地方；而且其选择的物种也不是关键，因为每一种生物物种都可以代表整个群落的平均敏感度，这种分布也被称为“群落敏感度分布”。根据这一观点，生态风险确实可以认为是个概率问题，即群落所暴露的环境浓度存在着大于其无效应浓度水平的概率问题。

在第二种观点中，一个物种的敏感度分布有其特定的活动区域，当一个物种被再次检测时，它将产生相同的无效应浓度，因为其具有生物相似性，同类物种的敏感度分布模式相近。因此，对待检测物种的选择相当重要，因为一个群落敏感度的平均值会受到来自敏感度很突出物种的较大影响。

Suter（1998a）指出，在第二种观点中，物种敏感度分布并不是一个概率问题，因为其敏感度变化机制已经完全确定，累积敏感度分布是一个叠加的逐渐增加的效果，而不是一个累积概率问题。HC_5的概念认为：5%物种的效应浓度可以不必关注，无须列为保护目标，实际是一种非概率分布的观点。此问题类似于比较LC_{50}和EC_{50}（半最大效应浓度，能引起50%最大效应的浓度）间的不同，即近似于随机误差。根据第二个观点，SSD_S本身就是动态变化的。

尽管SSDs或许不能被认为是一个真正的概率密度分布，但在SSD参数的评估中，存在着一个与概率有关的因子。如式（4-6）的参数μ和β等未知常数，都必须从群落中采取的样本进行推算。由于取样程序会引入误差，这个风险评价过程中的不确定性问题就是概率元素。生态风险本身可以认为是一个确定的量值（相对效应的影响程度，换言之是物种受到影响的比例），它是由于抽样误差而存在的不确定性范围。概率问题的存在，源于样本对所研究特定对象（群落）是否具有代表性所产生的不确定性。当建立敏感物种的危险浓度（hazardous concentration for sensitive species，HCS）和HC_p的置信区间时，就需要采用这种方法。这一方法与Kaplan和Garrick（1981）的观点也类似，他们认为事件的发生频率与推算这些频率的不确定性是不一样的，因此，他们有关风险曲线的概念就包括了两种类型。

很难说概率分布的产生是否仅局限在抽样过程中，因为在实际情况里，同一种物种本身间的敏感度就存在差异，因此SSDs并不代表仅存在着生物物种间的差异。而且在极端情况下，物种之间的敏感度差异甚至会与同一物种的敏感度重复性检测（或者在不同条件下的同一检测实验）数据之间存在着同样的差异。但是，物种的不同或者由于未知（随机）误差所产生的数据间差异很难区分，说明关于概率分布的解释是不完全的。考虑到“风险”这个词，以及其与概率相关联的概念已被普遍接受，因此，只要对所分析的内容十分了解，也就不需要对这些术语进行大幅度的修改。

4.4 物种敏感度分布的引入

物种敏感度分布（SSDs）技术已越来越多地应用于生态风险评价与水质管理导则的制定工作中（Solomon et al.，1996；Ruud et al.，1999）。

不同国家在应用 SSDs 技术制订各类优控污染物筛选基准时，都会从一些权威专业性数据库或国际文献资料库中获取污染物的理化参数和生态毒性数据，最常见的生态毒性数据库有欧洲化学物质管理局（European Chemicals Agency，ECHA）的“国际统一化学物质信息数据库”（International Uniform Chemical Information Database，IUCLID）、USEPA 的“生态毒理数据库”（ECOTOX）、荷兰国立公共卫生和环境研究所（The Netherlands National Institute for Public Health and the Environment，RIVM）的“生态毒理风险评价数据库”等。

对获取的毒理学数据进行判读要重视三个方面问题：①不同时间、空间跨度过程中，样品采集、分析方法及数据取舍的可靠性；②各污染物的生产与排放情况，筛查出的污染分布点源或面源的情况；③结合污染物实测参数，注意选取关键的毒理学数据（Duboudin et al.，2004）。这些毒理学数据通常包括了污染物的理化性质常数（如蒸气压、亨利常数、水溶性、K_{ow} 等）和环境行为常数（如生物累积效应常数、半衰期、急慢性毒理学数据等）。

有毒污染物可能对生态系统造成的危害引起了人们对生态系统保护科学性的关注，为了保护生态系统和寻找适宜的生态风险评价方法，必须找出控制生态风险的污染物可允许浓度水平（Hose and van Den Brink，2004）。

SSDs 理论就是为了保护生态环境中大多数（通常 95%）生物而建立的，是基于生物物种的毒性数据与相应受影响生物物种等级所占比例的累积分布所形成的曲线（Posthuma et al.，2002；van Straalen and Denneman，1989）。SSDs 的主要作用有两个，一是有利于制定符合当地生态完整性特色的水环境质量基准，二是有利于建立生态风险评价系统。

SSDs 表示在污染物作用下由各个物种的经验分布函数或统计规律得出的生物种群的敏感性变化，其累积分布函数（cumulative distribution function，CDF）曲线的形成源于对生态毒性测试数据的灵敏性分布的研究，主要来自急性和慢性毒性数据，如 LC_{50} 值和 NOEC 值。对生物体评价终点实际分布的数据不足时，通过 SSDs 技术经 CDF 形成可视化毒性数据终点分布图，即可获得样本评价终点的毒性数据（Zabel et al.，1999）。

构建 SSDs 所需数据的数量和分布范围较大，多数污染物所需的毒性效应数据会多于 50 个，少数毒害效应数据需要达到 100 个以上。

SSDs以CDF形式表达，圆点代表输入的数据，箭头方向 $X \rightarrow Y$ 得到受潜PAF，箭头方向 $Y \rightarrow X$ 得到某一边界条件下的环境质量基准值（environmental quality criterion，EQC）HC_p，见图4-2。

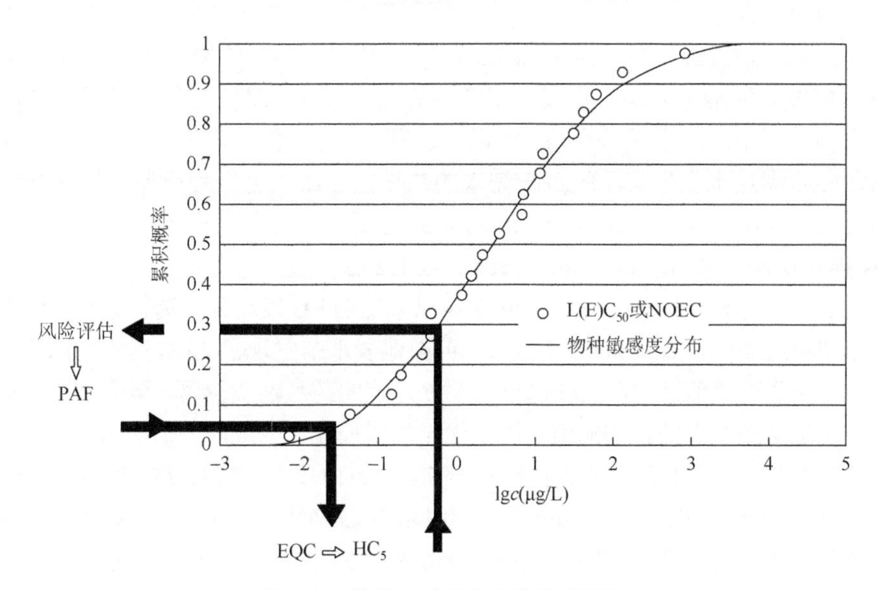

图4-2　物种敏感度分布曲线示意图

风险值 HC_p 中，将 p 值设定在5%的慢性毒性数据（HC_5）是最早确定的保护生态系统中绝大多数水生生物的污染物管理方法，也就是获得95%保护水平的基准值（Posthuma et al.，2002）。通常情况下，p 值控制的浓度值就是生态环境的控制基准值。作为生态风险评价，需要评估污染区域内环境周边的污染物浓度水平或在某种目的驱动下预测出周边环境中污染物的浓度水平（即成为SSDs的横轴），而与PAF相对应的污染物浓度值就可以在SSDs曲线上得到。

SSDs曲线的形成通常需要3个步骤。

（1）毒理学数据的获取源于同类种群或不同的群落，同一污染物或多个污染物具有相关的毒理学终点测定值。数据应该是针对完整生态系统、有统计性质的。对于EQC，通常产生毒理学数据来源的物种或种群的变化要尽量少，以慢性数据为主。在生态风险评价（ecological risk assessment，ERA）方面，常常采用急性毒理学数据，更可靠、更易解释及与暴露时间的相关性更高。对于数据质量的要求，毒理学数据取值一般需要进行平均化处理，所选取的环境条件也要尽量标准化，若暴露条件及其他外部条件改变后，相应的数据也需要进行及时修正。

（2）SSDs曲线的拟合。欧盟和美国主要选用log-normal和log-logistic（Aldenberg and Slob，1993）模型，而新西兰与澳大利亚主要选择BurrIII（Shao，2000）模

型。对于模型的选择，应遵循环境的实际情况，以及毒性数据的数量、质量等情况，并从 SSDs 使用的目的性加以区别（Wheeler et al.，2002）。

（3）SSDs 的应用。近年来，SSDs 技术已在生物种群和群落的生态系统风险评估模型中加以运用。

在污染物最终急性值（final acute value，FAV）和最终慢性值（final chronic value，FCV）的确定方面，定义了 $FAV = HC_{5/2}$，说明 FAV 是代表远低于 50%的水生生物致死率时的水质基准值；当以 HC_5 推导 FCV 值时，表明生态系统的毒性数据量必须满足水生生态系统保护需求的数据量；或以另一种模型推导 FCV，即所谓急慢性参数比率法（chronic-acute ratio，CAR），以公式 FCV = FAV/CAR，由 SSDs 推导获得 EQC 值（Posthuma et al.，2002）。

在 SSDs 技术的发展过程中，2000 年以来 CSTEE 发现部分药物在欧洲的使用量每年都超过 100t，而且 2002 年以来，英国地表水中发现了 25 种药物的浓度值已超出了相关生态阈值，而在全球每年成千上万吨的药品消费量里，至今已有 100 多种药物超出了地表水的控制阈值，需要优先加以控制。因此，污染物的风险评价已列入了由 CSTEE 制订的《欧盟未来化学物质政策白皮书》（*The EU White Paper: strategy for a future chemicals policy*），同时依据 QSAR 技术对约 4500 种化合物进行了风险评价，运用 EPIWIN 程序对 2986 种、51 类药物的藻类、溞类和鱼类三种营养级的水生生物做了研究，并对在水环境中毒性效应高、用量大的污染物做了预警（Hans Sanderson et al. 2004）。

欧洲针对毒害性污染物的控制，指出了对易受影响人群的保障需要重视的 3 个主要指标：可接受的 i 污染物每日摄入水平值（D_i），急性参考剂量（R*f*D），可接受的操作过程中的暴露水平值（AOEL）。对污染物风险表征的方式是控制相关生物体暴露量的大小，分为急性日暴露量与慢性日暴露量两种方式，主要针对的是 R*f*D 与 D_i 两项指标。属于最高消耗量情况下的污染物日残留量为急性日暴露量，一般高消耗量情况下的长期残留量是慢性日暴露量。但是，这些指标不能给出超出风险阈值的概率，即污染物毒性效应处于高危水平的各类生物所占的百分比。虽然可以假设生物体在所有暴露途径中对各类污染物都可能会有很高的摄入量，但这种情况发生的可能性非常小。概率的方法则提供了一个好的评估机制，以确定在保守的浓度水平下该水平值产生的总风险（Committee on Toxicity of Chemicals in Food，2002）。

对于多污染物混合毒性的研究，包含两种基本方式，一种是采用机械的结构效应模型直接推导，一种是采用经验型的推导方式，而后一种方式指利用毒性效应产生作用的剂量或浓度进行的研究。保守的结构效应模式则是按照反应过程的具体步骤与定量过程逐步开展研究，如通过动力学的方式。有学者基于污染物的暴露情况、SSD 的生态风险情况和混合毒性情况，共同构成了对毒性污染物多组分的联合毒性效应 msPAF 的风险评估模型。以此预测出对生态系统产生急、慢性生态风险的生物种群比例，同时以归纳模型（GLM）揭示了生态风险与物种丰度变化之间的非线性关系。指出野外条件下，具有较高 msPAF 的混合污染产生的急、慢性毒性效应造成水生生物失能行为现象的概率要高于 SSD 模型预测的结果，需要更多考虑受影响物种在当地的种群分布特点（Posthuma et al. 2009）。

总之，欧洲的污染物毒性效应评估技术虽完全独立于北美体系，但与北美体系又非常近似，例如，5%边界条件的设定就与美国完全相同。通过对 SSD 技术的研究与运用，欧洲推出了一系列生态基准保护条例，最终得出针对毒害性污染物的效应评估与生态风险评价结果。

4.5　SSDs 的场景分析

SSDs 在生态毒理学中的应用大多集中在环境质量标准的推导上。然而，针对与管理问题相关的不同选项的风险 δ 的推导，δ 的最小值将表明优选的管理选项。可以根据 δ 的最小化或者风险降低与成本优化来评估环境管理或化学物质排放的不同场景，这一方法的典型例子就是 Kater 和 Lefevre（1996）给出的荷兰西斯海尔德水道的污染河口管理方案。在考虑到不同场景，如重金属沉积物的疏浚和排放减少时，风险估计表明 Zn 和 Cu 是其中问题最大的组成成分。

物种敏感度的另一个有趣现象是，生态风险 δ 的概念可以整合不同类型的效应，并以一个数值表达这些效应的联合风险。如果考虑两个独立的事件，例如，物种被暴露于两个不同的化学物质，那么其联合风险 δ_T 可以用其各自的风险 δ_1 和 δ_2 来表示：

$$\delta_T = 1-(1-\delta_1)(1-\delta_2) \qquad (4\text{-}10)$$

一般来说，对 n 个单独风险构成的联合风险可表达为

$$\delta_T = 1-\prod_{i=1}^{n}(1-\delta_i) \qquad (4\text{-}11)$$

如果有 n 个独立事件，δ 的概念就可以很好地应用于地理信息图上，如果污染物的浓度可以输入地理信息系统中，那么风险 δ 的值可以作为一个毒性指标。δ 是可能受化学物质影响物种的比例，也是 PAF 概念的简化，此概念首次由 Klepper 等（1998）应用于荷兰，用于比较不同地区重金属和农药的风险，Knoben 等（1998）又将生态风险 δ 的概念应用在水质监测研究报告中，一般来说，δ 就是指生态系统“毒性压力”指标。

为进一步说明 SSDs 理论在实际工作中的应用，以土壤酸化和生态风险之间的相互作用为例进行说明。

该研究基于土壤重金属参考值，运用土壤镉和铅对无脊椎动物的生态毒性数据，推导生态风险 δ 的大小，该参考值为荷兰农业和森林土壤的天然背景条件下的上限浓度。通过分析土壤 pH 与蚯蚓体内金属浓度间的函数关系，数据已清楚表明，随着 pH 的降低，蚯蚓体内的重金属浓度会以非线性的方式增加，而且随着生物富集重金属的浓度随 pH 的增加，已构建出了多种线性回归模型。van Straalen 和 Bergema（1995）因此得出结论，对单独的无脊椎动物而言，当 pH 较低时，其无效应浓度 NEC 值（mg/kg）相对较低，因为即使在外部土壤环境重金属浓度不变的情况下，如果蚯蚓体内的重金属浓度较高，就意味着存在较高的生态风险。

为了量化增大了的生态风险，将生物浓缩因子应用于推导单独的无脊椎动物的无效应浓度，这样就可以推导出随土壤 pH 改变的风险值 δ。如图 4-3 所示，随着 pH 从 6.0 降低到 3.5（也是大多数毒性实验的条件），例如，在从农业到种植树木然后再到变成森林的过程中，土壤的酸性会增加。如果土壤中金属的总浓度在酸化过程中保持不变，当物种的敏感性的变化随着总浓度的改变而改变时，随着无脊椎动物体内重金属的浓度升高，物种受影响比例的变化将会更加“敏感”。因此，大部分的物种都会生活在高于无效应浓度的情况下，而且铅的毒性效应比镉更强。因为，参数为镉时，风险值 δ 从 0.051 增加到 0.137，而参数是铅时，风险值 δ 就从 0.015 增加到 0.767。就铅而言，风险值 δ 增加非常大的原因是由于 pH 对铅生物可利用性的非线性影响，铅的物种敏感性变化要比镉更明显。目前荷兰重金属无效应浓度铅参考值为 85mg/kg，镉的参考值为 0.8mg/kg，铅的毒害性作用貌似更低；然而在土壤酸化时，铅存在毒害性风险的问题将会比镉更大。

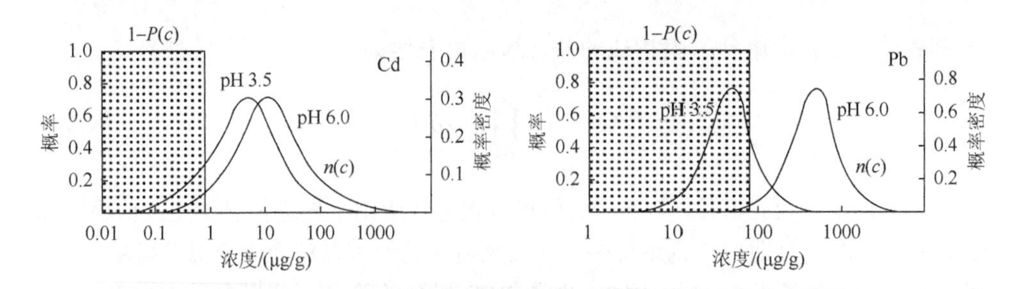

图 4-3　铅和镉影响下，土壤中无脊椎动物物种敏感度分布 SSDs（van Straalen，1995）

两种金属的场景都为土壤酸化情况，以假定土壤总金属浓度表示的物种无效应浓度下降与 pH 下降的比例（或随 pH 下降而下降）表明生物体内金属浓度的增加。结果当 pH 从 6.0 降低到 3.5 时，分布向左移动，然后，大部分物种暴露于大于控制阈值的浓度（0.8mg/kg 的 Cd，85mg/kg 的 Pb）

当然，上述例子只是理论上的数据分析，不应根据其数据进行实际、具体的风险 δ 判断。尽管预期风险评估的绝对值并不完全切合实际，但也表明定量化的风险评估可以与场景分析很好地结合，而且这种对比对于理解当地的生态风险分析结论的形成是非常有帮助的。在这样的分析过程中，推导的风险值 δ 可以视为一个指标，而不仅是代表了与具体情况相关的实际风险值大小。

4.6　小　结

针对水环境中的污染物，其生态风险是多种多样的，实际上对每种生态风险人们都愿意将它做最小化处理，SSDs 可以看作是阐述众多风险理论中的一种，它是对于物种暴露的无效应阈值进行详细说明的一套理论体系。该理论有两类分析方法，一种是正向的，从对污染物的浓度开始研究，最终推导出生态风险；另一种是反向的，即从生态风险开始研究，最后推导到污染物的暴露浓度。SSDs 理论目前已经得到很好的发展，部分成果已经应用在环境保护的实际管理工作中，这与由 SSDs 技术得出的风险评估结论可以用作环境污染控制的理论依据密切相关。

一些学者认为 SSDs 理论过于技术化，并不适合现实的复杂环境系统（Lackey 1997），但在实际工作中，准确地剖析产生环境生态风险的各方面原因，实际上有助于更好地划定出环境管理中可能存在的问题，因为在进行风险评价工作时，始终需要回答的问题是：“我们在环境保护中想要保护的对象的是什么？”显然，物种敏感度分布 SSD_S 只是风险事件的一种，除了保护敏感物种外，它并不涉及其他的环境保护事件。目前风险评价的挑战问题是定义其他意外事件的最终影响结果（终点）和开发像 SSDs 一样强有力的风险评价定量方法。这样，风险评价就成了包括多个层面的问题，因此，考虑构建统一的方法标准及技术体系也就成为必须予以关注的重要问题。

第5章 生态风险评估的物种敏感度正态分布和概率

5.1 引 言

SSDs 是对生物物种的一种特定或者一组有毒化学物质的敏感度变化进行计算的概率模型，毒性化学物质的最终影响终点被认为是多样的：急性和慢性。模型的基本理论是概率学，因此，模型对物种敏感度数据的分析只对这些数据进行统计学差异分析。SSDs 的应用之一就是通过推导合理、安全的毒性浓度来评估实验室或野外物种种群的安全性，并评估在不符合浓度条件要求的情况下，出现可能的毒害性作用情况的风险。

有关 SSDs 理论存在的一个关键性问题必须要明确，即什么种群数据才是正确的样本？若要保护一个种群，而且在许多情况下，样本即代表目标种群，如淡水物种，或者在某种特定水生栖息地的淡水物种，SSD_S 的发展方向目标很多，如一个物种、属、其他级别的生物学分类，或者特定的群落目标、特定化学组织等。Hall 和 Giddings（2000）明确表示，评估单一物种的毒性测试不足以获得特定区域的生态效应图示，然而，本节阐述的统计方法可以应对一系列单独物种的毒理学数据，特别是仅可以获得这些单独物种的信息时。

SSDs 模型可以以正向或者反向的方式使用，正向使用的重点是在给定浓度下推导物种的潜在受影响的风险数据（受影响比例或百分数）。在数学上，正向使用采用的是对描述毒性数据集的 CDF 进行的推导。物种（潜在）受影响的比例［fraction of species（potentially）affected，FA 或 PAF］，也被称为风险，定义为在环境中超过敏感度的物种总数的（推导）比例。该模型的反向应用相当于累积分布模型的反向使用，以推导一些物种敏感度（通常较低）确定时物种在环境中未受保护的数量的百分数，如 5%。在实际使用中，这些百分数可用于设定生态质量标准，如 5%物种受危害的浓度：HC_5。

毒理学数据通常都很小，特别是对新的化学物质，数据量一般小于 10。而比较知名或者研究较多的物质，可能会有数十个数据点，但一般不会超过 120 个敏感性数据点。对于较大的数据量，直接用经验就可以确定其效应的百分数或者比例，以忽略逐项检测带来的误差。在特殊情况下，数据集涵盖了目标群落的所有物种，然而，实际上数据集总被认为是（假设性的）大量物种集合（群落）的（代表性）样本。如果数据量相对较大，要采用非参数技术，如统计重采样技术（Newman et al.，2002），就可以构建物种受影响比例和百分数的拟合曲线。

如果数据量很小，如小于 20 个，就必须采用参数技术，并且必须假定物种的选择是没有偏差的（具有代表性），因为如果物种选择有偏差，选择这些物种的参数进行推断就也会有所偏差。通常的参数化方法是假设 SSD_S 模型是连续的，目标生物种群数量被认为基本上是“无穷大的”，则基于目标物种敏感性变化，针对其浓度对数，如 PDF 的正态分布曲线，构建出系列连续的 PDF 曲线。

这些统计学分布曲线在很多情况下是单峰的，即只有一个峰值，通常有明确分布模型的参数数量一般不超过两个或者三个。数据集不均匀的原因也有很多，数据通常会细分为不同的目标物种（或不同目标物种的集合）。可以为每个子集单独建立 SSD_S 模型，也可以应用混合的双模态或多模态统计分布来模拟数据集合中的不均匀性（异质性）（Aldenberg and Jaworska，1999），一套两个正态分布的混合曲线一般需要五组参数。

5.2 节从一个小数据集（$n = 7$）中解释了单一拟合的正态分布的识别方法，这一方法在以前的报道中有提到（Aldenberg and Slob，1993；Aldenberg and Jaworska，2000）。这种单一拟合方法比 Aldenberg 和 Jaworkska（2000）没有考虑不确定性的物种敏感度分布 SSDs 模型更加容易和基础。在随后的论述里，将暴露浓度（exposure concentration，EC）设为是给定或固定值，但却并没有去解释其数值来源的不确定性，对 EC 值的设定将会在 5.4 节做详细的描述。

单侧拟合 SSD 图的预测，可以通过对相关参数的预测评估、绘制概率图、拟合度测试的方式进行优化分析，并且有多种技术途径对假设的分布模型进行参数优化。此外，预设的概率分布模型参数可能和实际的评估拟合参数不一样，尽量用普通样本的统计值（如平均值和标准偏差）来进行参数的预设与评估。

图形拟合度的评估效果通常与绘制的概率图情况密切相关，但是，使人困惑的是，统计学文献并没有对如何定义坐标轴和使用哪些数据点作图给出明确的要求。目前的情况是，存在两种主要的描述概率的图形：CDF 图和分位数-分位数（quantile-quantile，Q-Q）图。

累积分布函数 CDF 图是最直观的，因为从视觉上可以直接看到，横轴为应用数据，竖轴为推导的累计分布函数 CDF 数据（ECDF 即经验分布，为阶梯函数），事实证明所求的敏感度和容易计算拟合的 A-D 拟合度检验（即 anderson-darling 检验，用于检验正态分布）在一般的 CDF 曲线上是一致的。

在 Q-Q 图上，应用数据在纵轴上，在横轴上使用针对特定的概率分布（如正态分布）应用其绘图位置。Q-Q 图和拟合度测试之间的关系相当复杂，通常于 Q-Q 图中采用一些基于回归和相关性的众所周知的拟合度测试。

在研究了单侧拟合的 SSD 模型后，将在 5.3 节中对 Aldeyberg 和 Jaworska

（2000）对单一拟合 SSDs 模型的贝叶斯扩展和采样置信区间进行探讨。比较了先前用经典单一拟合分布值获得的 CDF 的中位值，发现单侧拟合的 SSDs 模型具有更宽的应用范围。

上述研究中，假定取得的数据没有错误，通过剂量-效应曲线拟合（同时也要考虑数据的不确定性），可得到相关物种的敏感度数据。另外，我们也更关注低百分位数的 SSDs 数据，必须特别强调较低百分位数 SSD 数据点的准确性，应注意这些敏感度数据通常不是均匀分布的。在对称的概率分布模型中，相关参数的预设也应具有表观上的对称性，但在比较不同的概率风险评估方法时，这些概率模型通常会包含着最敏感的水生生物物种数据。

当物种敏感度和暴露浓度都不确定时，需要应用到风险表征。在 5.4 节中，我们整合了风险表征的数学理论，回顾了 20 世纪 80 年代称为超限值概率的可靠性研究的早期方法。通过采用特征性的积分方法，描述了超出物种敏感度限值的环境暴露浓度风险，而且与生态风险 δ（van Straalen，1990）相匹配；这些积分方法的另一个解释源自 WERF 开发的对环境总风险值的预测。

在环境毒理学中，风险表征采用了对暴露浓度的超出概率（即物种受到超出无效应浓度的暴露浓度的影响的生物百分数）的绘图方法，这些所谓联合概率曲线（joint probability curves，JPCs）用图形描绘了在 SSDs 研究中有毒物质对物种造成的危害风险。可以证明，联合概率曲线 JPCs 下的面积在数学上等于超限值概率、van Straalen 的生态风险值 δ、WERF 方法的预测总环境风险值（即三者在数学上相等且等于联合概率曲线下的面积）。

本章讨论和说明了 SSDs 概率模型在数据统计及预测方面的属性，为使描述更加易于理解，一些技术细节上的内容会在 5.6 节进行阐释。

5.2 正态 SSDs 模型

5.2.1 正态分布的参数设置和对数形式的敏感度分布单元

由于通常研究主要专注于小的物种敏感度数据集（低于 20，通常低于 10），因此要构建 SSDs，就必须先预设参数并确定出相关水生生物受影响的比例百分数。

表 5-1 再现了 van Straalen 和 Denneman 的运行示例：$n = 7$，土壤生物样本对 Cd 敏感度的无可观测效应浓度（NOEC）研究成果。表 5-1 通过减去平均值后除以样本标准偏差，获得了标准化值；另外，建立了物种敏感度的基本单位值（sensitivity distribution unit，SDU）：lgSDU，同时，设定物种敏感度对数值的均值和样本标准偏差值分别为 lg SDU 值等于 0 和 1。

表 5-1　七种土壤生物物种对 Cd 的敏感度数据（NOEC）

物种数量	NOEC/(mg/kg)	lg NOEC	标准化处理值
1	0.97	−0.01323	−1.40086
2	3.33	0.52244	−0.63862
3	3.63	0.55991	−0.58531
4	13.50	1.13033	0.22638
5	13.80	1.13988	0.23996
6	18.70	1.27184	0.42774
7	154.00	2.18752	1.73071
均值（$\bar{x}$）		0.97124	0.00000
标准偏差（s）		0.70276	1.00000
	0.65×(5%)	−0.18469	−1.644485
	0.80×(EC)	−0.09691	−1.51994

注：5%标准偏差的均值为−1.64485，EC（水环境的质量标准）用于评估受影响物种的比例

平均值和样本标准偏差值仅是简单的描述性统计，然而，当样本的分布数是正态（高斯）分布时，SSDs 的预设参数设置也应满足正态分布要求。

图 5-1 显示了 Cd 的标准化对数浓度的正态分布函数概率图，特定值左侧的曲线下方，面积表示在特定浓度下受影响物种数量的比例。阴影区域表示低于所选择的生物物种数量的 5%，即受毒害性污染危害影响概率值为 5%的部分，也可以理解为 5%的物种生物量受到影响有害浓度的对数值（lg HC_5）。

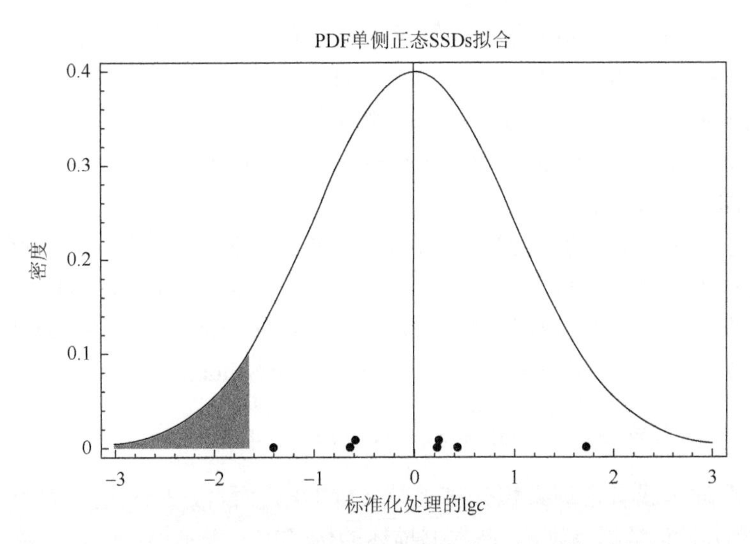

图 5-1　Cd 的标准化对数浓度的正态分布函数概率图

图 5-1 称为单侧拟合正态 SSDs 分布图。借助拟合分布，可以推导出任何有害物质浓度造成的（反向 SSDs 应用），或者物种生物量（正向 SSDs 应用）受到的影响百分比。

作为反向 SSDs 应用的例子，标准化的第 5 百分位数（$lgHC_5$）为 $\Phi^{-1}(0.05) = -1.64\times(lgSDU)$，$\Phi^{-1}$ 是反向的正态累积分布函数，通过 Excel™ 的 NORMSINV(p) 函数可得到。z 值–1.64 对应于–0.185×lg NOEC (mg/kg) 的非标准对数值，其阈值为 0.65×NOEC(mg/kg)（表 5-1）。

在正向 SSDs 应用的例子中，给定一个影响浓度（EC）：0.8(mg Cd/kg)，其 z 值为–1.52×(lgSDU)，物种受影响的比例则为 $\Phi(-1.52) = 6.4\%$，Φ 为标准的正态 CDF，此函数可在 Excel 中用 NORMSDIST(x)函数获得。

将 Cd 的数据进行标准化和对数计算后对应单一拟合正态物种敏感度分布，其中参数通过平均值和样本标准偏差来估计，曲线下的阴影面积（5%）等于物种在 lg HC_5（即 5%的物种受毒害性影响的浓度，同时 z 值等于–1.64）之下的概率。

5.2.2 概率图绘制和图形拟合

为了评估分布的拟合度，可以利用概率图或者应用拟合度测试。在上一节中，通过样本统计、平均值和标准偏差直接从数据中推导分布的参数，而不是直接绘制分布概率图，但从另一途径也可以通过概率图进行对分布的拟合。更为复杂的是，拟合度检验可能涉及数学上隐式的一些类型的拟合方式，关于这一点的统计文献比较难以消化。

概率图绘制利用所谓的绘图位置点，是在有序的数据点下进行经验性或者理论上的概率推导，如 i/n、$(i-0.5)/n$、$i/(n+1)$等。然而，绘图位置点可能取决于分析的目的（如绘图或者实验的类型）、预测数据的分布类型、样本大小、数据及相关算法的适用性。D'Agostino 和 Stephens（1986）的专著包含了对概率绘图和拟合度的不同方法的详细论述。

大多数方法都使用有序的样本，在表 5-1 中的数据也已经排序，因此第 1 列数据已经进行了分级，原始的和标准化后的数据列都包含了推导的有序统计量。

概率图绘制主要有两种类型：CDF（数据在横坐标上）绘图（D'Agostino，1986a）、Q-Q 图（数据在纵坐标上）（Michael and Schucany，1986）。

1. CDF 概率图和基于 CDF 的拟合度检验（A-D 检验）

就经典样本或者常规累积分布函数（ECDF）而言，$F_n(x)$定义为小于或者等于 x 的数值点除以数据点数 n。在本书描述的例子中，表示第 1 个点的数值占 1/7，第二个点的数值占 2/7，以此类推。但是在仅低于第 1 个数据点时，$F_n(x)$等于 0/7，在低于第二个数据点时，$F_n(x)$等于 1/7，因此，ECDF 的数据点从开始的 0/7 跳跃到 1/7，以此类推，这是一个外观为阶梯式的图形。

ECDF 跳跃的数据点在图形中的位置由 $p_i = (i-0)/n$ 和 $p_i = (i-1)/n$ 给出，但是，在实际应用过程中，通常是采取折中的办法，以 ECDF 数据点的中点：$p_i = (i-0.5)/n$ 作为对上述数据点的替代，这被称为 Hazen 定位图，见图 5-2 的数据点（Cunnane，1978）。我们在引用 Aldenberg 和 Jaworska 的文献时引进了 Hazen 定位绘图的方法，随着这种方法使用，对累积分布函数 CDF 的估计数值变化如下：第一个数据点变为 $F_n(x) = 1/14 = 0.0714$，而不是 $F_n(x) = 1/7 = 0.1429$。

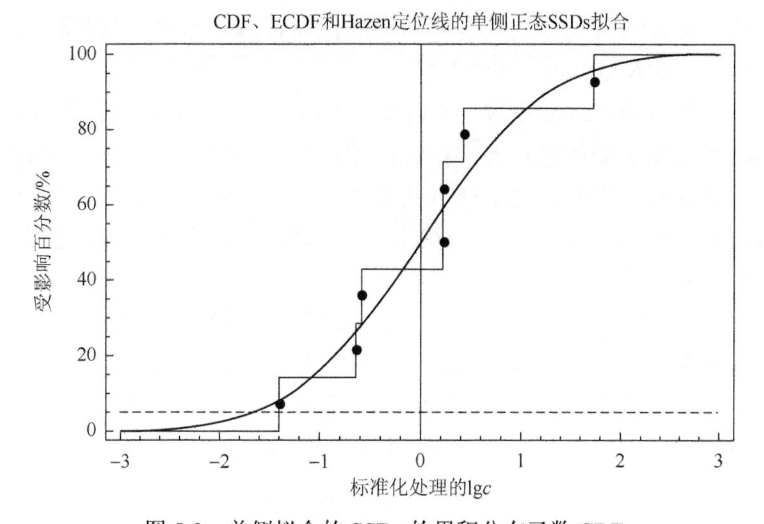

图 5-2　单侧拟合的 SSDs 的累积分布函数 CDF

其中阶梯状线段为 ECDF，以 1/7 点跳跃的中点［即称为 Hazen 定位绘图的方式：$p_i = (i-0.5)/n$］的方式绘制各个点，这些数据点与 A-D 检验、基于 CDF 的统计学二次方程相关

从图 5-2 中很明显可以看到，可以通过对 Hazen 定位图进行线性内插从而对正向和反向的 SSDs 进行快速的非参数估计。例如，数据 $x(1), x(2), \cdots, x(7)$表示有序数据（标准化的数据的对数值），第 1 个四分位数可以推导为：$0.75\times x(2) + 0.25\times x(3) = 0.625$，这与拟合值相比十分接近：$\Phi^{-1}(0.25) = -0.674$，非参数的正向和反向算法将在 5.6.2 节中给出。

对于低于 $0.5/n$ 或$(n-0.5)/n$ 以上的概率，上述方法不可行，须进行外推处理，尤其当样本数为 7 时，其第 5 百分位数据点是无法测得的。

显然，当 $n = 10$（不是 20）做插值分位数计算时，第 5 百分位数就可以作为最低敏感点进行计算，而选择最敏感的物种是许多风险分析评估方法的一部分，但实际上这种做法并不是很准确。

Hazen 定位图数据点位的计算，可以认为是 $c = 0.5$ 的特殊情况，即

$$p_i = \frac{i-c}{n+1-2c}, \quad 0 \leqslant c \leqslant 1 \tag{5-1}$$

文献中有许多 c 值求算方法，在 5.6.4 节中，选择了不同 c 值的理由进行了阐述。

图 5-2 的曲线显示了标准对数浓度下的拟合正态 CDF，如标准正态 CDF，即 $\Phi(x)$。可以看到，它很好地插值了 Hazen 定位图的位置。

正规的判断拟合度并与曲线 CDF 图形相一致的方法是使用 A-D 拟合度检验的统计方法（Anderson-Darling 检验），这一方法检测了 $F_n(x)$与 CDF 的垂直二次差异并提供此差异的来源（Stephens，1982，1986a）。A-D 拟合度检验与 SW 检验（Shapiro 和 Wilk 检验）相比（Stephens，1974），可以发现两者都是效果良好的综合测试方法，这意味着当存在众多分布模型偏离正态分布时，这两种检验都能有效地给予指示（D'Agostino，1998）。

A-D 检验要用到 Hazen 定位、平均值、样本标准偏差共同进行拟合，如图 5-2 所示，5.6.5 节介绍了如何建立表 5-1，校正的 A^2 等于 0.315，低于 5%临界值 0.752（Stephens，1986a）。因此，就小样本数据集而言，可以将正态分布作为其合理的数值分布模型。在 D'Agostino（1986b）中，该模型对 $n \geqslant 8$ 有效，但在 Stephens（1986a）中并未提及。

图 5-3 通过反向正态 CDF 转换 CDF 的纵轴，导致拟合法线变成直线，这一过程以前在特别分级的绘图纸上完成（正态概率绘图纸）。经分析，只需要标准正态反向的累积分布函数（CDF）：$\Phi^{-1}(p)$，任意正态累积分布函数（CDF）都会绘制成直线，其斜率和截距取决于平均值和标准偏差。

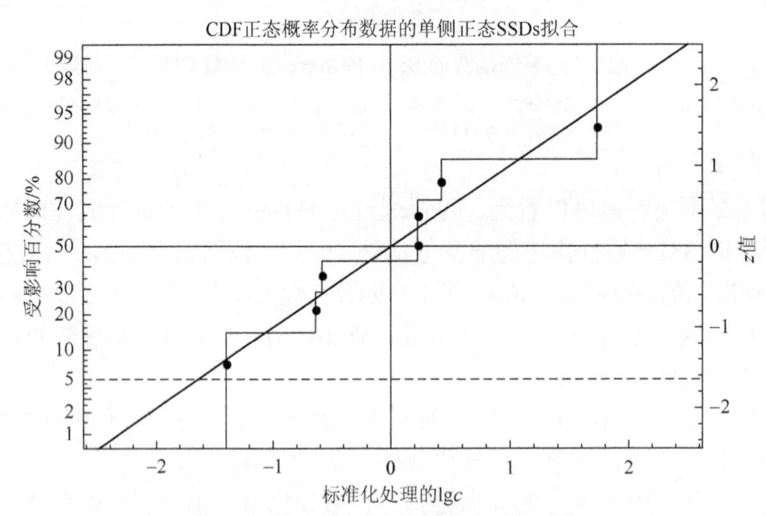

图 5-3　通过应用图 5-2 标准化正态的反向 CDF 纵轴数据（即 Φ^{-1} 的纵轴数据），生成的正态概率图以校正 CDF/FA 图

图形中的点通过转换 Hazen 定位绘图的点得来，因此这些点一般不是 ECDF 跳跃的中点，直线 CDF 的 z 值与标准化的对数浓度的比为 1∶1

Hazen 图的一些数据位置点做了 ECDF 转换，需要指出的是，使用转换后，第一个和最后一个 ECDF 数值的跨越范围将延伸到负无穷小和正无穷大，然而，除了 n 为奇数时，中位数值会变化以外，Hazen 图的其他各个数据点经转换后，并不会改变数据点的中位数值。

经比较，数据点和拟合曲线判断其拟合程度采用回归线性拟合效果不好，而通过平均值和标准偏差进行参数推导形成的拟合曲线，从拟合判断的结果看，情况令人满意。

2. Q-Q 概率绘图和以相关/回归为基础的拟合度检验

尝试从正向和反向模式下的 SSDs 数据推导 CDF 时，得到的累积分布函数 CDF 图形如图 5-2 和图 5-3 所示。从采样统计的角度看，数据随样本数量的变化而变化，因此，图 5-3 中各数值点的水平偏差应给予关注（然而，贝叶斯统计仅与 CDF 图相辅相成，因为贝叶斯统计认为数据值是固定的，而模型是不确定的，是可以改动的）。

在 Q-Q 图中，基于假设的概率分布模型，以反向 CDF 的数据为横轴，数据的排序为纵轴，这样的采样数据点不仅更自然，而且还可以在回归和相关性的基础上，对拟合结果的合理性做出合理规范的判断。

以任意方式获得的监测数据点（详细方法见 5.6.4 节），基于其平均值和中位数值的排序，可以将这些实测监测数据点转换以后，构成坐标横轴上的数值。尽管平均值（预期值）使用最为频繁，但均值仍难以计算，而且转换前的平均值与转化后的平均值也不一致，但中位数值却没有变化。因此，就均匀分布而言，就只需中位数值；而其他的分布模型，可以通过应用反向累积分布函数 CDF 找到其中位数值。

作图过程中，均匀分布的中位数值的计算也不容易，与 Hazen 常数（$c = 0.5$）相比，均匀分布图的中位数大致位置可以通用绘图公式计算得到，其采用常数为 Filliben 常数 $c = 0.317\,5$，而 Hazen 常数 $c = 0.5$。

图 5-4 给出了 Q-Q 图，纵轴上的已标准化处理的数据见表 5-1，横轴位置为：± 1.31，± 0.74，± 0.35 和 0.00（5.6.4 节中的正态分布图采用了中位数的数据），构建中位数值正态分布图，图 5-4 斜率为 1 的直线显示如果数据模型已选定，那么中位数的数值就是定值。

Filliben（1975）开发了基于中位数定位绘图方法的正态相关性检验（Stephens，1986b）。由于相关性是对称的，这一检验适用于两种类型的概率曲线，在计算原始数据、数据间的相关性系数时，此检验更易进行测试。当相关性系数为 0.968，对于 90%的置信区间，其相关性系数为 0.897～0.990。因此，若对数据做有效描述时，就不能拒绝正态分布模型。

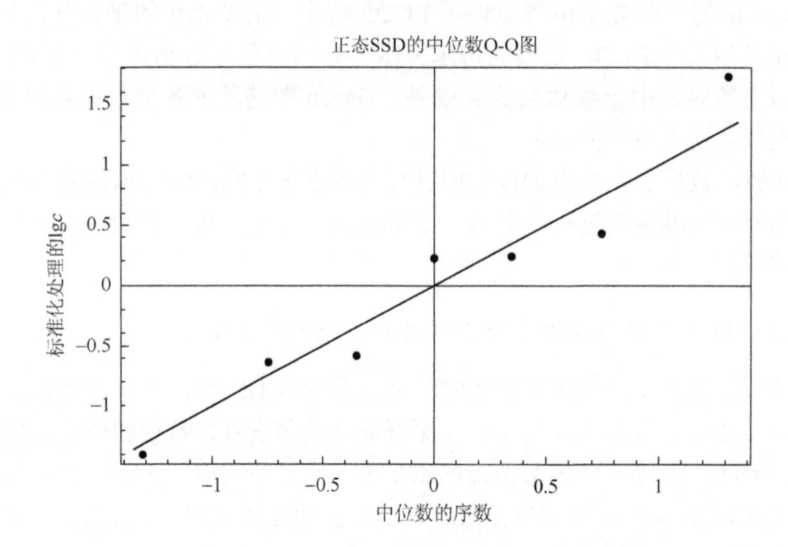

图 5-4　标准化的 lg$c$ 值和正态分布中位数值统计排序值的 Q-Q 图

这些数据由反向（逆向）标准化的正态 CDF 应用于均匀分布的中位数图得来，图中直线是理论上中位数值应处的位置

Filliben 检验的绘图效果和基于平均值的 Shapiro 和 Francia 检验做的图形效果几乎相同，甚至可以同 Shapiro 和 Wilk 按照偏态分布和长尾分布处理得出的图形相媲美。但由于短尾分布与正态分布不同，更像是均匀分布或者三角函数分布，因此，这类分布更适合 Shapiro 与 Wilk 检验方法。

Shapiro 与 Wilk 的正态检验是基于对 Q-Q 图上均值点的数据排序进行的回归，统计序列是相互关联的，其数学机理就是线性回归。由于数学机理的复杂性，并没有绘制回归曲线。

结论显示，Filliben 检验、Shapiro 与 Francia 检验、Shapiro 与 Wilk 检验很大程度上是相当的，而且都与 Q-Q 图相关。就中值或均值而言，前两者的检验彼此相关，而且也与正态概率 CDF 图（图 5-3）相匹配，其定位点完全可以代替 Hazen 定位数值。在构建 CDF 曲线的过程中，A-D 检验非常管用，A-D 检验与基于 Hazen 定位的中位值确立密切相关。表 5-1 显示，无论哪种检验都表明，镉的数据都不能用正态分布进行充分描述。

5.3　贝叶斯算法和置信区间限值引发的正态 SSDs 的不确定性

少量的数据对于上述单一正态物种敏感度拟合和对其优缺点的判断可能

论证得还不够充分，对物种敏感度 SSDs 的不确定性和其衍生量进行评估，除了物种选择的偏差问题外，对其他问题进行评估都相当困难，因此，若使用置信度进行描述，常用到经典的抽样统计学理论或者相关的贝叶斯统计理论。

Aldenberg 和 Jaworska（2000）分析了基于无偏差物种选择假设的正态 SSDs 模型的不确定性，并表示上述的两种理论都导致了数值上相同的置信度。这种外推法的显著特征是，在贝叶斯理论中，PDF 和相应的 CDF 不是单一的曲线，而是分布曲线，而且它承认了密度估计是不确定的，这一方法与二阶 Monte Carlo 方法相关，并指明不确定性的基本属性是数据的变异分离。在正态 PDF 的 SSD 模型中，不确定性一般指特定毒物的物种敏感度的变化，检测更多的物种一般不会减少这种变化（相反，有可能会增加），但是更多的物种数据会减少推导的密度和百分位数的不确定性。

应该知道的是，如果物种选择过程中有偏差，则这种不确定性的减少可能会对 SSD 曲线等的拟合造成误导。在 5.3.4 节中，将会显示取决于不对称方式的个别数据点精度的第 5 百分位数的推导，从而说明敏感物种和不敏感度物种之间偏差的重要性。

5.3.1　由正态 PDF 值和 5%不确定性值构建的百分数曲线

根据贝叶斯理论，其工作原理是假设数据固定、模型不确定，这意味着其与图 5-1 中单一 SSDs 的 PDF 曲线拟合情况相反，即通过对多个 PDF 曲线的整合，使其能够满足相关数据需求。指定浓度下，若 PDF 值不确定，可以通过各个 PDF 值所处的百分位比例位置，分别得到 5、50、95 等百分位处的 PDF 曲线，同样做法也可以在不确定 CDF 值的情况下运用。

对单一拟合出的 PDF 曲线和 CDF 曲线的预测，就可以在给定的对数浓度值条件下，用三条 PDF 和 CDF 的百分位数曲线加以替换，其中一条为位于中间的平均值曲线，另外两条是 PDF 值和 CDF 值的置信区间曲线。

图 5-5 显示了表 5-1 的标准化 NOEC 数据，基于贝叶斯置信区间所构建的正态 PDF 的 SSDs 曲线，这三个 PDF 的置信（可信度）区间是将每个给定（标准化）浓度的 PDF 值后验分布值的各个点置信区间加入后连成的曲线，并不是 PDFs 群。

第 5 百分位数，之前的−1.64 是一固定数，而现在变为一个分布，代表了小样本集的不确定性。图 5-5 给出了 $\lg HC_5$（5%的物种有害的浓度）的 PDF 曲线（图中灰色线），可以看出 $\lg HC_5$ 的分布具有非中心 t 分布的特点（见 5.6.6 节）。

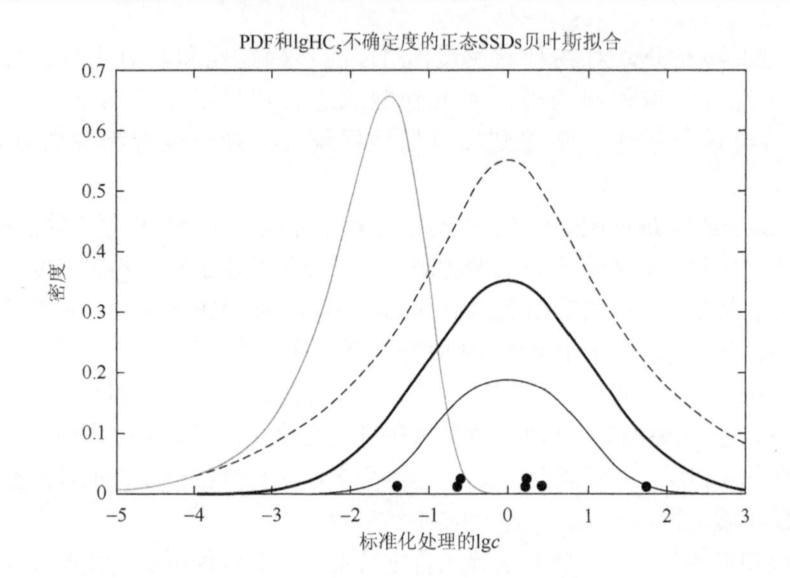

图 5-5　表 5-1 中标准化的 Cd 对数无效应浓度（lgNOEC）数据正态 SSD 的贝叶斯统计拟合图

黑色线表示了给定浓度的 PDF 值 5%、50%、95%的曲线，灰色线表示第 5 百分位数（lg HC_5）的 PDF，灰色曲线还体现了标准对数浓度值下，$n = 7$，第 5 百分位数正态 SSD 的不确定度

经计算，第 5 百分位数的 SSD 分布曲线，其居于 5、50 和 95 百分位的标准化数据分别为−3.40、−1.73、−0.92，这些数值正是 $n = 7$，且 FA 为 5%时的外推负常数，用以代替单一拟合出正态 SSD 曲线时的−1.64。

需要注意的有以下两点，首先，所得到第 5 个百分位数的中位数值会略低于由单一拟合曲线得出的值；置信区间显示，即使居于第一个数据点，其实也有不确定性（−2，由 1.73 四舍五入得到），大部分（90%）数据点的不确定值范围在−3.40～−0.92 之间。

机理显示，如果预设是正态模型，当 $n = 7$ 时，监测数据本身是独立的；从标准化的处理方面看，拥有相同的数据样本量和置信度水平的情况下，所有 PDF（和 CDF）的百分位曲线都是一致的，因此，$n = 7$ 的情况下，图 5-5 都是通用的。因此，选择的物种必须是有代表性的目标生物种群，拟合度检验对于揭示正态模型的预设参数是否合理就显得非常重要。

5.3.2　采用正态 CDF 值法和外推法的百分位数曲线构建

图 5-6 显示了表 5-1 有关 Cd 无效应浓度数据的三条贝叶斯 CDF 线的不确定度，用于与图 5-2 比较。在图 5-6 中，使用了与图 5-2 相同的 Hazen 定位绘图方法，并从 CDF 拟合的分布效果来模拟或确定其分布曲线。

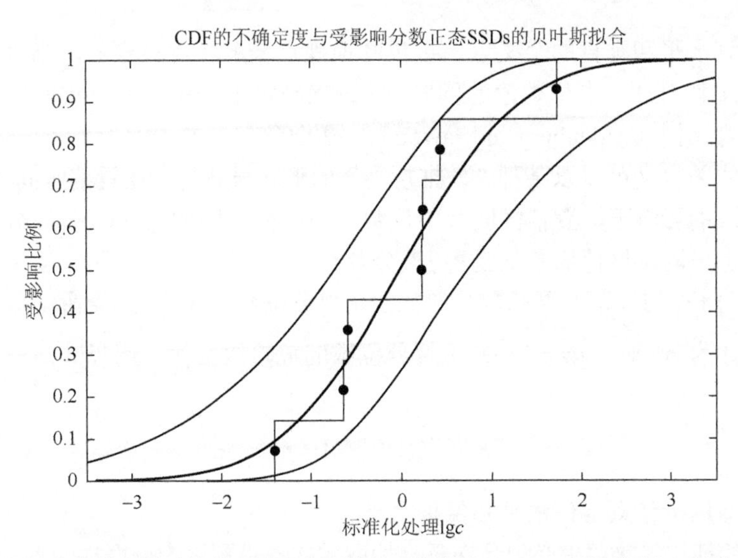

图 5-6　基于标准化的对数浓度的正态 SSDs 的贝叶斯拟合，ECDF（阶梯线），利用 Hazen 断面［$(i-0.5)/n$(点)］绘图:（EC 的 FA）CDF 的第 5 百分位数曲线（细线）、第 50 百分位数曲线（粗）、第 95 百分位数曲线（细线）

图 5-7 是图 5-6 中的 CDF 不确定度曲线的局部放大图，以物种潜在受影响分数的 5%作为横切线和以 lg HC_5 的中值（–1.73）作垂线，两条灰色线外推后，

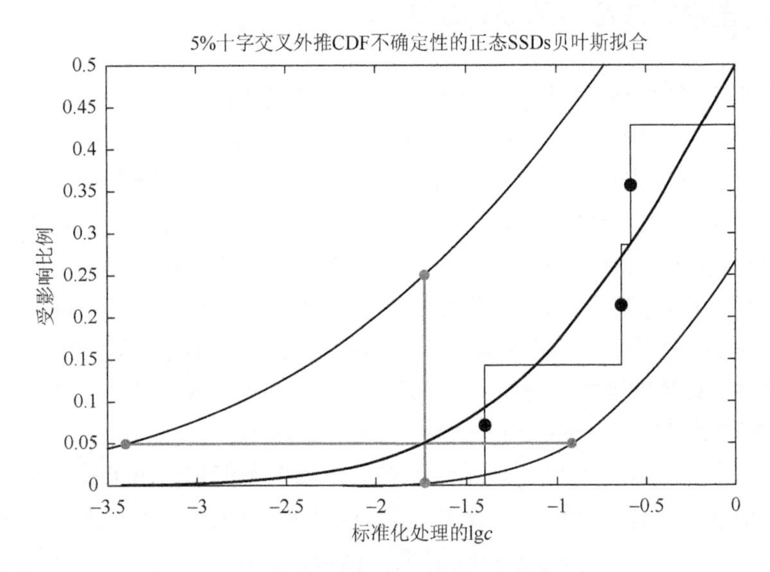

图 5-7　对图 5-6 的 5%外推交叉的局部放大

FA 为 5%的水平线，垂直线为加入的 lg HC_5 的中值（灰色线）。水平线表示外推的意思，垂直线表示在 lg HC_5 的中值处 FA 的不确定性：0.34%（第 5 百分位数）至 25.0%（第 95 百分位数）。灰色线以 FA 的 5%为交叉点，百分位数曲线与水平横线的交叉点须减去外推常数（$n = 7$）

垂直交叉。水平和垂直的交叉点，按贝叶斯观点来解释就很容易，当水平横线确定了不同生物 $lgHC_5$ 中位数值的同时，垂线就确定了 $lgHC_5$ 中位数值变化所影响的水生生物比例（Aldenberg and Jaworska，2000）。

横切线的含义可以以某种“外推规则”的形式表述为：在置信区间（中位数、上限）下限的影响下，置信区间（中位数、下限）上限的 lg HC_p 效应分数等同于确定受生态风险浓度值影响的物种 p%分数。

FA^{γ} 为 FA 的概率密度函数分布的第 γ 百分位数；$HC_p^{1-\gamma}$ 为受污染危害影响物种的百分比为 p%时，第（1–γ）个百分位数的危险浓度值。用贝叶斯理论表述的公式为

$$FA^{\gamma}[\lg(HC_p^{1-\gamma})] = p\% \tag{5-2}$$

此公式可适用于任意置信水平和保护水平。

经典的抽样统计要求必须是在重复抽取的样本里预设十分严格的置信区间，但相对而言贝叶斯理论则更容易理解。因为在讨论概率分布百分位数和比例时，贝叶斯理论一般只需基于一个样本，并不需要按照经典统计理论的要求那样，要有明确的数学模型要求，还要有从一些可能存在风险的样本范围内，找出理论确定的明确样本数量进行风险分析。结果表明，这两种方法的最终数值结论却是近似的。

5.3.3 给定暴露浓度下的受影响比例

垂线定义了给定暴露浓度下的 FA，FA 是随机选择的物种受（潜在）影响的比例（概率），观察到其具有基于贝叶斯理论的概率分布特征。对于 SSD 数据末端的标准化浓度值来说，其存在着出现很大偏差的情况。在给定暴露浓度下，FA 的各百分位数（5%、50%、95%）的暴露浓度分别等于（lg HC_5 = −1.73）0.34%（第 5 百分位数）、5.0%（第 50 百分位数）、25%（第 95 百分位数）。需要注意的是，FA 的中值恰好等于 5%，而当目标是保护 95%的物种时，其暴露浓度的上限又看似无法令人接受，而且作为反映样本量的函数 FA，存在着保护目标生物的 FA 下降趋势过于缓慢的现象。例如，当样本总量为 30 时，FA 大概为 12%，样本量为 100 时，却仅为 8%（Aldenberg and Jaworska，2000）。

图 5-8 虽然是按照贝叶斯理论绘制的，但该图不但体现出了置信区间，而且与受影响效应百分比曲线图 5-3 等效。图 5-7 的绘制主要根据正态分布函数概率的计算得来（5.6.3 节）。图 5-8 纵轴的刻度相当于 z 值，纵轴间距的不相等源于对 FA 的计算，图中的 Hazen 定位点的计算见 5.2.2 节，在图中也显示了 5%的外推交叉线（灰色），横轴的刻度分布含义与图 5-7 中的 lg HC_5 相同，纵轴的刻度分布为经 z 值转换后的 FA 分布，从而绘制了累积分布函数曲线（阶梯线）。

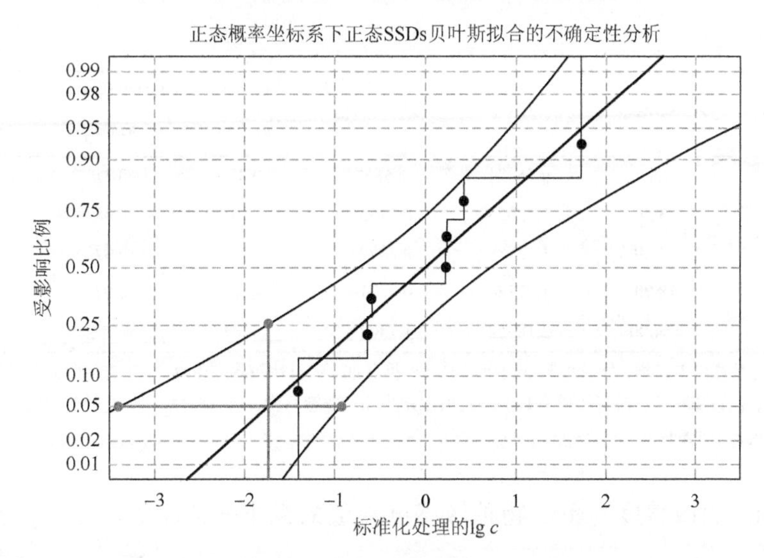

图 5-8　贝叶斯理论的正态 SSDs 累积分布函数百分位曲线（5%、50%、95%）

图 5-8 是根据图 5-6，用标准化正态的反向 CDF 方程 $z = \varphi-1$（FA）计算出纵轴数值，灰线显示了 5%的外推交叉点，各个数据点为 Hazen 曲线的定位数据点，阶梯线为累计分布函数曲线。

Aldenberg 和 Jaworska（2000）的文献中列出了在给定的标准化对数暴露浓度下的 FA 百分位数，其中相应表格的第 0 列给出了基于 lg HC_{50} 中位数值的 FA 的基本不确定度值，即 50%物种受影响的不确定度（分别为 26.7%、50.0%和 73.3%，见图 5-8）。

图 5-8 中的 FA 曲线几近线性，对于总数较小的样本，z 值的中位数值并不能与经标准化处理的对数浓度值一样进行精确的线性转换（Leo et al.，2002）。

5.3.4　单独数据点的对数 HC_p 敏感度

假设所有数据点的选择都没有错误，但有关基于外推数据得出的 SSD 参数，会对数据高的数据点（即对污染物不敏感的）的可靠性存在疑问；同样，也会对数据低的数据点，如 lgHC_p 存有疑问。

表 5-2　Cd 的 lgHC_5 低、中、高百分位数的敏感商

物种层级	NOEC	lgHC_5	标准化的值	lgHC_5 敏感商		
				最小值	平均值	最大值
1	0.97	−0.01323	−1.40086	0.94	0.55	0.36
2	3.33	0.52244	−0.63862	0.50	0.33	0.24

续表

物种层级	NOEC	$lgHC_5$	标准化的值	$lgHC_5$ 敏感商		
				最小值	平均值	最大值
3	3.63	0.55991	−0.58531	0.47	0.31	0.23
4	13.50	1.13033	0.22638	0.01	0.08	0.11
5	13.80	1.13988	0.23996	0.01	0.07	0.11
6	18.70	1.27184	0.42774	−0.10	0.02	0.08
7	154.00	2.18752	1.73071	−0.84	−0.36	−0.12

注：与对数浓度值一样，敏感商数据也可以通过外推获取。通过比较水生生物 5%生态风险效应分位数的对数浓度值可以看出，那些处于最高敏感商数值绝对值水生生物（非敏感物种），相对那些处在较低敏感商数值水生生物的影响力也是不同的

$lgHC_p$ 的敏感度与单一物种敏感度数值的微小变化相关，$lgHC_p$ 可由 x 的第 i 个数据点 x_i 及 $lgHC_p = \overline{x} - ks{\cdot}s$ 求得，x 的均值 $\overline{x} = \frac{1}{n}\sum_{i=1}^{n} x_i$，标准偏差 $s = \left[\frac{1}{n-1}\sum_{i=1}^{n}(x_i - \overline{x})^2\right]^{1/2}$，由于 $\frac{\partial \overline{x}}{\partial x_i} = \frac{1}{n}$，则

$$\frac{\partial s}{\partial x_i} = 1/2(s^2)^{-1/2}\frac{2}{n-1}\left[(x_i - \overline{x})(1-1/n) + \sum_{j \neq i}^{n}(x_j - \overline{x})(-1/n)\right] = \frac{1}{n-1}\left(\frac{x_i - \overline{x}}{s}\right)$$

不同数据点 x_i 的敏感度表达式为 $\overline{x} - k_s \times$ s，进而不同数据点的敏感商表达式为

$$\frac{\partial(\overline{x} - k_s \times s)}{\partial x_i} = \frac{1}{n} - \frac{k_s}{n-1}\left(\frac{x_i - \overline{x}}{s}\right) \tag{5-3}$$

该敏感商值无量纲，和外推常数一样，其数据点是标准化的对数浓度函数。当 k_s 为正值，计算第 5 百分位数据点时，低于平均值的数据点对第 5 百分位的数据点影响呈正相关性。以敏感度的变化为标志，当$(n-1)/(n \times k_s)$为正值时，随着数值的变大，表明居于较低百分位数各 SSD 数据点的影响力大小是不一样的。

表 5-2 显示了基于各个 Cd 数据（表 5-1）$lgHC_5$ 置信区间的敏感商，其敏感度的大小主要源于常数外推：置信区间较低的 $lgHC_5$ 值表示比置信区间中值和较高的 $lgHC_5$ 具有更高的敏感性。处于敏感度区间下限的数据值代表的灵敏度最高，显然，表 5-2 第 4 和第 5 位数据点对敏感度的影响可忽略，不需像其他数据点一样给出非常精确的外推值。此外，处于置信度下限的最低 $lgHC_5$ 数据值几乎是一致的（0.94），这说明 $lgHC_5$ 值较低的情况下，$lgHC_5$ 的精确度确实能够反映置信度下限对数值的要求。

如上所述，在对较低百分位数的参数外推过程中，较低百分位数的 $lgHC_5$ 值

对 $lgHC_5$ 确实有非常大的影响，这与基于最小数据值（最敏感物种）非参数检验方法的结论是一致的。

5.4　风险表征的机理

当暴露浓度和物种敏感度都不确定时，其对物种毒性风险的描述是概率生态风险评估（PERA）的核心问题。该方法集中于暴露浓度分布（exposure concentration distribution，ECD）和 SSDs 的累积分布函数概率图，并且由一系列科学家开发研究（Cardwell et al.，1993，1999；Parkhurst et al.，1996；The Cadmus Group，Inc.，1996a；Solomon，1996；Solomon et al.，1996，2000；Solomon and Chappel，1998；Giesy et al.， 1999；Giddings et al.，2000）。

毒性风险表征的基本问题是 ECD、SSDs 的 CDF 或 PDF 之间的重叠。首先，两种基于对数浓度的 CDF 均在正态概率图纸上绘制，风险表征则仅限于在高百分位数的 ECD 和低百分位数的 SSD 之间比较。之后，相对于各种污染物浓度的物种（潜在）受影响的比例 FA 进行超出 EC 的概率绘图，以构建 JPCs（联合概率分布）或超限轮廓图（exceedence profile plots，EPPs），然后确定这些图形的曲线下面积（area under the curve，AUC）的数值，作为对 SSDs 物种毒性风险的衡量。

通过采取概率图和构建方程的方法，开发进行风险表征的概率处理方法，主要分两步进行操作。

第一步，可以按照由 van Straalen（1990）提出的，在用相同积分方法计算生态风险 δ 值之前，应先分析超限值概率的可靠性问题；此外，另一个方案是由 Cardwell 等（1993）计算提出的预期总风险（expected total risk，ETR）方案。

第二步，对于 JPCs 和曲线下的面积大小，与生态风险评估、ETR 存在超限值情况所产生的概率分布状况有密切关系。数学分析显示，AUC 和 ETR 都存在着与超限值概率分布状况相同的情况，而且这种分布情况与 AUC、ETR 的具体分布状况无关。

5.4.1　暴露浓度超出物种敏感度限值，生态风险与超限值的概率分布

物种敏感度数据通常由在实验室中进行的毒性实验确定，但暴露浓度与现场监测数据相关，为了评估各数据的重叠情况，两组数值必须相互兼容，即不能将 96h 毒性测试的浓度结果与污染源排放的污染物浓度变化情况，或与来自 GIS 的遥感监测浓度的瞬时变化情况进行比较。

Suter（1998a，b）指出，为了使风险评价的结果具有可比性，各类数据的分布模型间必须相互兼容，对监测数据进行时间序列的平均，例如，可以对平均

浓度值进行时间加权，使得随时间变化的监测值与毒性终点值相兼容（Solomon et al.，1996），数据其他方面的修正应基于针对生物的可利用性；若需要对污染物的空间暴露分布状况进行评价，则可以通过对地块数据的权重处理，以满足对物种敏感度限值研究的需求。

在本节中，若假设数据准备工作已经完成，就表明已在化学物质暴露浓度的研究方面，将化学物质的检测、预测、预设浓度值的大小等诸因素，与所获得的相关毒理学终点数据相匹配。这些数据准备好以后，化学物质环境浓度（EC）的变化可以认为是模型不确定性随机变量（RV）的样本，物种敏感度参数（SS）可以认为是 SSD 的随机变量（RV）。

在此，我们将随机选取的环境浓度（EC）值超出随机选取的物种敏感性浓度（SS）值作为评价污染物浓度风险的判据，令 X_1 是 lgEC 的随机变量，X_2 是 lgSS 的随机变量，问题就变为评估 X_1 和 X_2 两者（即 EC 和 SS 的概率或风险）孰高孰低。

$$\Pr(\lg\mathrm{EC} > \lg\mathrm{SS}) = \Pr(X_1 > X_2) \tag{5-4}$$

此概率也可以以两个积分的形式表示：

$$\Pr(X_1 > X_2) = \int_{-\infty}^{\infty} \mathrm{PDF}_{X_1}(x) \cdot \mathrm{CDF}_{X_2}(x)\,\mathrm{d}x \tag{5-5}$$

或者表达为

$$\Pr(X_1 > X_2) = \int_{-\infty}^{\infty} [1 - \mathrm{CDF}_{X_1}(x)] \cdot \mathrm{PDF}_{X_2}(x)\,\mathrm{d}x \tag{5-6}$$

$\mathrm{PDF}_X(x)$与 $\mathrm{CDF}_X(x)$分别代表 PDF 和 CDF 的随机变量 X 的取值，如对数浓度 x，其限制条件是 X_1 和 X_2 是独立的，即 EC 值不依赖于 SS 值，反之亦然。

项$[1-\mathrm{CDF}_{X_1}(x)]$是 X_1 值超过对数浓度 x 的概率，在经典概率理论中，这一函数被称为生存函数，显然该项要受水生生物体或其他相关情况的存在时间跨度的影响。

在环境毒理学中，使用超限值函数（exceedence function，EXF）表达该项，则第二个积分［式（5-6）］可以简洁地写为

$$\Pr(X_1 > X_2) = \int_{-\infty}^{\infty} \mathrm{EXF}_{X_1}(x) \cdot \mathrm{PDF}_{X_2}(x)\mathrm{d}x \tag{5-7}$$

这些积分在可靠性分析的相关文献中被称为超限值概率，可以在任何存在 X_1 超过 X_2 的风险情况下使用，如负荷超过了支撑强度、需求超过了供应能力等的情况。

van Straalen（1990）开发了针对浓度超出无效应浓度水平所存在的生态风险值 δ 具有相同效果的表达式，他以图形的方式显示了积分如何量化两个分布之间的重叠程度，即 PDF 改变以后曲线下面积的变化情况。当 lgEC 值固定，即 $X_1 = x_1$ 时，两个分布曲线下面积的积分可以进一步简化为

$$\Pr(X_1 > X_2) = \Pr(X_2 < x_1) = \mathrm{CDF}_{X_2}(x_1) \tag{5-8}$$

式（5-8）表达了随机的 lgSS，低于 lgEC 为固定值（δ_1，van Straalen and Denneman，1989）时的概率，可以与 van Straalen 的图形理论描述进行比较。

5.4.2　正态暴露浓度分布和正态 SSDs 模型

当 X_1 和 X_2 都是正态分布时，会出现一个特殊情况，在前面的段落中，我们已经考虑过正态分布的 SSDs，EC 值以对数正态分布模型进行分析，表明 lgEC 是正态分布的，此处将 lgEC 简写为 ECD。

例如，以 Cd 的数据为例（表 5-1），经四舍五入，将 lgEC 的值−1.51994 取为−1.5，作为 ECD 的平均值，将标准偏差 std 取 0.0，0.2，0.5，1.0，2.0，构建的标准化正态 SSD（图 5-9），标准偏差 std 值取 0.5 代表 ECD 的可变性是 SSD 的一半。

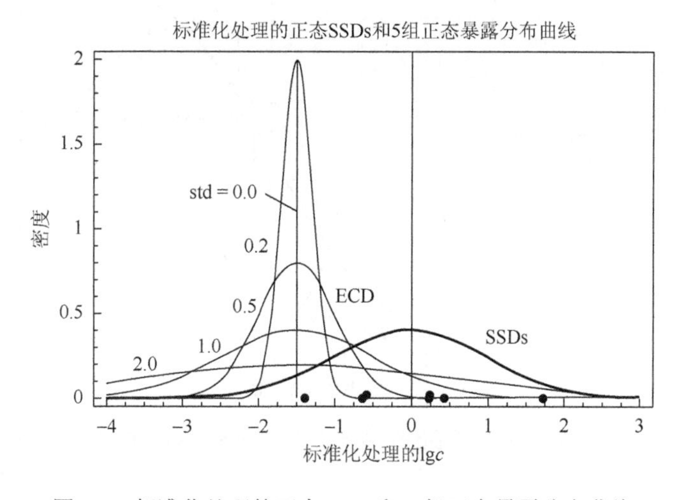

图 5-9　标准化处理的正态 SSD 和 5 组正态暴露分布曲线

图 5-10 显示了标准化正态 SSD 曲线条件下，μ_{ECD} =−1.5、σ_{ECD} = 0.5 时正态分布的 ECD 和 SSDs，由式（5-6）、式（5-7）推导的生态风险/超限值概率图。

图 5-11 为类似的关于式（5-5）的生态风险/超限值概率图，需要注意的是尽管生态风险曲线的位置与形状不同，但其积分式是相同的。

当 μ_{ECD} =−1.5 和 σ_{ECD} = 0.5 时，Cd（表 5-1）的正态 ECD 超限值函数（助记符为 EXF），随机 lgEC 超过随机 lgSS 的生态风险的超限值积分结果见式（5-6），生态风险值为 9.0%（表 5-3 中的确切值为 8.9856%）。

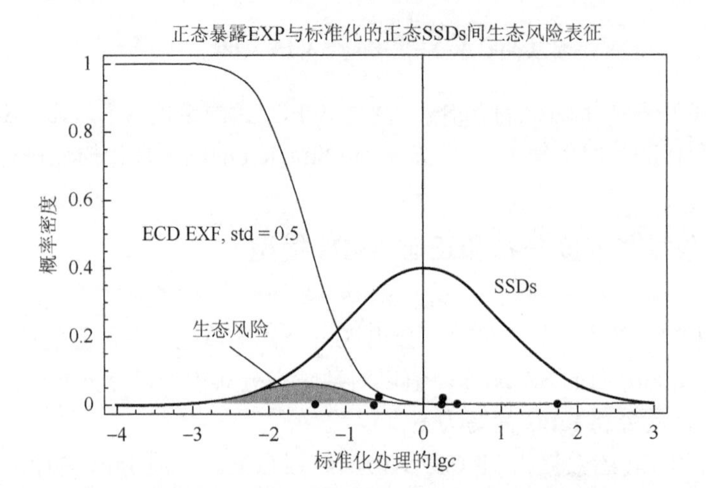

图 5-10 正态暴露 EXF 与标准化的正态 SSDs 间正态风险表征

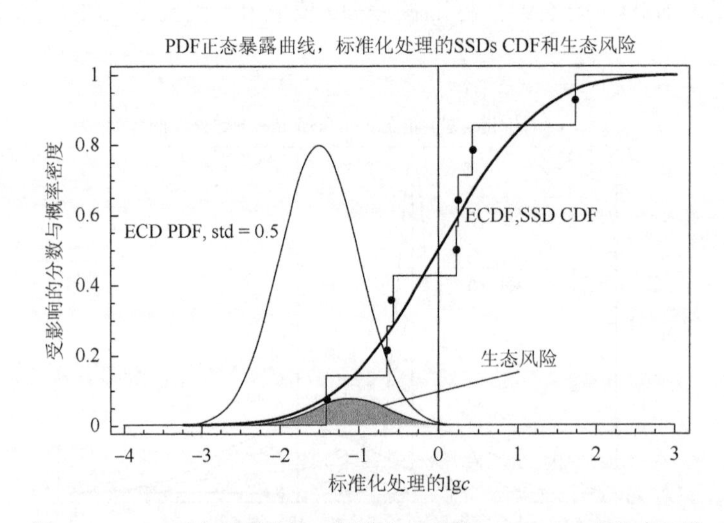

图 5-11 PDF 正态暴露曲线，标准化处理的 SSDs CDF 和生态风险

关于 $\mu_{ECD}=-1.5$ 和 $\sigma_{ECD}=0.5$ 的对数暴露浓度的正态 ECD 的 PDF，Cd 数据（表 5-1）的标准化正态 SSDs，和超过随机 lgSS 的随机 lgEC 概率的生态风险/超限值概率积分，见式（5-5）。尽管曲线不同，曲线下面积（生态风险）与图 5-10 的 9.0%是相同的，精确值为 8.9856%（表 5-3）。

对两个正态分布的数值积分［式（5-6）］，进行了生态风险超限值概率的计算：

$$\Pr(\lg EC > \lg SS) = \int_{-\infty}^{\infty} [1 - \Phi_{ECD}(x)] \cdot \Phi_{SSD}(x)\, \mathrm{d}x \tag{5-9}$$

式中，$\Phi_{ECD} = \Phi_{\bar{\mu}1,\bar{\sigma}1}(x)$为正态 ECD 和 CDF；$\bar{\mu}$ 为均值；$\bar{\sigma}$ 为 SSD 的标准偏差；$\Phi_{SSD} = \Phi(x)$为标准化正态 SSD 的 PDF，确定生态风险超限值概率值为 9.0%。

或者可以在正态分布转化之后进行数值积分：

$$\Pr(\lg EC > \lg SS) = \int_{-\infty}^{\infty} \Phi_{ECD}(x) \cdot \Phi_{SSD}(x)\, dx \tag{5-10}$$

正态 ECD 的 PDF 为 $\Phi_{ECD} = \Phi_{\bar{\mu}1,\bar{\sigma}1}(x)$，标准化正态 SSD 的 CDF 为 $\Phi_{SSD} = \Phi(x)$，其结果再一次被发现为 9.0%。

要检查这些积分的简化处理是否可行，可切换回 X_1 和 X_2，X_1 的风险超过 X_2 的风险可以写成

$$\Pr(X_1 > X_2) = \Pr(X_1 - X_2 > 0) \tag{5-11}$$

在 ECD 和 SSDs 都是正态分布的情况下，要求两个正态随机变量存在差别的概率必须大于零。概率论中一个众所周知的结果是，两个独立的正态随机变量 X_1 和 X_2 的差都是正态的情况下，其平均值 $\mu = (\mu_1 - \mu_2)$，标准偏差 $\sigma = \sqrt{\sigma_1^2 + \sigma_2^2}$ 。

在图 5-10 和图 5-11 中，lgEC 和 lgSS 的差是一正态分布，其均值为

$$\mu = (\tilde{\mu}_1 - 0.0) = -1.5 \tag{5-12}$$

标准偏差为

$$\sigma = \sqrt{\bar{\sigma}_1^2 + 1.0^2} = \sqrt{0.5^2 + 1.0^2} = \sqrt{1.25} = 1.11803 \tag{5-13}$$

从正态 CDF 中得知

$$\Pr(X_1 - X_2 > 0) = 1 - \Phi_{\mu,\sigma}(0) = 1 - \Phi\left(\frac{0-\mu}{\sigma}\right) = \Phi\left(\frac{\mu - 0}{\sigma}\right) \tag{5-14}$$

生态风险超限值概率的大小超过零时为

$$\Pr(X_1 - X_2 > 0) = \Phi\left(\frac{-1.5-0}{1.11803}\right) = \Phi(-1.34165) = 8.9856\% \tag{5-15}$$

通过数值积分计算，此值与 9.0%相匹配。

进而，生态风险值可以用以下公式计算：

$$\Pr(X_1 > X_2) = \Phi\left(\frac{\mu_1 - \mu_2}{\sqrt{\sigma_1^2 + \sigma_2^2}}\right) \tag{5-16}$$

式中，μ_1 和 σ_1 为关于 X_1 和 lgEC 的正态 PDF 的平均值和标准偏差；μ_2 和 σ_2 为 X_2 和 lgSS 的正态 PDF 的参数；$\Phi(x)$为关于对数浓度的标准正态 CDF 的函数，包括 ECD、SSDs 的平均值和标准偏差及正态 CDF。

可以证明，SSDs 的标准化结果是相同的，一个 SSDs 的标准化须减去 μ_2 获得；而标准化 SSDs 所需的均值，可从 ECD 和 SSDs 的均值都除以 σ_2 获得。将 ECD 和 SSDs 的标准偏差值除以 SSDs 的标准偏差，可表示为

$$\text{lgEC:}\quad \bar{\mu}_1=\frac{\mu_1-\mu_2}{\sigma_2}\text{和}\bar{\sigma}_1=\frac{\sigma_1}{\sigma_2}$$

$$\text{lgSS:}\quad \bar{\mu}_2=0\text{和}\bar{\sigma}_2=1$$

$$\Phi\left(\frac{\bar{\mu}_1-\bar{\mu}_2}{\sqrt{\bar{\sigma}_1{}^2+\bar{\sigma}_2{}^2}}\right)=\Phi\left(\frac{\mu_1-\mu_2}{\sqrt{\sigma_1{}^2+\sigma_2{}^2}}\right) \tag{5-17}$$

SSDs 范围内 lgEC 的风险值与超过 SSDs 限值的 lgSS 表达式是相同的：

$$\Pr(X_1>X_2)=\Pr\left(\frac{X_1-\mu_2}{\sigma_2}>\frac{X_2-\mu_2}{\sigma_2}\right)=\Phi\left(\frac{\bar{\mu}_1}{\sqrt{\bar{\sigma}_1{}^2+1}}\right) \tag{5-18}$$

表 5-3　两个独立正态分布的 lgEC 超过 lgSS 的生态风险/超限值概率

$\bar{\mu}_1\bar{\sigma}_1$	−5.0	−4.5	−4.0	−3.5	−3.0	−2.5	−2.0	−1.5	−1.0	−0.5	0.0
0.00	0.000 0	0.000 3	0.003 2	0.023 3	0.135 0	0.621 0	2.275 0	6.680 7	15.865 5	30.853 8	50.000 0
0.10	0.000 0	0.000 4	0.003 4	0.024 8	0.141 7	0.643 1	2.329 1	6.777 7	15.985 9	30.941 2	50.000 0
0.20	0.000 0	0.000 5	0.004 4	0.030 0	0.163 2	0.711 4	2.493 0	7.066 3	16.340 0	31.196 4	50.000 0
0.30	0.000 1	0.000 8	0.006 4	0.040 1	0.203 0	0.832 0	2.770 5	7.539 6	16.907 5	31.600 0	50.000 0
0.40	0.000 2	0.001 5	0.010 2	0.057 8	0.267 3	1.013 8	3.165 9	8.185 3	17.658 0	32.123 8	50.000 0
0.50	0.000 4	0.002 8	0.017 3	0.087 3	0.364 5	1.267 4	3.681 9	8.985 6	18.554 7	32.736 0	50.000 0
0.60	0.000 9	0.005 7	0.030 2	0.134 4	0.504 9	1.602 7	4.317 4	9.918 0	19.558 6	33.405 4	50.000 0
0.70	0.002 1	0.011 4	0.052 5	0.207 0	0.699 2	2.027 6	5.066 2	10.956 4	20.632 7	34.104 4	50.000 0
0.80	0.004 7	0.022 1	0.089 4	0.313 8	0.957 5	2.545 9	5.917 5	12.073 8	21.744 0	34.810 8	50.000 0
0.90	0.010 1	0.041 2	0.147 4	0.464 0	1.287 8	3.156 8	6.856 2	13.243 8	22.865 2	35.507 8	50.000 0
1.00	0.020 3	0.073 1	0.233 9	0.666 4	1.694 7	3.855 0	7.865 0	14.442 2	23.975 0	36.183 7	50.000 0
1.10	0.038 5	0.123 5	0.356 5	0.927 7	2.179 5	4.631 5	8.925 7	15.648 5	25.057 8	36.830 9	50.000 0
1.20	0.068 5	0.198 3	0.522 3	1.252 5	2.739 4	5.474 8	10.020 8	16.845 8	26.102 6	37.444 9	50.000 0
1.30	0.115 0	0.303 8	0.736 7	1.642 2	3.369 0	6.372 0	11.134 2	18.021 0	27.102 7	38.023 8	50.000 0
1.40	0.182 9	0.445 4	1.003 7	2.095 9	4.060 4	7.309 9	12.252 1	19.164 3	28.054 0	38.567 1	50.000 0
1.50	0.277 3	0.627 7	1.325 0	2.610 2	4.804 6	8.275 9	13.362 9	20.269 0	28.955 0	39.075 6	50.000 0
1.60	0.402 5	0.854 0	1.700 3	3.179 8	5.591 8	9.258 6	14.457 3	21.330 7	29.805 6	39.550 5	50.000 0
1.70	0.562 1	1.125 7	2.127 6	3.798 4	6.412 2	10.247 9	15.528 2	22.346 9	30.607 0	39.993 7	50.000 0
1.80	0.758 7	1.443 0	2.603 4	4.458 9	7.256 8	11.235 3	16.570 3	23.316 5	31.361 0	40.407 2	50.000 0
1.90	0.993 7	1.804 7	3.123 2	5.153 9	8.117 1	12.213 8	17.579 9	24.239 5	32.069 9	40.793 0	50.000 0
2.00	1.267 4	2.208 6	3.681 9	5.876 2	8.985 6	13.177 6	18.554 7	25.116 7	32.736 0	41.153 2	50.000 0

当列出生态风险/超限值概率时，不需要将四个参数都改变，按表 5-1 的 lgSDU 确定 SSD 的比例参数，通过改变 lgECD 与 lgSSD 的平均值 $\tilde{\mu}_1$ 和标准偏差 $\tilde{\sigma}_1$，就可得到与两个参数相关的生态风险值。

表 5-3 显示 $\bar{\mu}_1$ 值为−5.0（0.5）0.0，$\bar{\sigma}_1$ 值为 0.0（0.1）2.0，lgEC 超过 lgSS 的生态风险/超限值概率（%）。通过减去 100%处的生态风险值$-\bar{\mu}_1$，求得 $\bar{\mu}_1$；表 5-3 第一行（$\bar{\sigma}_1=0$），代表标准正态分布的累积分布函数值；当 lgEC 值固定时，如第 4 章所述，其超出 lgSS 的风险值与同一数据点标准化 SSDs 的累积分布函数值是一样的。需要注意的是，与 lgEC 标准偏差的限值 $\bar{\sigma}_1$ 不同，当 lgEC 与 lgSS 相同时（$\bar{\mu}_1=0$），风险值为 50%。

为了解释如何使用表 5-3，继续以 $\bar{\mu}_1=-1.5$ 为例，其接近于表 5-1 中 Cd 的 lgEC 标准化值，评估在 $\bar{\sigma}_1$ 增加的情况下，当 $\bar{\sigma}_1$ 在 0、0.2、0.5、1.0 和 2.0 范围内变化时，生态风险/超限值概率的变化（图 5-9），此时 SSDs 的 lgEC 不确定性在增加。表 5-3 显示，从 lgEC 超过 lgSS 的风险值（分别为 6.7%、7.1%、9.0%、14.4%、25.1%）可以看出，当随机 lgEC 的不确定度处于同一数量级或稍高数量级时，观察风险如何突然增加的情况，可以发现，lgEC 不确定度与 SSDs 随机 lgSS 不确定度的变化是一样的。

图 5-12 显示了 5 组预设的集中于标准化处理对数浓度−1.5 的 Cd（Cd 的暴露浓度，见表 5-1）ECD 的 CDF 正态概率风险表征图，随着标准偏差从 0.0、0.2、0.5、1.0，增加到 2.0，Cd 数据的标准正态 SSD 的 CDF 对比图。

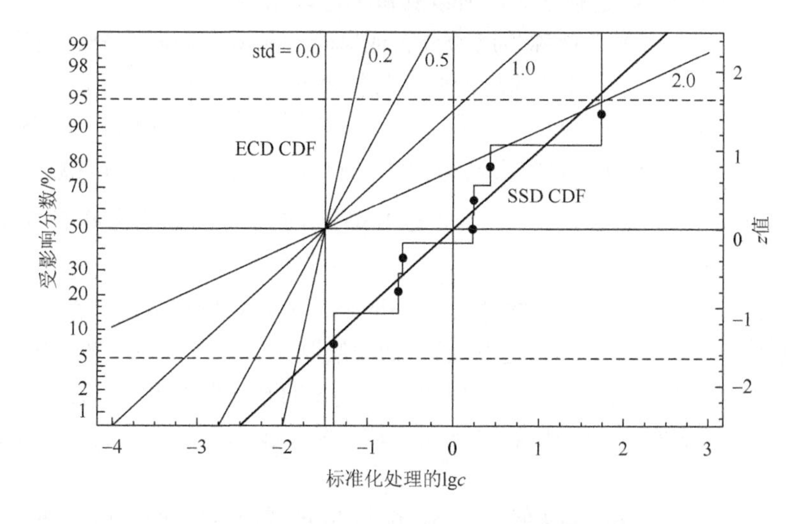

图 5-12　5 组 ECD 和 SSDs 的正态概率风险表征

5.4.3 联合概率曲线及曲线下面积

Cardwell 等（1993）绘制了基于 ECD 的 CDF 图，还通过采用对数浓度值获得急慢性毒性数据的方法，构建了 SSDs。SSDs 的 CDF 值表示受影响的物种的百分比，ECD 的 CDF 值则表示转化为超过某一特定对数浓度值的概率百分比。

在 Solomon 等（1996）、Klaine 等（1996a）、Solomon 和 Chappel（1998）等的文献中，绘制的正态概率 CDF 图以概率值做纵轴，是线性的。图 5-12 所呈现的是经返回正态分布的 CDF，求得 CDF，左侧纵坐标为非均匀的概率百分比，右侧纵坐标为 z 值。

在评估单一污染物对水生生物的风险时，Cardwell 等（1993）开发了不定积分公式：

$$\int_{-\infty}^{\infty} \mathrm{PDF}_{X_1}(x) \cdot \mathrm{CDF}_{X_2}(x)\,\mathrm{d}x \tag{5-19}$$

式中，X_1 为 lgEC；X_2 为 lgSS。将式（5-19）称为预期总风险（expected total risk，ETR），其可以被解释为超过随机 lgSS 值的随机 lgEC 值概率，即 P_r（$X_1>X_2$）。

理解浓度是以概率方式分布的，有助于理解其可能会出现的总风险，$\mathrm{PDF}_{X_1}(x)$ dx［乘以通过 $\mathrm{CDF}_{X_2}(x)$ 给出的浓度超过随机选择的物种受影响浓度的概率］。后者被认为是风险，因此积分值即是对风险的计算。离散积分也可以看作是联合概率之和，因为 X_1 和 X_2 是独立的，所以其概率可以相乘。

前面出现的联合概率被称为风险分布或风险分布函数和联合分布曲线或超限轮廓图。这些曲线绘制了 EC 的超标概率与物种 FA 之间的关系。

令 EXF 值为：$\mathrm{EXF}_{X_1}(x) = 1 - \mathrm{CDF}_{X_1}(x)$，为纵轴上的 ECD 值与 SSDs 的 CDF 值之间的关系；$\mathrm{CDF}_{X_2}(x)$ 为受影响物种的比例分数，在横轴上与对数浓度 x 相关。图 5-13 和图 5-14 显示出，标准正态 SSD 下的 ECD 的正态分布参数 $\tilde{\mu}_1$=−1.5 和 $\tilde{\sigma}_1 = 0.5$。

图 5-13 的曲线定义了对数浓度 x（当两个轴上的变量都是定义在第三个变量的函数上时，参数图则可以决定下来），曲线绘制完后为超限轮廓图（图 5-14）。

由于各个轴上的概率积是基于相同 lgEC = x 的联合概率分布，因此，系列的 JPC 是合理的，JPC 组同超限轮廓图组一样，除了少量例外的高台外，都是递减曲线。

图 5-14 显示了随机 lgSS 低于−1.5，随机 lgEC 高于−1.5 时的联合概率的矩形阴影。由于数值是分别设定的，联合概率就是各个体概率的乘积：6.7%×50% = 3.3%，因此，其大小等于矩形的阴影面积。

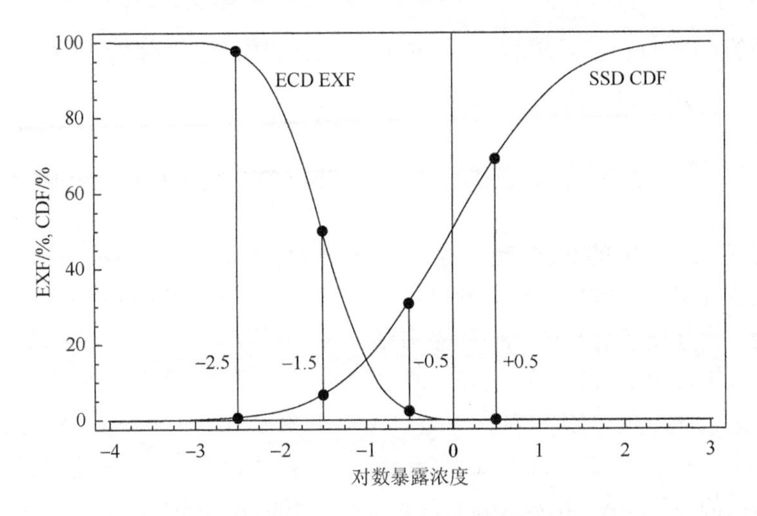

图 5-13　构建 ECD EXF 和 SSDs CDF 联合概率曲线

通过读取不同 lgEC 值的 ECD exceedence 值和 SSDs 累积分布值来构建 JPC，SSDs 是标准正态分布，ECD 是在标准化 SSDs 上 $\bar{\mu}_1=-1.5$ 和 $\bar{\sigma}_1=0.5$ 时的正态分布

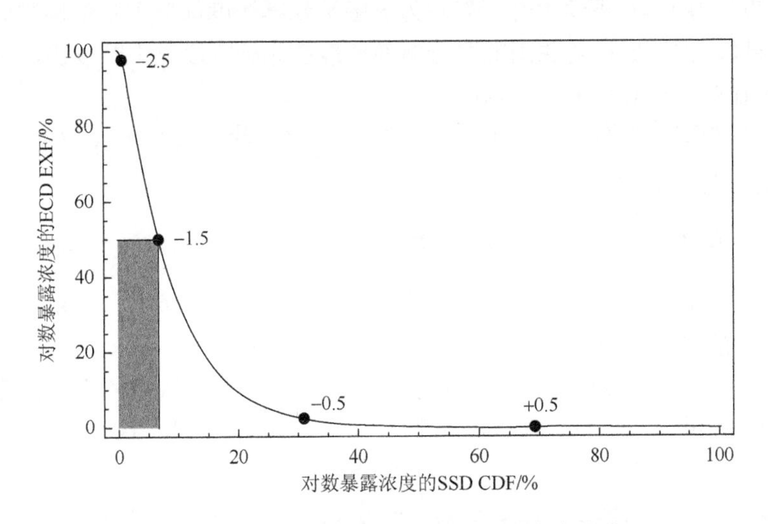

图 5-14　ECD EXF 的 SSDs CDF 联合概率曲线

图 5-14 是从图 5-13 获取的 ECD EXF 和 SSDs CDF 数据数值所构建的 EPP JPC。数值（−2.5、…、+ 0.5）涉及 lgEC，阴影矩形的面积表示随机选择的物种的敏感度对数小于−1.5 和随机对数 EC 值高于−1.5 的联合分布概率。此联合概率等于 6.7%×50% = 3.3%。这取决于两个分布的独立性的假设，曲线上的每个点定义了联合概率，曲线下面积等同于 9.0%的（总）生态风险

图 5-15 显示了 Cd 数据（表 5-1）的 EPP（JPC）曲线，其参数 $\bar{\mu}_1=-1.5$，$\bar{\sigma}_1$ 值为 0.0、0.2、0.5、1.0 和 2.0。

联合概率曲线下面积可被认为是对物种有毒性作用化学物质的风险值的衡量，在风险管理上要求其尽量最小化。进一步分析表明，联合概率曲线是在纵轴

上与横轴的$\text{CDF}_{X_2}(x)$相对应的$1-\text{CDF}_{X_1}(x)$的参数图，曲线通过x（对数浓度）参数化，见图5-14。以$\text{dCDF}_{X_2}(x)=\text{PDF}_{X_2}(x)\text{d}x$表示FA的变化，则

$$\text{AUC}_{\text{EPP}}=\int_{-\infty}^{\infty}[1-\text{CDF}_{X_1}(x)]\cdot \text{dCDF}_{X_2}(x)=\int_{-\infty}^{\infty}[1-\text{CDF}_{X_1}(x)]\cdot \text{PDF}_{X_2}(x)\text{d}x \quad (5\text{-}20)$$

这与式（5-6）中的lgEC超过lgSS时的风险积分表达式相同，即$\Pr(X_1>X_2)$，称为超限值的概率。因此，超限轮廓图JPC的曲线下面积等同于X_1超过X_2时的生态风险，构建出了合理的风险衡量方法。

当绘制纵轴上的SSDs的CDF（即FA）值时（横轴上对应的应为暴露浓度的累积分布函数而不是EXF，对应log(EC)x，见图5-16），有类似的绘图方法。这些图称为累积轮廓曲线（cumulative profile plots，CPP），显示着上升的JPC。累积轮廓曲线的JPC从（0%，0%）开始，在（100%，100%）结束，因为只涉及CDF，累积轮廓曲线的联合概率曲线比超限轮廓图更容易解读，也容易绘制。此外，自变量（浓度）EC在横轴上，因变量（影响的物种）FA在垂直轴上，累积轮廓图JPC的图形右下角上升，表明为大多数暴露浓度都低于发生抑制效应时的物种敏感度。如果累积轮廓图的联合概率曲线在起始阶段就上升较快，则意味着生物物种存在着相对较高的生态风险。

由于水环境的暴露浓度分布CDF不同，令$\text{dCDF}_{X_1}(x)=\text{PDF}_{X_1}(x)\text{d}x$，则累积轮廓曲线的JPC曲线下面积为

$$\text{AUC}_{\text{CPP}}=\int_{-\infty}^{\infty}\text{CDF}_{X_2}(x)\text{dCDF}_{X_1}(x)=\int_{-\infty}^{\infty}\text{PDF}_{X_1}(x)\cdot \text{CDF}_{X_2}(x)\text{d}x \quad (5\text{-}21)$$

这与式（5-5）的生态风险超标概率积分表达式相同，因此，累积轮廓曲线的JPC所描述的风险值与EPP的JPC相同。

Cardwell等（1993）的ETR计算则包括：x的对数浓度值系列、概率分布$\text{PDF}_{X_1}(x)\cdot\Delta x$和$\text{CDF}_{X_2}(x)$，各项相乘再汇总后，得到的ETR可以理解成是积分值的非连续性逼近。

因此，超限值的概率、生态风险、ETR和JPC的曲线下面积的数据量都是相同的，图5-15和图5-16中，不同JPC的曲线下面积增大了SSDs的lgEC不精确度，等同于表5-3中获得的生态风险/超限值概率：6.7%、7.1%、9.0%、14.4%和25.1%。图5-15为相同lgEC和相同的正态分布，由CDF和ECD组成的五个联合概率曲线，曲线下面积（AUC）等同于生态总风险。累计分布图（CPP）仅与CDF相关，因此CPP的构建和解释更为简单。就风险管理而言，总是希望将该曲线尽可能地向右下角移动，以降低污染物产生的生态风险。

结果表明，WERF方法（对风险分布曲线的数值积分）中，Cardwell等的离散求和、van Straalen的生态风险σ、EPR及CPP的JPC AUC值均相等，这可以

理解为：超过某些 lgSS 的 lgEC 的风险值与针对可靠性工程计算失败概率的情况类似。在 ECD 和 SSD 是正态分布的特殊情况下，风险计算可以从表 5-3 中获得，或者由潜在的方程式获得。在正常情况下估计风险的最快方法是计算相应的两个平均值和标准偏差，然后标准化到 SSDs，并查找合适的正态 CDF 值。

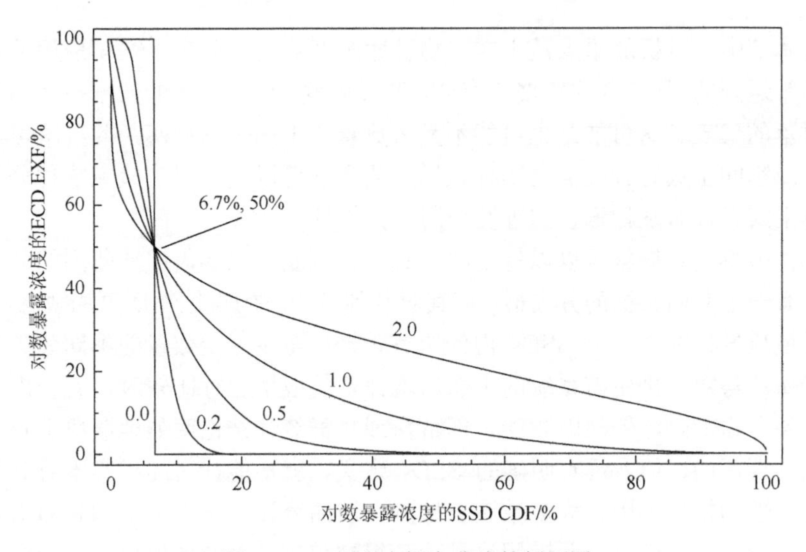

图 5-15　5 组联合概率曲线的剖面图

图 5-15 中 EPP 有五条 JPC，其中涉及垂直轴 lgEC 的 exceedence 函数的概率，并与正态 lgEC 分布的 SSDs 的 CDF 值（FA）相关（其中 $\overline{\mu}_1 = -1.5$，$\overline{\sigma}_1 = 0.0$、0.2、0.5、1.0、2.0，与标准化正态 SSDs 相关）。JPC 递减较慢表明一些 lgEC 高于某些 lgSS 的风险

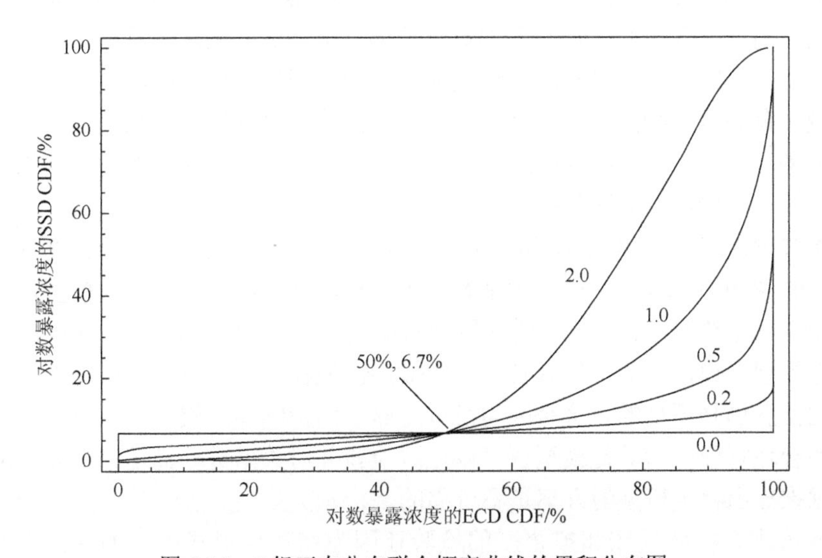

图 5-16　5 组正态分布联合概率曲线的累积分布图

5.5 物种敏感度分布模型统计

5.5.1 模型的拟合与不确定性

在本节中，分析的重点是小样本物种敏感度数据，即在 SSDs 应用的日常实践中经常遇到的低于 20 的数据点集合，通过假设，这种样本的数据被认为是一些目标群落的代表。这可能是也可能不是古典意义上的生态群落，此群落可以由一个地区或空间上选定分类群的物种租场，或者它可以使一组实验室物种分布在某些类群上或者针对某种毒物的毒性作用选择物种。

毒性敏感度数据集可以以特定的方式进行编制，以涵盖广泛范围的分类群，或针对有一个共同特征的分类群，使其对其他分类群的毒性物质更加敏感。例如，当将环境质量标准（一个 SSDs 内的所有数据，至少一定数量的不同分类单元）的普遍做法与对污染生态系统的生态风险评价的应用进行比较时，就会出现这种差异。各个 SSDs 集或一组 SSDs，即群落或种群统计结论明显地取决于收集数据的理论是否正确，但若没有明确的 SSDs 定义，就不能针对随机样本对其相关群体进行合理的推导，因为大多数属于推测性质的统计方法都采用的是随机抽样。本章中，我们不调查这一关键假设是否已得到满足，以及如何评估这一假设。在此，仅假设样本就是目标物种或分类种群的代表，进而汇集了一些风险评估的统计方法。

SSDs 通常被建模为概率分布，但某种分布可能并不符合数据点。如何在统计学意义上确定拟合的程度是一个重要问题。一个评价方法是否适用于一个模型经常缺乏现行实践。显然更好的做法是发展模型并评估其适用性，而不是盲目地使用模型。有关概率绘图和拟合度分析的各种方法是可行的，并且在本章中已经进行了描述，但这些方法在目前的 SSDs 中并不常用。因此建议将概率绘图和拟合度分析纳入 SSDs 基础评估中。

本节讨论基于 CDF 的图和 Q-Q 图，以及关于这两类图的拟合程度分析，除了 ECDF 图和 Hazen 图以外，大多数绘图和检验都取决于所使用的模型，正态分布模型当然是普遍选择，但即使是最佳的检验（也称为综合检验），对于广泛的可选分布模型来说，它们虽然具有最好的效能，但在小样本数据的情况下，其所能提供的信息仍是不足的。这是因为没有足够理由拒绝某个模型可以对一个小样本数据的合理解释，而其他模型也可以通过检验并对数据进行描述，因此，从小样本数据推导出特定模型的方案是不可靠的。

应该进行概率绘图和拟合度的检验还因为在传统形式中，如 5.2 节中，它们指的是单一“最佳”拟合，但是单一拟合的概率曲线应被认为是首次使用的。

第 5.3 节中的贝叶斯拟合，通过从基本上采用多种可能的概率曲线，对模型的内在不确定性作出了更多的调整。对于小样本数据，贝叶斯统计模型比古典统计的重复抽样理论更加合适，因为概率模型中的参数被明确地允许具有不确定性，贝叶斯方法因而可以确定在毒性化学物质物种敏感度方面的变化具有不确定性。

通过百分位数曲线，可以构建基于贝叶斯方法的 CDF 概率图（图 5-6～图 5-8），即使要应用特定的概率模型，如正态分布模型，贝叶斯方法也显然可以说明，在给定小样本数据的情况下进行拟合具有不确定性。在单一 SSDs 曲线拟合过程中，对单个异常数据值的接受或者拒绝，拟合方差受数据本身固有的不精确度影响。

经典拟合度检验方法不适用的另一种情况是当研究本身就不关注整条 SSDs 曲线。假设当研究仅关心 SSDs 的低百分位数值时，为何不能采用较高百分位数据缺乏的模型呢？在 5.3.4 节中，低百分位数对各个数据点的敏感度主要取决于较低位数据点，而不是较高百分位的数据点。因此，结果在很大程度上可能并不取决于较高的数据点，然而，经典的拟合度检验研究在数据的取舍方面却是一致的，因此在研究 SSDs 模型的过程中，必须深刻理解拟合度检验中局部和全局之间的关系。

多数情况下，单一拟合的正态 SSDs 模型被拒绝时，不应解释为第一次尝试就采用正态 SSDs 模型的方法是错的。实际上，总是要先绘制一个普通 CDF 图（见图 5-2 和图 5-3），以查看偏差最严重时的情况，这在 A-D 拟合度检验中经常遇到。另外，在实测值的偏离性判别上，通过贝叶斯 CDF 图（图 5-6 和图 5-8），有助于帮助判别 CDF 自身固有的不确定性。例如，对于正态概率分布的直线型 CDF 的偏离性判别，可能源于 SSDs 的双峰性或者多峰性（Aldenberg and Jaworska，1999），这种情况时，可以先将数据划分为两个或者多个组，然后开发各自的 SSDs；或者针对更为敏感的物种数据，开发单一的 SSDs。

这套判别流程在运用到拟合度检验时，其产生的信息量将远远大于那些仅判别是或否情况的所谓“黑箱”类模型。因此，为判别实测值的偏离性，SSDs 的绘制应在相关数据获取的同时进行，即使拟合模型未构建出来，这么做也是合理的，如在正态概率图上作非正态分布的曲线图时，会对模型的构建有帮助。

5.5.2　风险表征和不确定性

原则上，SSDs 的拟合方法很大程度上可以应用于 ECD 的拟合。特别是，二阶正态分布模型（贝叶斯方法）可以应用于 ECD，但还未开始这样做。5.4.1 节涉及 Suter（1998a，1998b）提出的问题，即 ECD 和 SSDs 应对称，因为暴露类型（持续时间、空间平均值）应与 SSDs 的毒性检验的特性相符合。更多的统计工作应重点放在完善这一方法上，在 5.4 节中，我们假设 EC 和 SS 的预处理是兼容的。

5.2 节和 5.3 节分别将 SSDs 作为主要和次要的分布，同时将 EC 视为固定的。5.4 节中采用的方法是：ECD 和 SSDs 都是主要的单一拟合（正态）分布，只能捕捉变异性，而不是这种变化的不确定性。正态性不是理论中的一个基本要素，我们没有考虑到 ECD 的不确定性和变异性的处理，或者结合主要的不确定的 ECD 和二阶的 SSDs，甚至考虑两个二阶分布：ECD 和 SSDs。

关于 SSDs 样本的假设具有代表性和随机性，目前显然也适用于 EC 样本，需要进一步研究如何将假设的随机性和时间序列、GIS 类型的数据、模型预测的样本偏差联系起来。如上所述的 SSDs 样本，必须决定哪些数据需要收集或者在分布里整合（结合），以及此分布之前之后的数据分析等。统计方法在数据收集的决定方面可能没有什么帮助，但这些决定强烈地影响模型对数据的拟合（如单峰和双峰）及风险评估中的进一步解释。

假设在 5.4 节中 ECD 和 SSDs 是兼容的，并假设它们的单一拟合概率曲线对变异性有充分的描述，来对风险表征的数学方面进行分析。本章展示了风险曲线或者 JPC 的绘制方法，而且其关乎随机的 EC 超过随机 SS 时的计算概率的基本运作原理。这种方法在几十年来被称为可靠性方程的失败概率，并对 JPC 的曲线下积分面积做了明确的解释。van Straalen 的生态风险与这种方法相同，此外，我们还提出了简化的图表（CPP）进行 JPC 绘制。

Cardwell 等（1993）提出的另一个物种生态风险的概率解释称为 ETR。理解这一词汇的可能原因如下。当 SSDs 和 EC 都是固定的数值时，那么 FA 或者风险值也是固定的数值。那么 EC 作为分布时，FA 也必定是一个分布。生态风险的积分的解释（超限值概率的积分，联合概率曲线的曲线下积分面积等）是我们必须计算平均值或 FA 分布的期望值。全面的分布评价将揭示生态风险的不确定性，但其目前被认为是固定的数值（5.6 节中将给出一个简单的数值示例）。

从 5.2 节到 5.4 节中我们可以看到，对生态风险概率进行评价的多个数量的目标种群的变异性和不确定性有多种选择，我们将在 5.6 节扩展这一问题。

5.5.3　概率估计和不确定性的等级

在实践中已经使用 SSDs 来确定目标 EC，从而推导在某些暴露浓度下受影响物种的比例，推断在其他的系统或者条件下的物种受影响比例等。这是通过单独考虑 SSDs 或与 ECD 相结合来完成的，SSDs 和 ECD 在结构上都是非常简单的模型。事实上，它们的方差结构是唯一的结构，没有独立的变量或者过程论的概念。

从数学历史来看，数学建模显示了从固定几何思维开始的逐渐转变，即从古代到概率推理的确定性分析模型的转变。这些类别不排除彼此：可能有一个过程论的确定性模型，并且应用到 Monte Carlo 分析，以研究其概率行为。

SSDs 模型是描述关于毒性物质影响效应的物种敏感度变异性的概率模型。有很多方法可以指定模型并解决问题，ECD 的解决方法和模型模拟也一样。一个确定性的方法可能如下：土壤物种对 Cd（表 5-1）的敏感度平均值为 $10^{0.97124}$mgCd/kg，即 936mg Cd/kg。这在一些风险评估中可能已经足够，但在某些风险评估中可能完全不适用。例如，我们可以推断：0.80mg Cd/kg（表 5-1）的 EC 比平均 SS 的值低一个数量级以上，而这对于第一轮（等级）就合格了。

当考虑到 SS 的变化，在将 EC 作为固定的数量值时，我们发现给定的 EC 在超过随机的 SS 时概率为 6.7%（6.4%没有将标准化对数 EC 舍入到–1.5）。因此，这个固定的 EC 值可能会影响超过 5%的物种，这是基于正态 SSDs 的平均值和标准偏差的点进行估计的，即单一拟合概率曲线。

然而，当考虑到 SSD 的不确定性时，若 EC 仍然是固定值，表 5-A2（Leo et al., 2002）显示，由列的–1.5 和行的 $n = 7$ 计算的（应用标准化正态 CDF 后）FA 中位数为 7.7%，置信度为 90%（置信区间为 0.1%～29.9%）。那么，首要问题似乎是数量级方面的差异，导致 FA 的效应分布值上升到会有高达 30%数量的物种受到影响。

现在，再次固定 SSDs，并对 EC 的变异性（不确定性）进行解释。紧接着，可以发现当 ECD 值是 SSDs 值的一半和等于 SSD 值，生态风险值分别为 9.0%和 14.4%，而当 ECD 值为 SSDs 值的 2 倍时生态风险值为 25.1%。这些是 FA 分布的平均值（预期值）。

效应百分位数 FA 的分布范围可以认为是生态风险值的置信区间，基于 lgEC，由$-1.5 \pm 1.64 \times \sigma_{ECD}$能够比较容易地计算出 CDF（即标态 SSD 的 FA）。当 ECD 的变化是 SSD 值一半时，FA 置信限为 1.0%～24.9%；当 ECD 随 SSD 值的变化而变化时，其 FA 的置信限为 0.1%～55.8%；ECD 是 SSD 值的两倍时，90%置信度的情况下，ECD 值居于 0.0%至几乎对所有物种毁灭性的 FA 值（96.3%）范围内。这三种情况下，FA 的中位数值处于 6.7%，在后一种情况下的 FA 平均值为 25.1%，由于 FA 值分布于 0%至 100%区间，也就是说 FA 的分布近乎在 3:1 的状态。

引入不确定性的不同选择表明有级联或层次上的不确定级别，每次在计算评价中最初固定数量的不确定性或者变异性时，都会输出固定成为分布式的数量（百分数、比例），最初的分布成为二阶分布等。

文献中有对是否从固定的概率模型调用数量推导的辩论（Solomon et al., 1996；Suter，1998a，1998b）。事实上，固定的概率模型的概念有一些自相矛盾的说法，通过识别概率建模中的不确定性级别，可以解决其矛盾问题。接下来考虑不确定性级别的四大步骤。

首先，在稳定的 SSDs 概率模型中，主要的不确定性源于物种敏感度的变化，如果每个数据点没有误差（不确定性），那么模型也就不存在不确定性。

这种模型中，CDF 的值表示概率，这也是 CDF 的定义，可以解释为随机选择的物种的敏感度超过设定浓度值时的概率，相关浓度的概率分布曲线图可表示为固定的递增函数。这样就存在一个问题：在随机（新的）的有限物种集合 n 中，那些超过给定浓度值的，敏感性的物种数 x 值会是多少？就概率而言，若 CDF 值是给定的，参数 p 就会是二项式的，并且等同于推测的百分数或者样本所占的比例。实测的值 x 可能会大幅度超过或偏离预期值 np，而且 np 未必是一个整数，x 值是不连续的随机变量，取值范围可以从 0 到 n。

以二项式表示的数量变化概率函数为

$$\binom{n}{x} p^{x} (1-p)^{n-x}$$

在随机抽样的基础上模拟这些值出现的概率，固定概率值（来源于一个变化的分布），可能会在新的（概念）实验中引发不确定事件。

当仅考虑一个样本时，即 $n=1$，一致性令人满意。而二项式公式在 $x=1$ 的情况下退化为 p，在 $x=0$ 的情况下退化为（$1-p$）。显然，CDF 值是被给定浓度超过的随机物种敏感度的概率。

理论上（固定）的种群分布若设为无限大的样本量，而观测的样品量（即受到影响的样品量）所占比例大小被设定为 p，则概率分布模型也就确定了。理论上无限种群的物种的 FA 由固定的连续概率模型指定，在给定浓度下，等于一个随机选择的物种的敏感度被给定浓度超过的概率。此外，它也代表了在受检验物种的有限样本里预期受影响物种所占的比例。

就一些新的实验结果而言，固定的概率数值与存在一定程度不确定性的模型之间并不矛盾，反而是对那些我们很方便就能获得的生物物种，却往往存在着尽管浓度值已知，但生物物种敏感度未知的情况。

但对于固定 SSDs，物种数量的推导就没有自相矛盾的情况，其分布曲线有明确的概率模型描述，可推导的数值都有固定的数值，但不能求出不精确度，除非可以进一步研究不确定性的级别。我们发现数值的变化范围和不确定性之间存在明显的分离，SSDs 适用于有变化的数据，其模型可以解释有关随机绘图结果的不确定性。

第二种情况，通过贝叶斯统计来评价 SSDs 模型的不确定性（同时假设数据点也有不确定性），以明确允许概率模型本身的不确定性将步骤从初级的不确定性转换到二阶（次级）不确定性上。PDF 和 CDF（正如从它们本身推导的数据）都会变得分散，因此我们会推导不同的群落可能也会产生这一类型的数据。而且百分位数的值也会变得分散，给定浓度下的分数（比例）也是如此。由于随机选择的物种敏感度的概率 FA 有可能使在给定 EC 的错误一侧给出，所以在不确定性层次的第二步骤的理论观点可以是考虑的概率之中的概率。然而，不精确概率的分析理论仍然在开发中。

作为整合不确定性的第三个选择，EC 可以被认为是分布式的（分散）。在这种情况下，上述两种方案都可以被再次假设，超过某些 SS 的浓度的风险解释为预期 FA。显然，FA 再次分散，但是现在是由于暴露浓度的变异性。在第一种情况中，我们通过整合不确定性与固定的数值来获得二阶不确定性；现在，在第三种情况，我们通过输入不确定性进入固定分布来获得二阶不确定性。

可以进一步推导第四种情况，即两种情况相结合时会发生什么：SSDs（二阶）不确定性与 EC（初级）不确定性。这会使不确定性的序列增加 1，并导致第三级别的不确定性。当考虑数据不确定性的影响时，还可能会考虑第四元（第四级别）的不确定性，但目前忽略这一级别的不确定性。

但不确定性存在差别的情况是否会在某种情况下就不存在了？实际工作中，由于面对问题的不同，存在着人为确定不确定性的程度大小情况，正如我们会指定某种情况下的不确定性水平的大小一样，并不能否定不确定性情况的存在。因此，在向公众或风险管理者介绍生态风险评估的概率评价结果时，可以通过一些概率汇总的方法：如近似平均值、中位数或某一百分位数和关于不确定性水平差别的分布变化，而且探索系统的研究方法，也确实是生态概率风险评价领域里非常活跃的研究方向。

5.6　常用风险评估参数介绍

本节就前几节中主要问题的技术细节方面做进一步表述，Hsu（1997）曾对随机变量和概率分布数据的分析做了研究，Evans 等（2000）对概率基础和分布模型进行了介绍，Mood 等（1974）及 Hogg 和 Craig（1995）开展了更多关于数理统计机理方面的阐述，Millard 和 Neerchal（2001）则主要在环境统计工作方面做了详细介绍。

5.6.1　正态分布参数的设置

参数点估计和区间估计一样，也会有不同的估计方法，见 Mood 等（1974）及 Millard 和 Neerchal（2001）的报道。x_i 作为 n 个样本的值，样本均值为

$$\overline{x}=\frac{1}{n}\sum_{i=1}^{n}x_i$$

有两种样本方差的表达式，一个为瞬时的方差表达式：

$$s_m^2=\frac{1}{n}\sum_{i=1}^{n}(x_i-\overline{x})^2$$

另一个为更均匀化的方差表达式：

$$s^2=\frac{1}{n-1}\sum_{i=1}^{n}(x_i-\overline{x})^2$$

而常将后一个作为样本的方差表达式。

此外，对于样本总数正态分布的最小无偏估计方差，其表达式为

$$\hat{\mu}_{\mathrm{MVUE}}=\overline{x}$$

$$\hat{\sigma}_{\mathrm{MVUE}}^2=s^2$$

通过使用 $\overline{x}$ 和 s，计算正态分布参数的平均值 μ 和标准偏差 σ，分别得到其最小无偏估计方差（minimum variance unbiased estimator，MVUE）值，但样本数为（n–1）的均方根方差 σ，自身存在偏差；因而，通常选择均方根方差 σ 的最可几值（maximum likelihood estimator，MLE），$\hat{\sigma}_{\mathrm{MLE}}=s_{\mathrm{m}}$。

5.6.2　正向和反向线性插值推导 SSDs 的 Hazen 定位值

序列 $x_{(i)}$，$i=1, 2, \cdots, n$，则

反向插值算法是：

$j=n\times$比例分数 + 0.5，$i=j$ 的整数部分，$f=j-i$，则

分位数值 = $(1-f)\cdot x_{(i)}+f\cdot x_{(i+1)}$，见 Martin 和 Novak（1999）的报道。

正向插值算法是：选择最大的 $x_{(i)}\leqslant x$；如果 $x_{(i+1)}>x_{(i)}$，则

$$分位数值=\frac{i-0.5}{n}+\frac{x-x_{(i)}}{n(x_{(i+1)}-x_{(i)})}$$

如果 $x_{(i+1)}=x_{(i)}$，且 $x=x_{(i)}$，则

$$分位数值=\frac{i}{n}$$

如果各个数值有更多的关系，则取值$(i-0.5)/n$ 作为中位数值。

5.6.3　正态概率分布和反向 CDF 图

参数为 μ 和 σ 的正态分布即正态 CDF（累积分布函数）$\Phi_{\mu,\sigma}(x)$, $\Phi(x)$为标准化

的正态 CDF，$\Phi^{-1}(p)$为标态的反向 CDF，可以通过转换标态的反向 CDF，绘制正态 CDF 以获得 z 值，通过这种方式，任意正态 CDF 图均可处理为直线形式：

$$z = \Phi^{-1}[\Phi_{\mu,\sigma}(x)] = \Phi^{-1}\{\Phi[(x-\mu)/\sigma]\} = (x-\mu)/\sigma$$

正态反向 CDF 可以由 Excel™ 的 NORMSINV（x）函数中获得。

5.6.4　序列统计和排序分布图的数值位置

几种不同分布曲线数据点排序位置的通用公式是

$$P_i = \frac{i-c}{n+1-2c}，\ 0 \leqslant c \leqslant 1$$

对于 c 的理解，需要对相关样品的数据点情况有充分的了解。假设数字 n 来源于一个均匀的分布（如矩形），从采样统计的角度来看，样本 $x_{(1)}$代表样品的最低数据值，但样品不同，数值的大小就会有变化。因此，就一级统计而言，尽管 $X_{(1)}$是一个随机的变量分布，但 $X_{(1)}$还不能描述所有序列点位的联合统计概率，仅能称作边缘统计分布。然而，当 $i = 2, \cdots, n$ 时，统计序列的分级就是以随机概率的统计分布 $X_{(i)}$表达的。总之，除了 n 为奇数时的中位数值以外，分布曲线是一偏态（不对称）的分布，其他 PDF 分布可以表示为

$$\mathrm{PDF}_{X(i)}(x) = \frac{n!}{(i-1)!(n-i)!} x^{i-1}(1-x)^{n-i} (i = 1, 2, \cdots, n)$$

平均值为

$$E[X_{(i)}] = \frac{i}{n+1}$$

基于数学理论的规范化的设想是分布曲线上的数据值与预期（平均值）数据值相匹配。例如，当 $c = 0$ 时，就触发了 Weibull 分布的均匀分布模式，这也就与 Weibull 分布模型没有关系了。

对 $X_{(i)}$排序的统计模式（最可几值）进行标准化处理时，$X_{(i)}$可以表示为

$$[X_{(i)}] = \frac{i-1}{n-1}$$

这是当 $c = 1$ 时，$X_{(i)}$通用绘图数据值的计算公式。需要注意的是，当 $i = 1$ 和 $i = n$，最可几值分别为 0 和 1（图 5-17）时，概率图的绘制较为复杂。然而，就偏态数值分布而言，中位数值更有意义。第一中位值（最可几值）的统计序列表达式为

$$X_{(1)\text{中位值}} = 1 - 0.5^{1/n}$$

末尾中位值（最可几值）统计序列表达式为

$$X(n)_{\text{中位值}} = 0.5^{1/n}$$

当 $c = 0.317\,5$，i 和 n 的最大误差为 0.0003 时，通过在分布曲线公式上校准 c 值，则 $i = 2, 3, \cdots, n-1$ 时，各中位值的统计模式值（最可几值）就都能获取（Filliben，1975；Michael and Schucany，1986）。通过数值积分，中位数的统计模式值（最可几值）都可以得到。表 5-4 就是当 $n = 7$ 时，中位数值的统计模式值（最可几值）及 Filliben 分布的近似值。

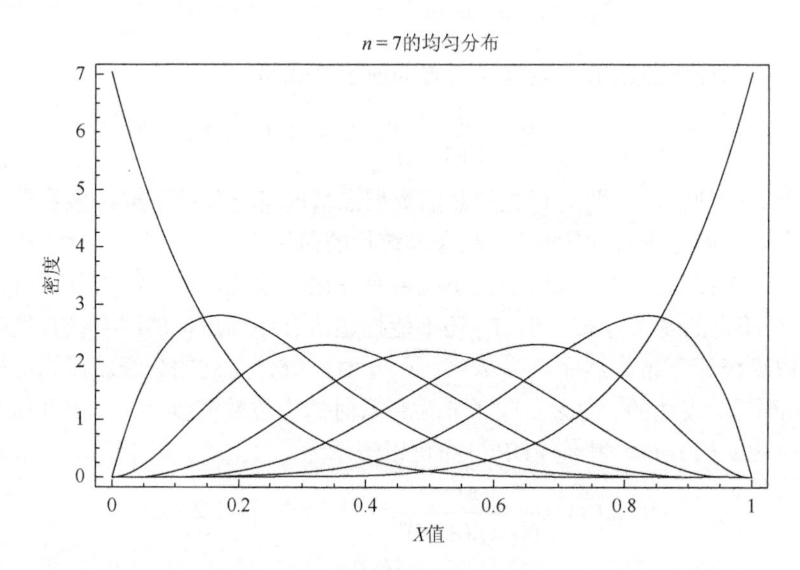

图 5-17　从[0, 1]均匀分布绘制的样本数为 7 的统计序列分布的 PDF 图

表 5-4　$n = 7$ 时，中位数值的最可几值与 Filliben 分布值

统计序列数	精确中位数值（最可几值）	Filliben 分布值
1	0.094276	0.094276
2	0.228490	0.228445
3	0.364116	0.364223
4	0.500000	0.500000
5	0.635884	0.635777
6	0.771510	0.771555
7	0.905724	0.905724

通过将 $0.51^{1/n}$ 换算为$(n-c)/(n+1-2c)$，得到 c_n 的表达式，当 $n = 2$ 时，c_n 等于 0.29，$n = 3$ 时 c_n 等于 0.30。当 $n>3, \cdots, 14$ 时，n 会稳定在 0.31。

可以通过对 PDF 的整合，完成对统计序列中的其他百分位数值的计算，例如，$n = 7$ 时，第 5、50、95 百分位的 $X_{(7)}$值分别为 0.651836、0.905724、0.992699。

显然，大多数数据的变异是由其非均匀分布及不同数据位置的变化，如对中位数、平均数、最可几值等的选择造成的，对于受 PDF 和 CDF 影响的数据分布，其排序的表达式为

$$\mathrm{PDF}_{X(i)}(x) = \frac{n!}{(i-1)!(n-i)!} \bullet [\mathrm{CDF}_X(x)]^{i-1} \bullet [1-\mathrm{CDF}_X(x)]^{n-1} \bullet \mathrm{PDF}_X(x)$$

但这些数据统计排序方式不会产生出上述的分布表达式，对于有确定分布模型的随机数据的产生，常采用著名的 Monte Carlo 模型，它是基于样品数据构建的反向 CDF，推导出均匀分布的随机数据，这被称为概率积分变换。同样地，绘制均匀分布曲线的位置信息也可以通过反向 CDF 进行转换，使其形成能有明确分布模式的各个数值，这其中也包括对数据分布图数据点 c 值的校准。

标准的正态数值分布，可以用布洛姆公式表示为

$$E[X_{(i)}] \approx \Phi^{-1}\left(\frac{i-0.375}{n+0.25}\right)$$

对于反向的正态 CDF 分布 Φ^{-1}，$c = 0.375$（3/8），该式是计算分布曲线数据点位置的布洛姆公式，用以计算正态统计排序位置的均值，这些数字被称为正态分数值或等级值（Davison，1998）。但是，对物种分布的排序，很显然，标准的排序统计方法是不会按与反向 CDF 类似的统计顺序模式排序的，正态分布的情况下，分布曲线数据点位置的表达式为

$$\Phi^{-1}\left(\frac{i}{n+1}\right)$$

使用概率积分变换的置信度高的百分位数，对于来自均匀分布的样本数为 7 的第 5、50、95 百分位数，值分别为 0.651836、0.905724、0.992699，接下来可以对相同百分位数的 $X_{(7)}$计算，得到标准化正态分布的 z 值：

$$\Phi^{-1}(0.651836) = 0.390282,\quad \Phi^{-1}(0.905724) = 1.31487,\quad \Phi^{-1}(0.992699) = 2.44211$$

并且曲线是向右偏离的（图 5-18）。

对于均匀分布的 $X_{(7)}$，其平均值等于 $7/8 = 0.875$，稍低于中值 0.905724，原因是 $X_{(7)}$在均匀的情况下是向左偏离的，为了找到 $X_{(7)}$在正态情况下的均值，我们得到

$$\mathrm{PDF}_{X(i)}(x) = \frac{n!}{(i-1)!(n-i)!} \bullet [\Phi(x)]^{i-1} \bullet [1-\Phi(x)]^{n-i} \bullet \varphi(x)$$

$\Phi(x)$为标准化正态 PDF，图 5-18 显示了标准化正态分布的 7 个序列的 PDF 曲线。

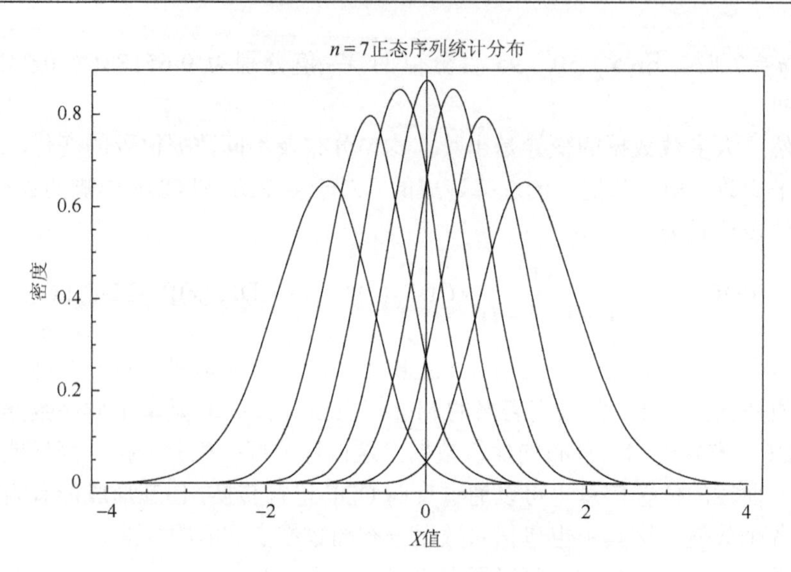

图 5-18　样本数为 7 的 PDF 标准化正态分布曲线

$X_{(7)}$的平均值的准确值由整个轴上的数值积分 $7x[\Phi(x)]^6\varphi(x)$求出的值为1.35218。布洛姆公式计算的$X_{(7)}$的平均值为 $\Phi^{-1}[(7-0.375)/7.25] = 1.36449$，非常接近真实值，略高于中位数 1.31487。$n = 7$ 时，标准化正态统计曲线的位置序列值，由中位数值、平均值、布洛姆公式的计算值得出的结果，由表 5-5 给出。

表 5-5　$n = 7$ 时，中位数值、平均值、布洛姆值计算的正态统计序列曲线的位置

层级	中位数值	平均值	布洛姆近似值
1	−1.31487	−1.35218	−1.36449
2	−0.74383	−0.75737	−0.75829
3	−0.34748	−0.35271	−0.35293
4	0.00000	0.00000	0.00000
5	+0.34748	+0.35271	+0.35293
6	+0.74383	+0.75737	+0.75829
7	+1.31487	+1.35218	+1.36449

然而，对于标准正态分布，$X_{(7)}$的一级序列近似平均值是比较差的，$\Phi^{-1}(6-5/7) = 1.15035$。但是，按照反向正态 CDF 在 Hazen 图上得出的 $\Phi^{-1}(6-5/7) = 1.46523$，该值虽也不尽人意，但比一级序列近似的平均值好。

第 6 章　以毒性为基础的水质评估

本章介绍了基于 SSDs 方法的原理和应用，对水生生态系统中的局部毒性效应进行了量化，并将观察到的毒性效力由毒效参数 pT（toxic potency）定义。为得出水样的 pT 值，需检测地表水水样的有机溶剂浓缩样，并测定浓缩样品中未知成分产生物种变异的急性毒性值，进而评估水生群落在天然暴露条件下的潜在风险效应。

研究方法主要包括以下步骤：①应用 XAD-2 吸附剂，进行大体积水样的富集；②对不同物种用实验室内水样浓缩液进行 5 次微量毒性实验测试；③急性慢性效应实验结果的外推；④使用在实验室检测中得到的有效浓缩因子的灵敏度分布结果，计算原始水样的 pT。pT 值表示为物种暴露于慢性无观察效应浓度的场景中，受到毒害性影响情况下的生物物种所占的比例。通过使用冗余分析，一系列的毒性分析实验揭示了毒性效应的各个方面。

受各类毒害性有机污染物影响（主要是 PAHs 和农药类），荷兰水生生态系统的 pT 值范围为 0%～10%。

6.1　概　　述

使用几种方法获取有关生态系统“健康状况”的信息。化学监测是大规模应用于获取有关生态系统毒理学应力信息的方法之一。该方法的主要缺点之一是可以分析处理的物质数量有限。此外，生态毒理学资料仅针对欧洲化学物质现状名录（European Inventory of Existing Chemical Substances，EINECS）已知的约 15 万种中仅少数几种物质生成。

除了化学指标的监测以外，为了获取有关生态系统健康状况的详细信息，还要进行生物物种多样性的清查。研究发现，通过与参考系统或保护目标间的相互比较，才会发现物种的多样性或生态系统的功能状态存在问题。

在大多数情况下，我们所观察到的生态效应现象，很难直接与毒性的影响因素联系起来。为了辨识出受毒害性影响的区域或评估执法行为的效果，开展生态系统受到毒害性影响的检查，始终必须采取技术手段。环境样品的生物学检测，其结果能够代表环境中的所有组成部分对生态系统产生的综合作用。

在现场实际进行亚急性或慢性的环境毒性监测是不可行的，因为对任何毒害性生态效应的发现都可能需要很长时间。因此，必须通过采用替代物来检测环境样品中的总毒性，其中之一是由 Slooff 和 De Zwart（1991）引入的 pT 实验方法。通过这种方法，水样中的有机污染物经过浓缩后测试浓缩样品的急性毒性。RIVM（1997）检测了荷兰莱茵河三角洲有机污染物的毒性，该方法提出了用某单一细菌种类的河水混合毒性的观点（图 6-1）。然而，人们认识到，对更多更大量物种的总毒性的整体毒害性风险的评估则需要开展更全面的研究。

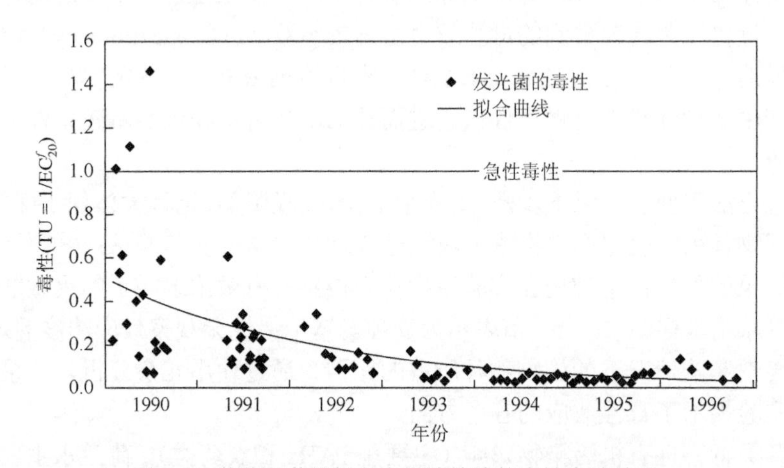

图 6-1　莱茵河莱比锡段水样浓缩液的毒性实验结果

EC^f_{20} 代表同一断面，在一定数量的采样次数条件下，由地表水浓缩液引起发光菌出现 20%发光抑制率的情况。

为了及时比较不同地点和时间点地表水样品毒性的大小，需要有一套整体性技术方案，通过开发 SSDs 模型，研究 pT 来源于对地表水样品的有机污染物或者无机污染物浓缩液进行各种生物毒性实验测定的结果。

本章介绍了 1996 年在荷兰的 15 个地表水采样点毒性效应实验的研究成果。实验结果与所测样品的化学分析数据有关，结果显示，样品的总毒性数据大小与各单独毒害性污染物的分析结果息息相关。

6.2　模　　型

6.2.1　单一化学物质方面

目前，已有多套技术方案用于评估生态系统中毒害性物质所造成的风险。对于每一个化学物质，可以有许多方法进行评估。如群落中单一物种的 LC_{50} 或 NOEC 值，就是具有对数逻辑分布模型或对数正态频率分布模型特征的随机独立变量。

为了评估这些模型参数，需要至少 4～5 个毒性数据，并需从生态系统功能各不相同的物种上获取。模型处理方法最低要求取决于其对小数量样本单一化学物质处理方法的满意程度。

6.2.2　已知与未知化学物质的毒性方面

当存在有毒物质的混合物时，可以计算化学物质的综合影响的毒性风险。完成衍生综合毒性风险所需的数据包括对各化合物的生物可利用浓度、NOEC 分布及毒性作用模式的估计。

显然，随着混合化学品复杂性的日益增加，尤其是在低浓度的环境水样中，基于化学品浓度值推导其联合毒性变得更加困难。与单一化学品 SSDs 的评估类似，针对水环境样品的潜在毒害性评估，此类样品的整体毒性表征须经过对于一系列不同种群生物的暴露实验加以确证。由于水生生态系统持续地暴露在混合化学品的环境条件下，因此，所得出的毒性效应控制浓度阈值也就应该可以代表化学品的慢性浓度控制限值。

对水质方面基于毒理学的生态毒性评价技术，已应用在高密度和高频率的实际水环境监测方案中。但受劳动强度和高成本的应用限制，进行慢性暴露实验的测定并不符合现实需求；一般的监测通常会优选急性暴露实验。然而，针对慢性毒性评估结果，只能使用经验外推，并经急性-慢性比率（ACR）值进行。复杂混合物的 ACR 的经验数据极为稀少。针对炼油厂、化学工业和污水处理厂排出的废污水，研究并比较这些复杂混合物对鱼、水蚤和虾所产生的急性和慢性毒理学数值，有超过 90%的 ACR 数据似乎小于 10（图 6-2）。

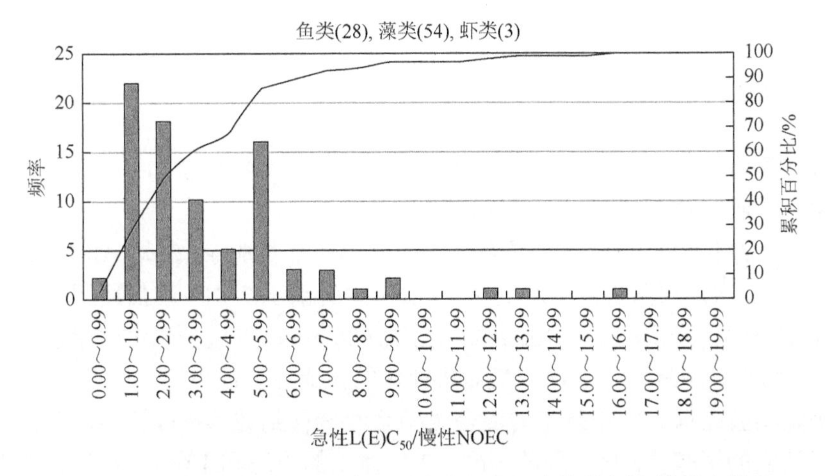

图 6-2　化学物质在工业和城市污水中的复杂混合物的急性-慢性毒性比

通常可使用保守的 ACR 值 10，将急性 L(E)C_{50} 值推广到慢性 NEC。

环境样品中所含的毒性，从现场获取通常不足以引起标准急性实验室毒性实验中的任何影响。为了能够在急性测试中检测毒性，有必要从样品中提取毒性，并在进行毒性测试之前应用浓缩程序（参见 6.3 节）。在浓度不等的浓缩样品中，观察到的毒性不能用暴露浓度（mg/L）表示。

作为原始样品必须浓缩以满足急性生物测定（LC_{50} 或 EC_{50}）中 50%效应标准的因素。

毒性测试之前需要进行样品的浓缩，为避免在浓缩过程中处理巨大量的样品，并投入大量的人员、实验设施和用到过多化学试剂，通常仅进行小体积样品的毒性测试。几种进行小体积测试的有机浓缩液急性毒性实验，在 6.3 节的材料和方法部分进行了详述。

6.3 材料与方法

6.3.1 试剂

除吸附树脂外，所使用的化学物质均由 Merck 公司提供，纯度为分析纯。超纯水用作空白和稀释液。

6.3.2 采样

以荷兰为例，定期在 15 个地点采集地表水样品（60L），样品立即通过冷藏的方式转移到实验室。

6.3.3 样品的前处理

存在于水中的有机污染物，经吸附到 XAD-4 和 XAD-8 的 1∶1 混合吸附树脂进行富集，吸附树脂在使用前需净化。

树脂的净化程序包括依次用 4%（*w*/*v*）NaOH 重复洗涤 10 次，4%（*w*/*v*）$HClO_4$ 重复洗涤 10 次，双蒸去离子水洗涤 10 次，甲醇清洗 2 次。然后用甲醇索氏抽提 24h，用乙醇再次洗涤 3 次，用乙醇/环己烷（30.5/69.5）进一步对树脂进行索氏提取 24h，用重蒸甲醇洗涤 5 次，最后将纯化的树脂在室温下避光储存直到使用。

吸附实验之前，将甲醇中的混合树脂浆液转移到玻璃提取柱中，并依次用 2 倍树脂体积的甲醇，2 倍体积的丙酮，2 倍体积的甲醇和 12 倍体积的超纯水，对混合树脂进行活化。在取样后的 48h 内，将未过滤的水样转移到 6 个 10L 玻璃瓶中，然后加入树脂混合物，树脂容量定为每升水需要 2mL 的树脂混合物。20℃下，将瓶子以锡箔纸包裹避光 24h。然后将树脂控干水分并在温和的气流中干燥 24h，用等体积的丙酮洗脱 XAD 树脂混合物，产生 120mL 的 500 倍丙酮浓缩液。将丙酮浓缩液分配在 6 个 20mL 小瓶中，密封，并在–20℃下储存直到进一步处理。

将丙酮浓缩液从 20mL 储液瓶转移到锥形管中，然后加入 2mL 矿泉水，并将球形回流蒸馏冷凝管置于锥形管的顶部。丙酮浓缩液在 65℃下蒸发约 30min，当体积减小和沸腾停止时，使用精确调节的氮气吹约 20min，保证浓缩液所残留的丙酮含量降低至生态毒理学上可接受的水平（一般小于 0.1mg/L），随后将稀释液定容至 10mL，得到 1000 倍的浓缩水溶液。

稀释剂为 EPA 培养基（0.55mmol/L $CaCl_2$；0.50mmol/L $MgSO_4$；1.14mmol/L $NaHCO_3$；0.05mmol/L KCl；pH 7.6±0.2）或标准水溶液（1.36mmol/L $CaCl_2$；0.73mmol/L $MgSO_4$；1.19mmol/L $NaHCO_3$；0.20mmol/L $KHCO_3$；pH 8.2±0.2），取决于进行的毒性实验的需求。毒性实验之前，将总共 6×10mL 的浓缩水溶液在 5℃保存不超过 1 天。

6.3.4　毒理学实验

1. 发光细菌实验

将冷冻干燥的发光细菌在 Microtox 重构溶液中重构。重构后约 1.5h，浓缩液浓度以相对于原始样品的浓度为 0、28、56、112、225 的稀释范围加入悬浮细菌中。在 15℃温育 5min 和 15min 后，在发光计（Microtox 模型 500）中检测发光，结果作为 EC_{50}。采用最低化学物质浓度，引起发光强度减少 50%，在暴露 5min 或 15min 后进行检测。

2. 藻类光合作用实验

将生长在 Wood's Hole 培养基中的羊角月牙藻（约 2×10^5 个细胞/mL）样品，按 0、0.2、0.63、2、6.3、20、63、200 的稀释系列暴露于恒温培养基中 4h，在连续光强[100μE/(m^2·s)]的照射下，将 50mL 密封玻璃管置于 20℃的摇床，随后加入已知量的 ^{14}C-HCO_3EC_{50}（约 1℃；Amersham 放射性同位素示踪剂，50～60mCi/mmol）。平衡 1h 后，加入甲醛，使同位素标记碳酸氢盐的吸收停止，并将藻类悬浮液用 0.45μm 膜过滤器过滤。过滤器干燥后，用液体闪烁计数器检测放射性强度，受到光合作用影响的浓度变化以百分比表示。

EC_{50} 表示由对数概率回归方程得出的，藻类光合作用减少 50%时的污染物浓度。

3. Rotox 试剂盒实验

Rotoxkit F 试剂盒可用于检测水中毒物的急性毒性，在持续曝光的 16～18h 期间，将轮状蛔虫（*Carachiflorus*）的囊肿置于 EPA 培养基中孵化。在孵化后 2h 内，将轮虫转移到一次性多孔实验板中，随后在黑暗中暴露于稀释的浓缩样品（浓缩因子为 0、32、64、125、250、500）中 24h，通过显微镜观察移动性来确定死亡率。使用 Spearmann-Kärber 方法统计分析，LC_{50} 值是能引起 50%死亡率的浓度。

4. Thamnotox 试剂盒实验

Thamnotoxkit F 是一种商品化的生物测定试剂盒，用于检测有毒物质在水中的急性毒性。甲壳类动物的囊肿在孵化培养基中连续照射 24h 后孵化。使生物体适应稀释培养基 4h，之后加入浓缩水溶液（浓缩因子为 0、32、64、125、250、500）。与多孔实验板不同，实验使用了带螺旋帽的玻璃小瓶。在黑暗中暴露 24h 后，通过显微镜观察活动性来确定死亡率。使用 Spearmann-Kärber 方法统计分析，LC_{50} 值代表能引起 50%死亡率的浓度。

5. 水蚤 IQ 测试

在水蚤 IQ 测试（Aqua Survey，Inc.，1993）中，通过检测水蚤中 4-甲基伞形酮，*β-D*-半乳糖苷酶的抑制性来测定毒性。将饥饿的适龄水藻暴露在水环境中，有机化学物质浓缩水溶液的浓缩因子分别为 0、8、16、32、64、125、250，暴露 1h。随后将半乳糖苷加入实验容器中，平衡 15min，肉眼观察紫外线照射下水藻的荧光强度。

使用 Spearmann-Kärber 方法统计分析，选择导致水藻荧光光强改变 50%的浓缩因子以获得 EC_{50} 值，表 6-1 中给出了进行 5 次微量测试所需浓缩液的大致体积。

表 6-1　水样浓缩 1000 倍后，重复 5 种不同毒性实验的所需浓缩液大致体积

实验类型	体积/mL
发光细菌实验	2
藻类光合作用实验	20
Rotox 试剂盒实验	5
Thamnotox 试剂盒实验	5
水蚤 IQ 测试	20
总计	52

6.3.5　毒性效应的计算过程

欲得到慢性 NEC，将 ACR 定为常数 10，由急性浓度 EC_{50} 或 LC_{50} 值计算：

$$\text{NEC}=\frac{\text{EC}_{50}}{10}\text{ 或 NEC}=\frac{\text{LC}_{50}}{10} \tag{6-1}$$

描述单一化学物质的物种敏感性以对数逻辑分布函数（log-logistic）表达：

$$F(x)=\frac{1}{1+\mathrm{e}^{-\left(\frac{\lg C-\alpha}{\beta}\right)}} \tag{6-2}$$

令 α 为 NEC 对数转换值的样本均值，则

$$\alpha=\frac{1}{n}\sum_{i=1}^{n}\lg\text{NEC}_i \tag{6-3}$$

令 β 为 NEC 对数转换值的样本标准偏差，则

$$\beta=\frac{\sqrt{3}}{n}\cdot s=\frac{\sqrt{3}}{\pi}\sqrt{\frac{1}{n-1}\sum_{i=1}^{n}(\lg\text{NEC}_i-\alpha)^2} \tag{6-4}$$

令 C^f 是环境浓缩因子。

为了评估未处理水样的 pT，用 1 代替 C^f，如图 6-3 所示。

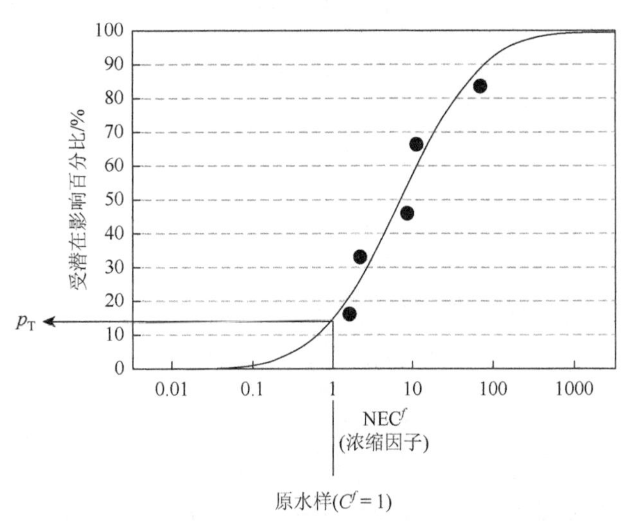

图 6-3　p_{T} 计算和拟合 SSDs 图

6.3.6　结果的置信区间

由于基于 log-logistic 得出的 SSDs 缺乏 pT 值的置信区间，其不确定性的分析

可按 log-normal 处理。经检验，这样的处理方法是合理的，相关的差异非常小。

对正态随机变量 $\lg X_i$ 而言，若已知平均值（μ）和标准偏差（σ），则所占总数的比例 P 值就低于 $\mu+Kp$，Kp 可从逆正态概率分布表得到。当从总体抽取有限数量样本时，由于 μ 和 σ 未知，且必须从样本计算，因此，要求样本应该是从总体中随机选择的，公式为

$$\mu=\overline{x}=\frac{1}{n}\sum x_i\ ;\ \ \sigma=s=\sqrt{\frac{1}{n-1}\sum_{i=1}^{n}(x_i-\overline{x})^2}$$

由于 $x+ks$ 为公差限值，x 和 s 是随机变量，则公差限值只能是给定概率分布。随后的问题就变成如何寻找到一个区间 $k_{p_l}\leqslant k\leqslant k_{p_r}$，使得概率 γ 最小为 p_l，最大为 p_r，并均小于 $x+ks$。

为了评估环境毒性数据测定的可信度，需要以下公式来计算 pT 值的双侧置信区间（Owen，1968）：

$$\overline{x}=\frac{1}{n}\sum_{i=1}^{n}\lg\frac{x_i}{10} \tag{6-5}$$

$$s=\sqrt{\frac{1}{n-1}\sum_{i=1}^{n}\left(\lg\frac{x_i}{10}-\overline{x}\right)^2} \tag{6-6}$$

$$k^{\#}=\frac{\lg x^{*}-\overline{x}}{s} \tag{6-7}$$

$$t=k^{\#}\sqrt{n} \tag{6-8}$$

$$y=\left(1+\frac{t^2}{2f}y\right)^{-\frac{1}{2}} \tag{6-9}$$

$$y'=\frac{t}{\sqrt{2f}}y \tag{6-10}$$

$$\lambda_l(y',\ f,\ y=0.95),\lambda_r(-y',\ f,\ y=0.95) \tag{6-11}$$

$$\delta_l=t-\frac{\lambda_l}{y},\delta_r=-t-\frac{\lambda_r}{y} \tag{6-12}$$

$$k_{p_l}=\frac{\delta_l}{\sqrt{n}},k_{p_r}=\frac{\delta_r}{\sqrt{n}} \tag{6-13}$$

式中，x_i 为第 i 个未处理水样的 $L(E)C_{50}$ 值；n 为检测数据的数量；x^{*}为未处理水样的毒害性化学物质，浓度为 1；f 为自由度，n–1。

为了满足 pT 值的 90%置信区间要求，左侧和右侧的 k 值以 $\frac{1}{\sqrt{2\Pi}}e^{-k^2/2}$ 替换。

受 pT 性质（受影响物种的比例）影响，当 pT 远低于 0.5（或 50%）时，毒性效应概率分布范围偏大，当 pT 远高于 0.5 时，则偏小。

6.3.7 pT 的空白校正

为了消除浓缩过程中任何毒害性化学物质的干扰，需对 60L 的矿泉水进行浓缩和毒性实验，样品处理方法与常规水样处理方法完全相同。空白样品出现毒性效应，可以归因于浓缩过程存在问题。这时对地表水环境样品毒性值的校正，可按下式处理：

$$\mathrm{pT}_{校正值}=\frac{\mathrm{pT}_{实测值}-\mathrm{pT}_{空白}}{\mathrm{pT}_{空白}} \tag{6-14}$$

6.3.8 计算组合 pT 值

在实际环境样品中观察到的毒性效应会随时间和地点的变化而变化，监测通常需在特定的时段或空间采样。在报告 pT 值监测结果时，通常要满足一定的时间与空间跨度，以满足对水体质量评估的需要。

由于 pT 的概率分布可用二项式表达，其正态分布可表示为

$$\lg\frac{\mathrm{pT}}{1-\mathrm{pT}}$$

受时间、空间变化影响的毒性压力数据集（pT^l），可以通过计算 pT 值的平均值获得；由 pT^l 值得到 x 值和 $\mathrm{pT}^l/(1-\mathrm{pT}^l)$值后，以下式计算 pT^l：

$$\frac{\mathrm{pT}^l}{1-\mathrm{pT}^l}=x\Rightarrow \mathrm{pT}^l=\frac{x}{x+1} \tag{6-15}$$

通过对每个 pT 值的 5%（CM1）和 95%（CMr）置信区间的一同转化来计算 pT^l 的 5%（左）和 95%（右）置信限。pT 的概率分布是正态的，这意味着 5%和 95%的置信区间为均值的双侧标准偏差。pT 的标准偏差可表示为

$$S_l=\frac{\lg\frac{\mathrm{pT}^l}{1-\mathrm{pT}^l}-\lg\frac{\mathrm{CM}_l}{1-\mathrm{CM}_l}}{2},\ S_r=\frac{\lg\frac{\mathrm{CM}_r}{1-\mathrm{CM}_r}-\lg\frac{\mathrm{pT}^l}{1-\mathrm{pT}^l}}{2} \tag{6-16}$$

各个 pT 值的 S_l 和 S_r 值应近似相等，然而，在极端（主要是极低的 pT 值或置信区间）的情况下，进行正态性转换的假设是不成立的，因此，就相关 pT 值的汇总值而言，需就其置信区间的 S_r 值进行深入的研究。

由各个 pT 值构建的所有 S_r 值中，选择最高值$(S_r^{\max})$作为第二轮相关数据的概率分布中最差 S_r 值的代表，将该$(S_r^{\max})$除以 $\sqrt{n}$（pT 值的均方根数量），以产生用于 pT^l 转换概率分布的总体标准偏差$(S_r^{\max})$。对于 pT^l 的 5%（CM_l^l）和 95%(CM_r^l)集群置信区间可以通过转换来计算：

$$
\begin{aligned}
&\frac{\mathrm{CM}_l^l}{1-\mathrm{CM}_l^l}=10^{\{\lg[\mathrm{pT}^l/(1-\mathrm{pT}^l)]-2S_r^{\max}\}}=x\Rightarrow \mathrm{CM}_l^l=\frac{x}{x+1},\\
&\frac{\mathrm{CM}_r^l}{1-\mathrm{CM}_r^l}=10^{\{\lg[\mathrm{pT}^l/(1-\mathrm{pT}^l)]+2S_r^{\max}\}}=y\Rightarrow \mathrm{CM}_r^l=\frac{y}{y+1}
\end{aligned}
\tag{6-17}
$$

6.3.9　化学分析和毒性计算

1. 化学分析

表 6-2 给出了在水环境中 74 种有机污染物的所有监测断面的毒性评估结果，并将全年获得的 6 个数据系列的有机污染物浓度进行了平均，当每种化合物的 6 组浓度被标记为低于检测限时，污染物的平均浓度值被置于零。如果一个或多个观测结果表明某特定化合物实际存在，则将其低于检测限的浓度值以方法检测限的浓度替代。

表 6-2　毒性监测数据

监测断面简称	发光细菌 EC_{50}^f	藻类光合作用 EC_{50}^f	Rotox 实验 LC_{50}^f	Thamnotox 实验 LC_{50}^f	水蚤 EC_{50}^f	pT/%
CON1	424.5	84.65	104.79	533.93	299.4	0.11
BEL1	20.14	68.31	—	105.3	86.4	1.27
EYS1	29.18	111.32	63.23	169.57	57.42	0.48
HAR1	10.73	64.92	—	125.02	123.23	6.1
VRO1	72.65	113.18	572.4	572.4	190.8	0.25
KEI1	75.02	162.35	68.33	204.98	58.91	0.06
KET1	94.32	45.31	—	170.1	180.27	0.12
NIE1	30.02	38.16	—	129.6	109.8	1.04
LOB1	66.64	169.3	—	270	78	0.1
1-Mar	74.83	131.09	194.41	484.12	286.2	0.06
MAA1	96.41	78.05	238.52	534	166.43	0.12
NOO1	49.36	138.42	128.25	465.5	86.45	0.37
PUT1	15.61	15.23	33.51	126.2	171.12	8.6
SCH1	25.18	28.9	30.1	141.9	126.42	2.97
VOL1	59.17	52.83	—	176.11	95.26	0.08
WOL1	43.7	60.57	206.3	404.88	231.36	0.65
CON2	228.57	51.2	107.69	560.2	299.4	0.34
BEL2	109.43	52.53	116.24	264.6	68.2	0.1

续表

监测断面简称	发光细菌 EC_{50}^{f}	藻类光合作用 EC_{50}^{f}	Rotox 实验 LC_{50}^{f}	Thamnotox 实验 LC_{50}^{f}	水蚤 EC_{50}^{f}	pT/%
EYS2	65.93	—	219.34	157.53	34.51	0.78
HAR2	72.02	97.94	230	264.96	181.36	0.02
VRO2	62.94	109.46	126.9	367.2	170.18	0.06
KEI2	—	—	—	—	—	—
KET2	74.84	124.83	289.88	436.8	256.82	0.05
NIE2	11.64	78.88	122.16	468.77	190.81	4.54
LOB2	42.25	94.27	107.64	241.44	198.72	0.16
2-Mar	56.33	140.62	175.86	403.1	299.4	0.11
MAA2	39.32	125.33	269.55	261.62	96.13	0.31
NOO2	66.06	74.81	135.56	333.78	198.57	0.09
PUT2	55.32	163.11	110.97	280.62	106.04	0.05
SCH2	28.79	35.12	86.22	220	109.12	1.33
VOL2	88.63	67.29	359.31	576.52	274.39	0.27
WOL2	194.79	186.13	421.47	560.39	301.5	0
CON3	99.26	80.86	107.38	335.79	301.2	0.06
BEL3	37.28	28.9	45.54	242.25	299.4	3.13
EYS3	26.45	8.78	69.02	123.25	98.6	7.46
HAR3	21	60.02	55.12	202.1	86.91	1.52
VRO3	15.72	84.11	55.92	141.26	62.31	1.95
KEI3	40.24	17.76	135.54	125.5	128.13	2.11
KET3	38.02	34.35	80.22	106.96	82	0.15
NIE3	45.28	82.32	138.99	268.46	180.36	0.15
LOB3	60.59	46.3	130.97	266.72	116	0.22
3-Mar	79.74	62.88	213.84	60.26	298.5	0.26
MAA3	36.5	49.25	70.08	227.28	77.23	0.53
NOO3	23.29	51.62	64.68	229.32	43.82	2.04
PUT3	31.02	48.66	92.54	204.97	178.74	0.8
SCH3	17.82	9.14	56.11	110.41	34.72	10.06
VOL3	37.65	59.66	228.69	423.5	122.85	0.97
WOL3	36.76	78.85	98.56	191.84	138.1	0.15
CON4	89.91	120.74	119.76	416.17	221.78	0.03
BEL4	29.31	12.05	111.6	100.8	126.76	4.77
EYS4	44.98	13.1	136.66	132.86	116.85	3.3

续表

监测断面简称	发光细菌 EC_{50}^{f}	藻类光合作用 EC_{50}^{f}	Rotox 实验 LC_{50}^{f}	Thamnotox 实验 LC_{50}^{f}	水蚤 EC_{50}^{f}	pT/%
HAR4	51.05	29.46	139	131	66	0.44
VRO4	45.44	90.65	160.84	261.74	230.77	0.16
KEI4	40.22	14.76	129.34	116.97	82.74	2.72
KET4	58.85	30.1	177.18	100.1	126.13	0.4
NIE4	35.34	32.2	121.24	219.44	242.48	1.51
LOB4	45.42	66.96	132	148	115	0.03
4-Mar	69.3	93.69	354.71	255.51	139.28	0.07
MAA4	31.7	55.81	127.25	219.44	134.27	0.54
NOO4	44.85	60.13	132.87	153.85	122.12	0.06
PUT4	61.82	56.54	137.41	169.51	110.44	0.02
SCH4	40.18	10.1	112	223.99	86.29	5.81
VOL4	39.25	24.35	165.67	143.21	148.82	1.41
WOL4	32.27	76.04	177.18	279.28	122	0.54
CON5	106.9	176.24	219.02	785.68	174.7	0.05
BEL5	80.21	25.99	179.45	187.34	88.74	0.67
EYS5	44.38	53.29	123.37	96.29	66.13	0.02
HAR5	65.41	28.8	233.17	152.15	73.7	0.78
VRO5	118.76	72.22	132.21	94.57	131.26	0
KEI5	125.27	27.45	168.73	125.57	104.48	0.33
KET5	74.47	59.72	226.32	68.08	63.38	0.09
NIE5	88.89	57.16	166.91	198.03	161.16	0.02
LOB5	156.3	62.81	246.26	224.42	179.72	0.01
5-Mar	435.51	107.65	473	264.88	300.3	0
MAA5	66.03	51.76	157.15	126.82	59.47	0.04
NOO5	33.1	57.2	104.16	129.95	32.67	0.58
PUT5	158.19	66.06	234.7	163.55	301.5	0.01
SCH5	47.35	10.26	84.46	63.58	76.38	3.95
VOL5	34.12	43.56	235.52	224.48	43.26	1.92
WOL5	115.98	61.55	331.11	121	58.12	0.2
CON6	786.37	162.64	237.75	352.82	246.51	0
BEL6	180.03	36.6	207.87	118.78	302.7	0.29
EYS6	88.78	115.07	149.23	332.37	48.05	0.18
HAR6	218.47	52.92	258.26	204.2	127.71	0.05

续表

监测断面简称	发光细菌 EC_{50}^{f}	藻类光合作用 EC_{50}^{f}	Rotox 实验 LC_{50}^{f}	Thamnotox 实验 LC_{50}^{f}	水蚤 EC_{50}^{f}	pT/%
VRO6	36.43	27.8	68.86	112.98	69.72	0.38
KEI6	151.29	81.43	129.26	123.25	163.02	0
KET6	255.71	98.84	445.37	238.39	66.4	0.11
NIE6	65.71	60.55	167.44	122.98	108.32	0.01
LOB6	157.76	75.99	94.35	118.4	126.63	0
6-Mar	104.94	146.75	246.5	241.57	299.4	0
MAA6	152.85	52.01	33.12	115.92	76.46	0.26
NOO6	128.94	51.66	99.2	68.14	99.1	0
PUT6	88.36	139.94	255.42	302.72	133.33	0
SCH6	47.62	13.58	113.63	41.81	90.63	3.03
VOL6	90.72	48.58	167.33	124.5	79.28	0.02
WOL6	324.51	94.5	258.66	324.76	82	0.04

由于采样断面在不同的位置，所以监测结果就都由不同的地方部门提供，研究的结果显示，仅有代码为 EYS、LOB、MAA 和 SCH 的地方，针对 74 种化合物的监测结果最可靠且具有可比性。

2. 基于化学浓度的毒性计算

为了计算组合毒性风险，混合物的复合潜在风险比例（msPAF）的所有浓度值要首先转化为毒性单位（TU），TU 定义为环境浓度与尽可能多的物种慢性毒性（NOEC）平均值的比例。此外，可以计算 msPAF，该值是将具有相同作用模式的化学物质的作用浓度相加；而对于不同作用模式下的化学物质，该值是指其作用效应具有加和性。

6.4 实验结果

6.4.1 观察性毒性

未经处理的 1996 年 15 个荷兰地表水浓缩液系列检测值，以及计算出的合并 pT 毒性数据列于表 6-2。

6.4.2 化学浓度转化为 msPAF 毒性风险

表 6-3 给出了 1996 年的 msPAF 值与 90%置信区间的 pT 值，表 6-4 给出了主要污染物在 4 个监测断面 EYS、LOB、MAA 和 SCH 的毒性值。

表 6-3　1996 年全年 90%置信区间的 pT 值与 msPAF 值

监测断面	毒性效应/%			毒性风险(msPAF)/%	化学物质组分数量 n
	pT	CM_I	CM_U		
MAA	0.22	0.03	1.51	14.55	74
LOB	0.02	0.00	0.28	13.49	74
EYS	0.58	0.07	4.38	10.83	74
SCH	3.78	1.13	11.85	7.02	74
HAR	0.37	0.04	2.96	5.75	39
NOO	0.13	0.01	1.46	4.87	37
VOL	0.32	0.04	2.54	3.64	37
NIE	0.22	0.02	2.10	2.34	22
PUT	0.09	0.01	0.89	0.77	17
VRO	0.05	0.00	0.84	0.14	17
BEL	0.86	0.15	4.81	0.00	15
KET	0.12	0.02	0.89	0.00	15
MAR	0.02	0.00	0.32	0.00	15
WOL	0.07	0.00	1.00	0.00	15
KEI	0.05	0.00	1.27	0.22	3

注：pT 值与 msPAF 值间的相关系数为 0.17

表 6-4　优先控制污染物的平均毒性浓度

污染物名称	监测断面			
	EYS	LOB	MAA	SCH
苯并[a]芘	**0.034**		**0.026**	
苯并[a]蒽	**0.017**	**0.013**	**0.013**	
乙基对硫磷	**0.010**	0.003	0	
苯并[b]荧蒽	0.002	0.002	0.001	0.002
荧蒽	0.002	0.001	0.001	0.001
䓛	0.002	0.001	0.001	0.001
α-硫丹	0.002	0.001	0.001	0.001
敌草隆	0.002	0.001	0.001	**0.010**
杀螟松	0.001	0.001		0.001
马拉硫磷	0.001	0.001		0.001
阿特拉津	0.001	0.002		0.002
二嗪农	0.001	0.001		0.001

续表

污染物名称	监测断面			
	EYS	LOB	MAA	SCH
乙基谷硫磷		**0.026**	**0.030**	
速灭磷		0.005	0.003	0.002
甲基对硫磷		0.003	0.003	0.003
倍硫磷		0.002	0.001	0.001
MCPP				0.001
2, 4, 5-三氯苯酚				0.001
以上 ΣTU	0.075	0.060	0.081	0.028
所有化学物质 ΣTU	0.083	0.065	0.091	0.032

注：数值单位是毒性单元（TU），各监测断面毒性浓度的最大值数据加粗

6.5 讨　论

6.5.1 生物多样性的相对不足

每个测试系统在所有站点和采样日期的毒性中位值显示不同测试的敏感性排名。表 6-5 所示的分析表明，发光菌和藻类的生产力测试是迄今最敏感的。

表 6-5　不同毒性测试试验的敏感性排序

实验类型	L(E)C_{50}中位数	95%置信区间	层级排序
发光细菌实验	56.33	48～67	1
藻类光合作用实验	59.87	50～71	2
水蚤 IQ 测试	116.85	102～133	3
Rotox 试剂盒实验	136.66	118～158	4
Thamnotox 试剂盒实验	191.84	168～219	5

6.5.2 冗余数据的处理

用对数转换和聚类统计分析，对 5 种不同的毒理学测试数据进行相关性分析，表 6-6 显示它们的相关程度非常低，表明这些数据间的不同主要取决于毒害性化学物质自身的特质。

表 6-6　5 个不同毒性实验毒性数据相关性

	ALG50	IQ50	MTX50	RO50	THA50
ALG50	1.0000				
IQ50	−0.4275	1.000 0			
MTX50	−0.3030	−0.290 9	1.000 0		
RO50	−0.4408	−0.267 1	0.145 4	1.000 0	
THA50	0.0969	−0.000 3	−0.693 1	−0.292 8	1.000 0

从主成分分析（PCA）可以得到关于毒性数据的更详细的结论（图 6-4）。在 PCA 分析之前的观察和测试阶段，要对数据汇总。图 6-4 第一轴解释了方差的 42%，可以初步解释当出现最小的麻醉毒性时，表现为对有特殊终点的测试比较强烈的影响，例如，在 Rotox 和 Thamnotox 急性毒性实验中的死亡率和发光细菌实验的光强变化。

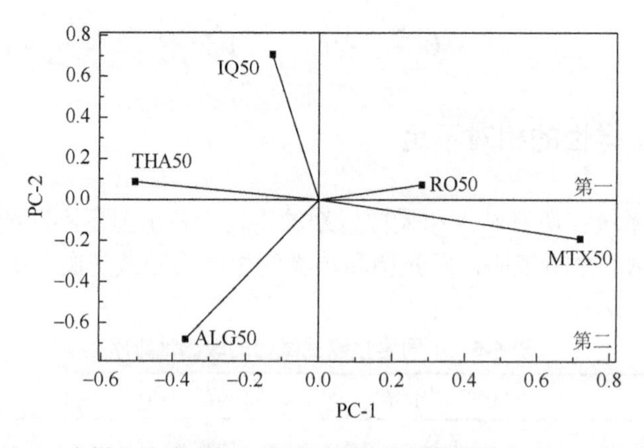

图 6-4　82 个样品浓缩液的 5 个不同毒性实验结果的主成分分析对应图

第二轴代表了更明确的行为模式，通过对受到了强烈影响且更具指标性参数终点值的解释，如对藻类初级生产力和水蚤的酶消化特定底物能力的解释，就又提升了解释方差效果的 30%。

相反方向的矢量线表明，发光菌测试和 Thamnotox 急性毒性测试在第一轴上是负相关的，这同样适用于藻类繁殖力和水蚤测试。对于不同测试系统间的响应呈负相关，最有可能是因为环境污染化学物质的组成或地点存在差异性。

6.5.3　观察和计算毒性的比较

从表 6-3 可以看出，15 个站点平均观察到的毒性（pT 值），与由平均化学浓度计算的复合潜在影响比例（msPAF）结果之间存在着相当大的差异。对于所有监测断面，观察到的化学物质毒性远远低于经计算得出的毒性。通常情况下，这可以通过在毒性测试之前，对化学物质应用选择性的浓缩程序来解释，但这种现象也可能归因于易挥发性有毒化学物质的挥发损失，或者可能与浓缩过程产生的误差有关。如 Struijs 等（1998）已经证明，有毒化学物质的毒性实验过程的总损失甚至可能达到 40%～60%。仅限制使用一种或两种实验方法，将导致毒性效果预测的相似性。然而，msPAF 的差异却很难解释其与毒性效应变化的相关性，如表 6-3 所示，相关系数低至仅 0.17。对于实测值和计算的毒性风险值之间缺乏相关性的最可能原因之一，可以认为是化学分析中忽略了一种或多种非常重要的毒害性成分。对于化学分析不全面的监测断面，根据表 6-4，很明显的例子是在 SCH 监测断面，虽然所检测的有毒化学物质的浓度相当低，但测得的毒性（pT 值）却是最高的。

另外，可以看出（Slooff and Canton，1983），对于复杂环境样品浓缩液的 SSDs，其斜率也比混合物的每种单独化学物质的斜率更陡峭。

在本章上述研究中，样本平均标准偏差 β 值为 0.17，平均值标准偏差（standard errors of the means，SEM）为 0.05，而单个化学物质的 β 值为 0.28～0.71，各物种 β 值与平均 β 值 0.17 之间毒性的差异化，源于物种的数量。另外，该观察结果也可能导致实测 pT 值与根据化学物质浓度计算得出的毒性风险结果之间，存在着不明原因的差异。混合毒性数据的测试结果显示反应数据变化的斜率会更明显、更剧烈的解释是，所测试的物种可能对混合物中的一些化学物质比毒性的平均值更敏感，但对其他物质的敏感性低于平均值。由于受测试的水生物种不太可能对混合物中的所有化学物质都是极度敏感的或者极度不敏感的，因此，当水生物种接触复杂混合物时，其毒性效应数据往往选择各单一化学物质毒性效应数据的中位数值。

解释实测数据和计算的毒性数值之间的差异的另一个思路是，在复杂的环境混合物中，单一化学物质会丧失其各自的毒性特征，仅能发挥出少许“单一毒物”成分的作用。这同样适用于对生态数据库的构建过程，就可实现对有毒化学物质模型的验证和校准，因为它提供了对有毒化合物实际发生生态毒性效应的信息。据此，国际联合委员会（The International Joint Commission，IJC）使用打分系统来确定候选污染物以实现对有毒化学物质的早期控制，加拿大环境署也制定了相关的标准数据库，以开发对环境有潜在危害的物质作为优先污染物的清单（priority pouutant list，PSL）。

第 7 章　评估筛查方法

污染化学物质的优先筛选本质是对污染物的相对风险评估，不是仅对水环境质量的绝对评价，还要以污染物的毒性效应为基础，结合污染物的排放量、持久性、生物累积性、检出率等因素进行综合评价，最终得到重点控制的优先污染物名单。

通过评估对污染物造成环境风险进行排序的方法，不仅要考虑到毒性效应，还应考虑暴露途径和暴露量，重点分析直接关系饮水质量、危害人体健康和污染突出的有毒有机物，重点关注“三致”污染物，环境激素类污染物，高残留、难降解的有机物，与此同时还应将其他环境因素，甚至社会经济因素考虑进去。

7.1　CHEMS 评估筛查方法

基于管理策略的风险化学物质评估技术（Chemical Hazard Evaluation for Management Strategies，CHEMS）是 USEPA 对人体健康及环境产生危害的化学物质进行筛查的一项技术，其目的是通过评估其危害性及其暴露特征定义化学物质的现实释放情形，它整合了污染物的毒害性、生物富集和持久性等方面的信息。CHEMS 最初是用来评估在美国毒性物质排放清单（Toxics Release Inventory，TRI）中已有的、每年生产农药类化学物质的安全性及相关使用过程中应该注意的事宜。CHEMS 的毒性及暴露评估终点见表 7-1。

表 7-1　CHEMS 的毒性及暴露评估终点

效应种类/基准	毒理学终点	含义及测试方法
人类健康效应		
急性	啮齿动物经口 LD_{50}	≤14d，杀死半数的剂量
急性	啮齿动物吸入 LC_{50}	持续吸入≤8h，换算为 4h 的 LC_{50}
慢性	致癌性	基于 USEPA 和国际癌症研究机构（IARC）定级
慢性	其他明确影响	包含神经毒性、诱变性、再生性及其他慢性影响
环境危害		
陆生生物，急性	啮齿动物经口 LD_{50}	≤14d，半数致死剂量

续表

效应种类/基准	毒理学终点	含义及测试方法
水生生物，急性	鱼类 LC_{50}	96h，半数鱼类致死浓度
水生生物，慢性	鱼类 NOEL	产生无可观测效应的最高剂量
暴露效应		
持久性	污染物的生物降解半衰期	污染物经生物降解后，BOD 值下降一半的时间
持久性	水解性降解（hydrolysis，HYD）半衰期	污染物水解后，浓度减少一半的时间
累积性	生物浓缩因子（aquatic bioconcentration factor，BCF）	生物体内与水体中的污染物浓度比率
排放量	排放权重因子（release weighting factor，RWF）	污染物年排放或迁移量的风险值权重

7.1.1　危害性与生态效应评估

1. 致癌性

致癌物质的确定主要依据国际癌症研究机构 IARC 和 USEPA 对致癌物的定级。IARC 发表了大量基于人体、动物及其他生物的致癌研究方面的实验数据，其共分 5 级，包括 1 级（涉人致癌物）、2A 级（很可能的涉人致癌物）、2B 级（可能的涉人致癌物）、3 级（不能确定的涉人致癌物）、4 级（不存在涉人致癌可能性）。在 USEPA 方面，主要建立在流行病学和动物学研究的成果基础上认定存在的致癌物质分类方法，也包含 6 级：A 级，人致癌物（已有足够的证据证实）；B1 级人致癌物（仅有限的证据证实为人致癌物）；B2 级（充足动物致癌物，但缺乏足够人致癌物的证据）；C 级，可能引发人致癌（但此致癌物与人、动物相关的致癌证据都缺乏）；D 级，不能认定为人致癌物（缺乏或无证据证实与人致癌相关）；E 级，确定对人无致癌作用（已经有充分的证据证实）。

2. 急性与慢性毒理

通常以鱼类的 LC_{50} 值作为确定污染物急性毒性的指标，在污染物的筛查阶段确定效应的评估终点非常重要。LD_{50} 值来源通常包括：①黑头呆鱼（*Pimephales promelas*）的 96h 动态水流条件下的测试；②其他淡水鱼种的 96h 动态水流条件下的测试；③黑头呆鱼的 96h 静态水流条件下的测试；④其他淡水鱼种的 96h 静态水流条件下的测试。

在 CHEMS 中，无可观测效应水平（no observable effect level，NOEL）可以给鱼类的慢性亚致死量效应定义风险水平。但由于缺少 NOEL 终点效应的实验数据，有机污染物的慢性 NOEL 要通过 LC_{50} 值与 K_{ow} 值进行推算。鱼类的急慢性比率 ACR 是种有效预测其慢性毒理学数据的工具。通常情况下，工业化的有机化学物质的 ACR 值小于或等于 25，NOEL 与 LC_{50} 值的差别通常小于 2 个数量级。据报道（Jones et al.，1995），黑头呆鱼的 ACR 平均值为 13，而 Call 等（1985）也报道，基于 18 种麻醉性有机污染物的 96h LC_{50} 值与 NOEL 值的 ACR 为 9.8±7.4。

在 CHEMS 中，有机污染物的 NOEL 值可由下式计算：

$$2 \leqslant \lg K_{ow} < 5 \text{ 时}, \quad NOEL = LC_{50}/(5.3 \times \lg K_{ow} - 6.6) \tag{7-1}$$

由于无机污染物的脂溶性差且鱼类毒性值与 K_{ow} 之间无相关性，则 NOEL 值只与鱼类的 LC_{50} 值有关。

当 $\lg K_{ow} \geqslant 5$ 时，有机污染物将对鱼类更具毒性，其 NOEL 值的计算式为

$$NOEL = 0.05(LC_{50}) \tag{7-2}$$

当有机污染物的 $\lg K_{ow} \leqslant 2$ 时，脂溶性变差，NOEL 值的计算式为

$$NOEL = 0.25(LC_{50}) \tag{7-3}$$

3. 持久性与生物累积性

BOD 的半衰期与水解性（HYD）降解半衰期可被用来评估环境中污染物残存的持久性大小，污染物的 BOD 半衰期和 HYD 水解性 $T_{1/2}$ 值的推导可以采用计算机辅助的 Hammett 和 Taft 取代常数法求得（Harris，1981）。

当 $\lg K_{ow} \geqslant 6$ 时，随着分子构型增大，生物富集趋势有所降低，此模型情形下，lgBCF 最大值约为 4.5。基于 QSAR 技术的 BCF 计算方法：

$$\lg BCF = 0.910 \lg K_{ow} - 1.975 \lg(6-8 \times 10^{-7} K_{ow} + 1) - 0.786 \tag{7-4}$$

K_{ow} 在预测水生生物的急慢性毒性数据、BOD 半衰期和 BCF 时，是输入 QSARs 进行计算的关键性数据；当实验数据不足时，K_{ow} 的计算需参考 Ghose 和 Crippen（1987）的方法。

总之，对于毒害性参数，如经口的 LD_{50}、吸入 LC_{50} 值、致癌效应、鱼类的 LC_{50} 和 NOEL，CHEMS 认为其拥有相同的权重。

7.1.2　风险值（HV）的赋分

1. 对人体的毒性效应

风险值（hazard value，HV）的赋分包括定量评估急性经口、吸入性毒性效应和半定量的致癌效应赋分，其他明确的致癌效应（如致突变性，生长能力、繁殖能力、神经毒性和其他慢性毒性）定性化的毒性效应评价赋分。

经口和吸入性毒性的急性效应主要包含啮齿类动物的 LC_{50} 与 LD_{50}，其 HV_{OR} 值的计算为

当 $5mg/kg < LD_{50} \leqslant 5000mg/kg$, $HV_{OR} = 6.2 - 1.7 lgLD_{50}$　　（7-5）

当 $LD_{50} > 5000mg/kg$，$HV_{OR} = 0$；当 $LD_{50} \leqslant 5mg/kg$，$HV_{OR} = 5$

急性吸入性毒性 HV_{INH} 值的计算为

当 $31.6mg/kg \leqslant LC_{50} \leqslant 10000mg/kg$, $HV_{INH} = 8.0 - 2.0 lgLC_{50}$　　（7-6）

当 $LC_{50} > 10000mg/kg$，$HV_{INH} = 0$；当 $LC_{50} < 31.6mg/kg$，$HV_{INH} = 5$

对于致癌效应的赋分，CHEMS 以 IARC 与 USEPA 的划分方式为基础，HV 值最高不能大于 5，最低不能小于 0，致癌效应的评分见表 7-2。为便于计算，本研究在人体健康效应的 HV 值计算中，采用 USEPA 的计算方法计算毒害性污染物对人体产生的慢性致癌效应，见式（7-12）。

表 7-2　致癌效应评分表

IARC 分级	HV	USEPA 分级	HV
4	0	E	0
3	0	D	0
NA	NA	C	1.5
2B	3.5	B2	3.5
2A	4.0	B1	4.0
1	5.0	A	5.0

注：NA 为不确定效应

2. 生物的毒性效应

包括评估水生、陆生动物和鱼类的半数死亡率（LC_{50}）及相应的 NOEL 的赋分方式。

急性水生生物毒性（HV_{FA}）风险值的计算为

当 $1mg/L \leqslant LC_{50} < 1000mg/L$，$HV_{FA} = -1.67 \, lgLC_{50} + 5.0$　　（7-7）

当 $LC_{50} \geqslant 1000mg/L$，$HV_{FA} = 0$；当 $LC_{50} < 1mg/L$，$HV_{FA} = 5$

如果 LgK_{ow} 远大于 6，且基于污染物的分子结构，确认不会有急性毒害性效应时，$HV_{FA} = 0$。

对于慢性水环境毒性风险值（HV_{FC}）的计算为

当 $0.1mg/L < NOEL \leqslant 100mg/L$，$HV_{FC} = 3.33 - 1.67 \, lgLC_{50}$　　（7-8）

当 $NOEL > 100mg/L$，$HV_{FC} = 0$；当 $NOEL \leqslant 0.1mg/L$，$HV_{FC} = 5$

此外，陆生生物的风险值（HV_{MAM}）可作为急性经口人体健康效应的代表。

3. 暴露因子

持久性（需氧与厌氧条件下的 $T_{1/2}$）和生物富集性（如水环境中的 BCF），能用于定量描述毒害性污染物的排放所产生的毒性效应，风险值的计算为

当 $1.0 < \lg BCF \leqslant 4.0$，$HV_{BCF} = 0.5 \lg BCF + 0.5$ （7-9）

当 $\lg BCF \leqslant 1.0$，$HV_{BCF} = 1$

当 $\lg BCF > 4.0$，$HV_{BCF} = 2.5$

BOD 与 HYD 降解 $T_{1/2}$ 产生的风险值的计算为

当 $4d < T_{1/2} \leqslant 500d$，$HV_{BOD,\ HYD} = 0.311 \ln T_{1/2} + 0.568$ （7-10）

当 $T_{1/2} \leqslant 4d$，$HV_{BOD,\ HYD} = 1$

当 $T_{1/2} > 500d$，$HV_{BOD,\ HYD} = 2.5$

4. 风险值赋分的算法

污染物总风险值的计算要把污染物在环境中的毒害性、持久性和生物累积性等污染物特性都计算在内，其基本表达为

$$HV_t = (\text{人体健康效应} + \text{环境效应}) \times \text{暴露因子} \tag{7-11}$$

式中，HV_t 为总风险值。

$$\text{人体健康效应} = aHV_{OR} + bHV_{INH} + cHV_{CAR} + dHV_{NC} \tag{7-12}$$

$$\text{环境效应} = eHV_{MAM} + fHV_{FA} + gHV_{FC} \tag{7-13}$$

$$\text{暴露因子} = hHV_{BOD} + iHV_{HYD} + jHV_{BCF} \tag{7-14}$$

式中，有关人体的健康效应风险值的构成包括以下 4 个部分：

HV_{OR} = 人体急性经口风险值；

HV_{INH} = 人体急性吸入毒性风险值；

HV_{CAR} = 致癌性风险值；

HV_{NC} = 慢性非致癌性风险值。

有关环境因素产生的毒性效应风险值的构成包括以下 3 个部分：

HV_{MAM} = 陆生生物的急性经口风险值；

HV_{FA} = 鱼类急性毒性风险值；

HV_{FC} = 鱼类慢性毒性风险值。

有关污染物暴露于外环境而产生的暴露因子风险值的构成包括以下 3 个部分：

HV_{BOD} = 生物降解性半衰期的风险值；

HV_{HYD} = 水解半衰期的风险值；

HV_{BCF} = 水生生物富集性风险值。

$a \sim j$ 表示系列权重因子。

在确定毒性效应的风险值时，由于毒性数据的来源不同，有些是定量毒性数据（如 LC_{50} 和 LD_{50}），有些属于半定量数据（如污染物的致癌级别），有些是定性（如判断有或没有其他慢性毒性效应）的情况。对定性的慢性毒性效应（如神经毒性、致突变性）风险值的计算，也分为 0～5 级。在确定风险值的权重因子时，一般情况下，具备定量毒性数据的污染物风险值的相应权重应大于仅能定性描述的污染物毒性效应数据的权重值。

USEPA 对于 CHEMS 的应用主要集中在 3 个方面：人体健康效应、环境效应和暴露因子。其中，毒害性污染物对人体健康效应的影响方面共划分 20 分（其中 10 分源于急性毒性效应，另外 10 分则源于慢性毒性效应）；在环境效应的影响方面，共分成 0～15 分，主要集中于污染物造成的死亡率及 NOEL 值的控制；就暴露因子而言，将污染物的持久性与生物富集性风险居于主要地位，暴露因子的风险值计分总分是 7.5 分，从 1.0～7.5 分的划分中，HV_{BOD}、HV_{HYD} 和 lgBCF 各占 2.5 分。

7.2 欧盟的污染物评估筛查方法

欧盟早在 1967 年就推出了 67/548/EEC 导则以规范危险化学物质的储藏、登记与分级管理工作，并于 1993 年 3 月 23 日推出了 793/93/EEC 规则，以应对化学物质的收集、排放、降解、风险评估和分级管理。

当前，对于各类优先控制污染物的分级管理，欧盟对污染物的筛查主要划分出 3 个方面的限制条件。一是所谓关注目标的确定。对管理者而言，对潜在风险源危害的关注更多地来自对于高使用量的化工商品；但对污染物造成的生态风险要开展深入的评估而言，则更关注单一性、具体的各个毒害性化学物质。因此，对化学物质风险评估终点数据的选取一定要防止数据的混乱。二是进行污染物风险分级与评估的数据采信相关判据一定要完备，通常在开展风险评估过程中，数据量需求很多且很复杂。三是确定入选评判条件专家的入选条件，那些已被选为对优控高使用量化工商品进行分级管理评定的专家就不能再继续担任确证同一化学物质生态风险评估效应方面的评定专家。

为应对使用与生产量较大化学物质的分级管理工作，欧盟在 793/93/EEC 规则中推出了 EURAM。EURAM 模型是对产生人员和环境危害的待评级物质进行暴露效应评判的简单模型。针对人员和环境运用简单模型可以计算出 PNEC 和 PEC，通过 PNEC 与 PEC 的比率可对环境效应进行评分，评判污染条件下的人员暴露和产生的效应，进而对污染物产生的人员危害效应进行评分（Hansen et al., 1999）。

应用 EURAM 模型计算暴露情形得分时，既要关注相关化学物质的产业工人和消费对象、污染物的理化性质、生态系统受危害的对象，又要考虑毒害性污染物在水环境中的暴露状况及生态系统中食物链相关的生物体。

污染物在环境中暴露的计算模型主要包含 3 个部分：生产量及使用方式、环境分布情况、水环境条件下的降解情况。

7.2.1 污染物的排放

在 EURAM 模型中，污染物对人员和环境的暴露效应的危害模式从低到高包括Ⅰ、Ⅱ、Ⅲ、Ⅳ共 4 种主要模式，其排放造成的危害模式见表 7-3。

表 7-3 不同污染物影响方式的分数及百分比

环境空间类型	排放因子	残留百分比/%
Ⅰ封闭系统	0.01	1
Ⅱ仅限于周边环境	0.10	10
Ⅲ已经扩散，但未大范围扩散	0.20	20
Ⅳ大范围扩散	1.00	100
默认值	1.00	100

污染物对人群及周边环境造成风险危害的排放量可以用下式进行计算：

$$污染物的排放量 = 0.01T_{\mathrm{I}} + 0.1T_{\mathrm{II}} + 0.2T_{\mathrm{III}} + T_{\mathrm{IV}} \tag{7-15}$$

式中，T_{I}为污染物在环境空间类型Ⅰ内的排放量（t）；T_{II}为污染物在环境空间类型Ⅱ内的排放量（t）；T_{III}为污染物在环境空间类型Ⅲ内的排放量（t）；T_{IV}为污染物在环境空间类型Ⅳ内的排放量（t）。

7.2.2 污染物的分配

EURAM 模型中，污染物被释放后，其在周边各环境介质中的分布组成按 Mackay Level Ⅰ模型计算（Mackay，2001），该模型的假设前提是污染物被排放于稳态平衡系统内，系统内污染物既不产生任何化学反应，也没有污染物的流进和流出，污染物的总量保持不变。系统内污染物的平衡分布方程为

$$M = \sum V_i C_i = f \sum V_i Z_i \tag{7-16}$$

式中，M 为稳态平衡系统内污染物的物质的量；V_i 为环境介质 i 的体积（m^3）；C_i 为污染物在环境介质 i 中的浓度（mol/m^3）；f 为污染物在环境介质 i 中的逸度（Pa）；Z_i 为污染物在环境介质 i 中的逸度容量（$mol/m^3/Pa$）。

Z_i 值的计算公式为

大气：　$$Z_1 = 1/RT \quad (7\text{-}17)$$

水环境：　$$Z_2 = C/V_P \quad (7\text{-}18)$$

土壤：　$$Z_3 = Z_2\rho_3 f_{oc3}K_{oc}/1000 \quad (7\text{-}19)$$

沉积物：　$$Z_4 = Z_2\rho_4 f_{oc4}K_{oc}/1000 \quad (7\text{-}20)$$

悬浮物：　$$Z_5 = Z_2\rho_5 f_{oc5}K_{oc}/1000 \quad (7\text{-}21)$$

鱼类：　$$Z_6 = Z_2\rho_6 LK_{ow}/1000 \quad (7\text{-}22)$$

式（7-17）～式（7-22）中，R 为摩尔气体常量（8.314J/mol K）；T 为温度（K）；C 为污染物的水溶解度（mol/m^3）；V_P 为蒸气压（Pa）；ρ_i 为环境介质 i 的密度（kg/m^3）；f_{oci} 为环境介质 i 的有机碳质量分数；L 为鱼类的脂肪容积比例（取 0.10）；K_{oc} 可由 K_{ow} 得到（$K_{oc} = 0.41K_{ow}$）；环境介质 $i = 1$，2，3，4，5，6 分别代表环境介质为大气、水环境、土壤、沉积物、悬浮物、鱼类。

EURAM 给出了 Mackay 模型所用的各个参数，$\mathrm{Dist}_{\mathrm{ENV},i}$ 代表污染物在各环境介质中分布达到扩散平衡状态时的分配比例。Mackay level Ⅰ模型的参数见表 7-4。

表 7-4　Mackay level Ⅰ模型的参数

	污染物分布的环境介质类型					
	大气（1）	水环境（2）	土壤（3）	沉积物（4）	悬浮物（5）	鱼类(生物体)(6)
分布体积/m^3	10^{14}	2×10^{11}	9×10^{9}	10^{8}	10^{6}	2×10^{5}
分布深度/m	1000	20	0.1	0.01	—	—
分布面积/m^2	10×10^{10}	10×10^{9}	90×10^{9}	10×10^{9}	—	—
f_{oci}	—	—	0.02	0.04	0.2	—
环境介质的密度/(kg/m^3)	1.2	1000	2400	2400	1500	1000

注：一表示数据缺失

按 Mackay 模型，污染物的分配达到平衡以后，污染物在不同环境介质中的分配存在如下比例关系：

$$\mathrm{Dist}_{\mathrm{ENV},3} = 45\mathrm{Dist}_{\mathrm{ENV},4} = 1440\mathrm{Dist}_{\mathrm{ENV},5} = 17\,712\mathrm{Dist}_{\mathrm{ENV},6} \quad (7\text{-}23)$$

式中，$\mathrm{Dist}_{\mathrm{ENV},3}$ 环境介质为土壤；$\mathrm{Dist}_{\mathrm{ENV},4}$ 环境介质为沉积物；$\mathrm{Dist}_{\mathrm{ENV},5}$ 环境介质为悬浮物；$\mathrm{Dist}_{\mathrm{ENV},6}$ 环境介质为鱼类。

7.2.3　污染物的降解

对于污染物在水环境中的降解，EURAM 模型针对不同污染物的降解难易程度划分为 3 大类，各污染物不同降解能力的划分见表 7-5。

表 7-5 污染物在水环境中的降解率

降解能力	保留比例	降解率/%
易降解	0.1	90
难降解	0.5	50
持久残留	1.0	0
默认	1.0	—

7.2.4 环境暴露值的评定

EURAM 模型中，$EEXV_i$ = 排放×分配(i 介质中的分布)×降解 （7-24）

式中，i = 0、1、2、3，分别代表污水处理厂、大气、水体、土壤环境。

为控制环境暴露值在 0～10 之间，将 $EEXV_i$ 取对数，见式（7-25）：

$$EEX_i = 1.37\times[\lg(EEXV_i) + 1.301] \tag{7-25}$$

式中，EEX_i 为在不同环境介质中的暴露得分（Hansen et al.，1999）。

7.2.5 环境效应评分

对于不同环境介质中污染物的环境效应风险值的计算式：

$$EEFV_i = (\text{毒性效应终点值}_i)/AF_i \tag{7-26}$$

式中，$EEFV_i$ 为污染物在环境介质 i 中的环境效应风险值。

EURAM 模型中，欲取得污染物在环境介质 i 中的毒性效应终点值，就必须获取污染物针对不同生物物种所产生的相应慢性生物毒理学数据（Jagoe and Newman，1997；USEPA，2001），该值的取得源于 NOEC。如果没有 NOEC 或者 LC_{50} 等值时，则为了计算污染物对不同环境介质的危害效应得分，按式（7-26）计算 EEFV，AF 的取得见表 7-6。

表 7-6 水生及陆生环境效应下的 AF

效应终点	物种种类数	AF
NOEC	≥3	10
NOEC	2	50
NOEC	1	100
$L(E)C_{50}$	≥3	1000
$L(E)C_{50}$	2	1000
$L(E)C_{50}$	1	1000

此外，为控制环境效应风险值范围，在该模型中对 EEFV 的设定如下：

水环境中 EEFV≤10ng/L、土壤中 EEFV≤10ng/kg 时忽略；水环境中 EEFV＞1mg/L、土壤 EEFV＞1mg/kg 时也忽略。

$$EEF_i = (-2)\times \lg(EEFV_i),\ i = 0、2 或 3 \tag{7-27}$$

式中，EEF_i 为污染物的环境效应评分。从式（7-27）可知，EEFV 的范围为 $0\leq \lg(EEFV_i)\leq 10$。水环境中急慢性毒性效应终点值缺乏时，以 EEFV = 10ng/L 为默认值，通常鱼类的毒性终点效应值与污染物的毒性效应剂量、基因毒性和繁殖力毒性能力的强弱有关。

7.2.6　环境暴露与效应得分的综合评分

在某个环境介质中的污染物环境暴露与效益的综合得分可以表示为

$$ES_i = EEX_i \times EEF_i,\ i = 0、2、3、6,\ 0\leq ES_i\leq 100 \tag{7-28}$$

污染物在水环境中的效应评分（aquatic effects score，AEF）可表示为

$$AEF = 0.7\times EEF_2 + AP \tag{7-29}$$

总分控制在 0～10 分。

表 7-7　潜在累积性能力（AP）

lgBCF	AP
lgBCF≤2	0
2＜lgBCF≤3	1
3＜lgBCF≤4	2
4＜lgBCF	3
默认	3

污染物在水环境中产生的生态风险的最终综合评分（AS）可表示为

$$AS = EEX_2\times AEF \tag{7-30}$$

总分控制在 0～100 分。

第8章 珠江的水污染概况

珠江流域（片）河流水质评价范围包括云南、广西国际河流、珠江流域、华南沿海诸河各主要河流干流和部分支流。

据《2007 年珠江片水资源公报》统计，已有 27.3%的河流水质劣于Ⅲ类，珠江三角洲、南北盘江二级区接近一半的评价河流水质劣于Ⅲ类。2006 年纳入珠江流域水资源保护局监测范围的 82 个重点水功能区中，达标水功能区仅为 32 个，超标水功能区为 50 个，全年水功能区达标率仅为 39%。流域部分地区还有汞、镉、铬等有毒污染，已威胁到饮水安全、生态安全和经济安全。从总体上看珠江流域还面临洪涝灾害、干旱缺水、水质性缺水、水污染、水土流失等问题的困扰。特别是水污染日趋恶化，供水安全成为制约区域经济发展的突出问题。加之咸潮上溯，供水安全得不到保证，区域水资源短缺，水污染严重形势尚未得到有效缓解。

珠江流域（片）河流 2010 年水质评价的总河长为 18288.8km，评价结果汛期符合Ⅰ～Ⅱ类、Ⅲ类、Ⅳ类、Ⅴ类和劣于Ⅴ类水质标准的河长分别为 5206.5km、8425.3km、3871km、141km、645km，分别占总评价河长的 28.5%、46.0%、21.2%、0.8%、3.5%；污染河长（Ⅳ～劣于Ⅴ类）4657km，占总河长的 25.5%。

非汛期符合Ⅰ～Ⅱ类、Ⅲ类、Ⅳ类、Ⅴ类和劣于Ⅴ类水质标准的河长分别为 6862.5km、7019.3km、3117km、899km、391km，分别占总评价河长的 37.5%、38.5%、17%、4.9%、2.1%；污染河长 4407km，占总河长的 24.1%。

全年平均符合Ⅰ～Ⅱ类、Ⅲ类、Ⅳ类、Ⅴ类和劣于Ⅴ类水质标准的河长分别为 5239.2km、8089.6km、3710km、859km、391km，占总评价河长的 28.6%、44.2%、20.3%、4.7%、2.2%；污染河长 4407km，占总河长的 24.1%。

1. 珠江流域

珠江流域评价河流西江、北江、东江和珠江三角洲，评价河长 9265.2km。评价结果汛期、非汛期、年平均符合Ⅰ～Ⅲ类水质标准的河长分别为 6151.2km、5719.2km、5741.2km，污染河长（超Ⅲ类水质标准）分别为 3114km、3546km、3524km，污染河段集中在西江上中游和珠江三角洲，东江、北江水质保持良好。

西江主要污染河段有上游南盘江沾益段、曲靖段、陆良西桥段、宜良段、泸江汇口以下至江边街河段，消湘江、白石江的曲靖段，泸江开远段，曲江上段，甸溪河锁龙寺段，盘龙河的榕峰（宣威）、刁江的河口段，红水河的天峨、都安和迁江，黔江的武宣段，浔江的大湟江口段，右江的田东、郁江的贵港段，支流污染重于干流，主要污染指标有氨氮、生化需氧量、高锰酸盐指数、氟化物、总铜、总砷、挥发酚、溶解氧、总氰化物、总锌、总汞等，尤以氨氮、总铜、总锌、氰化物为普遍。

珠江三角洲主要污染河段有珠江广州河段，佛山水道汾江河段，主要污染指标以石油类和有机污染物为主。

2. 韩江、粤东沿海、粤西沿海和桂南沿海诸河

主要评价河流包括韩江、榕江、漠阳江、鉴江、九州江、南流江、钦江、防城河、茅岭江，共9条河流，评价河长2195.8km，评价河段20个，评价结果汛期、非汛期、年平均符合Ⅰ～Ⅲ类水质标准的河长分别为1856.8km、1924.8km、1882.8km，污染河长（仅Ⅳ类）339km、271km、313km，污染河段集中于鉴江、南流江，属轻度污染。

3. 海南岛诸河

评价河流6条，包括南渡江、新吴溪、昌化江、定安河、万泉河、通什水，评价断面7个，总河长736.8km，丰、枯水期和全年平均水质均达到或优于Ⅲ类，水质保持良好。

4. 云南、广西国际河流

在云南、广西国际河流评价了澜沧江、红河、伊洛瓦底江、怒江，评价河长5991km。评价结果汛期、非汛期、年平均符合Ⅰ～Ⅲ类水质标准的河长分别为4800km、5231km、4870km，污染河长（超Ⅲ类水质标准）分别为1191km、760km、1121km，主要污染河段有红河流域元江的蛮耗段、旧庄河的闰浪段，浑水河入元江段，澜沧江流域的沘江兰坪金顶以下河段，西洱河下关城区以下河段，污染指标主要有生化需氧量、酚、总磷、铅、镉、铜、氯化物、氟、砷，以重金属为主。

5. 湖泊、水库水资源质量状况

评价水库和湖泊23个，包括属西江水系及云南、广西国际河流等七个湖泊及包括属西江水系、东江水系、粤东、粤西沿海及海南岛诸河等16个水库（表8-1）。

表 8-1　珠江流域（片）湖泊、水库水质评价表

水系	河流	名称	枯水期		丰水期	
			水质级别	超标污染物及超标倍数	水质级别	超标污染物及超标倍数
云南、广西国际河流	澜沧江	洱海	Ⅱ		Ⅱ	
	南盘江	抚仙湖	Ⅱ		Ⅲ	
	南盘江	星云湖	Ⅲ		Ⅳ	COD_{Mn}（0.5）、总铜（0.1）
	南盘江	杞麓湖	Ⅴ	COD_{Mn}（0.4）、BOD_5（0.7）	Ⅴ	COD_{Mn}（0.5）、BOD_5（0.1）、NH_3-N（0.4）
	南盘江	异龙湖	Ⅳ	COD_{Mn}（0.5）、BOD_5（1.4）、NH_3-N（0.1）	Ⅳ	COD_{Mn}（0.9）、DO
西江水系	南盘江	阳宗海	Ⅱ		Ⅲ	DO
	南盘江	汤池	Ⅲ		Ⅲ	
	南盘江	花山水库	Ⅱ		Ⅱ	
	南盘江	潇湘水库	Ⅱ		Ⅱ	
	三十大河	东风水库	Ⅱ		Ⅱ	
	漓江	青狮潭水库	Ⅲ		Ⅲ	
	澄碧河	澄碧河水库	Ⅱ		Ⅱ	
	左江	那板水库	Ⅱ		Ⅱ	
	八尺江	大王滩水库	Ⅱ		Ⅱ	
	新丰江	新丰江水库	Ⅱ		Ⅱ	
东江水系	西枝江	白盆珠水库	Ⅱ		Ⅱ	
	东江	枫树坝	Ⅱ		Ⅱ	
北江水系	北江	飞来峡水库	Ⅱ		Ⅱ	
珠江三角洲	流溪河	流溪河水库	Ⅱ		Ⅱ	
粤西沿海诸河	黄岗河	汤溪水库	Ⅱ		Ⅳ	DO
粤东沿海诸河	九洲江	鹤地水库	Ⅲ		Ⅲ	
桂南沿海诸河		灵东水库	Ⅱ		Ⅱ	
海南岛诸河	南渡江	松涛水库	Ⅱ		Ⅱ	

评价结果枯水期有两个湖泊水质受污染；丰水期有三个湖泊和一个水库受污染。其中，西江的杞麓湖、异龙湖两期水质均各为Ⅴ类和Ⅳ类；丰水期受污染的是西江的星云湖，为Ⅳ类。污染项目主要是高锰酸盐指数、氨氮和生化需氧量，星云湖还受总铜的污染。粤东沿海水系的汤溪水库丰水期因溶解氧偏低（最不利值为 2.3mg/L）而被评为Ⅳ类。海南岛的松涛水库水质依然保持优良，漓江青狮潭水库水质有所改善，达到Ⅲ类水标准。

8.1　自然环境现状

珠江流域北靠五岭，南临南海，西部为云贵高原，中部丘陵、盆地相间，东南部为三角洲冲积平原，地势西北高，东南低。珠江流域是一个复合的流域，由西江、东江、北江、三角洲诸河四大水系组成。流域面积 45.369km^2，其中我国境内面积为 44.210 万 km^2。西江是珠江的主干流，发源于云南省曲靖市沾益县境内的马雄山，在广东省珠海市的磨刀门企人石入注南海，主要支流有北盘江、柳江、郁江、桂江及贺江等。

全流域土地资源共 66300 万亩[①]，耕地率低于全国平均水平，流域人均拥有土地约为全国人均拥有土地的五分之三。珠江河川径流丰沛，水力资源丰富。其中西江的红水河落差集中，流量大，开发条件优越，素称水力资源的“富矿”。

珠江是我国陆地水域最富“生命”多样性的大江大河，近三十年来水质恶化的同时，流域湿地面积萎缩、鸟类栖息地受到严重破坏，物种多样性急剧降低。

8.2　水资源概况

珠江流域（片）多年平均地表水资源量 6230 亿 m^3。就我国七大江河的年径流总量而言，仅次于长江流域；每平方公里产水量仅次于浙闽台诸河片，是我国天然的富水区之一。但由于时空分配不均匀，该片的旱涝灾害较为频繁，不少地区存在着缺水问题。

8.2.1　地区分布

（1）珠江片按径流深的大小分为三个带。

丰水带：主要是粤桂沿海地区，海南岛的东南部，北江中、下游地区，桂江、贺江、柳江中上游地区和滇西的伊洛瓦底江地区，占全片面积近三分之一。多年平均径流深多为 1000～1600mm，是该片地表水资源量最丰富的地区。

多水带：此带分布较广，占全片面积近三分之二。主要分布在东江，西江中下游，右江、左江、郁江、红水河、柳江、黔江、南盘江、北盘江、韩江、澜沧江、红河及怒江的大部分地区。多年平均径流深多在 300～1000mm。

① 1 亩＝666.67m^2

过渡带：此带主要分布在南盘江中上游的陆良、开远及蒙自一带，大部分地区多年平均径流深在 50～300mm，是本片水资源量最小的地区。

（2）相对的径流深高低值区较多。

高值区：主要有粤东沿海莲花山脉东南迎风坡高值区、粤北山区的北江中下游地区高值区、粤西沿海高值区、海南岛五指山东南迎风坡高值区、桂北高值区、桂南十万大山高值区、大瑶山高值区、伊洛瓦底江下段高值区。

低值区：粤东兴梅盆地低值区、西江中下游河谷低值区、雷州半岛及海南岛西北部低值区、桂中低值区、桂南低值区、桂西南低值区、滇东南低值区。

8.2.2　年内分配及年际变化

区域河川径流为降水补给，径流的年内分配受制于降水的变化。汛期降水量多，径流量大；枯季降水量少，径流量小。全片汛期的径流量占全年径流量的 75%～85%，局部地区高达 85%～90%。降水的年际变化是影响径流年际变化的主要因素。径流变差系数的地区变化趋势，有沿海大于内地，东部大于西部，中部较小的特点。东部地区变差系数一般在 0.3～0.4，西部地区在 0.2～0.4。海南岛年径流变差系数是本片最大的，在 0.5 左右，且东西两侧大，中部小。

根据 1998 年珠江片水资源公报资料，珠江流域（片）水资源总量为 6772.13 亿 m^3（包括地表水和地下水），其中珠江流域为 3779.04 亿 m^3；华南沿海诸河为 1329.29 亿 m^3；云南广西国际河流为 1663.8 亿 m^3。珠江流域入海水量 3619.33 亿 m^3，华南沿海诸河入海水量 1282.65 亿 m^3，云南、广西国际河流出境水量 2555.70 亿 m^3。

珠江流域水资源相对丰富，目前除了古老的灵渠沟通珠江与长江外，尚没有别的跨流域片调水工程。但因流域片内水资源地区分布不均，二级区之间有一些调水工程，如东深供水工程通过八级提水，将东江水引入深圳，并供香港使用。片内供水设施主要是农田水利设施，这些设施遍布流域片的山地、平原，并形成众多大大小小的灌区，为农业高产、稳产、夺取丰收提供了重要保证，其中 30 万亩以上大型灌区有广东的流溪河灌区、鹤地水库灌区、高州水库灌区；广西的青狮潭水库灌区、龙山灌区、合埔灌区和海南的松涛灌区等。

除了农田水利设施外，20 世纪 80 年代以来，城镇供水设施也有了很大发展，自来水水厂不断增多，日供水能力不断提高，此外珠江流域片农村供水状况也有较大改善，经济发达地区大部分农村已用上自来水，一些原来水源短缺的地区通过开辟水源，人畜饮水困难的问题得到了初步解决，但是，边远贫困山区，特别是岩溶地区，供水设施缺乏，尚有 650 万农村人口、480 万头牲畜饮水困难问题有待解决。

供水能力是指供水工程在设计供水保证率情况下，所能提供的最大水量。至 1993 年年底，珠江流域（片）供水工程设计供水能力为 1115.55 亿 m^3。但因工程不配套及工程年久、老化失修等，现状供水能力与设计供水能力存在一定差距，多数工程现状供水能力小于设计供水能力。经调查核实，全片供水工程现状能力为 920.70 亿 m^3，为设计供水能力的 82.5%，其中蓄水工程现状供水能力为 366.45 亿 m^3，占片内工程现状供水能力的 39.8%；引水工程为 271.50 亿 m^3，占 29.5%；提水工程为 101.27 亿 m^3，占 11.0%；其他工程（主要是非水利部门供水工程）为 146.45 亿 m^3，占 15.9%；地下水工程为 35.03 亿 m^3，占 3.8%。

8.3　水环境质量概况

随着流域经济社会的不断发展，流域的水质污染问题越来越突出。总体上看，珠江的水质情况要好于同期全国的平均水平，但局部地区的水污染形势仍然十分严峻，水环境恶化趋势未得到有效遏制，用水安全受到威胁。据 2000 年开展的调查评价成果，在 33585.4km 河流中有 18.6%的河长河流水质劣于Ⅲ类，珠江三角洲、南北盘江二级区接近一半的评价河长水质劣于Ⅲ类，经进一步分析，有 14 个三级区套地级市单元超过 50%的评价河长水质劣于Ⅲ类，部分地区还有汞、镉、铬等有毒污染，已威胁到饮水安全、生态安全和经济安全。

在 5 个进行富营养化评价的湖泊中，3 个湖泊呈中营养状态，2 个湖泊为富营养状态。在评价的 152 座水库中有 133 个以中富营养状态为主，占 97%，其余为富营养。在评价的 79 个重点供水水源地中，不合格的水源地个数占 30%，不合格供水量约为 12.9 亿 m^3。全区不合格的生活供水量达 12.6 亿 m^3，城镇生活供水不合格率达 20.1%，影响总人口估计约 1150 万人，涉及 GDP 约 3000 亿元，其中城镇人口约 1053 万人，占珠江地区城镇总人口的 15%。城镇生活供水量合格率最低的是珠江三角洲，仅 62.1%，影响城镇人口 960 万人，涉及 GDP 约 2700 亿元。虽然水体污染比例不高，但影响面广。被污染的水源地均是珠江区内重要的大中城市和经济最发达的地区，影响人口和涉及经济总量大。随着西部地区经济的发展，工业化进程加快，水体污染潜在风险加大。

8.4　主要环境问题分析

珠江流域局部性的生态环境问题，主要表现为水土流失严重、“石漠化”问题突出、山地灾害活动强烈、水体污染严重、咸潮上溯、地下水过量开采引致海水入侵、入海水体受到污染引致赤潮频繁、不当围海造田引致沿海湿地退化、湖泊萎缩、部分支流出现河道断流、沿海地区因抽取地下水导致地面沉降、地面塌陷等生态环境问题，种类多，涉及面广，特别是分布较广的喀斯特山区和珠江三角洲地区生态环境问题十分突出，严重影响了可持续发展。上游喀斯特地区水土流失严重，生态环境极其脆弱，环境容量小，部分地区已直接威胁到当地群众的生存。珠江区仅红水河以上的喀斯特地区有 24.45 万 km^2，占总面积的 42%，涉及云南、贵州、广西 3 省（区）19 地区（市、州）106 个县，水土流失面积 5.02 万 km^2，其中石漠化土地面积 3.99 万 km^2，潜在石漠化面积 3.6 万 km^2，涉及 52 个县，贫困人口 320 万人。珠江三角洲水环境恶化、赤潮频发、咸潮上溯等生态环境问题日益突出。严重的水污染使珠江口成为赤潮的高发区，赤潮引起海产品大量死亡的事件时有发生，给渔业资源和生产造成重大的经济损失。1981～1998 年有记载的赤潮共 128 次，约每年发生 7 次，近年来发生赤潮的频率越来越高，持续的时间延长，危害程度加大，时间从过去的几天延长到半个月，造成的经济损失少则数千万元，多则数亿元。近几年发生了较严重的咸潮上溯，各主要取水口无法正常取水，严重影响三角洲地区居民的正常生活用水，影响人口达 1000 万人，引起社会广泛的关注。

随着珠江流域社会经济的发展和人口的逐步增长，工业废渣、生活污水的排放、化肥农药的大量使用已给水、沉积物等造成了严重的污染。而且污染物已由过去的单一型向持久性有机型发展，具体表现为多种污染物并存，数次污染事件叠加，空气、水、沉积物、土壤、生物等各种环境介质被污染。一些毒害性污染物具有“三致”作用，还有一些则具有内分泌干扰作用及其他毒性，可能危及生态和人体健康。这种流域持久性有机污染，为政府和科学界提出了新的课题。因此，亟须明确污染的来源，了解降解毒理变化，以便确定有效的修复和治理方案。对珠江流域主要河流及河口沉积物中毒害有机化合物的研究表明，珠江三角洲地区 OCPs（主要是 DDTs）、PCBs 的含量水平已超过国外沉积物风险评价标准，成为珠江三角洲地区毒害有机污染物的高风险区。部分河段鱼虾稀少，生态功能基本丧失。

除了 POPs、SVOCs 等传统的有机污染物，珠江流域特征污染物的种类不断增多，一些“新兴”的污染物（emerging contaminants），如溴代阻燃剂（BFRs，主要如多溴二苯醚 PBDEs）、PPCPs（如性激素、类性激素、抗生素等）逐渐进入了人们的视野）。珠江流域的沉积物、水、大气及生物（包括陆生和水生生物）体中已广泛发现 PBDEs，人们虽已经认识到 PBDEs 潜在的危害，但由于其阻燃效率高，热稳定性好，添加量少，对材料性能影响小，价格便宜，仍然作为一种添加型阻燃剂被广泛地应用在电子、电器、化工、交通、建材、纺织、石油、采矿等领域中。研究发现一些毒害性有机污染物的环境稳定性、高脂溶性和生物放大作用使得其一旦进入环境体系，即可在水体、土壤和底泥等环境介质中存留数年，甚至更长时间，并沿着食物链富集，最终通过食物、母乳、大气和室尘等蓄积在人体内，这类污染物对人的大脑、肝脏和肾脏等器官及神经系统、内分泌系统、生殖系统产生急性或慢性毒性，从而对人类的健康和生存产生巨大危害。

目前，珠江流域已在特征毒害性污染物的研究方面具备一定基础，这些工作主要集中在分析方法的建立，并在对持久性有毒污染物种类、含量与分布的考察上积累了一定的基础数据。但对流域内毒害性污染物的特征，如组成、含量水平与污染源分布之间的相关性、特征污染物的生物毒性与其在食物链中的迁移等方面的研究还相当薄弱。本节将通过点源、面源调查，研究流域内毒害性污染物的特征，解析污染的来源，探索其在环境中的含量水平与分布，开展典型污染物的生物体毒性实验。这些研究为最终客观评价流域内毒害性污染物的生态风险，制定相应的应对措施，从源头上遏制住流域内特征毒害性污染物的污染提供科学的依据。

第9章　珠江毒害性有机污染物的筛查

随着珠江流域经济的快速发展，大量的人工合成有机物与天然来源有机污染物进入了珠江水体。这些有机污染源通常包括工业、交通、农业和生活污染源几部分。通过两年三个水期在珠江流域对有机污染物的监测，发现流域内水环境中含有胺类、酞酸酯类、多溴联苯醚（PBDEs）、酚类和PAHs类等多种毒害性污染物，而且多种污染物有比较高的检出率。

但流域内各类污染物的含量水平也不相同，总体趋势表现出在珠江流域的上中游有机污染物的含量水平要高于下游。同时，在流域的不同区段，典型特征有毒有机污染物污染因子的代表性各不相同。监测分析表明，各类有毒有机物在各监测断面水环境中分布的差异较大。从统计结果看，胺类和多氯酚类、氯苯类、农药类和PAHs类等在珠江流域各断面普遍存在。

在珠江的上游地区，主要存在苯胺类、农药类污染物，而在中游梧州以下流域则增加了磷酸酯类、多氯酚类和PAHs类等多类污染物。

将生态风险分析技术引入对本流域毒害性污染物的筛查，对于及时掌握环境优先控制污染物的动态，分析与评价重要供水水源地所含化学致癌物的健康风险，为水源地污染风险的管理提供监管目标、监管范围，提升珠江流域水源地的水质污染特征的管控能力与水平均具有重要作用。

9.1　水环境样品的监测分析

进入珠江流域内水环境中的毒害性优控污染物，需通过样品前处理、仪器测试与数据分析才能够获得准确的定性和定量数据。

9.1.1　样品前处理

1. 水样的前处理

水样的采集用棕色玻璃瓶（使用前后均以二氯甲烷、乙酸乙酯、超纯水清洗），用有机玻璃采样器采集0～50cm表层水，取有代表性的4L水样，收集于具螺旋口和聚四氟乙烯内衬垫的棕色玻璃瓶中，每批样品带一个全程空白，封口后于4℃下避光存放，在48h内完成过滤、SPE等前处理。

样品经 0.7μm GF/F 滤膜过滤，滤膜按沉积物与颗粒物的前处理方法进行处理。将 4L 水样进入 ASPE-799 型全自动固相萃取仪，经活化、吸附、干燥、洗脱和定容后，实现对水中毒害性污染物的富集。各步骤的详细过程如下。

（1）活化：每一个固相萃取柱分别用 5mL 二氯甲烷，5mL 乙酸乙酯，10mL 甲醇和 10mL 超纯水活化。

（2）吸附：将 4L 水样与固相萃取仪连接，水样用 6mol/L 盐酸调至 pH 小于 2，加入 5mL 甲醇混匀，再加入 100μL、50mg/L 的内标液，立刻混匀，加标物在水中的浓度为 5.0μg/L，水样以 10mL/min 的流量通过固相萃取柱。

（3）干燥：用氮气干燥固相萃取柱 30min。

（4）洗脱：先后用 2mL 乙酸乙酯或环己烷-乙酸乙酯（50∶50，*V*∶*V*）分两次以 0.5mL/min 流速洗脱固相萃取柱，洗脱液收集于浓缩管中。

（5）定容：洗脱液在 40℃下用轻柔的氮气浓缩，用乙酸乙酯定容至 0.5mL。

2. 沉积物与颗粒物

沉积物样品用抓斗式采样器采集，采样 2kg 左右，采集后即在–20℃冷冻保存。水样经 0.7μm GF/F 滤膜（450℃下灼烧 4h）过滤后，将其悬浮颗粒物样品与 GF/F 滤膜一起放置于–20℃条件下。然后，将沉积物与水样的悬浮颗粒物样品经冷冻干燥机处理。

1）系统配置

2050 型 Soxtec 全自动索氏抽提系统（丹麦 FOSS 公司），旋转蒸发仪、冷冻干燥机等设备。

2）浸提条件

沉积物样品捡去石块、植物枝叶，研磨，过 60 目不锈钢筛后称取 10g 置于烧杯中，加 10g 无水硫酸钠，充分混匀后转移至索氏抽提筒中，准确加入 20mg/L 氘代内标溶液 50μL，用 FOSS 索氏抽提系统抽提。

悬浮颗粒物样品经冷冻干燥后，将 GF/F 滤膜剪碎，加 5g 无水硫酸钠，充分混匀后转移至索氏抽滤筒中，准确加入 20mg/L 氘代内标溶液 50μL，用 FOSS 索氏抽提系统抽提。

沉积物与颗粒物的抽提液均为丙酮∶正己烷（50∶50，*V*/*V*）的混合提取液，抽提温度为 160℃；其中沸腾时间 65min，淋洗时间 60min，去溶剂时间 2min 以缩短提取液的转移与净化时间。

9.1.2　有机污染物监测技术

1. 固相萃取富集技术

使用固相萃取能够避免液液萃取带来的许多问题，如不同相之间的分离不完全、定量测试的回收率比较低、需使用大量有机溶剂。与液液萃取相比，固相萃取不仅更有效，而且更容易实现自动、快速、定量萃取，同时减少溶剂用量和萃取时间。固相萃取常用于萃取液体样品特别是不易挥发或不挥发的液体样品，除此之外也可用于处理预先提取到溶液中的固体样品。固相萃取对样品的萃取、浓缩和净化都有极好的效果。

水样中的污染物被 Oasis HLB 固相萃取柱（500mg，6mL）吸附，用二氯甲烷和乙酸乙酯洗脱，洗脱液经浓缩，用气相色谱柱分离各个组分后，再以质谱作为检测器，进行水中有机污染物的测定。将目标组分的质谱图和保留时间与计算机谱库中的质谱图和保留时间作对照，进行定性。

1）系统配置

ASPE-799 型全自动固相萃取仪［岛津技迩（上海）商贸有限公司］。

2）试剂

纯水：需使用不含有机物的超纯水（电阻率＜18.2MΩ，Millipore 公司），纯水中干扰物的浓度需低于方法中待测物的检出限。

溶剂：环己烷、二氯甲烷、乙酸乙酯、丙酮、正己烷（J.T.Baker 公司），均为农残级溶剂。

盐酸：6mol/L，优级纯。

无水硫酸钠：于马弗炉中 400℃条件下加热 2h，冷却后保存于干燥器中。玻璃纤维滤膜：Whatman，GF/F，142cm id，0.7μm 孔径，使用前经 450℃烘烤 4h。

Oasis HLB 固相萃取柱（500mg/6mL，Waters 公司）。

标准储备液（O2Si 公司）订制 SVOCs 混标，浓度 500mg/L；OCPs 混标，萘-d8（内标），敌百虫，乙酰甲胺磷，苊-d10（内标），*α*-六六六，六氯苯，乐果，*β*-六六六，*γ*-六六六，*δ*-六六六，菲-d10（内标），甲基对硫磷，七氯，马拉硫磷，艾氏剂，环氧七氯，*o*, *p*′-DDE，*γ*-氯丹，*α*-氯丹，*p*, *p*′-DDE，狄氏剂，异狄氏剂，*p*, *p*′-DDD，*o*, *p*′-DDT，*p*, *p*′-DDT，䓛-d12（内标），苝-d12（内标），浓度 500mg/L；有机磷农药混标，甲基对硫磷，对硫磷，马拉硫磷，敌敌畏，内吸磷，敌百虫，浓度 100mg/L。

内标溶液：用丙酮配制浓度为 2000mg/L 的 1, 4-二氯苯-D4、萘-d8、苊-d10、二氢苊-d10、菲-d10 和茈-d12、苝-d12 内标溶液，用乙酸乙酯稀释成 20mg/L 氘代内标中间液。

GC-MS 性能校准溶液：用二氯甲烷配制浓度为 5.0mg/L 的十氟三苯基膦（DFTPP），置于安培瓶中 4℃保存。

乙酸乙酯稀释成 20mg/L 的 OCPs、有机磷农药中间液。

SVOCs 标准的使用溶液配制：用甲醇将一定量的标准中间液配制成浓度为 0.1mg/L、0.5mg/L、1mg/L、2mg/L、5mg/L、10mg/L 和内标为 5mg/L 的标准使用溶液。

有机磷和 OCPs 农药标准使用溶液的配制：用乙酸乙酯配成 0.1mg/L、0.2mg/L、0.5mg/L、1.0mg/L、1.5mg/L、2.0mg/L 农药混合标准溶液系列，每一级标准溶液含氘代内标均为 1.0mg/L。

2. 凝胶渗透色谱净化

凝胶渗透色谱（gel permeation chromatography，GPC）技术是一项比较传统的体积排阻色谱分离技术。GPC 可以根据分子的体积大小对物质进行分级，利用对不同体积分子的保留时间不同而达到分离的目的。

这种净化技术在国外已经得到较为广泛的应用，它已成为 USEPA，美国食品和药物监督管理局（FDA），美国分析化学协会（AOAC）及欧洲（EN）法定方法。该技术可高效地从有机物样品中除去高分子量的干扰化合物如油脂、糖、聚合物、色素和蛋白质等，降低终端分析仪器的维护频率，减少故障的发生，并可以相对延长分析柱的寿命，直接提高工作效率。

凝胶渗透色谱不仅可以用于分离小分子物质，还可以用于分离具有相同化学性质但分子大小不同的高分子量物质，凝胶渗透色谱在多农药残留分析检测中对样品提取液中高分子量干扰物的去除具有很好的效果。用凝胶渗透色谱对样品进行净化分离时，油脂（通常分子量大于 600）等大分子物质首先流出，随后是小分子物质（农药、多氯联苯等），而且淋洗溶剂的极性对分离的影响并不起决定作用，特别适合净化含脂和色素的样品。同时，该方法已完全实现自动化，操作过程简单：样品被转移到小瓶中，注入凝胶渗透色谱柱中进行分离；高分子量物质从柱中洗脱出来，被导入废液瓶中；目标化合物被收集在收集盘的样品瓶中以备后续的处理（通常体积较大，50～150mL）。随后 GPC 系统进行自动清洗，为下一个样品做准备。整个过程全密闭控制，如果结合全自动样品浓缩装置，就可以实现最终浓缩定容，可用于直接进样。并且可以配置不同大小的柱子以满足不同样品量的要求，也同样适用于未知目标化合物的净化。

1）系统配置

凝胶净化仪主机（凝胶渗透色谱柱 25mm×50cm，填料为 Bio-bead SX-3）包含：高压输液泵、编程控制单元、标准定量环、溶剂回收系统；一体化自动进样/组分收集器；进样瓶、收集瓶、密封垫、有孔盖。

2）仪器条件

将沉积物与颗粒物的抽提液用环己烷∶乙酸乙酯（50∶50，*V*/*V*）的混合溶液定容至 40mL，进行净化。

其流动相为环己烷：乙酸乙酯（50∶50，*V*/*V*）混合溶液，柱流速 5mL/min，收集时间 17～33min，将 GPC 在线浓缩系统浓缩的约 5mL 溶液收集，氮吹至近干，用乙酸乙酯定容至 0.5mL。取干净石英砂以同样方式处理作为空白。

9.2　标准曲线的绘制

分别取 5 种不同浓度的标准溶液，按操作条件将气相色谱-质谱联用仪（GC-MS）和高效液相色谱仪（HPLC）调节至最佳状态，进样测定，以测得的峰面积分别对相应的标准物质浓度绘制标准曲线。

在与待测样品相同的条件下分析标准曲线。

9.3　仪 器 分 析

在 GC-MS 方面，通过目标组分的质谱图和保留时间与计算机谱库中的质谱图和保留时间作对照进行定性；每个定性出来的组分的浓度取决于其定量离子与内标物定量离子的质谱响应之比，在每个样品中加入已知浓度的内标化合物，用内标法校正程序测定样品。

当水样中的 PAHs 浓度很低时，需要采用配置荧光检测器的 HPLC 进行检测。首先，用反相键合色谱柱对目标组分进行分离，通过梯度洗脱调节流动相的极性，以优化色谱分离的选择性，实现在较短时间内对 16 种 PAHs 污染物的基线分离（分离度 $R>1.5$）。其次，对 PAHs 的不同组分使用不同的激发波长和发射波长进行检测。

9.3.1　水样

1. 仪器参数

仪器为安捷伦 7890A/5975C GC/MS，热电 TSQ GC/MS 和安捷伦 1260HPLC。GC-MS 的色谱参数：进样口温度 250℃；不分流进样，1μL；超惰性不分流衬管；恒压模式（调节压力至甲基毒死蜱保留时间 16.593min）；毛细管气相色谱柱 DB-5MS UI：30m×0.25mm×0.25μm；色谱柱升温程序：70℃（2min）$\xrightarrow{25℃/min}$ 150 ℃ $\xrightarrow{3℃/min}$ →200 ℃ $\xrightarrow{8℃/min}$ 280 ℃（10min），氦气流量：1.3mL/min，恒流模式。

质谱参数：离子源温度 230℃；四极杆温度 150℃；传输线温度 280℃；扫描质量 45～550amu；溶剂延迟 3min。

HPLC 的参数如下。液相色谱柱：Welch Ultimate PAH［(4～6mm)×250mm，5μm］。流动相：A 为水，B 为乙腈；流速：1.5mL/min；梯度洗脱程序为：0～20min，B 由 40%升至 100%；20～42min，A 为 100%；后运行时间 5min。进样体积 10μL；

柱温 17℃。十六种 PAHs 的保留时间和荧光检测波长见 9.6 节表 9-11，采用保留时间定性，峰面积外标法的定量方法。

2. GC/MS 与 HPLC 性能测试

仪器开始运行前，以十氟三苯基膦（DFTPP）检查 GC-MS 系统是否达到性能指标要求。性能测试要求仪器参数为：电子能量 70eV，质量范围 35～500amu，扫描时间为每个峰至少有五次扫描，但每次扫描不超过 1s。得到背景校正的 DFTPP 质谱后，确认所有关键质量数是否都达到表 9-1 的要求。

表 9-1　DFTPP 特征离子和离子丰度指标

质量数/(*m*/*z*)	离子丰度指标	质量数/(*m*/*z*)	离子丰度指标
51	198 质量数的 30%～60%	199	198 质量数的 5%～9%
68	小于 69 质量数的 2%	275	198 质量数的 10%～30%
70	小于 69 质量数的 2%	365	大于 198 质量数的 1%
127	198 质量数的 40%～60%	441	小于 443 质量数的丰度
197	小于 198 质量数的 1%	442	大于 198 质量数的 40%
198	基峰，相对丰度为 100%	443	442 质量数 17%～23%

HPLC 采用的荧光检测器在信号无衰减的情况下，噪声＜5×10^{-5}FU（检测器自身的物理量，FU）；基线漂移＜5×10^{-3}FU/h（h，h）；在线性范围内标准曲线线性回归系数较好，可达 0.99 以上。

9.3.2　沉积物样品

1. 仪器参数

GC-MS 的色谱参数如下。色谱柱：DB-5MS UI（30m×0.25mm×0.25um）。色谱条件：进样口温度为 250℃，脉冲不分流进样，进样脉冲压力 25psi；升温程序：50℃（4min）$\xrightarrow{8℃/min}$300℃（5min）；氦气流量：1.3mL/min，恒流模式。质谱参数：离子源温度 280℃；四极杆温度 150℃；传输线温度 290℃。选择离子监测参数见 9.6 节表 9-9 和表 9-10，内标法定量。

2. GC-MS 性能测试

沉积物样品的 GC-MS 性能测试前已表述。

9.4　质量控制与质量保证（QA/QC）

9.4.1　质量控制样品

空白样品、空白加标样、基质加标样、重复样（每 20 个测试样品同时完成一组质量控制样品的测试）。

通过试剂空白、标准样品和加标样品的分析控制样品测试结果的准确性，确定每个目标化合物的方法检出限。同一批次的样品可以进行一个标准样品分析。如果样品量超过 20 个，应每 20 个样品增加一个标准样品分析。同一批次的样品应做一个现场试剂空白，以确定污染源是由样品采集现场产生的还是由样品转运过程中产生的。

9.4.2　固相萃取和索氏抽提系统的空白实验

在样品分析之前或新购固相萃取管后，进行空白实验以保证待分析的污染物不受到污染。本底污染控制在可接受范围内，且均低于方法检出限。如果污染物的本底影响测定准确性和精密度，实验前应进行背景处理。

影响检测的潜在污染源是选用的固相萃取管、试剂含有邻苯二甲酸酯类、硅酮或其他污染物，邻苯二甲酸酯类化合物能溶于二氯甲烷和乙酸乙酯中，使水样本底产生变化，本底污染的其他来源还有溶剂、试剂或玻璃容器。因此，同一批次的样品在 12h 内要做一次空白实验以确定系统的背景污染状况，当更换新型的固相萃取管或试剂时，也进行本底空白实验。

9.4.3　实验的准确度和精密度

用标准原液或质控标样加到超纯水样或沉积物空白中，沉积物空白基体为 20.0g 经高温烘烤后的无水硫酸钠，配制标准样品。分析 4～7 个沉积物加标量为 100ng 的标准样品，水样加标浓度为 2～5μg/L 的标准样品，测出标准样品中每个组分的浓度、平均浓度、准确度、精密度（相对标准偏差，RSD）。

目标化合物回收率：通过空白加标样品的测定，得到目标物的回收率，每个待测物和内标物的回收率在 70%～130%以内，RSD＜30%，如果不符合这个标准，查找原因后，再配制新的标准样品，重新进行测定。

本研究水样、沉积物与颗粒物实验的准确度和精密度如下。

（1）水样：SVOCs 污染物的空白加标样平均回收率 78.2%～111.8%，RSD＜12.9%，基质加标的平均回收率 72.7%～120.3%，RSD＜22.6%；各种农药类污染物的空白加标样平均回收率 74.6%～109.7%，RSD＜13.5%，基质加标的平均回收率 74.6%～124.6%，RSD＜18.3%；PAHs 的空白加标样平均回收率 73.6%～106.8%，RSD＜11.8%，基质加标的平均回收率 71.4%～117.7%，RSD＜25.1%。

（2）沉积物与颗粒物：SVOCs 污染物的空白加标样平均回收率 73.8%～113.7%，RSD＜14.4%，基质加标的平均回收率 77.7%～118.3%，RSD＜21.8%；各种农药类污染物的空白加标样平均回收率 79.9%～114.6%，RSD＜25.7%，基质加标的平均回收率 72.9%～129.4%，RSD＜24.8%；PAHs 的空白加标样平均回收率 74.9%～117.9%，RSD＜8.9%，基质加标的平均回收率 75.3%～121.1%，RSD＜9.6%。

9.4.4　方法检出限

方法检出限：基质加标样（$n=6$）测定，配制 7 个含所有待测组分的标准样品，每个组分的浓度为 0.5μg/L 左右，计算每个目标物的方法检出限，以信噪比（signal-noise ratio，S/N）≥10 时各目标化合物的浓度为仪器定量限（instrumental quantification limit，IQL），方法检出限依据 IQL、浓缩因子及加标回收率计算求得。

水样、沉积物与颗粒物实验的方法检出限如下。

（1）水样：SVOCs 污染物 0.03～50ng/L；各种农药类污染物 2.41～30ng/L；PAHs 污染物 3～22.5ng/L。

（2）沉积物与颗粒物：

SVOCs 污染物 36.1～137μg/kg；各种农药类污染物 0.013～2.16μg/kg；PAHs 污染物 2.62～6.3μg/kg。

9.5　富集技术的优化

9.5.1　水样前处理固相萃取洗脱条件的确定

固相萃取（solid phase extraction，SPE）是利用固体吸附剂将液体样品中的目标化合物吸附，与样品的基体和干扰化合物分离，然后用洗脱液洗脱或加热解吸附，达到分离和富集目标化合物的目的。它利用分析物在不同介质中被吸附的能力差将标的物提纯，有效地将待测物质与干扰组分分离，大大增强对分析物特别是痕量分析物的检出能力。

样品进入萃取柱吸附剂，目标化合物被吸附后，先用较弱的溶剂将弱保留干扰化合物洗掉，然后用较强的溶剂将目标化合物洗脱下来，加以收集。SPE 的洗脱溶剂一般有正己烷、二氯甲烷、丙酮、乙酸乙酯、甲醇、乙腈和纯水等各种试剂。为了优化珠江流域水环境样品的检测方法，提高对水环境中毒害性污染物筛查的回收率，本节以 SVOCs 为主体的珠江流域水环境中的毒害性污染物为目标化合物。

由于Waters公司的Oasis HLB固相萃取柱具有大孔型二乙烯基苯-*N*-吡咯烷酮聚合物，它既具有可以富集亲脂性污染物的二乙烯基苯基官能团，又有吸附亲水性的吡咯烷酮官能团，具有吸附极性化合物的能力。因此，本节利用 Oasis HLB 固相萃取柱对水环境样品的 SPE 技术方案进行了优化。因为影响水生生态系统安全性的化合物以中等极性和非极性化合物为主，本节选择目标化合物以酞酸酯类和有机磷农药为例，进行固相萃取条件的优化实验。

1. 酞酸酯类

以酞酸酯类化合物中 3 种化合物邻苯二甲酸二甲酯（DMP）、邻苯二甲酸二乙酯(DEP)、邻苯二甲酸二丁酯(DBP)为代表化合物，进行了 3 水平 3 因子(3×3)正交实验以确定最佳固相萃取条件。

选择珠江原水水样中污染物浓度为 mg/L 级，而不是痕量水平，是为了避免溶质与水的竞争吸附对回收率测定的影响及由浓缩引起的误差。Oasis HLB 固相萃取柱（500mg，6mL）的正交实验结果见表 9-2 和表 9-3。

表 9-2 酞酸酯正交实验的不同实验条件

实验号	洗脱液	洗脱速率/(mL/min)	洗脱体积/mL
1	环己烷	0.5	1.0
2	乙酸乙酯	1.0	2.0
3	二氯甲烷	2.0	4.0
4	环己烷	1.0	4.0
5	乙酸乙酯	2.0	1.0
6	二氯甲烷	0.5	2.0
7	环己烷	2.0	2.0
8	乙酸乙酯	0.5	4.0
9	二氯甲烷	1.0	1.0

表 9-3　不同实验条件下酞酸酯的正交实验回收率（%）

实验号	邻苯二甲酸二甲酯（DMP）	邻苯二甲酸二乙酯（DEP）	邻苯二甲酸二丁酯（DBP）
1	82.0	83.9	50.5
2	98.4	99.2	86.6
3	83.6	87.8	93.5
4	77.5	72.2	54.3
5	103.2	105.0	92.0
6	98.7	92.3	90.9
7	87.9	88.5	69.9
8	95.2	96.0	90.2
9	73.8	75.6	77.6

计算不同洗脱液、不同洗脱速率与不同洗脱体积的 3 个影响因素在每一水平条件下实验指标（即回收率）的平均值，由平均值改变的大小即可求出回收率随影响因素水平变化而改变的范围，结果见表 9-4。

表 9-4　不同固相萃取实验条件下回收率的平均值（%）

酞酸酯		邻苯二甲酸二甲酯（DMP）	邻苯二甲酸二乙酯（DEP）	邻苯二甲酸二丁酯（DBP）
不同的洗脱液	环己烷	82.5	81.5	58.2
	乙酸乙酯	98.9	100.1	89.6
	二氯甲烷	85.4	85.2	87.3
乙酸乙酯的不同洗脱速率/(mL/min)	0.5	92.0	90.7	77.2
	1	83.2	82.3	72.8
	2	91.6	93.8	85.1
乙酸乙酯的不同洗脱体积/mL	1	86.3	88.2	73.4
	4	95.0	93.3	82.5
	6	85.4	85.3	79.3

由表 9-4 可以看出，洗脱液为乙酸乙酯时，洗脱速率是影响回收率的一个重要因素，当洗脱速率为 2mL/min 时待测酞酸酯的回收率值最高。如果洗脱速率太快，洗脱剂不能完全与待测物作用，难以把待测物完全洗脱下来；洗脱速率太慢，一方面增加待测物与环境的接触时间，可能增加干扰，另一方面洗脱剂也不能顺利地将待测物从小柱中带出。

由于珠江流域各类型原水中待测污染物与固相萃取柱之间键合强度不同，不同的洗脱体积会造成待测物洗脱浓度发生改变。从表 9-4 也可以看出，当洗脱液体积为 4mL 时各待测酞酸酯的回收率值达到最高。

表 9-5 表示通过对 3 个因素影响范围的对比分析，洗脱液用量对 3 种酞酸酯类污染物回收率的影响最大，其次是洗脱速率，洗脱体积的影响最小。

表 9-5　酞酸酯回收率的正交实验影响范围对比表

酞酸酯名称	洗脱液用量/mL	不同洗脱速率/(mL/min)	不同洗脱体积/mL
邻苯二甲酸二甲酯（DMP）	16.4	8.4	9.6
邻苯二甲酸二乙酯（DEP）	18.6	11.5	8
邻苯二甲酸二丁酯（DBP）	31.4	12.3	9.1

因此，对珠江原水中以酞酸酯类污染物为代表的 SVOCs 污染物的固相萃取选择洗脱液为乙酸乙酯，洗脱体积为 4mL，洗脱速率为 2mL/min 的 SPE 条件。

2. *有机磷农药类*

取含 0.5mg/L 二嗪农的珠江原水样，分别以 2mL/min、4mL/min、6mL/min、8mL/min 和 10mL/min 流量通过 Oasis HLB 固相萃取柱（500mg，6mL），用环己烷-乙酸乙酯洗脱后测定，得出二嗪农的回收率见图 9-1。

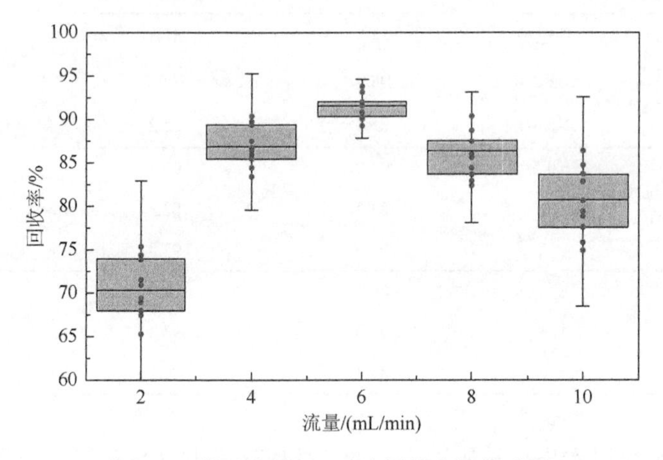

图 9-1　样品流量与二嗪农回收率的关系图

实验结果表明，当珠江原水的水样流量为 6mL/min 时，回收率较高，为 92.1%，样品流量过大（＞10mL/min）或过小（＜2mL/min）时，回收率均较低，在 70% 左右。样品流量过大，可能是由于样品与吸附剂颗粒之间未能形成很好的吸附，且受水样的流动冲刷，导致回收率降低；样品流量过小，可能是二嗪农和吸附剂颗粒之间结合牢固，亦可能存在解吸过程导致回收率降低。因此，对珠江原水固相萃取过程中的上样流量选择为 6mL/min。

取含 0.5mg/L 二嗪农的珠江原水样，以 6mL/min 的流量通过 HLB 小柱。分别采用甲醇、甲醇∶丙酮（70∶30，*V*/*V*）、环己烷∶乙酸乙酯（50∶50，*V*/*V*）、乙酸乙酯 4 种洗脱剂淋洗，测定其平均回收率，见表 9-6。

表 9-6 不同洗脱剂的平均回收率

洗脱剂	平均回收率/%	标准偏差/%	相对标准偏差/%
甲醇	70.0	1.8	2
甲醇∶丙酮	85.5	0.9	1.1
环己烷∶乙酸乙酯	90.0	1.4	2
乙酸乙酯	80.3	5	6.5

从这 4 种洗脱剂看，大致是从极性强向极性弱过渡。由表 9-6 可见，选择的 4 种洗脱剂中，只有环己烷∶乙酸乙酯混合溶液回收率较高，达到 90.0%，甲醇的回收率仅为 70.0%。因此，对珠江不同类型原水，以有机磷为代表的农残类污染物的萃取选择环己烷∶乙酸乙酯（50∶50，*V*/*V*）的 SPE 条件。

因此通过比较可得，洗脱剂极性太强或太弱，回收率都会有所下降。

9.5.2 GPC 净化条件确定

GPC 柱子由化学惰性的中空小球组成，它利用空间排阻的原理对样品进行分离，详见图 9-2。

小分子的待测组分会从填料孔的中间穿过，而大分子组分会从填料间的缝隙中通过，造成小分子与大分子组分之间行程的不同，从而起到把大小分子量的不同组分加以分离的作用。

1. 优化凝胶净化系统条件

GPC 净化条件的选择，是取两组验证组分进行优化实验。第一组为 OCPs 农药，第二组选择部分毒害性特征污染物，考察在不同真空度条件下，待测组分的回收率。因此，分别选择两种真空度条件进行对比，一种是我们根据大量实验而优化的条件，即压力相 1：190mbar[①]/压力相 2：210mbar；而另一种是其他学者的研究成果，即压力相 1：130mbar/压力相 2：140mbar（张茜等，2011）。

① 1mbar = 10^2Pa

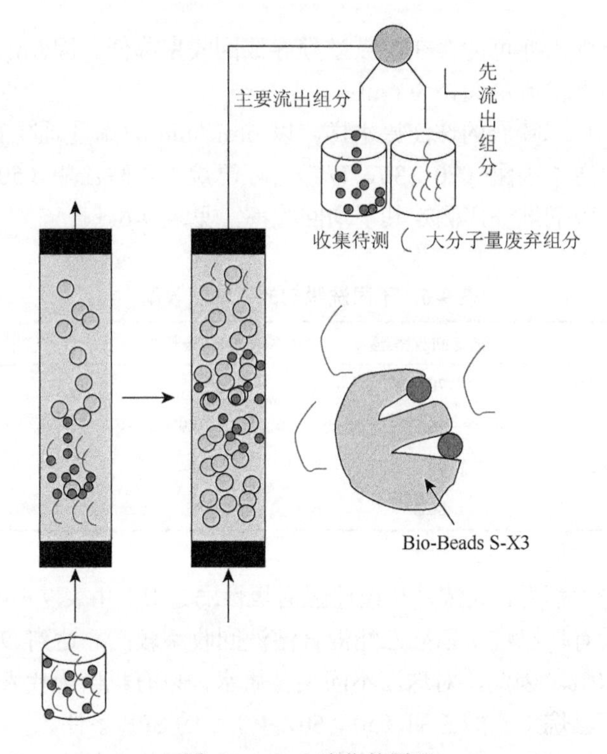

图 9-2　GPC 净化的原理

为确定 GPC 去杂时间和主成分收集时间，本节充分考虑了被渗透排阻的干扰组分和目标化合物的分离情况，在回收率满足条件的情况下，尽量将干扰物去除。本实验按以下条件做流出组分的收集，共收集 780～900s、900～1020s、1020～1260s、1260～1500s、1500～1980s、1980～2460s 6 个时间段的流出组分，结果发现在 780～900s、900～1020s 这两个时间段，几乎没有待测的有机污染物检出，所有的待测物均主要在 1020～1980s 时间段内流出，因此，确定 GPC 净化的条件中，去杂质时间为 1020s，收集时间为 960s。

此外，样品过 GPC 前，为满足 Bio-Beads S-X3 填料对待测组分的分离度，应将经索氏抽提后的组分溶剂转换为可被 GPC 填料承纳的环己烷：乙酸乙酯（*V*：*V*＝50：50）溶剂体系。我们选择两种不同的进样溶剂环己烷：乙酸乙酯（50：50，*V*/*V*）和丙酮：正己烷（50：50，*V*/*V*），对 GPC 条件进行优化（图 9-3 和图 9-4）。

从图 9-3 和图 9-4 中可以看出，真空度的不同对回收率影响较大。在 190mbar/210mbar 条件下，以环己烷：乙酸乙酯（50：50，*V*/*V*）为流动相，六六六、DDT 类和毒害性特征污染物的回收率较高，范围在 90%～110%；而在 130mbar/140mbar 条件下，回收率只有 70%～88%。原因是在通过凝胶渗透色谱柱前，GPC 装置要预浓缩掉大部分溶剂，只保留5mL样品浓缩液。此过程中，沸点较高时，同一条件下饱和蒸气压较低的溶剂损失的待测组分就比较少，相应的回收率就比较高。因此，经环己烷：乙酸乙酯（50：50，*V*/*V*）与丙酮：正己烷（50：50，*V*/*V*）溶剂体系相对比，环己烷：乙酸乙酯（50：50，*V*/*V*）对六六六、DDT类和毒害性特征污染物的回收率比较高，可以满足对珠江毒害性污染物样品的前处理要求。

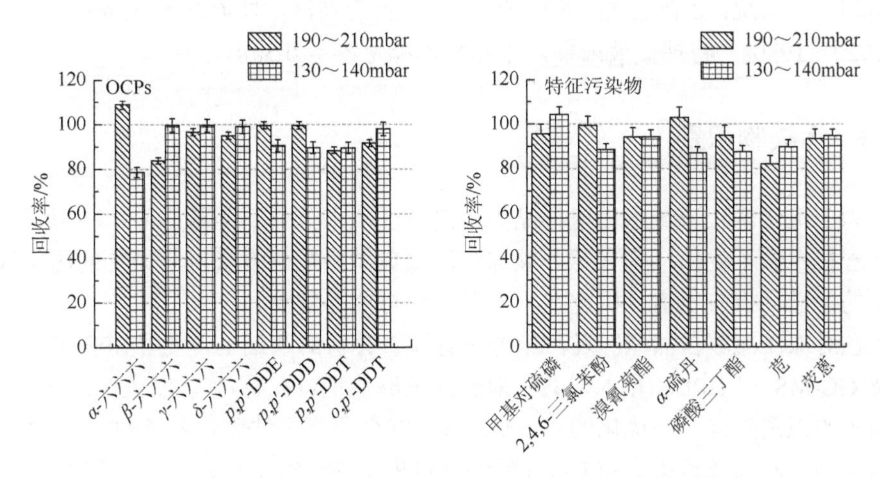

图9-3 环己烷：乙酸乙酯（50：50，*V*/*V*）溶剂体系

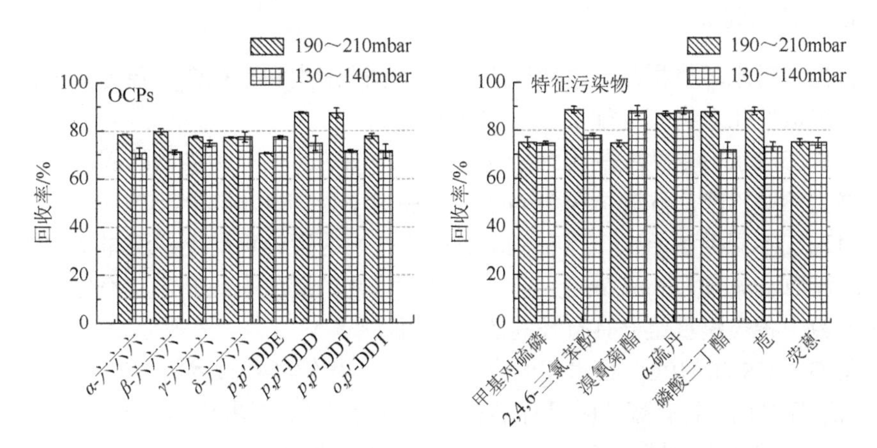

图9-4 丙酮：正己烷（50：50，*V*/*V*）溶剂体系

此外，由图9-3和图9-4还可以看出，在同样真空度条件下改换不同的溶剂体系，待测组分在GPC的回收率变化较小。因此，通过在丙酮：正己烷（$V:V=50:50$）的溶剂中加入一定量的环己烷：乙酸乙酯（$V:V=50:50$），得到的混合溶剂的回收率与单独使用环己烷：乙酸乙酯（$V:V=50:50$）的回收率基本

相同，从而避免了沉积物经索氏抽提后，GPC 净化由溶剂转换所造成的损失。最终确定了对珠江流域特征污染物的净化过程用环己烷：乙酸乙酯（V：V=50：50）混合溶液，浓缩腔真空度为 190mbar/210mbar 的 GPC 条件。

2. 凝胶净化系统的实验条件

将抽提液用环己烷：乙酸乙酯（50：50，V/V）混合溶液进行 GPC 净化。GPC 流动相为环己烷：乙酸乙酯（50：50，V/V）混合溶液，柱流速 5mL/min，收集时间 1020～1980s，将抽提液浓缩，用乙酸乙酯定容至 0.5mL。

9.5.3　污染物识别

为了优化珠江流域水环境样品的检测方法，本节对不同基质的水环境样品的前处理技术做了优化，确立了开展珠江流域典型特征有毒有机污染物的污染因子识别的色谱分析与质谱分析定性、定量原则与仪器参数。

在对珠江流域自然概况及污染源进行调查分析的基础上，采用 SPE 前处理技术及 GC-MS 和 HPLC 技术，共同对珠江流域典型特征有毒有机污染物开展了污染因子的识别研究。经优化的 GC-MS 与 HPLC 测试方法和仪器参数，在 SVOCs 类污染物、农药类污染物和 PAHs 的测试过程中均获得了很好的分离效果。

1. 样品质谱分析

首先，对水环境样品，本研究选择了以酞酸酯类和有机磷农药为代表的非极性与中等极性化合物，进行了 SPE 技术优化。

对珠江原水中以酞酸酯类污染物为代表的 SVOCs 类污染物的固相萃取洗脱液选择为乙酸乙酯，洗脱体积为 4mL，洗脱速率为 2mL/min 的 SPE 条件。

对珠江不同类型原水，以有机磷农药为代表的污染物的上样流量优化实验表明，珠江原水流量为 6mL/min 时，农残类污染物的回收率最高，从而保证了对珠江水环境中各类痕量组分具有较高的富集回收率。

将 GC-MS 和 HPLC 技术相结合。首先，运用解卷积技术将 TIC 图与空白的 TIC 图进行对比，看有哪些峰是样品有而空白没有的，或者样品明显大于空白的。对这些峰扣减基线背景后，得到的污染物谱图在 NIST（national institute of standard and technology）库中进行检索匹配。根据特征离子及相对保留指数进行定性，通过与仪器 Xcalibar 数据处理系统、自动质谱退卷积定性系统（automated mass spectral deconrolution and idification system，AMDIS）进行比较，对相似度、分子结构、出峰时间是否合理等进行鉴定（例如，小分子在很晚时间出现或大分子在很早时间出现，又或者极性分子很晚时间出现等都不合理）。

相似性的识别：选择定性离子时，应选择分子量较大、相对丰度较高、干扰少的离子。未知峰与谱图库比较时，未知峰扣除其附近的基线后进行质谱图库检索得到的相似度，要求 AMDIS 匹配值要大于 60%，以保证污染物定性监测结果的准确性。定量分析时，选择定量离子单独定量，而不选用将定量、定性离子的丰度加和后定量。

2. 色谱分析

首先，通过比较不同极性强度、不同选择性的试剂，选择乙酸乙酯作为洗脱酞酸酯类污染物的 SPE 洗脱溶剂，选择环己烷∶乙酸乙酯（50∶50，*V*/*V*）作为洗脱有机磷农药类污染物的 SPE 洗脱溶剂。

其次，沉积物与颗粒物样品前处理方面，优化了 GPC 的净化条件。在丙酮∶正己烷（50∶50，*V*/*V*）的溶剂中加入一定量的环己烷∶乙酸乙酯（50∶50，*V*/*V*），避免了经索氏抽提后 GPC 净化由溶剂转换造成的损失；通过对有机氯农药和珠江部分特征污染物在不同的溶剂体系与不同浓缩真空度条件的比较，确定了对特征污染物净化过程的混合溶液为环己烷∶乙酸乙酯（50∶50，*V*/*V*），GPC 的浓缩腔真空度为 190mbar/210mbar，收集时间段为 1020～1980s。

对于水环境中含量很低的 PAHs 样品，还采用 HPLC 技术。待测组分与其他杂质达到基线分离后，经保留时间定性，将与样品处理过程完全相同的富集方法处理过的标样作为外标，利用色谱峰面积做精确定量分析。

3. 抗生素的监测结果分析

经由超高效液相色谱-串联四极杆飞行时间质谱仪（美国 Waters Xevo G2-XS QTof）筛查（检出限为 0.1ng/L），筛查结果见表 9-7。在已检出抗生素的监测断面中，检出种类的数量从多到少排序为：D1（24）＞B2（19）＞D5（18）＝E2（18）＞A2（16）＝D2（16）＞E1（14）＞C2（13）＞A1（12）＞D6（6）。其中，已检出的抗生素种类主要为磺胺类和大环内酯类。

表 9-7　珠江部分特征抗生素监测初步筛查结果

抗生素监测断面	A1	A2	D5	B2	C2	D1	D2	D6	E1	E2
检出种类数	12	16	18	19	13	24	16	6	14	18
奈替米星	√	√	√	√	√	√	√	√	√	√
克林霉素						√	√			
红霉素	√	√	√	√	√	√	√	√	√	√
克拉霉素						√				

续表

抗生素监测断面	A1	A2	D5	B2	C2	D1	D2	D6	E1	E2
罗红霉素	√	√	√	√	√	√	√			√
庆大霉素										√
林可霉素	√	√	√	√	√	√	√	√	√	
磺胺甲氧哒嗪	√	√	√	√	√	√	√	√		√
磺胺二甲嘧啶	√	√	√	√	√	√	√		√	√
磺胺甲噁唑	√	√	√	√	√	√	√	√	√	√
磺胺氯哒嗪	√	√	√	√	√	√	√		√	√
磺胺喹噁啉		√	√	√		√			√	√
磺胺嘧啶		√	√	√	√	√	√			√
磺胺间甲氧嘧啶						√	√		√	
磺胺甲基嘧啶						√	√			
磺胺对甲氧嘧啶						√				
磺胺吡啶						√	√			
泰妙菌素	√	√	√	√	√	√	√		√	√
泰乐菌素				√					√	√
交沙霉素			√	√			√		√	√
替米考星		√	√	√		√			√	√
左咪唑	√	√	√			√	√		√	√
伊维菌素		√		√						√
硫粘菌素				√						
结晶紫			√	√	√	√				√
甲氧苄氨嘧啶			√			√				
玉米赤霉醇						√				
4-乙酰氨基安替比林	√	√	√	√	√	√		√	√	√
4-氨基安替比林	√	√	√	√	√	√				

注：√代表有检出

表 9-8　抗生素应急监测断面抗生素总量污染情况　　（单位：ng/L）

化合物	A1	A2	B1	B2	C2	D1	D2	D4	E1	E2
磺胺甲氧哒嗪	11.5	10.1	10.2	17.6	25.9	24.9	3.9	4.4		25
磺胺二甲嘧啶	3.1	11	6.8	7.6	21.2	868.8	188.1		29.1	14

续表

化合物	A1	A2	B1	B2	C2	D1	D2	D4	E1	E2
磺胺甲噁唑	5.5	10.8	16.6	6.6	16.8	56.3	20.5	2.7	13.3	10.2
磺胺氯哒嗪	3	6.5	3.3	4.4	5.1	483.3	96		9.1	5.6
磺胺喹噁啉		0.3	0.2	0.45		2.3	—		0.5	0.8
磺胺嘧啶		1.2	1.6	0.6	6.8	82.7	18.1			2.5
磺胺间甲氧嘧啶						265.3	47		26.3	
磺胺甲基嘧啶						28.6	2.8			
磺胺对甲氧嘧啶										
磺胺甲基嘧啶						28.6	2.7			
磺胺吡啶						5.4				
磺胺二甲异嘧啶										
罗红霉素	3	3	10	10	1	20	35			8
红霉素	2.2	2.5	3.4	4.4	1.5	77.8			3.5	10
林可霉素	5	10	8	10	12	14		2	10	
泰妙菌素	4	＜1	＜1	＜1	3	5			＜1	6
泰乐菌素				0.3					0.45	
交沙霉素			0.9	1.4			1.9		1.6	1.8
替米考星		0.5	0.6	0.6		1.6			0.6	1.9
左咪唑	＜1	3	4			1			2	2
伊维菌素		3		7						7
硫粘菌素				2						
结晶紫			2	2	2	2				2
隐性孔雀石绿										
4-乙酰氨基安替比林	2	5	7	7	12	80		2		4
4-氨基安替比林	＜1	＜1	＜1	＜1	＜1	2			＜1	＜1
甲氧苄氨嘧啶			4			2				
甲苯磺丁脲		＜1	＜1						＜1	
玉米赤霉醇						12				
甲基盐霉素										
丙酰二甲氨基丙吩噻嗪										
浓度总量	41.3	69.9	81.6	84.0	108.3	2063.6	416	11.1	99.4	101.8

监测结果显示，所有监测断面水体中普遍检出抗生素，其总量浓度范围在

11.1～2063.6ng/L（表 9-8）。各水系的含量范围为，A1 与 A2 监测断面的水系 41.3～69.9ng/L，B1 与 B2 监测断面的水系 81.6～84.0ng/L，C2 监测断面的水系 108.3ng/L，其他监测断面的水系 11.1～2063.6ng/L，其中，D1（某城市码头）浓度水平（2063.6ng/L）最高，各水源地水体的监测断面，除 C2（饮用水水源地）（108.3ng/L）外，均低于 100ng/L。

某城市码头监测断面（D1）水体中检出的抗生素种类最多（24 种），含量最高（2063.6ng/L），分析其抗生素的污染状况如下：该断面抗生素分类污染程度：磺胺类＞大环内酯类＞其他类。磺胺类抗生素是媒体报道的重点内容之一，本次监测结果显示，该监测点的磺胺嘧啶含量为 82.7ng/L。红霉素的含量占大环内酯类含量的 65%以上，为大环内酯类污染的主要单体。

通过对水环境中未知药物和 PPCPs 检测方法的研究，开发并验证了一种受污染水体样品中该类污染物的分析方法。建立的 UPLC-Q-Tof 和 UPLC-MS/MS 监测方法，被证明能快速有效地筛查出大量未知药物和 PPCPs。该方法的建立，对于筛查出流域水环境中需重点关注的检出率高、浓度大的污染物及其相关高污染风险区，对于分析污染风险产生的原因，积极应对突发水污染事件，开展水体污染的早期预警，提升水资源管控能力及保障流域供水安全性等诸多方面，都将给予有效的技术支撑。

抗生素污染结果见表 9-8，已检出的抗生素种类中，除某城市水厂（磺胺类＞大环内酯类＝其他类）外，所有监测断面抗生素分类污染状况均为磺胺类＞大环内酯类＞其他类。经与国外越南湄公河、法国塞纳河、英国泰恩河等河流水体对比结果显示，D1 监测断面的磺胺二甲嘧啶含量在国际上处于最高含量水平；磺胺嘧啶低于日本多摩川河，而高于其他国家河流水体中的含量；磺胺甲噁唑与国外河流相比，污染程度低于美国、法国、韩国和德国等国家的河流水体中的含量，但是高于越南、日本和英国等国家的河流水体中的含量。

9.6 毒害性有机污染物的色谱/质谱图谱

样品经过前述分离纯化处理后，目标污染物得到了很好的分离，SVOCs 污染物的总离子流图见图 9-5，相应污染物保留时间及特征离子见表 9-9。

农药类污染物的总离子流图见图 9-6，相应污染物保留时间及特征离子见表 9-10。

PAHs 污染物的液相色谱图见图 9-7，污染物检测使用的激发波长和发射波长见表 9-11。

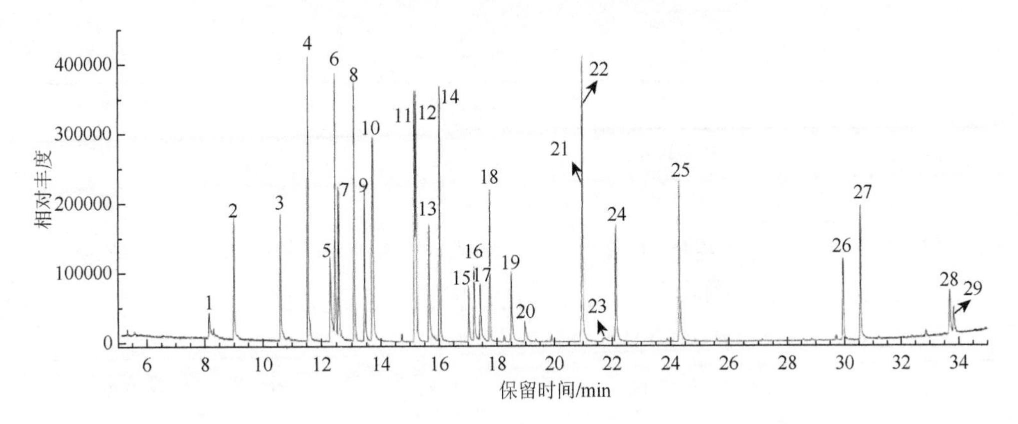

图 9-5　SVOCs 的总离子流图谱

表 9-9　SVOCs 的保留时间与特征离子

序号	化合物	保留时间/min	定量离子	定性离子
1	苯胺	8.14	93	66 65
2	1, 4-二氯苯-d4（内标）	8.99	150	152
3	硝基苯	10.61	77	51 123
4	1, 3, 5-三氯苯	11.54	180	182
5	2, 4-二氯苯酚	12.29	162	63 164
6	1, 2, 4-三氯苯	12.45	180	182 145
7	萘-d8（内标）	12.57	136	108
8	1, 2, 3-三氯苯	13.08	180	182 145
9	对氯硝基苯	13.43	75	111 157
10	邻氯硝基苯＋间氯硝基苯	13.71	75	111 157
11	1, 2, 4, 5-四氯苯	15.21	216	214 179
12	1, 2, 3, 5-四氯苯	15.23	216	108 179
13	2, 4, 6-三氯苯酚	15.64	196	97 198
14	1, 2, 3, 4-四氯苯	16.02	216	143 108
15	1, 4-二硝基苯	17.02	168	75 76
16	1, 3-二硝基苯	17.22	168	75 76
17	1, 2-二硝基苯	17.52	168	50 63
18	二氢苊-d10（内标）	17.75	164	162 160
19	2, 4-二硝基甲苯	18.51	165	63 89

续表

序号	化合物	保留时间/min	定量离子	定性离子
20	2, 4-二硝基氯苯	18.97	75	110 202
21	2, 4, 6-三硝基甲苯	20.91	210	63 89
22	六氯苯	20.97	284	286
23	五氯酚	21.78	266	264 268
24	菲-d10（内标）	22.12	188	184
25	邻苯二甲酸二丁酯	24.29	149	150
26	䓛-d12（内标）	29.94	240	236
27	邻苯二甲酸二（2-乙基己）酯	30.55	149	167
28	苯并[a]芘	33.67	252	253 125
29	苝-d12（内标）	33.82	264	260

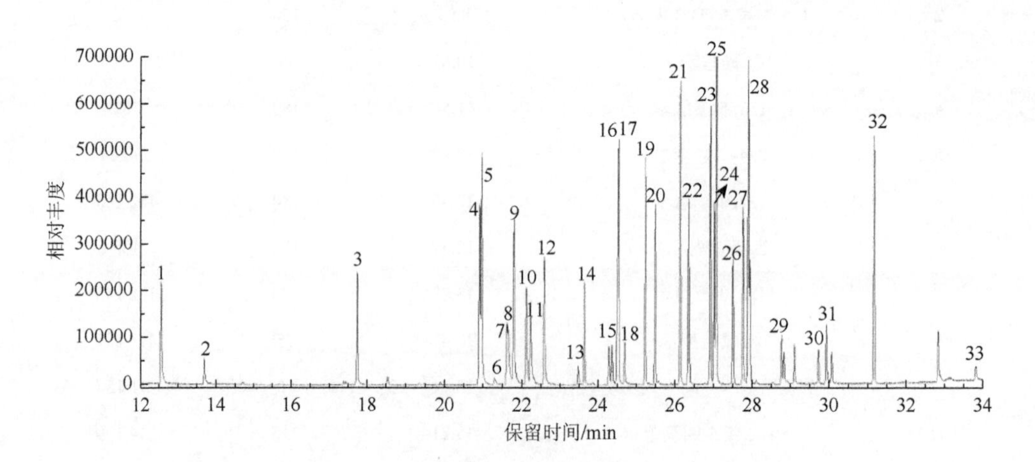

图 9-6　农药类污染物的总离子流图谱

表 9-10　各种农药类污染物的保留时间与特征离子

序号	化合物	保留时间/min	定量离子	定性离子
1	萘-d8（内标）	12.58	136	108
2	敌敌畏	13.71	109	185
3	苊-d10（内标）	17.75	164	162
4	α-六六六	20.92	181	183 219

续表

序号	化合物	保留时间/min	定量离子	定性离子
5	六氯苯	20.97	284	282 286
6	乐果	21.31	87	125
7	β-六六六	21.62	181	183 219
8	阿特拉津	21.65	215	200 215
9	γ-六六六	21.8	181	183 219
10	菲-d10（内标）	22.13	188	184
11	百菌清	22.22	264	266
12	δ-六六六	22.59	181	183 219
13	甲基对硫磷	23.48	109	125 263
14	七氯	23.64	100	272
15	马拉硫磷	24.37	173	125
16	毒死蜱	24.51	349	97 197
17	艾氏剂	24.53	362	66
18	对硫磷	24.7	109	97 291
19	异艾氏剂	25.23	263	81
20	环氧七氯	25.49	353	35 581
21	o,p'-DDE	26.14	246	176 318
22	硫丹 I	26.36	405	195
23	p,p'-DDE	26.92	246	176，318
24	狄氏剂	27.01	378	79
25	p,p'-DDD	27.08	235	237 165
26	异狄氏剂	27.51	378	6 781
27	硫丹 II	27.77	405	195
28	o,p'-DDT	27.91	235	237 165
29	p,p'-DDT	28.78	235	237 165
30	异狄氏剂酮	29.73	317	67 319
31	䓛-d12（内标）	29.94	240	236
32	灭蚁灵	31.15	272	237 141
33	苝-d12（内标）	33.82	264	260 265

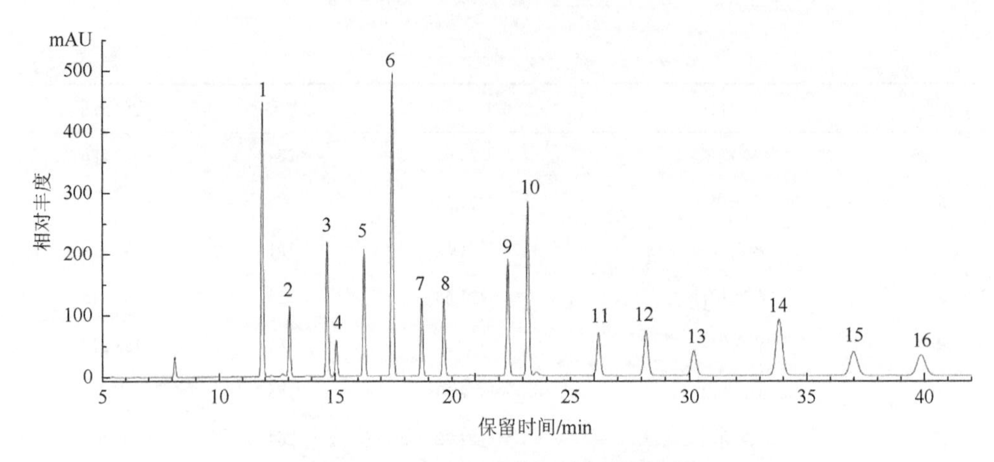

图 9-7　PAHs 污染物的液相色谱图

表 9-11　PAHs 的测定-高效液相色谱法

序号	化合物	保留时间/min	激发波长/nm	发射波长/nm
1	萘	11.88	219	310
2	二氢苊	12.45	225	315
3	苊	14.66	228	315
4	芴	15.05	225	315
5	菲	16.28	244	360
6	蒽	17.49	237	460
7	荧蒽	18.72	237	385
8	芘	19.67	270	380
9	苯并[a]蒽	22.39	270	380
10	䓛	23.24	267	380
11	苯并[b]荧蒽	26.26	255	420
12	苯并[k]荧蒽	28.31	255	420
13	苯并[a]芘	30.31	255	407
14	二苯并[a, h]蒽	33.98	230	400
15	苯并[g, h, i]苝	37.19	230	400
16	茚并[1, 2, 3-cd]芘	40.08	250	495

PAHs 类污染物的总离子流图见图 9-8，相应污染物保留时间及特征离子见表 9-12。

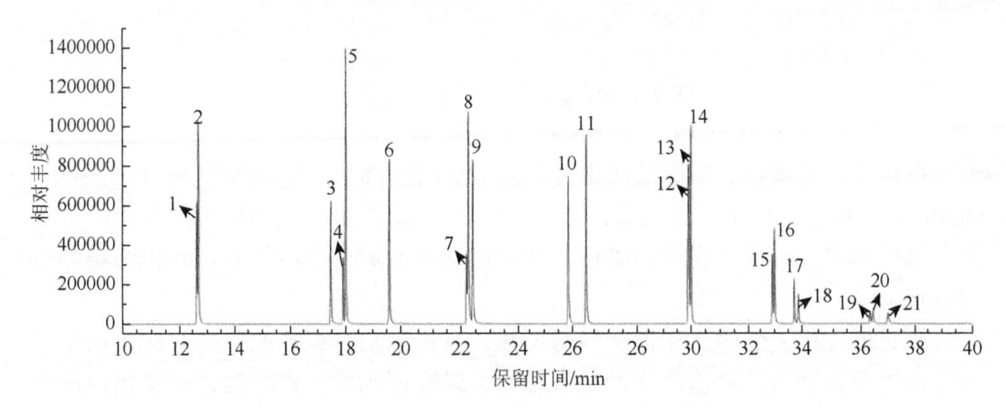

图 9-8　PAHs 类污染物的总离子流图

表 9-12　PAHs 类污染物的保留时间与特征离子

序号	化合物	保留时间/min	定量离子	定性离子
1	萘-d8（内标）	12.58	136	108
2	萘	12.63	128	102
3	苊烯	17.32	152	151
4	苊-d10（内标）	17.75	164	162
5	苊	17.84	153	154
6	芴	19.39	166	165
7	菲-d10（内标）	22.13	188	184
8	菲	22.19	178	176
9	蒽	22.19	178	176
10	荧蒽	25.7	202	200
11	芘	26.33	202	200
12	苯并[a]蒽	29.92	228	226
13	䓛-d12（内标）	29.94	240	236
14	䓛	30.01	228	226
15	苯并[b]荧蒽	32.87	252	126
16	苯并[k]荧蒽	32.94	252	126
17	苯并[a]芘	33.66	252	126
18	苝-d12（内标）	33.82	264	260
19	茚并[1, 2, 3-cd]芘	36.36	276	138
20	二苯并[a, h]蒽	36.47	278	139
21	苯并[g, h, i]苝	37.01	276	138

9.7　暴露危害效应评估

在对珠江流域自然概况及污染源调查分析的基础上，采用 SPE 前处理技术，GC-MS 和 HPLC 技术，超高效液相色谱-串联三重四极杆质谱仪对筛查出的毒害性有机化学物质进行了定量和确证，共同对珠江流域典型特征有毒有机污染物进行识别。

筛查出有代表性的珠江毒害性污染物，对待识别污染物的暴露效应评估主要是考查该污染物自身的物理化学基本属性，以表征水生生物接触该污染物后产生危害的可能性。

暴露效应评估的数据主要源于国际公认的 USEPA 优先化学污染物标准中的持久性（persistence）、生物富集性（bioaccumnlation）和毒性（toxicity）属性，简称 PBT 筛查器。

USEPA 开发的 PBT 筛查器（Ver 2.000 Last Updated September 4，2012）中收集的污染物慢性毒性数据，设定了珠江毒害性污染物的危害属性筛查基准值，见表 9-13。

表 9-13　珠江特征污染物危害属性筛查基准

参数	危害属性		
	低	中	高
持久性（$T_{1/2}$, d）	$T_{1/2}$＜30	30≤$T_{1/2}$＜60	$T_{1/2}$≥60
生物累积性	BCF＜500	500≤BCF＜2000	BCF≥2000
鱼类慢性毒性值（Chv, mg/L）	＞10	0.1～10	＜0.1

在表 9-13 中，Chv 表示鱼类的慢性毒性值，指鱼类接触污染物后产生慢性、不可观察到的毒性效应浓度的最高浓度值，该值越大，说明鱼类对该污染物的耐受能力越强；$T_{1/2}$ 表示污染物在水中的半衰期，该值越大，说明污染物在水中的存在时间越长；BCF 表示污染物在鱼体内与水中浓度之比，该值越大，说明污染物越易于被水环境中的鱼类吸收。

第10章　生态风险表征

风险表征通过对受体的暴露评价、效应评价及由风险所产生证据的描述，作出风险存在情况评估。首先，风险表征的完成需要明确压力、效应和生态系统三者之间的相关性，同时需要关注暴露的现状，评估当前的和即将出现的风险效应。在生态风险问题的形成阶段，应对该生态系统产生危害效应的评估终点进行准确、及时的确证；其次，为了求证相关结论，还要结合相关证据对产生的生态危害效应进行风险评估，将相关风险概率、推论加以辨识和整合，从而形成风险评估报告提交给相关的管理部门。

目前，风险表征的方法大致分为两种：一种是简单的阈值比较，另一种是具有概率意义的风险分析（杨宇等，2004）。

10.1　安全阈值法

由于需说明某个污染物的存在对于整个生态系统造成危害的程度，安全阈值法（MOS）认为如果10%物种的敏感性数据与90%水环境中污染物的暴露浓度值相等，那么水生物种受到高出LC_{50}值污染危害出现的情况仅存在1%（即0.1×0.1）的概率水平。具体地说，它是以10%的生物受危害波及浓度水平与水环境中90%污染物暴露浓度值之比，可以表示为

$$\text{MOS}=\frac{\text{污染物危害波及水生生物10\%的控制浓度}}{\text{90\%的环境暴露浓度}} \tag{10-1}$$

假如90%的暴露浓度远高于10%的物种敏感性毒性数据，此时MOS_{10}远小于1，表明该区域的生态系统可能存在较高的污染风险，大于1表明两分布无重叠，风险最小。

MOS法是以比较危及水生生物群落安全的控制浓度（安全阈值）和污染物的环境暴露浓度，从而达到对污染物产生生态风险水平高低进行表征的技术方法。

10.2　概率曲线面积重叠法

由于MOS法采用的是固定的商值比例法，不能给出毒性数据和环境暴露浓度变化的交叠所产生的概率的分布情况。

本节以所收集污染物在环境中的暴露浓度及水生生物的慢性毒性数据做正态检验，然后采用 MATLAB（8.0 版）软件，将表征污染物暴露浓度和慢性毒性浓度的数据均值和标准差构建概率密度曲线。这种考察污染物对水生生物危害程度的方法，其交叠部分的面积重叠多的情况表示水生生态系统受环境中毒害性有机污染物影响的概率高于重叠少的，即生态食物链完整性受影响生物的比例比较高，见图 10-1。

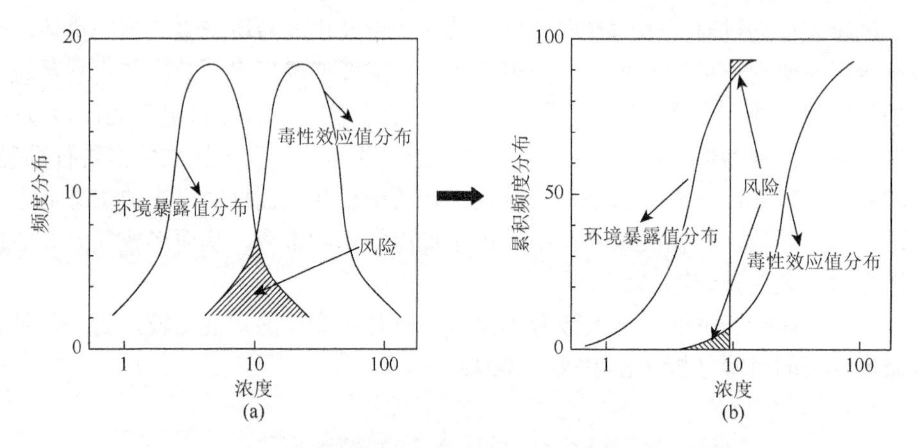

图 10-1　暴露浓度与毒性数据概率分布曲线交叠示意图

图 10-1 为两种暴露浓度与毒性数据概率分布曲线的示意图（Solomon et al., 2000），图 10-1（a）是以正态分布函数表示的概率密度分布曲线，图 10-1（b）是以累积概率分布曲线表示的暴露浓度曲线与毒性分布曲线之间发生交叠的情况。图 10-1（a）是以综合的方式体现概率风险的大小，图 10-1（b）则表示存在的概率风险以暴露浓度曲线和毒性分布曲线交叠的情况。分为两种情况，一种是受低暴露浓度污染危害影响生物毒性数据分布的概率，危害水平虽低，但水生生物已受到暴露浓度分布概率影响的情况；另一种是暴露浓度的累积分布概率代表的高浓度水平，影响一定比例生态系统食物链安全性所产生风险概率的情况。

生态风险评价常用风险商（HQ）表达，将实测值与半致死浓度（LC_{50}）相比，若 HQ 大于 1，则认为存在风险，否则，不存在风险。

HQ 值以最敏感的生物体或生物群落的效应浓度和暴露在环境基质中的最大浓度计算求得，会存在过保护的问题。因此，在风险评估过程中，无论是模型计算方式还是以水质基准为保护目标推算得出的 HQ 值，都会引入比例因子。

USEPA 在农药残留的生态风险评价导则里指出，效应浓度值应在面对会产生危害效应的生态系统的物种中，选择相应的可诱发生态风险效应的浓度值。例如，水生生物，其 HQ 值范围会从选择急性效应浓度值时的 0.05，到 HQ 值为 1 时的慢性 NOEC 值。

$$HQ \approx \frac{\text{暴露浓度}}{\text{效应浓度}} \quad \text{或} \quad \text{安全区域} \approx \frac{\text{效应浓度}}{\text{暴露浓度}} \tag{10-2}$$

10.3 污染物风险排序

基于风险分析的毒害性污染物的排序，评价珠江流域毒害性污染物的现状，有针对性地开展危害风险区优先控制毒害性污染物的水环境基准研究，为下一步的水生态改善和修复技术的构建提供阶段性控制目标（高永胜，2006；Baun et al.，2006）。

10.3.1 污染物风险排序依据

USEPA 的 CHEMS 模型突出了污染物总风险值的计算，把污染物在环境中对水生生物和人员的毒害性、持久性和生物累积性等污染物的毒性效应进行整合。国际联合委员会（The International Joint Commission，IJC）使用打分系统来确定候选污染物以实现早期控制。加拿大环境署制定的标准，以开发对环境有潜在危害的物质作为优先污染物的清单。

而欧盟的 EURAM 模型则从污染物的排放、在周边各环境介质中的分布组成、水环境中的降解等归趋模式方面进行了阐述，再将不同环境条件下污染物对水生生物和人员暴露值的评定进行整合，给出污染物产生生态风险的综合评分公式。

我国筛选环境中优先污染物的工作虽然起步晚，但近年来也取得了很大成果（李庆召，2009；王丽，2010；钟文钰，2010；钟文珏等，2011；朱菲菲等，2013）。通过大量的研究工作，提出的污染物筛查清单既有国家级的，也有地方性的环境保护部门和其他部门提出的。

国家发展与改革委员会 1999 年下达的课题“典型区域中有毒有害污染物探察、安全性评估及控制对策研究”中，设立了“典型区域中有毒有害污染物安全性评估及控制对策研究”的专题。中国环境监测总站在专题中研究了我国优先控制有毒有害污染物推荐名单，于 2002 年提出了水环境优先监测有机污染物推荐名单，其优先监测有机污染物的筛选评价指标包括 10 项参数在内的指标体系。

（1）反映环境暴露水平的指标：环境检出率、生产量和进口量、使用方式等。

（2）反映健康危害的指标：内分泌干扰性、对哺乳动物的急性毒性、特殊毒性等。

（3）反映生态环境危害的指标：水生生物毒性、生物降解性、蓄积性、环境持久性等。

因此，对于特征毒害性污染物的筛查，也应结合这三方面和 10 个相关参数进行设计。

结合国内优先监测有机污染物的筛选评价指标和珠江河流水质变化与水生生物监测成果（王旭涛和刘威，2009；邓培燕等，2012；吴利桥和赵俊风，2014），将污染物对人毒性效应风险值（HV_{OR}、HV_{INH}、HV_{CAR}、HV_{NC}）、对水生生物毒性效应风险值（HV_{FA}、HV_{FC}）和暴露因子风险值（HV_{BOD}、HV_{HYD}、HV_{BCF}）进行整合。虽然有文献（Swanson et al.，1997）建议对各类毒性效应风险应区别对待，并给予不同的分配权重，但目前尚无明确证据表明污染物能对水生生态系统的毒性效应水平划分主次，且以量化的形式加以表达，本节仍将各类毒性风险值按等权重处理，构成毒害性效应风险分数。

在污染物检出率方面，为保证每年在珠江的丰水期、平水期和枯水期对污染物的监控中能基本确保有 1 次的发现概率，确定以检出率高于 30%的污染物作为需优先关注污染物的赋分指标之一。

在污染物的概率风险方面，本研究将需关注的毒害性污染物在环境中的暴露浓度与易受影响敏感生物出现毒性效应的浓度概率间重叠程度的大小进行排序，即能够预测珠江流域中要保护一定比例水生生物的概率，从而有利于控制不同风险概率水平的珠江特征毒害性污染物。

10.3.2 珠江毒害性污染物风险值的算法

在开展本研究之前，国内外尚没有开展珠江干流的特征有机污染物筛查方法及筛查结果等方面的研究，没有可借鉴的方法可以参考。因此，如何筛查珠江干流最典型、最具特征的污染物是本研究的技术难点之一。本节主要基于污染物的自身危害性及其在水生生态系统的毒性效应水平，研究珠江优先控制污染物的评估与排序技术。

风险值的计算方法参照 CHEMS 模型，污染物总风险值的计算要把毒害性污染物在环境中的毒害性、持久性和生物累积性等毒性效应都计算在内，其基本表达为

$$HV_t = (\text{人体健康效应} + \text{环境效应}) \times \text{暴露因子} \tag{10-3}$$

式中，HV_t 为总风险值。

$$\text{人体健康效应} = HV_{OR} + HV_{INH} + HV_{CAR} + HV_{NC} \tag{10-4}$$

$$\text{环境效应} = HV_{FA} + HV_{FC} \tag{10-5}$$

对于慢性水环境毒性风险值（HV_{FC}）的计算，CHEMS 模型主要强调污染物对鱼类的毒害性，未从水生生态系统的角度考虑 NOEL。因此，本节 NOEL 的产生按 7.1.1 节的论述取得。

$$\text{暴露因子} = HV_{BOD} + HV_{HYD} + HV_{BCF} \tag{10-6}$$

式中，有关人体的健康效应风险值的构成包括以下 4 个部分：

HV_{OR} = 人体急性经口风险值；

HV_{INH} = 人体急性吸入毒性风险值；

HV_{CAR} = 致癌性风险值；

HV_{NC} = 慢性非致癌性风险值。

有关珠江水环境因素产生的毒性效应风险值的构成包括以下 2 个部分：

HV_{FA} = 水生生态系统急性毒性风险值；

HV_{FC} = 水生生态系统慢性毒性风险值。

有关污染物暴露于外环境而产生的暴露因子风险值的构成包括以下 3 个部分：

HV_{BOD} = 生物降解性半衰期的风险值；

HV_{HYD} = 水解半衰期的风险值；

HV_{BCF} = 水生生物富集性风险值。

10.3.3 筛查参数的分级和赋值

优控物筛选是流域水环境中有机污染物研究的一个重要内容。各国、各地区根据不同的客观情况会筛选出不同的控制物名单，但所遵循的基本原则和程序却是基本一致的，所幸的是以发达国家为主的国际权威机构如 IRPTC（潜在有害化学物质国际登记中心）、UNEP（联合国环境规划署）、NIOSH（美国职业安全与卫生研究所）、OSHA（美国职业保护和卫生局）等已积累了大量的有机毒物的基础数据，为我们认识、评价各种毒害性有机污染物提供了科学依据。

在借鉴国内外研究（环境保护部科技司，2010；Hansen et al.，1999；Swanson et al.，1997；Finizio et al.，2001；Eriksson et al.，2006）的基础上，将珠江流域具有不同管理目标要求的各类水环境中污染物的检出率、毒害性污染物的风险值与风险概率水平加以整合，能够按照毒害性污染物产生生态风险的高低加以归属，从而筛查出珠江流域水环境中需关注的优先控制污染物。珠江重点关注风险污染物筛选方案的参数分级和赋值见表 10-1。

表 10-1　珠江重点关注风险污染物筛选方案的参数分级和赋值

检出率/%	风险概率交叠面积	毒害性分数	赋分值
<30	$<1.5\times10^{-7}$	<30	1
30～40	1.5×10^{-7}～1.0×10^{-4}	30～40	2
40～50	1.0×10^{-4}～3.5×10^{-3}	40～50	3
50～70	3.5×10^{-3}～4.5×10^{-2}	50～70	4
70～100	$>4.5\times10^{-2}$	>70	5

在慢性毒性效应数据的获取方面，取慢性毒性终点浓度值 NOEC 对应于 5%的受影响累积效应浓度值 NOEC 可以求得 HC_5。该值再除以 AF 值，得到的数值经与 Chv 取平均值后，在珠江水生生态系统慢性毒性风险值 HV_{FC} 的计算中代表 NOEL。

BurrⅢ型拟合曲线是一种较灵活的分布函数，对物种敏感性数据拟合特性相对其他几种拟合曲线要好（蒋丹烈等，2011），而且已经在澳大利亚的环境风险评价和环境质量标准制定中被推荐使用（Hose et al.，2004）。

10.4 优控污染物的环境分布

风险表征是整合生态系统暴露与效应数据，将之与产生风险的概率相整合的过程。其中，阈值比较的方法，如安全阈值法，是以描述水环境的污染物浓度与水生生物受污染物危害波及程度之间关系来表征生态风险的方法。该方法使用方便，它将生物在环境中的暴露浓度与由该污染物产生危害的毒性数据值做比较，但忽视了有毒污染物在环境中浓度的变异情况及不同生物种间耐受能力的差别，因此难以在生态系统水平对生态风险做出正确合理的判断（Staples and Davis，2002）。

而生态风险概率分析的方法则同时考虑了污染物浓度方面的变异和生物耐受性，可以对污染的生态风险做出全面的评价，因此更加合理（王喜龙和沈伟然，2002）。

将毒性生态效应浓度概率分布曲线与污染物暴露浓度概率分布曲线绘制在同一坐标轴，计算曲线交叠面积，通过比较它们交叠面积的大小，就是概率曲线面积重叠法（Wang et al.，2002）。本研究将需关注污染物在环境中可能出现的浓度与易受影响敏感生物出现毒性效应的浓度概率进行比较，根据两曲线的重叠程度来估计珠江毒害性污染物的潜在风险，能够预测珠江流域中要保护一定比例水生生物的概率。

在污染物风险排序模型方面，对于污染物的归趋模型参数，因为国内与国外在经济、社会、环境、气候等方面的情况非常不同，所以对毒害性污染物的产生、排放监管和后续污水处理有很大不同，难以通过运用 EURAM 模型，将污染物的排放方式按其在环境中的空间分布比例、后续处理阶段的难易程度方面作出硬性的划分。

珠江流域水环境中有毒有机污染物种类众多，要筛选出珠江水体中含量较高、毒性较大、需优先控制的特征毒害性污染物，汇总并找出主要污染危害区域，才能科学地、有针对性地对污染产汇区加强监督管理。因此，本节针对珠江特征污染物毒性效应的评估以 CHEMS 为基础。污染物对珠江水生态环境造成的影响主要表现在水生生态安全和人员健康方面，因此定义珠江特征毒害性污染物对水生态环境造成的影响，应为对水生、陆生动物和鱼类的影响及对人体造成的影响之和；污染物暴露因子应为污染物自身的危害性（持久性、累积性、鱼类毒性）风险值之和。

结合污染物检出率、污染物分布筛查结果和对水环境造成危害的风险分数，对珠江干流重点关注风险污染物进行排序，各参数的分级和赋值见表 10-1，最终给出干流各断面的特征有毒有机污染物的筛查结果，见表 10-2。

表 10-2　珠江干流各断面特征有毒有机污染物的筛查结果

CAS 号	污染物	毒害性分数	检出率/%	风险概率重叠面积	赋分排序
52918-63-5	溴氰菊酯	102.39	75.37	4.83×10^{-1}	15
2921-88-2	毒死蜱	99.86	75.23	3.64×10^{-1}	15
832-69-9	1-甲基菲	75.7	65.38	2.19×10^{-1}	14
207-08-9	苯并[k]荧蒽	90.79	58.21	9.00×10^{-2}	14
118-74-1	六氯苯	107.05	60.37	1.53×10^{-1}	14
50-32-8	苯并[a]芘	173.03	65.63	1.61×10^{-1}	14
56-38-2	对硫磷	109.89	55.36	4.73×10^{-2}	14
87-86-5	五氯酚	160.26	58.27	5.17×10^{-2}	14
108-90-7	氯苯	72.03	65.03	5.00×10^{-3}	13
58-90-2	2, 3, 4, 6-四氯苯酚	101.11	65.82	5.80×10^{-3}	13
959-98-8	α-硫丹	127.34	68.84	7.50×10^{-3}	13
91-20-3	萘	63.51	60.36	1.19×10^{-1}	13
298-00-0	甲基对硫磷	108.27	58.27	4.20×10^{-3}	13
121-75-5	马拉硫磷	56.82	60.35	1.22×10^{-1}	13
129-00-0	芘	72.62	50.21	3.27×10^{-4}	12
1912-24-9	阿特拉津	79.17	55.34	2.20×10^{-3}	12
120-12-7	蒽	56.51	53.26	4.48×10^{-2}	12
1985/1/8	菲	74.45	62.36	5.05×10^{-4}	12
92-52-4	联苯	62.23	58.13	4.50×10^{-3}	12
206-44-0	荧蒽	67.65	50.27	1.69×10^{-2}	12
86-73-7	芴	57.9	75.18	1.03×10^{-4}	12
88-74-4	邻硝基苯胺	55.38	55.22	4.03×10^{-4}	11
609-19-8	3, 4, 5-三氯苯酚	85.21	62.94	6.88×10^{-7}	11
58-89-9	林丹	125.75	30.03	1.37×10^{-4}	10

续表

CAS 号	污染物	毒害性分数	检出率/%	风险概率重叠面积	赋分排序
78-40-0	磷酸三乙酯	51.24	60.03	3.03×10^{-6}	10
83-32-9	苊	45.11	80.18	4.07×10^{-7}	10
7785-70-8	α-蒎烯	65.58	42.37	7.87×10^{-5}	9
88-75-5	2-硝基苯酚	34.94	55.74	2.07×10^{-4}	9
126-75-0	内吸磷	80.63	31.07	3.39×10^{-6}	9
60-51-5	乐果	72.55	30.06	1.93×10^{-5}	9
62-53-3	苯胺	39.15	68.57	2.84×10^{-2}	8
62-73-7	敌敌畏	70.28	31.03	1.62×10^{25}	8
88-89-1	2, 4, 6-三硝基苯酚	70.76	35.49	2.86×10^{-8}	8
98-95-3	硝基苯	60.9	37.54	2.42×10^{-7}	8
126-73-8	磷酸三丁酯	26.43	68.04	5.00×10^{31}	6
118-79-6	2, 4, 6-三溴苯酚	45.97	35.26	1.57×10^{24}	6
578-54-1	2-乙基苯胺	32.9	30.57	6.03×10^{-5}	6
105-67-9	2, 4-二甲基苯酚	27.2	35.37	6.90×10^{-6}	5
96-76-4	2, 4-二叔丁基苯酚	98.52	74.47	—	—

注：—表示数据不足，不能建立

从表 10-2 可以看出，除 2, 4-二叔丁基苯酚因缺乏水生生物的毒性数据难以构建毒性数据概率分布曲线，不能计算其风险概率交叠面积之外，珠江干流的其余 38 种毒害性污染物包括了芳烃类、胺类、酚与氯酚类、有机酸与酯类、酞酸酯类等 SVOCs 污染物、农药类、PAHs 类等的各类特征污染因子，其中农药类、酚类、胺类和 PAHs 污染物的检出率较高，而风险概率较高的是农药类、PAHs、SVOCs 的化工原料类等。

根据珠江干流重点河段环境因素的调研及污染物排放情况的调查结果，珠江干流水体中浓度较高且出现风险概率高的毒害性污染物主要有 4 类，包括 PAHs 11 种，OCPs 类 4 种，其他农药类 9 种，SVOCs 类 15 种，见表 10-3。

表 10-3　珠江干流特征污染物的分类

PAHs	有机氯农药类	其他农药类	SVOCs 类
1-甲基菲	六氯苯	溴氰菊酯	氯苯
苯并[k]荧蒽	α-硫丹	毒死蜱	2, 3, 4, 6-四氯苯酚
苯并[a]芘	阿特拉津	对硫磷	联苯

续表

PAHs	有机氯农药类	其他农药类	SVOCs 类
萘	林丹	五氯酚	2, 4, 6-三溴苯酚
芘		甲基对硫磷	2-乙基苯胺
蒽		马拉硫磷	2, 4-二甲基苯酚
菲		内吸磷	邻硝基苯胺
荧蒽		乐果	3, 4, 5-三氯苯酚
芴		敌敌畏	磷酸三乙酯
苊			2-硝基苯酚
α-蒎烯			苯胺
			2, 4, 6-三硝基苯酚
			硝基苯
			磷酸三丁酯
			2, 4-二叔丁基苯酚

10.4.1　时空变化特征分析

2009 年 7 月至 2011 年 8 月进行三次全段实地勘查和采集样品的分析测试，从污染物测试结果的浓度统计表 10-4 和浓度分布图 10-2 可知，在珠江上中游重点关注风险污染物浓度分布各采样断面，SVOCs 含量的最大值位于 P2 采样点（花山水库），最小值位于 P6 号采样点（坝下）；PAHs 类污染物中，含量的最大值位于 P1 采样点（珠江源），最小值位于 P18 号采样点（漓江）；OCPs 污染物中，含量的最大值位于 P14 采样点（邕江），最小值位于 P8 号采样点（梧州）；除 OCPs 的其他农药类污染物中，含量的最大值位于 P16 采样点（甲江），最小值位于 P6 号采样点（坝下）。

表 10-4　珠江上中游重点关注风险污染物浓度统计（ng/L）

数据类型	PAHs	SVOCs	OCPs	农药类
最大值	122.372	6518.862	34.005	399.037
最小值	38.671	89.494	0.021	10.583
平均值	73.358	1391.33	4.246	103.655

从表 10-5 和图 10-3 可知，在珠江下游重点关注风险污染物浓度分布的各采样断面，SVOCs 含量的最大值位于 X6 采样点（江门），最小值位于 X17 采样点（大坝下游）；PAHs 污染物中，PAHs 含量的最大值位于 X20 采样点（流溪河），最

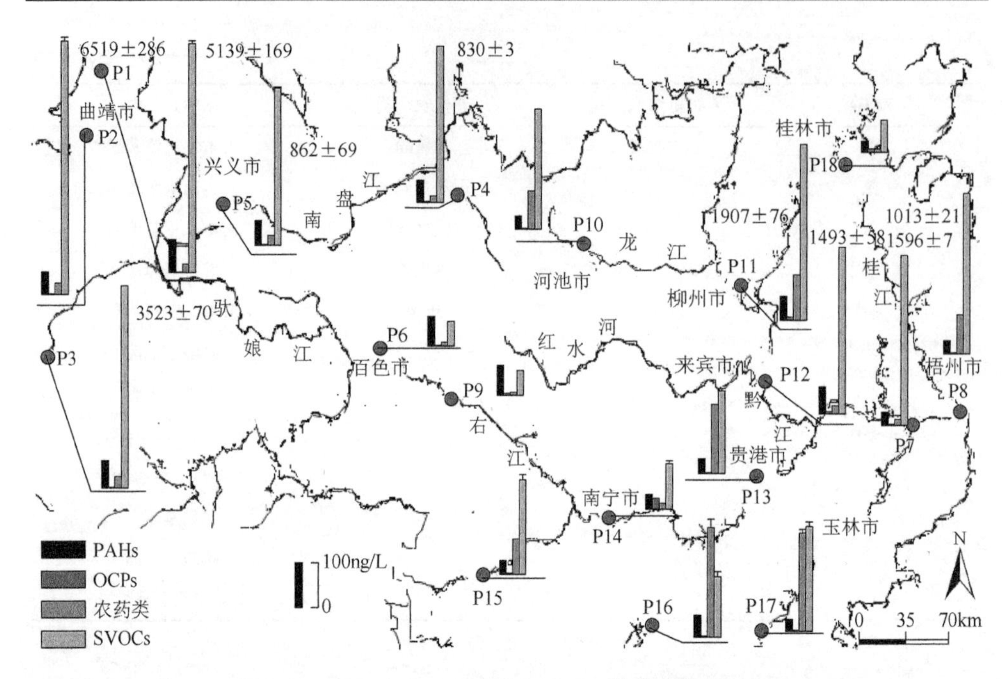

图 10-2　珠江上中游重点关注风险污染物浓度分布图

小值位于 X22 采样点（石马河）；OCPs 污染物中，含量的最大值位于 X7 采样点（平岗），最小值位于 X5 采样点（佛山）；除 OCPs 的其他农药类污染物中，水体中含量的最大值位于 X18 采样点（江南街），最小值位于 X21 采样点（罗阳）。

表 10-5　珠江下游重点关注风险污染物浓度统计（ng/L）

数据类型	多环芳烃	SVOCs	OCPs	农药类
最大值	390.653	1 405.393	18.709	264.706
最小值	10.181	103.643	0.023	37.527
平均值	49.131	523.862	1.528	121.367

在图 10-3 中，SVOCs 污染物含量最高的区域为江门的西海水道，其次是珠海斗门的磨刀门水道。西海水道主要汇集了染整、纸业和皮革业的废水，磨刀门水道主要汇集珠海与中山的工农业与城镇生活污水，尽管这两条水道的流量都很大，但从 SVOCs 总量对比来看这两个控制断面周边的需重点关注风险污染物排放量依然巨大，该区域也是珠江流域重要的工农业发展中心，各类工业企业分布密集，人口集中，大量的污染物随着工业废水、城市污水进入珠江水体，属于面源污染。

此外，在珠江三角洲的部分出海口的周边区域农药类污染物的含量也比较明显，表明这些地方的农药使用量依然较大，这与农作物种植中农药使用量大和本地区城市绿化大面积除草、除虫有关。

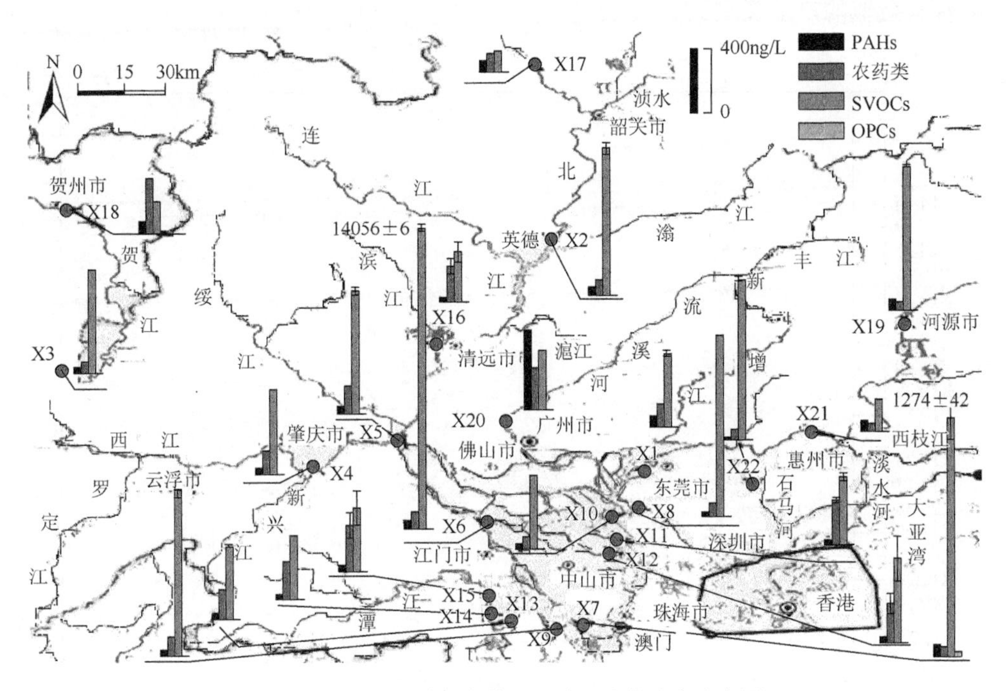

图 10-3　珠江下游重点关注风险污染物浓度分布图

10.4.2　采样断面层次聚类

利用 SPSS18.0 统计分析软件的系统聚类法，按各类污染物的浓度变化情况，以污染源分布的地点为样本，聚类方法以组间连接的 Q 型聚类，这对污染因子的来源、降解产物分布与产业的识别，以及污染监控范围具有重要的指示作用。本节对珠江干流所有监测断面测得的污染物类别进行采样断面的层次聚类分析，见图 10-4～图 10-7。

对珠江各采样断面检出的 SVOCs 污染物及其含量进行聚类分析，结果见图 10-4。根据污染物分布情况，主要可分为三个聚类：P1（珠江源）、P2（花山水库）和 P3（江边街）一个聚类，上中游的 P11（柳江）、P12（武宣水文站）、P7（南安）和下游的 X6（江门）、X7（平岗）一个聚类，其他各断面为一个聚类。第一聚类的监测断面主要分布在上游南盘江流域，因此推断虽然该区域城镇化程度不高，但水环境受到了来自周边采煤与采矿、煤化工等工业开发产生的污染危害，该危害已经很突出。图 10-7 显示，第二聚类的 X6、X7 位于珠江三角洲，而 P11、P12、P7 均位于珠江的上中游的交汇区，干流的 SVOCs 包含酚类、胺类、叔丁基酚和磷酸酯类等多种污染物，而且从浓度水平看基本相似，表明这两个区域都有近似的产业类型。

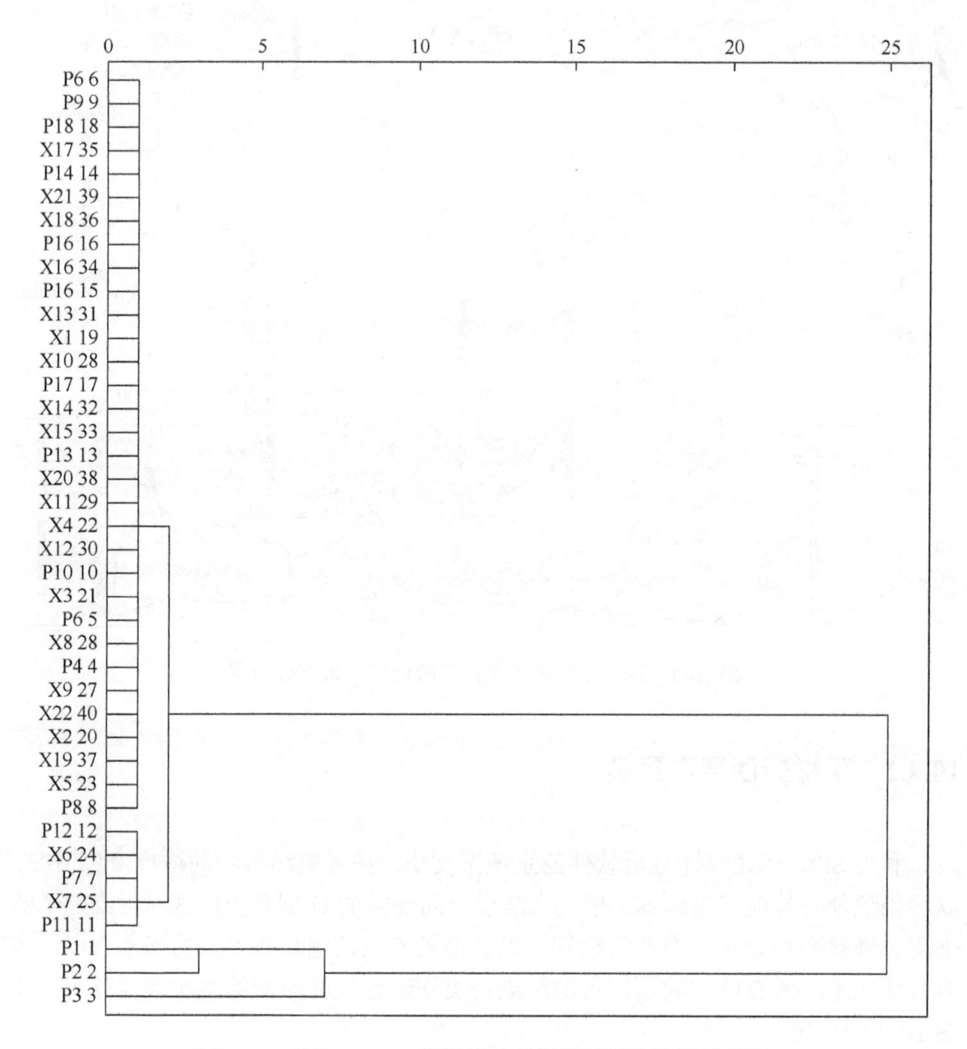

图 10-4　珠江 SVOCs 类污染物采样断面层次聚类树形图

对珠江各断面 PAHs 类污染物进行聚类分析，结果见图 10-5。PAHs 是一大类广泛存在于环境中的有机污染物，环境中 PAHs 的来源既有天然源，也有人为源。①天然源。陆地和水生植物、微生物的生物合成，森林、草原的天然火灾及火山活动所形成的 PAHs 构成了 PAHs 的天然本底值，淡水湖泊中的本底值为 0.01～

0.25μg/L。②人为源。污染源很多，主要是由各种矿物燃料（如煤、石油、天然气等）、木材、纸及其他含碳氢化合物的不完全燃烧或在还原气氛下热解形成的（王喜龙和沈伟然，2002）。

从图 10-5 可以看出，对各采样断面 PAHs 检出的污染物及其含量进行聚类分析后，污染物分布情况主要可分为两个聚类：X20（流溪河）为一个聚类，其他各断面为一个聚类。

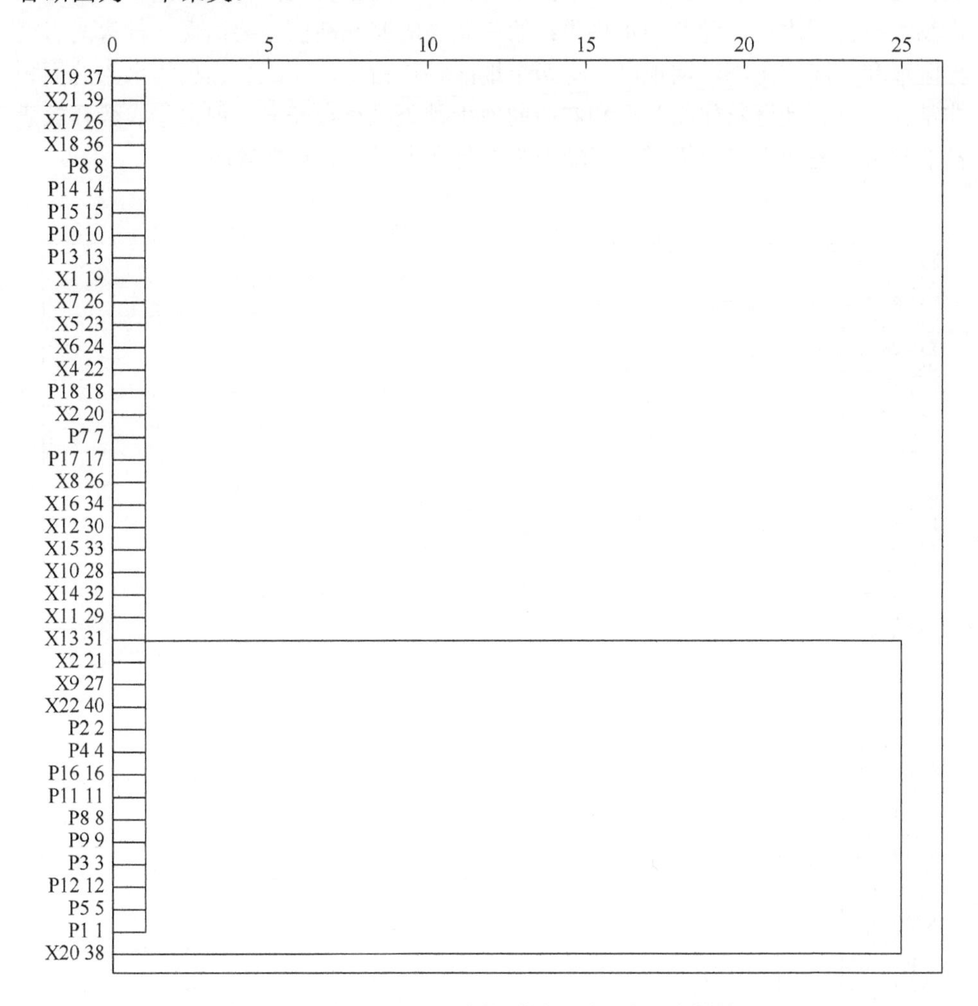

图 10-5　珠江 PAHs 污染物采样断面层次聚类树形图

对珠江各采样断面 OCPs 检出的污染物及其含量进行聚类分析，结果见图 10-6。主要分为三个聚类：P14（南宁邕江）和 X7（珠海平岗）一个聚类，P9（百色右江）、P11（柳江）、P12（武宣水文站）和 P18（漓江）一个聚类，其他各断面为一个聚类。而 P9（右江）至 P11、P12 及 P18 的采样点 OCPs 类污染物水平较高，由于周边城镇化程度不高，除了历史的原因以外，不排除在农业生产中仍然有使用 OCPs 农药的现象，需对周边农事行为作进一步研究排查。

图 10-7 是指除了 OCPs 外的其他类农药聚类分析图。这类污染物可分为三个聚类：P16（甲江）与 P17（南流江）为第一聚类，采样点均在广西南流江下游的农村地区。第二聚类的监测断面主要出现在珠江的干流地区，其大面积种植的农作物主要包括水稻、蔬菜和水果类；第三聚类的监测断面主要出现在桂粤两省交界区域和珠江三角洲河网地区，这两个地区种植柑橘、龙眼、荔枝等水果的面积非常大。三类地区农作物类型和农药的使用种类虽存在差异，但由于农药释放量都非常大，进而造成有机磷、菊酯类等农药产生了生态毒性效应。

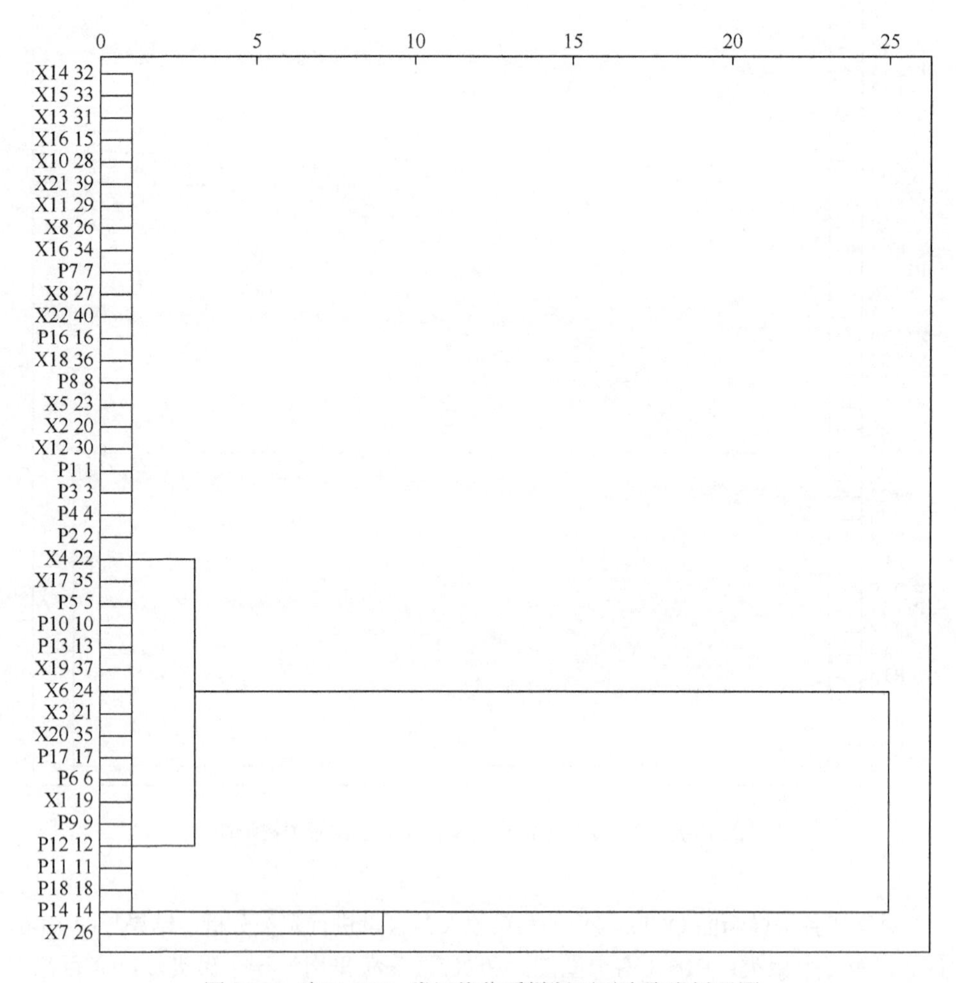

图 10-6　珠江 OCPs 类污染物采样断面层次聚类树形图

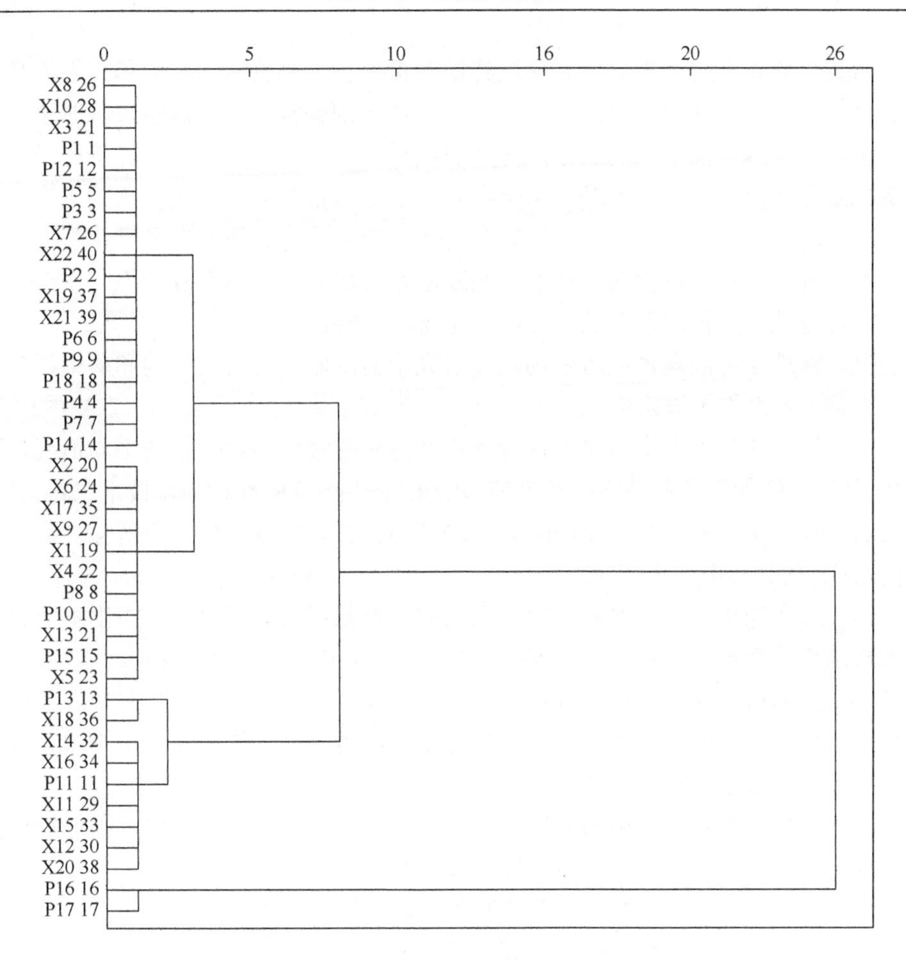

图 10-7 珠江其他农药类污染物采样断面层次聚类树形图

10.5 讨 论

本研究选择的受试生物物种至少涵盖3个营养级：水生植物（初级生产者）、无脊椎动物（初级消费者）和次级消费者，即3门；种类数不少于8个。初级生产者和初级消费者的无脊椎动物主要包括浮游动物节肢动物门剑水蚤科、轮虫门多肢轮虫科、底栖动物节肢动物门一科（摇蚊科）、软体动物门（椎实螺科）、环节动物门（颤蚓科），敏感水生植物（藻类）；次级消费者的脊椎动物包括鱼类和两栖类动物。

本研究将经BurrIII分布模型处理所得HC_5值与经PBT筛查器所获得鱼类慢性毒性数据取平均值，得到珠江干流特征污染物的PNEC值。

珠江干流水环境中毒害性有机污染物的研究表明，干流部分河段的特征有毒有机污染物的总量相当高。开展环境特征有毒有机污染物污染趋势和突发性危害的安全性评价与多种因素有关，如污染物的风险源解析、健康风险值、时空分布等，这是一项综合性很强的工作，尤其在缺乏一系列环境健康风险评价标准的前提下，综合评价工作更显困难。由于污染物的危害根源来自人类相关的生产、生活活动，因此开展优先控制污染物来源的地点聚类分析显得尤为重要。

鉴于各类有毒有机物在珠江各监测断面水环境中分布具有复杂性，本节对珠江特征毒害性污染物的筛查过程进行了论述。主要结论如下。

（1）对珠江特征毒害性污染物筛查研究中监测断面的布设原则和所采用的危害属性筛查基准作了设定。

（2）针对珠江水生生态保护目标特点及污染物慢性毒性数据的不同情况，取得 85 种污染物的慢性毒性终点浓度值 NOEC。采用 SSDs 及 QSAR 技术求得 HC_5，除以 AF 值，得到的数值经与 Chv 取平均值后，在珠江水生生态系统慢性毒性风险值 HV_{FC} 的计算中代表 NOEL。

（3）对在珠江流域开展毒害性污染物的筛查依据进行了论述，指出本研究从人体毒性效应风险值（HV_{OR}、HV_{INH}、HV_{CAR}、HV_{NC}）、水生生物毒性效应风险值（HV_{FA}、HV_{FC}）和暴露因子风险值（HV_{BOD}、HV_{HYD}、HV_{BCF}）三方面考虑污染物的毒性效应。依据毒害性污染物在环境中的毒害性、持久性和生物累积性等毒性效应，计算污染物的总风险值。

（4）将珠江毒害性污染物的风险值与污染物检出率、风险的概率高低加以整合，推出了珠江重点关注风险污染物筛选方案的参数分级和赋值表。

从具体数据的分析来看，从珠江源到江边街河段水体中 SVOCs 的含量较高，这主要是受南盘江的采煤、矿业与煤化工工业的影响，给珠江干流注入了大量的污染物。从毒害性污染物的统计结果看，挥发性酚和多氯酚等半挥发性酚类在该河段的问题比较突出。从农药类污染物的浓度分布看，在广西的玉林与钦州地区 OCPs 的浓度是最高的，其次是位于桂平的郁江河段，表明在南流江流域分布着广阔的农田，长年来大量的化肥及农药的施用已成为需优先关注的水环境问题。因此，应进一步“聚焦”该区的污染源。因为桂平周边的流域是我国重要的草、青、鲢、鳙、鲮等鱼类的保护区和产卵场，在珠江上中游重点关注风险污染物的浓度分布中 SVOCs 与农药类污染物均处于比较明显的地位。

各采样断面 PAHs 第一聚类的监测断面主要分布在广州市北部，采样断面周边城镇密集，属轻度污染。资料显示，流溪河污染虽没有通惠河、长江武汉段严重，但已在珠江干流河段居于较高水平，作为广州市重要的饮用水水源地，应进一步调查 PAHs 来源。

各采样断面 OCPs 第一聚类的监测断面主要是城市中心区水源地，属于白蚁和疟疾的多发地区，用于控制病虫害和疾病时曾大量使 OCPs。此外，南宁邕江和珠海平岗均属于水流平缓区，沉积物是有机污染物的“贮存库”，沉积物的再悬浮作用可造成水体较长时期的污染，因此，这两个区域受到 OCPs 的污染可能是由于使用情况、历史残留及地理条件等因素的影响。

其他类农药聚类分析的结果显示其毒害性危害最突出的钦州、玉林地区是广西重要的稻谷、花生和甘蔗产区。因此，对该区有机磷、五氯酚和菊酯类等农药的施用量控制应引起高度重视。

（1）根据珠江流域污染物现状及研究区河段水功能区划的要求，结合常规监测项目的分析结果，选择流域干流取水口密集的河段、省界缓冲区和珠江源头区的 40 个断面开展了取样和监测。

（2）结合已检出的污染物在环境中的持久性、生物累积性和它们对水生态环境造成的危害性影响，如藻类、两栖类、鱼类等生物种群的 LC_{50} 值和对人体的经口、吸入、致癌性等方面毒性，开展了珠江干流毒害性污染物的危害评估。

（3）利用概率曲线面积重叠法，将毒性生态效应浓度概率分布曲线与污染物暴露浓度概率分布曲线置于同一坐标轴，计算曲线交叠面积。通过比较交叠面积的大小，将需关注污染物可能出现的浓度与易受影响敏感生物风险出现的概率进行了比较。

（4）基于珠江干流重点河段环境因素的调研及污染物排放情况的调查结果，提出了在珠江干流应优先管理的毒害性污染物清单。将珠江干流水体中浓度较高且毒害性风险概率也高的污染物划分为 4 类，包括 PAHs 类 11 种，OCPs 类 4 种，其他农药类 9 种，SVOCs 类 15 种。

（5）珠江干流污染物时空变化特征研究表明，在珠江上中游和中下游，大部分监测断面，特别是珠江三角洲地区，均以 SVOCs 类为主要污染物，而广西南部河流水环境的主要污染物多以农药类污染为主。

（6）对珠江干流所有监测断面测得的污染物进行了层次聚类分析，以辨识出污染因子的来源、降解过程与产业，分析造成污染毒性的原因。聚类分析的结果显示，珠江上游的 SVOCs 为同一聚类，表明它们 SVOCs 的污染源可能均是上游周边采煤与采矿、煤化工等工业生产；流溪河的 PAHs 污染区别于珠江干流其他监测断面，含量水平最高，需进一步调查污染原因。OCPs 检出的区域在南宁邕江和珠海平岗，属于曾大量使用 OCPs 的区域，另外还发现个别地区现仍存在使用 OCPs 农药的现象；其他类农药的使用主要聚焦在广西南流江下游等地、桂粤两省交界区域和珠江三角洲河网地区。

第11章　珠江新兴有机污染物-有机磷阻燃剂的初探

近30年来，阻燃剂在减少火灾引起的生命财产损失方面发挥了重要的作用。然而，部分阻燃剂由于具有持久性、生物富集性和环境毒性等，其进入环境后，可能对生物体和人类产生危害，如溴系阻燃剂（brominated flame retardants，BFRs）因具有上述特性，越来越多的国家开始限制或淘汰 BFRs 的使用。目前五溴联苯醚和八溴联苯醚已被列为持久性有机污染物（POPs），欧盟禁止了电子电器产品中添加十溴联苯醚。溴系阻燃剂所占市场份额较大，据欧洲阻燃协会的调研，欧洲2006年阻燃剂的总消耗量达46.5万t，其中10%为溴系阻燃剂。随着溴系阻燃剂在世界范围内的禁用，急需寻找工业产品的替代型阻燃剂。

有机磷阻燃剂（organophosphorus flame retardants，OPFRs）由于具有优秀的阻燃效果，被广泛应用于建材、纺织、化工以及电子等行业（Marklund et al.，2003）。有文献报道，一些 OPFRs，如磷酸三丁酯（TBP）、磷酸三苯酯（TPhP）和磷酸三苯氧基酯（TPPO），因具有挥发性，被认为可用于替换添加于纺织品涂层中的 BFRs（Horrocks et al.，2007）。Pakalin 等报道了27种可替代十溴联苯醚的阻燃剂，其中6种为 OPFRs。随着各国对溴代阻燃剂环境效应的关注及 BFRs 的禁用，OPFRs 的产量快速提高。根据欧洲阻燃剂协会的统计，2006年西欧 OPFRs 的产量大约为91000t/a，比2005年提高了7.1%，比2001年提高了9.6%。随着2008年欧洲开始对 DecaBDE 的大范围禁用，OPFRs 的产量进一步提高。另据相关机构统计，我国2007年 OPFRs 的生产量为7万多吨，出口量为4万余吨（王晓伟等，2010）。

OPFRs 根据是否有卤原子取代可分为无卤 OPFRs 和卤代 OPFRs。其中卤代 OPFRs 结合了卤系和磷系的阻燃特性，可通过降低阻燃剂在产品中的迁移而使阻燃效果持久（Fisk，2003）。根据 OPFRs 在产品中的添加方式又可分为反应型 OPFRs 和添加型 OPFRs，反应型 OPFRs 以化学共价键的形式和高聚物结合，一般难以向环境排放，但部分没有发生聚合的反应型 OPFRs 也会向环境释放；而添加型 OPFRs 由于没有化学键束缚，易于从产品中释放进入环境。

OPFRs 对哺乳动物的毒性包括（van der Veen and de Boer，2012）：①致癌性和大脑退化损伤；②肾脏/肝脏重量增加；③海马趾细胞损伤、缺失，造成记忆能力破坏；④破坏生殖能力；⑤接触性皮炎。最新的研究已开始关注环境中 OPFRs 对人体的影响，已有文献表明 TPhP 对人体羧酸酯酶有很强的抑制作用；

室内灰尘中的磷酸三（二氯丙基）酯（TDCP）和 TPhP 可抑制人体荷尔蒙水平，并严重降低男性精液质量（王晓伟等，2010）。此外，OPFRs 的 lg K_{ow} 范围在 –0.98 与 10.6 之间，其中 17 种 OPFRs 的 lg K_{ow}＞4，表明这些 OPFRs 可能具有生物富集效应；另外，OPFRs 的 BCF 在 1.37 与 10^6 之间，其中 14 种 OPFRs 的 BCFs＞5000，表明这些 OPFRs 具有生物富集效应（van der Veen and de Boer，2012）。

具有“世界制造工厂之都”美誉的珠三角地区，家用电器、消费类电子、纺织服装、玩具等轻工业均居全国前列。尤其是电子工业的产值占全国 20%，已成为全国重要的新兴电子工业基地、全球电子工业品的最大出口基地之一。电子电器、纺织和塑料制品等工业生产过程中必然使用大量的阻燃剂。资料显示，要达到 UL-94-V-0 级的高阻燃级别，国际上一般需要在材料中加入 20%～28%的阻燃剂，国内的添加比例一般在 26%～30%（李子东，2009）。据文献报道，目前，有机磷酸酯已经是污水中的常见污染物，且普遍认为污水处理厂是地表水中有机磷酸酯中的主要来源（Fries and Puttmann，2001；Fries and Puttmann，2003）。另据我们对入河排污口普查的数据显示，2007 年珠三角地区电子家电、纺织、印染等行业的排污总量达到 13435 万 t，这些废污水中有机磷阻燃剂对珠江的污染是不可忽视的，它们进入环境后，可能被生物利用并通过食物链传递，从而对生态系统和人体健康产生危害。

本研究通过对工业制造发达的珠三角地区采集水、沉积物和水生生物样品，对样品中的 OPFRs 含量进行系统的分析，初步了解珠三角地区 OPFRs 的污染现状及其生物富集能力。具体研究内容包括：①环境及生物样品中 OPFRs 的定性定量方法及质量控制/质量保证（QA/QC）；②不同水生生物对 OPFRs 的生物富集能力及其影响因素研究；③OPFRs 沿食物链传递规律的研究。

11.1　国内外研究现状

由于大部分 OPFRs 主要为添加型阻燃剂，它们以添加方式而非化学键合方式加入材料中，增加了 OPFRs 类物质进入周围环境的概率（王晓伟等，2010）。因此，作为一类新型有机污染物，OPFRs 已经受到了美国及欧洲各国的高度关注。有研究显示，近几年有关 OPFRs 的研究论文快速增长，有关研究成果在几个综述论文中已体现（王晓伟等，2010；van der Veen and de Boer，2012）。三种含氯取代有机磷阻燃剂 TCEP、TCPP 和 TDCPP 均已被欧盟列入优先授权物质清单（European Commission，1995，2000），且被列入欧洲高产量化合物清单（HPV）（Bureau，2000）。

11.1.1　无卤 OPFRs 在环境和生物体中的行为

对于无卤 OPFRs，关于磷酸三苯酯（TPP）和磷酸三甲苯酯（TCP）在环境介质和生物体内的报道较多。TPP 在室内空气中普遍检出，浓度为＜0.05～47000ng/m^3（Marklund et al.，2003，2005；van der Veen and de Boer，2012；Bjorklund et al.，2004），美国职业健康与管理局规定办公场所每天 8h 内 TPP 的平均浓度不得超过 3000000ng/m^3，目前文献报道的室内空气中 TPP 的含量均低于该限值（ATSDR，2009）。而 TCP 在空气中几乎未被检出，最高含量为 Tollbäck 等报道的瑞典一个教室内的浓度，0.4ng/m^3（Tollbäck et al.，2006），远低于丹麦对工作场所空气中 TCP 的最高含量限值（100000ng/m^3）（Lassen and Lokke，1999）。van den Eede 等（2011）在室内灰尘中也检出了 TPP 和 TCP，它们的最高含量分别为 34200ng/g 和 12500ng/g。水环境中 TPP 普遍存在，如欧洲的多瑙河、台伯河、施韦夏特河，我国松花江和太湖等均有检出（Bacaloni et al.，2007；Martínez-Carballo et al.，2007；Cao et al.，2012；Wang et al.，2011；Yan et al.，2012），其中最高浓度为 Green 等报道的挪威水环境中的含量，该地水体中 TPP 的浓度最高达到 14000ng/L，沉积物中最高达 5000ng/g（Green et al.，2008）。而 TCP 在水体中含量普遍低于检出限（Bacaloni et al.，2007；Martínez-Carballo et al.，2007；Green et al.，2007），沉积物中 TCP 含量则最高可达 288ng/g（Leonards et al.，2011）。TPP 的 $\lg K_{ow}$（4.59）和 BCF（6～18900）显示（Pakalin et al.，2007），TPP 具有较强的生物富集能力，与此相符，较多文献在生物体内检出了 TPP，例如，Lassen 和 Lokke 在鱼体内检出了较高的 TPP 浓度（600ng/g）（Lassen and Lokke，1999），Leonards 等在挪威的滨蟹、鳕鱼、鲑鱼和鸟中均检出了 TPP，其中鲑鱼体内 TPP 的浓度较高（44ng/g）（ATSDR，2009），而 Sundkvist 等（2010）检测了采自瑞典湖泊及沿海地区几种鱼类中的 TPP，含量为 4.2～810ng/g，其中最高浓度为一个污染源附近采集的淡水鲤鱼中的含量（Sundkvist et al.，2010）。Sasaki 等（1998）对 TBP、TCEP、TDCPP 和 TPP 在鱼内的富集情况进行了研究，发现 TPP 的富集比率比另外三种化合物都大，可能与其较大的 $\lg K_{ow}$ 有关（TBP、TCEP 和 TDCPP 的 $\lg K_{ow}$ 分别为 4.00、1.44 和 3.8）（Sasaki et al.，1981）。此外，Kim 等（2011）在菲律宾马尼拉湾采集的水生生物体内发现 TPP 的浓度随着 $\delta^{15}N$ 的增加而增加（$r = 0.45$，$p < 0.05$），表明 TPP 具有食物链放大作用（Kim et al.，2011）。TCP 的 $\lg K_{ow} = 5.11$，BCF = 8560（van der Veen and de Boer，2012），其在生物体内检出的最高浓度为 Sundkvist 报道的污染源附近淡水鲈鱼中的浓度（137ng/g）。其他无卤 OPFRs，如磷酸三乙酯（TEP）、磷酸三丙酯（TPrP）、磷酸三异丙酯（TiPrP）和磷酸三丁酯（TnBP）等，它们的 $\lg K_{ow} < 4$，BCF＜1000，

关于它们在环境和生物体内的行为报道较少（van der Veen and de Boer，2012），它们的生物富集效应有待进一步研究。

11.1.2　卤代 OPFRs 在环境和生物体内的行为

目前文献报道较多的卤代 OPFRs 主要有 TCPP、TCEP、TDCPP 和四（α-氯乙基）2, 2-（氯甲基）1, 3-丙基二酸酯（V6）等。研究发现，卤代 OPFRs 在室内空气中普遍存在，其中 TDCPP 和 V6 的浓度水平较低，在 200ng/m^3 以下，TCEP 和 TCPP 的浓度较高，最高浓度分别可达 750000ng/m^3 和 1080ng/m^3（van der Veen and de Boer，2012），在东京的室内环境中发现 TCEP 浓度（1260ng/m^3）高于相同条件下多溴联苯醚阻燃剂的浓度（Saito et al.，2007）。Aston 等（1996）在美国内华达山麓的松针中检测出了 TCEP（1950ng/g）、TCPP（763ng/g）和 TDCPP（1320ng/g），这些化合物并未被批准作为森林阻燃剂使用，采样点附近也没有居民区与工业区，据推测松针里的这些卤代 OPFRs 很可能是来自大气迁移（Aston et al.，1996）。Laniewski 等（1998）在爱尔兰郊区的雨水和波兰及瑞典郊区的降雪中检测到了 1～21ng/L 和 1～4.5ng/L 的 TCEP 和 TCPP（Laniewski et al.，1998），表明大气中的 OPFRs 会溶解在雨雪中，随着降水进入表层水和土壤中。而 Marklund 等（2005）的研究发现随着降雪样品与道路、机场距离的增加，样品中 OPFRs 的含量不断下降，确认了 OPFRs 通过挥发进入大气进而远距离传输的能力（Marklund et al.，2005a）。

水环境中，卤代 OPFRs 的检出率及浓度水平远远大于无卤代 OPFRs。据文献报道中，TCEP 和 TDCPP 在水体中的最高检出浓度为 Green 等报道的污水处理厂进水口样品，分别为 2500ng/L 和 820ng/L（Green et al.，2007）；TCPP 水体中最高检出浓度为德国 Lake Nidda 的湖水样品（379ng/L）（Regnery and Puttmann，2010）。Stackelberg 等（2004）甚至在饮用水中检出了较高浓度的 TCEP（99ng/L）。而 TCEP、TDCPP 和 TCPP 在我国松花江水体中的浓度范围分别在 38～3700ng/L、nd～46ng/L 和 5.3～190ng/L 之间，在太湖梅梁湾水体中的浓度范围分别为 259～2406ng/L，7.4～42.1ng/L 和 7.7～19.1ng/L（Yan et al.，2012）。沉积物中卤代 OPFRs 的最高检出浓度普遍高于 TPP 和 TCP 1～2 个数量级，TCPP、TCEP、TDCPP 和 V6 分别为 24000ng/g、5500ng/g、8800ng/g 和 2800ng/g（Green et al.，2007），均在挪威采集的沉积物样品中检出，其中 TCEP、TDCPP 和 V6 在汽车拆卸厂附近的沉积物样品检出。Cao 等在我国太湖流域沉积物中也普遍检出了卤代 OPFRs，TCPP、TCEP 和 TDCPP 的检出率均大于 88%，平均值在 1～2ng/g 之间（Cao et al.，2012）。研究显示，欧洲一些国家的污水处理过程对无卤 OPFRs 可较好地去除，而对含氯 OPFRs 的处理能力有限（Meyer and Bester，2004；Rodil et al.，2005；

Rodil et al.，2009），有研究甚至发现污水处理厂出水的一些氯代 OPFRs 的浓度比进水的浓度还要高（Meyer and Bester，2004；Rodil et al.，2005；Rodil et al.，2009；Marklund et al.，2005b），说明污水处理过程不仅没有使氯代有机磷酸酯消除，甚至还带来了氯代有机磷酸酯的污染。这可能增加了水环境中卤代 OPFRs 的检出率及含量。

卤代 OFPRs 在生物体内也普遍检出，如采自挪威的鳕鱼、滨蟹、蓝贻贝、白尾海雕、鸬鹚；采自瑞典湖泊和海岸区的贝类和鱼类等（Green et al.，2007；Leonards et al.，2010；Sundkvist et al.，2010）。TCPP 在生物体内的最高检出浓度为 Sundkvist 报道的贝类中的含量（1300ng/g），TCEP 和 TDCPP 在生物体的最高检出浓度均为采自瑞典的鲈鱼体内的含量，分别为 160ng/g 和 140ng/g（Sundkvist et al.，2010），而 V6 在生物体内的含量小于 20ng/g（Green et al.，2007）。Hughes 等曾对比了成年无毛雌鼠对十溴联苯醚（DBDPO）和 TDCPP 的体外吸收率，实验结果显示雌鼠皮肤接受液中 DBDPO 的累积量很低，仅 0.07%～0.34%，皮肤中累积量为 2%～20%，而 TDCPP 在接受液和皮肤中的累积量分别达到了 39%～57%和 28%～35%的含量，这一结果表明 TDCPP 相对于 DBDPO 更容易被吸收入成年无毛雌鼠的皮肤里并扩散到接受液里面。虽然 Sasaki 等的研究发现鱼类对 TCEP 和 TDCPP 的富集比率低于无卤 OPFRs（TPP）（Sasaki et al.，1981），但较多研究显示，卤代 OPFRs 相比于芳香基和烷基磷酸酯更难降解。Kawagoshi 等对一个沿海固体废物处置场的渗滤污水中有机磷酸酯的降解进行了研究，发现 TPP 和 TCP 在有氧条件下迅速降解，20 天后在渗滤液中检测到的含量已低于检测限，而 80 天内 TCPP 在渗滤液中的含量基本保持稳定（Kawagoshi et al.，2002）。Andresen 和 Bester 的研究发现饮用水处理技术中的臭氧化和多层过滤对非氯代有机磷化合物有着 50%左右的消除率，但不能消除氯代有机磷酸酯。铝盐沉淀絮凝对非氯代衍生物磷酸三异丁烷基（TiBP）、磷酸三丁酯（TnBP）和 2-乙基己基磷酸二苯酯（EHDPP）有一定的消除作用，消除率分别为 28%、26%和 41%，但不能消除磷酸三（2-丁氧基）酯（TBEP）和氯代有机磷酸酯（Andresen and Bester，2006）。卤代 OPFRs 的难降解性使得其在环境中可存在较长时间，并可能对生物体存在较大危害，一些 OPFRs 还可通过食物链传递，危害处于食物链顶端的人类。如 Sundkvist 等就在人体乳汁中检测到了总含量为 62～180ng/g 的有机磷化合物，其中 TCPP 和 TnBP 的检出率最高，它们的中值分别为 45ng/g 和 12ng/g（Sundkvist et al.，2010）。

综上所述，OPFRs 在各类环境介质（大气、灰尘、水和沉积物）和生物体中均被检出，表明它们是在环境中广泛存在的有机污染物。然而，生物体中 OPFRs 的含量报道较少，主要见于欧美的一些零星报道。我国对 OPFRs 的研究处于起步阶段，现仅见对太湖和松花江水环境中 OPFRs 的报道（Cao et al.，2012；Wang et al.，2011；Yan et al.，2012）。本项目的开展，有助于我们了解这类污染物在珠江三角水环境中的污染情况及其在生物体内的富集特征，同时为有关部门制定 OPFRs 的管理政策提供科学依据。

11.2　环境及生物样品中 OPFRs 的定性定量方法及质量控制/质量保证（QA/QC）

11.2.1　样品的采集

研究区域及样品采集点详细的地理信息见表 11-1。珠江水系是一个复合的流域，由西江、北江、东江及珠江三角洲诸河等水系所组成。西江和北江在广东省三水思贤滘，东江在东莞市石龙镇汇入珠江三角洲，然后经虎门、蕉门、洪奇门、横门、磨刀门、鸡啼门、虎跳门和崖门八大入海口汇入中国南海。西边的潭江主要流经崖门汇入中国南海。

表 11-1　采样点信息

编号	样品名称	采样点经纬度/(°)	
		东经（E）	北纬（N）
A1	肇庆污水处理厂	112.476 4	23.047 2
A2	大坦沙污水处理厂	113.201 9	23.122 2
A3	猎德污水处理厂	113.346 9	23.112 2
A4	梅湖污水处理厂	114.352 8	23.132 5
A5	滨河污水处理厂	114.095 6	22.535 3
A6	罗芳污水处理厂	114.141 7	22.546 9
B1	拱北水闸	113.234 8	22.494 9
B2	麻子涌	114.044 4	23.257 2
B3	东洲涌	113.587 8	23.100 8
B4	西洲涌	113.582 2	23.099 2
B5	布吉河	114.104 7	22.536 7

1. 水环境样品的采集

在 11 个采样点分别采集了水和沉积物样品。其中，于 0～1m 水深处采集 4L 水样置于已洗净的棕色玻璃瓶中，运回实验室后，水样用玻璃纤维滤膜（Waterman，GF/F，142cm 直径，0.7μm 孔径，经 450℃烘烤 4h）过滤，过滤后，带有颗粒物的滤膜用锡箔纸包好，放入−20℃的冰箱冷藏直至分析。溶解相的水样保存于 5℃的冰箱以待分析。

沉积物样品使用不锈钢抓斗式采样器于采样点采集表层沉积物（0～20cm）。样品采集后放置于洁净的铝箔纸袋中，再封存于密实袋中，运回实验室后置于−20℃保存；分析之前冷冻干燥，研磨过 80 目筛后放入棕色广口瓶中 4℃保存。

2. 生物样品的采集

在惠州市位于东江干流的梅湖污水处理厂出口处采集了 6 种水生生物，包括塘鲺（*clarias batrachus*，$n=6$），罗非鱼（*oreochromis mossambicus*，$n=5$），鲤鱼（*cyprinus carpio*，$n=2$），鳊鱼（*parabramis pekinensis*，$n=3$），白鲦（*hemiculter leucisculus*，$n=6$）和鲢鱼（*hypophthalmichthys molitrix*，$n=4$）。样品运回实验室后，进行解剖，取背脊肌肉用二氯甲烷和正己烷淋滤过的铝箔纸包裹，置于−20℃冰箱保存。生物样品的体长体重信息详见表 11-2。

表 11-2　生物样品的体长体重信息

样品	体长/cm	体重/g	样品	体长/cm	体重/g
白鲦 1	18.2	39.8	鲢鱼 3	22.6	325
白鲦 2	17.5	31.6	鲢鱼 4	22.6	325
白鲦 3	18.5	31.3	罗非鱼 1	20.5	172
白鲦 4	17.3	29.7	罗非鱼 2	26.2	373.2
白鲦 5	15.8	25.5	罗非鱼 3	24.9	306
白鲦 6	15.6	27.4	罗非鱼 4	19.3	170
鲤鱼 1	38.8	685	罗非鱼 5	22.6	325
鲤鱼 2	30.4	457	塘鲺 1	27.5	304
鳊鱼 1	33	435	塘鲺 2	26.4	298
鳊鱼 2	30	390	塘鲺 3	28.7	325
鳊鱼 3	32.5	414	塘鲺 4	29.1	330
鲢鱼 1	24.9	306	塘鲺 5	26.8	288
鲢鱼 2	19.3	170	塘鲺 6	24.4	254

11.2.2　样品前处理及分析

1. 水样的前处理

将 4L 水样加入回收率指示物（TPhP-d_{15}）进入 ASPE-799 型全自动固相萃取仪（AQUA Trace®ASPE 799，SHIMADUZ-GL），经活化、吸附、干燥、洗脱和定容后，实现对水中 OPFRs 的富集。各步骤的详细过程如下。

（1）活化：每一个固相萃取柱（Oasis HLB，6mL/200mg；Waters，Milford，MA，USA）分别用 5mL 二氯甲烷，5mL 乙酸乙酯，10mL 甲醇和 10mL 超纯水活化。

（2）吸附：将 4L 水样与固相萃取仪相连接，水样，TPhP-d_{15} 在水中的浓度为 0.025μg/L，水样以 10mL/min 的流速通过固相萃取柱。

（3）干燥：用氮气干燥固相萃取柱 50min。

（4）洗脱：依次用 3mL 乙酸乙酯和 3mL 二氯甲烷以 0.5mL/min 流速洗脱固相萃取柱，洗脱液收集于浓缩管中。

（5）浓缩：洗脱液在 40℃下用轻柔的氮气浓缩，乙酸乙酯定容至 0.5mL 后加入 100ng TnBP-d_{27} 以待进一步分析。

2. 沉积物、颗粒物和生物样品的前处理

（1）索氏提取。

颗粒物样品和约 10g 的沉积物或生物样品加入 TPhP-d_{15} 后用 80mL 的正己烷/丙酮（1/1，*V*/*V*）进行索氏提取，提取装置为 2050 型 Soxtec 全自动索氏抽提系统（丹麦 FOSS 公司）。浸提时，在颗粒物和沉积物样品中加入约 2g 的铜片以去除硫的干扰。

浸提条件：抽提温度为 160℃；其中沸腾时间 65min，淋洗时间 60min，去溶剂时间 2min 以缩短提取液的转移与净化时间。

（2）凝胶渗透色谱净化。

收集上述浸提液用自动 GPC（LC-tech，德国）净化。自动 GPC 净化系统采用三联机模式，即浓缩—净化—浓缩。浸提液经浓缩并转换溶剂为 *V*（环己烷）：*V*（乙酸乙酯）＝1∶1 的混合试剂（与 GPC 流动相溶剂相同）后，再经 GPC 净化。GPC 流动相的柱流速为 5.0mL/min，收集时间为 900～1680s 的洗脱液，洗脱液经浓缩为 5mL 后，氮吹并转换溶剂为正己烷，浓缩至 1mL，待进一步净化。

（3）Florisil 柱净化。

取 Florisil 小柱（500mg，3mL CNW Technologies），先用 8mL 乙酸乙酯，再用 6mL 正己烷活化，保持该柱湿润，将洗脱液移至 Florisil 小柱上，再用 2mL

正己烷分 2 次洗涤样品瓶，将洗涤液一并加到该柱上，待净化液通过该柱后，用 8mL 正己烷洗脱，弃去，再用 8mL 乙酸乙酯洗脱，收集，收集的洗脱液用氮吹仪氮吹定容至 0.5mL 后，加入 100ng 内标物 TPhP-d_{15} 待上机测试。

3. 定性定量分析

仪器条件：Thermo TSQ Quantum XLS 三重四极杆气相色谱质谱联用仪（GC-MS/MS）；DB-5 MS 色谱柱（325℃，30m×250μm×0.25μm）；DB-5 MS 石英毛细管柱，载气为高纯氦气，柱流量为 1.2mL/min，进样口温度 250℃，无分流进样，进样量 1μL；传输线温度 280℃；离子源温度 230℃。采用程序升温，初始温度 60℃，保持 1min，以 20℃/min 升至 160℃，再以 10℃/min 升至 290℃；采用电子轰击离子源（EI），电子能量 70eV，接口温度 280℃。扫描方式：多反应离子监测模式（MRM），采用“EZ Method”设定方法，在“Start time”设定为“该目标化合物保留时间 RT−0.5min”，在“End time”设定为“该目标化合物保留时间 RT + 0.5min”；各种化合物的母离子、子离子、碰撞能量及保留时间见表 11-3，色谱分离效果见图 11-1。

11.2.3　质量控制与质量保证

所有玻璃器皿使用前均用丙酮、二氯甲烷和正己烷依次洗涤 2 次。在分析过程中，增加了控制样品分析流程（3 个方法空白、3 个加标空白、3 个阴性样品加标和 3 个样品平行样）等质量控制与质量保证措施。在样品提取前，向每个分析样品加入 d_{27}-TBP 回收率指示物，用于监测样品的制备与分析基质的影响。在阴性基质加标和空白加标中加入 100ng 10 种 OPFRs 混合标准溶液，其中阴性基质取样量为 20.0g，OPFRs 的质量浓度为 5.00ng/g 湿重。基质加标和空白加标实验主要检测目标化合物的回收率。在样品分析时，用已知浓度标样检查仪器的灵敏度和稳定性。结果显示，3 个方法空白中均未检出 OPFRs，基质加标和空白加标中各 OPFRs 的加标回收率在 48.7%～122%之间，样品平行样中 80%的 OPFRs 的相对标准偏差小于 10%。

定量限（the limits of quantification，LOQ）被设定为程序空白中检测到的目标化合物的平均值加上三倍的标准偏差。对于空白中不可检测的化合物，定量限定为 10 倍信噪比。OPFRs 的 LOQs 在水样溶解相中为 0.013～1.603ng/L，颗粒物和沉积物中为 0.984～394ng/g，生物样品中为 0.005～0.641ng/g 湿重。

表 11-3　多反应监测模式下 **OPFRs** 的保留时间、监测离子对、碰撞能量、线性相关系数和方法的回收率及相对标准偏差

化合物	简称	保留时间/min	定量离子对	碰撞能量/eV	相关系数	回收率/%	相对标准偏差/%（$n=3$）
磷酸三乙酯（Triethylphosphate）	TEP	4.66	155/127, 155/99	5, 10	0.998	48.7～67.5	17.7
磷酸三丙酯（Tri-*n*-propylphosphate）	TPrP	6.18	141/99, 141/81	5, 20	0.992	57.4～72.5	9.54
磷酸三丁酯（Tributylphosphate）	TBP	7.83	155/99, 155/81	15, 12	0.990	94.1～104	5.09
三（2-氯乙基）磷酸酯（Tris-（2-chloroetheyl）phosphate）	TCEP	8.68	249/187, 249/125, 249/99	5, 10, 15	0.995	78.6～95.2	9.57
磷酸三（2-氯丙基）酯（Tris（2-chloroisopropyl）phosphate）	TCiP	8.88	125/99, 125/81	12, 20	0.991	83.2～97.3	7.81
磷酸三（1, 3-二氯异丙基）酯（Tris（1, 3-dichloropropyl）phosphate）	TDCP	12.1	191/155, 191/75	5, 10	0.991	83.9～122	11.9
三（2-丁氧基乙基）磷酸酯（Tris（2-butoxyethyl）phosphate	TBEP	12.4	199/143, 199/101, 199/99	5, 10, 15	0.994	85.2～117	8.11
磷酸三苯酯（Triphenyl phosphate）	TPhP	12.5	326/325, 326/233, 326/228	10, 10, 12	0.995	69.3～98.0	9.36
磷酸甲苯-二甲苯酯（Cresyl diphenyl phosphate）	CDPP	13.0	340/339, 340/243, 340/183	5, 10, 20	0.990	75.5～96.6	6.42
磷酸三甲苯酯（Tricresyl phosphate）	TCP	13.9	368/367, 368/261, 368/243	10, 10, 20	0.997	69.9～112	9.66
d_{27}-磷酸三丁酯（d_{27}-Tributylphosphate）	d_{27}-TnBP	7.71	103/83, 103/82	20, 15	0.995	82.4～114	8.91
d_{15}-磷酸三苯酯（d_{15}-Triphenyl phosphate）	d_{15}-TPhP	12.5	341/243, 341/223, 341/180	15, 20, 20	—	—	—

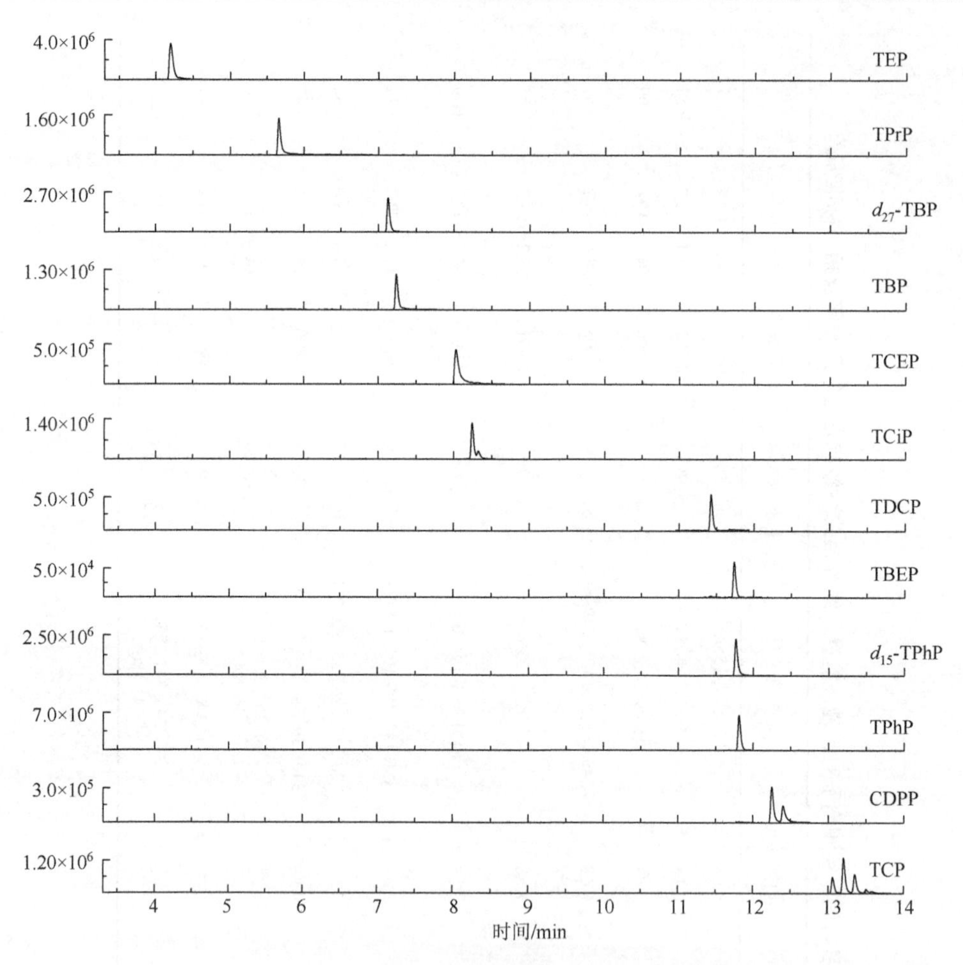

图 11-1 MRM 模式的质谱条件下 OPFRs 的色谱图

11.3 结果与讨论

11.3.1 珠江三角洲重点入河排污口水体中 OPFRs 的分布和组成

1. 浓度水平

10 种 OPFRs 在水相溶解相、颗粒物和沉积物中普遍检出的有 TBP、TCEP、TCiP、TPhP 和 TCP（表 11-4），而 TDCP、TBEP 和 CDPP 在溶解相中也普遍检出。∑OPFRs 在水相溶解相、颗粒物和沉积物中的浓度分别为 311～2110ng/L、17.1～367ng/g 干重和 16.8～132ng/g 干重。本研究中∑OPFRs 的浓度在已有文献报道的∑OPFRs 水平范围内。如德国（2055ng/L，Ernst，1988）、西班牙（1977ng/L，Cristale et al.，2013a）和华北（1549ng/L，Wang et al.，2015）的淡水中∑OPFRs

的浓度高于本研究的浓度，而意大利（165ng/L，Ruan et al.，2009），奥地利（4.4～10ng/L，Cristale et al.，2013b）和北美洲（9.3ng/L，Venier et al.，2015）报道的淡水中的∑OPFRs 浓度低于本研究。对于沉积物样品，本研究中∑OPFRs 浓度水平高于奥地利（5.74ng/g，Martínez-Carballo et al.，2007），挪威（4.98，Green et al.，2008）和中国（7.88ng/g，Cao et al.，2012），与中国南方珠三角最近的一项研究（8.3～470ng/g，Tan et al.，2016）的∑OPFRs 水平相当。最近，Leonards 等（2011）（288ng/g）和 Cristale 等（2013b）（3164ng/g）报道了与我们的结果相比相对较高的∑OPFRs 水平。

表 11-4　珠江三角洲重点入河排污口水体中 OPFRs 的浓度水平

	水样溶解相（ng/L，$n=11$）	颗粒物（ng/g 干重，$n=11$）	沉积物（ng/g 干重，$n=11$）
OC/%		5.08±1.62	1.62±0.76
TEP	63.4（10.7～568）	3.71（1.06～32.6）	nd～4.3
TPrP	nd	nd	nd
TBP	78.7（10.5～389）	21.5（11.4～214）	5.05（1.30～32.0）
TCEP	92.1（44.9～327）	10.7（3.34～88.9）	20.8（5.40～66.3）
TCiP	144（68.3～327）	8.80（5.13～57.4）	7.40（1.90～51.3）
TDCP	26.7（4.11～132）	nd	nd
TBEP	200（8.50～986）	nd	nd
TPhP	2.6（0.90～5.15）	1.44（0.78～9.09）	3.70（0.90～7.80）
CDPP	0.45（0.18～1.57）	nd	nd
TCP	0.64（0.18～1.70）	0.16（0.07～1.76）	1.40（0.40～2.70）
∑OPFRs	837（311～2110）	54.6（17.1～367）	37.1（16.8～132）

OPFRs 在水相溶解相、颗粒相和沉积物三种介质中主要分配在水相溶解相中，可能是由于 OPFRs 的水溶性较高。OPFRs 的颗粒物-水相和沉积物-水相的分配系数（K_p）与 TOC 含量存在正相关性（不显著），表明有机碳含量是控制 OPFRs 在珠江重点入河排污口水体中分配行为的重要因素。OPFRs 的颗粒物-水相和沉积物-水相有机碳归一化分配系数（K_{oc}）与 $\lg K_{ow}$ 之间存在着明显的正相关关系（$p<0.1$），但其线性拟合方程的斜率均小于 1（图 11-2），表明相对于正辛醇来说，沉积物亲脂性能较低，沉积物对 OPFRs 的亲和力较差。

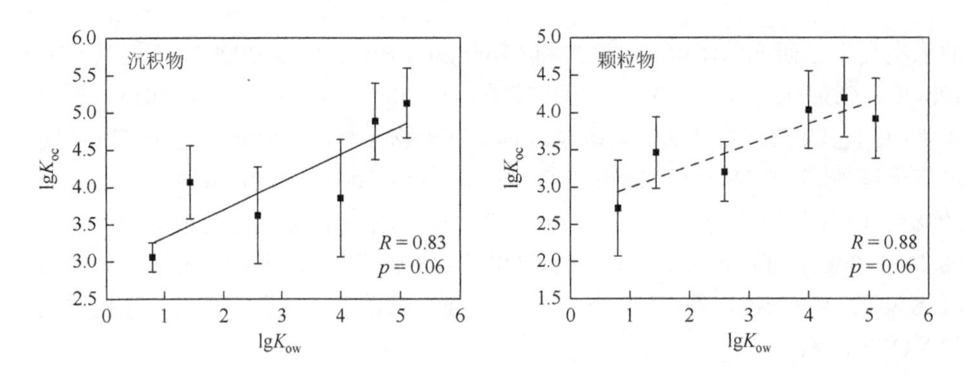

图 11-2 OPFRs 的沉积物/颗粒物-水相有机碳归一化分配系数（$\lg K_{oc}$）与辛醇/水分配系数（$\lg K_{ow}$）间的关系

2. OPFRs 在水相溶解相，颗粒物和沉积物中的组成

在水相溶解相样品中，TBEP（中位数为 200ng/L，占∑OPFRs 的 27%）和 TEP（中位数为 63.4ng/L，占∑OPFR 的 23%）占∑OPFRs 的百分含量最高，其次是 TCiP（占∑OPFRs 的 20%）和 TCEP（占∑OPFRs 的 15%）（图 11-3）。这些 OPFRs 在溶解相中的比例高可能是由于它们具有较高的水溶性，TBEP、TEP、TCiP 和 TCEP 的溶解度分别为 1.20×10^3mg/L、5.00×10^5mg/L、1.60×10^5mg/L 和 7.00×10^5mg/L。其他 OPFR 在水中的溶解度为 1.5～827mg/L。已有较多研究在水体中检测出 TBEP、TCEP 和 TCiP 为主要成分（Wei et al.，2015; Iqbal et al.，2017）。在颗粒物样品中，TBP（中位数为 21.5ng/g dw，占∑OPFRs 的 38%）和 TCEP（中位数为 10.7ng/g dw，占∑OPFRs 的 32%）在 OPFRs 总量中占主导地位（图 11-3）。在沉积物样品中，百分含量最大的为 TCEP（中位数为 20.8ng/g 干重，占∑OPFRs 的 48%）和 TCiP（中位数为 7.40ng/g 干重，占∑OPFRs 的 25%）。文献中报道的沉积物中 OPFRs 的组成各不相同（Wei et al.，2015）。五大湖中 TBEP、TCP 和 TPhP 是最主要的（Cao et al.，2017）。而日本垃圾填埋场的沉积物中 TEHP、TCEP 和 TCP 占∑OPFRs 的百分比较大（Kawagoshi et al.，1999）。TPhP、TCiP、TEHP、TCEP 和 TBEP 是珠三角不同地点沉积物中主要的 OPFRs，占 OPFRs 总量的 89%（Tan et al.，2016）。沉积物中不同的 OPFRs 组成模式可能反映了不同地区 OPFRs 的使用模式和排放源。干湿沉降、船舶液压油泄漏、污水处理厂废水排放等都可能是沉积物中 OPFRs 的来源（Tan et al.，2016）。

为了进一步阐明水相溶解相 surface water、颗粒物 SPM 和沉积物 sediment 中的 OPFR 组成模式，我们将 OPFR 分为氯化 OPFRs（TCEP、TCiP 和 TDCP）、苯基 OPFRs（TPhP 和 TCP）和烷基 OPFRs（CDPP、TBEP、TBP 和 TEP）。在溶解相中，氯化 OPFRs、苯基 OPFRs 和烷基 OPFRs 占∑OPFRs 的比例分别为

39%、0.50%和 60%。氯化 OPFRs 和苯基 OPFRs 的比例在颗粒物中分别增加到 52%和 4.9%，沉积物中 74%和 11%。而烷基 OPFRs 在颗粒物中的比例下降到 43%，沉积物中的比例下降到 15%。显然，与烷基 OPFRs 相比，氯化 OPFRs 和苯基∑OPFRs 对颗粒物和沉积物的亲和力更高。而且，不同采样点的水样溶解相和颗粒物样品的 OPFRs 模式并不一致（图 11-3）。不同水样中 TEP、TBEP 和 TCiP 在∑OPFRs 中占主导地位，颗粒物中 TBP 和 TCEP 为主要的 OPFRs。同时，所有沉积物样品中 TCEP 和 TCiP 的比例相近，且都是沉积物中最丰富的 OPFRs。氯代 OPFRs 被认为在沉积物中的降解性低于烷基 OPFRs，且在生物群中比烷基 OPFRs 更容易富集。因此，氯代 OPFRs 与沉积物较高的亲和力可能会对水生生物造成进一步的危害。

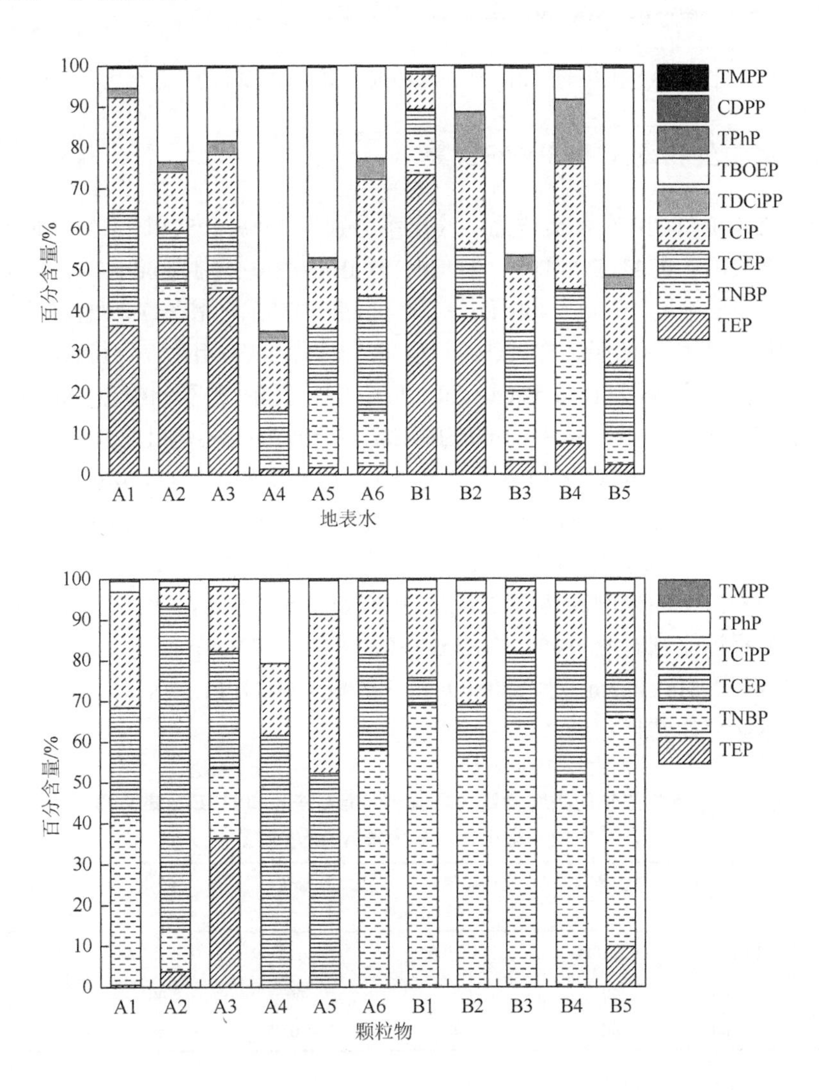

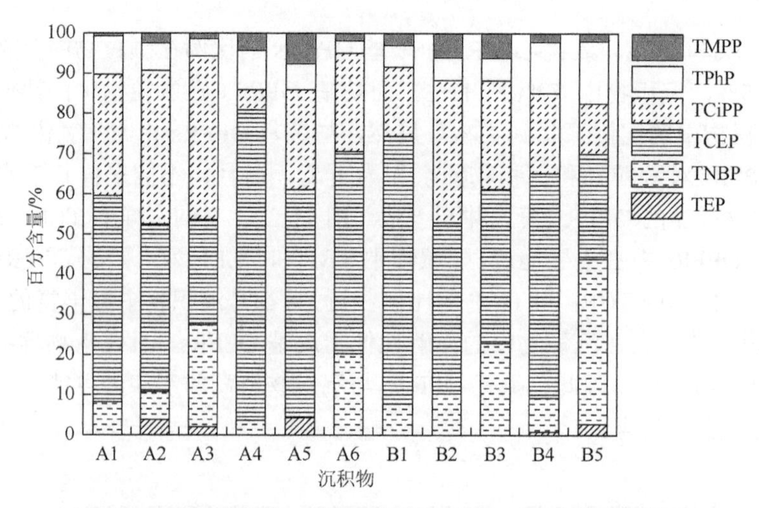

图 11-3 水相溶解相、颗粒物和沉积物中 OPFRs 的百分组成

11.3.2 水生生物对 OPFRs 的富集

TBP、TCEP、TCiP 在鱼类样品中检出率分别为 27%、35%和 23%，其他 OPFRs 在鱼类中未检出（表 11-5）。TBP、TCEP、TCiP 的浓度分别为 nd～2.42、nd～4.96 和 nd～2.60ng/g 湿重，或 nd～209、nd～151 和 nd～207ng/g 脂重。在可检测到 OPFRs 的鱼样品中，鱼肌肉中的脂质含量(%)仅与 TCEP 浓度显著相关($R=0.80, p<0.01$)。来自荷兰的河口食物网（Brandsma et al., 2015）和比利时的欧洲鳗鱼（Malarvannan et al., 2015）的生物群样本中的 OPFR 浓度与脂质浓度没有相关性，这与我们的结果一致。本研究中鱼的 OPFRs 水平普遍低于文献报道的结果（Giulivo et al., 2017; Malarvannan et al., 2015; Matsukami et al., 2016; Santín et al., 2016）。意大利河流鱼类的∑OPFRs 水平为 14.4～650ng/g 脂重（Giulivo et al., 2017）。在西班牙流域，鱼类中 OPFR 的浓度高达 2423ng/g 脂重（Santín et al., 2016）。Malarvannan 等（2015）报道比利时鳗鱼样本中的 OPFRs 水平（673ng/g 脂重）高于本研究中检测到的水平。Matsukami 等（2016）报道的鱼类中 OPFRs 水平（<5～300ng/g 脂重）与本研究的结果相当。

表 11-5 水生生物的脂肪含量（均值±标准偏差）和 OPFRs 的浓度水平［中值（最小值～最大值），ng/g 湿重］

	罗非鱼（$n=5$）	鲶鱼（$n=6$）	鲤鱼（$n=2$）	鳊鱼（$n=3$）	鲢鱼（$n=4$）	白鲦（$n=6$）
脂肪含量/%	1.07±0.08	3.02±0.40	1.14±0.03	1.16±0.09	0.92±0.06	9.50±1.31
TEP	nd	nd	nd	nd	nd	nd
TPrP	nd	nd	nd	nd-0.96	nd	nd

续表

	罗非鱼（n＝5）	鲶鱼（n＝6）	鲤鱼（n＝2）	鳊鱼（n＝3）	鲢鱼（n＝4）	白鲦（n＝6）
TBP	nd～2.42	nd	nd～0.25	Nd	nd	0.68（nd～1.45）
TCEP	nd	nd～3.18	1.37（0.98～1.76）	1.16（nd～1.66）	nd	1.28（nd～4.96）
TCiP	nd	nd～2.60	1.89（1.35～2.42）	0.66（nd～0.93）	nd	nd
TDCP	nd	nd	nd	nd	nd	nd
TBEP	nd	nd	nd	nd	nd	nd
TPhP	nd	nd	nd	nd	nd	nd
CDPP	nd	nd	nd	nd	nd	nd
TCP	nd	nd	nd	nd	nd	nd
∑OPFRs	nd～2.42	nd～4.96	3.39（2.34～4.44）	1.82（nd～3.55）	nd	1.96（nd～6.41）

本研究还通过 BAF 和 BSAF 评估 OPFR 在鱼类中的生物蓄积潜力。BAF 值定义为鱼类中 OPFR 的中值浓度（ng/g 脂重）与水中 OPFR 中值浓度（ng/mL）的比值。BSAF 值定义为鱼中 OPFR 的中值浓度（ng/g 脂重）与沉积物中 PFR 的中值浓度（ng/g OC，通过 OC%标准化的 OPFR 浓度）之比。白鲦和鲤鱼中 TBP 的 lgBAF 值分别为 2.56 和 2.78。白鲦、鲤鱼和鳊鱼中 TCEP 的 lgBAF 值分别为 2.15、3.11 和 3.00。鲤鱼和鳊鱼中 TCiP 的 lg BAF 值分别为 3.10 和 2.61。普通鲤鱼似乎比其他鱼类具有更高的 OPFRs 生物蓄积潜力。目前暂未见关于鱼类中 OPFRs 的 BAF 值报道。以前关于珠三角鱼类中多溴联苯醚（PBDEs）生物累积的研究表明，PBDEs 的 lgBAFs 为 5.0～7.4，十溴二苯乙烷（DBDPE）为 6.1～7.1（He et al.，2012）。TBP、TCEP 和 TCiP 的 lgBAF 分别为 2.56～2.78、2.15～3.11 和 2.61～3.10，远低于 He 等（2012）报道的 PBDEs 和 DBDPE 的 lgBAFs。本研究中，除 TCiP 的 BSAF（1.81）外，TBP、TCEP 和 TCiP 的 BAFs 值一般低于 1（0.01～0.58），这与 Giulivo 等（2017）的结果一致。在实验室给药研究中，TPhP 可以被斑马鱼高速代谢（Wang et al.，2016）。OPFRs 的消除和代谢可能导致 PFRs 的生物蓄积潜力低于 PBDEs。在本研究中，鲤鱼似乎具有比其他鱼类更高的 PFR 生物蓄积潜力。由于样本量有限，鱼样 OPFRs 检测频率低，OPFR 的生物累积仍值得进一步研究。

第 12 章 珠江毒害性重金属污染物的筛查

为更好地服务于珠江流域重金属日常巡查和应急监测的实际工作，我们针对珠江流域内高背景、高风险和高毒害的重金属污染物进行调查分析。调查采用查阅文献、收集资料、实地调查、样品检测和分析对比等方式进行。通过汇总分析近年来发生的重金属污染事故，考查流域内土壤背景、河流沉积物和地表水中的重金属的含量，筛选出现超标频次高、潜在污染风险高、具有潜在生态危害的重金属元素。

12.1 珠江流域重金属污染事件

珠江流域沿江重金属矿产丰富，矿石采选和冶炼是重金属主要来源。珠江流域的主要干流及支流存在较大的重金属污染风险，并且近年来发生过多次重金属突发污染事件。我们通过对重金属污染事件的汇总分析，了解主要重金属污染物种类、污染原因、污染频率及影响危害程度。

12.1.1 事件回顾

1. 都柳江砷、锑污染

2007 年 12 月初，贵州省黔南布依族苗族自治州独山县一硫酸厂非法生产，致使大量含砷废水流入都柳江上游河道，造成独山县十余名村民轻微中毒，并造成下游三都水族自治县县城及沿河乡镇 2 万多人生活饮水困难。虽然黔南州、三都县采取了水厂改用备用水源、调集消防车取山泉水等多项应急措施，但仍远远不能满足当地居民的基本生活需要。

都柳江沿江有较多重金属矿石采选和冶炼企业，来自这些企业的砷、锑、汞等重金属污染逐年累积，都柳江水质受到严重影响。卢莎莎等（2013）调查研究报道，从上游贵州省独山县至下游广西富禄的都柳江干流上，除广西富禄监测点外，其他各点水样中的锑浓度在 11.04～566.6μg/L 之间，最低超标 2 倍，最高超标 113.3 倍。张云凤（2014）在 2011 年 1 月～2013 年 12 月逐月对都柳江 1、2、3 号监测点进行水样采集和检测，其水质锑含量年均值在 0.0136～0.0257mg/L 之间，污染较为严重。沿岸居民用水安全受到严重威胁，引起了国务院、水利部及贵州省人民政府关注。

2. 阳宗海砷污染

阳宗海是云南九大高原湖泊之一，2008年，环境保护部门监测到阳宗海水体砷浓度出现异常波动。经云南省环境保护局对阳宗海周边及入湖河道沿岸企业进行紧急检查，确定阳宗海水体砷污染的主要来源是云南澄江锦业工贸有限责任公司。该公司环保设备和措施严重缺失，未建生产废水处理设施，大量含砷废水在厂内循环，并且没有做防渗处理。含砷污染物常年累积，并逐步渗漏释放，污染地下水，导致阳宗海水体严重污染。

3. 武江锑污染

2011年6月29日，广东省韶关市在例行监测中发现武江河乐昌段出现锑浓度异常情况，韶关市环境保护部门经过排查监测，武江河乐昌段水质锑浓度异常的原因，是上游来水锑浓度过高，导致过境水质出现异常。后经过环境保护部华南督查中心及湖南省环境保护部门对湖南境内涉嫌企业的排查，发现武江河的源头——湖南省宜章县赤石乡渔溪河水锑超标数十倍，污染事故应系非法矿企“长城岭铅锌多金属矿”的生产废水排入造成。

4. 北江铊污染

2010年10月，在亚运环境工作抽查中发现北江中上游河段铊明显超标，引起广东省委和省政府领导的高度重视。广东省环境保护厅立即启动应急响应，派出环境监察和监测人员赶赴韶关、清远两市，会同当地环境保护部门对北江开展全线监测和排查。监测结果显示，北江干流12个断面铊浓度均不同程度出现超标现象，浓度从上游至下游呈现递减趋势。经调查，此次铊污染事故是由隶属中金岭南有色金属股份有限公司的韶关冶炼厂违法排放含铊废水所致。

5. 龙江镉污染

2012年1月15日，广西龙江河拉浪水电站网箱养鱼出现少量死鱼，河池市环境保护局在调查中发现拉浪电站前200m处水质重金属镉超出《地表水环境质量标准》（GB 3838—2002）Ⅲ类水限值80倍。经调查，造成污染事故的原因是广西金河矿业股份有限公司和金城江鸿泉立德粉材料厂违法排污。事发后，珠江快速启动水污染三级应急响应预案，派出工作组配合当地政府开展污染处置工作。受污染水体经过电站截留，并且在大量絮凝剂聚合氯化铝的作用下，污染物镉含量明显下降，最终达到国家标准。

6. 贺江镉、铊污染

2013 年 7 月 1～5 日，贺江贺街至合面狮水域陆续出现死鱼现象。经广西壮族自治区环保厅专家携设备到贺州现场检测，检测出贺江马尾河下游水域镉和铊超标情况。在此次污染事件中，被污染河段有 110km，从上游的贺江马尾河段到与广东封开县交界处，其中靠近封开县的合面狮江段合面狮水库受污染最为严重。水体中镉、铊含量出现不同程度的超标。国家环境保护部、珠江水利委员会、广东省和相关国家级科研院所，以及自治区环保、水利、住建、卫生、监察等相关部门领导、专家近 300 人，携带仪器设备及专用车辆相继抵达贺州，指导处理贺江水污染事件。

12.1.2 分析结果

多起污染事故的发生，使我们了解到重金属污染物的产生有下面几个途径。①在矿石采选中，金属矿床中常伴生多种重金属元素，品位较低的重金属矿石经过筛选后作为矿渣废弃，经雨水冲刷和溃坝事故，流入河流。②以矿石作为原料的化工厂，在生产过程中，有毒有害重金属从矿石中迁移到飞灰和炉渣中。例如，黄铁矿脱硫制酸后，矿石原料中的铊等重金属迁移并富集在飞灰和炉渣里。③金属的冶炼过程中，往往只对某几种重金属进行提炼和回收，其他没有回收经济价值的重金属则被残留在冶炼废水、废气和废渣中。矿石采选和冶炼企业“三废”的不合理处置和违规处置，是导致重金属大量进入地表水、地下水的主要原因和直接原因。

综上，近年来流域内发生的重金属污染事件，其主要的重金属污染物有砷、锑、镉、铊、铬等。珠江流域重金属污染物主要来源是区域性矿山采选企业尾矿，化学试剂厂和金属冶炼厂的含重金属的废水、废气、废渣，特别是河流沿岸及上游地区的企业。

12.2 特征重金属污染物调查

12.2.1 土壤背景值

1. 数据来源

流域内各省（区）土壤中重金属的含量及典型重金属污染物调查，以《中国土壤元素背景值》为依据。《中国土壤元素背景值》是 19 世纪 90 年代初，“七五”期间国家重点科技攻关课题“全国土壤环境背景值调查研究”的重要成果。对全国各省（区）及主要城市的土壤背景值进行了全面科学的监测普查。

对于样品的采集，要求在每个采样点挖掘土壤剖面采样，剖面规格一般为长1.5m、宽 0.8m、深 1.2m，每个剖面采集 A、B、C 三层土壤（中国环境监测总站，1990）。A 层土壤是指易松动的表层土壤，由腐殖质、黏土和其他无机物组成，容易受到人为影响。故我们选取 A 层土壤背景值，来考察珠江流域各省（区）铜、锌、铅、镉等八种重金属的土壤背景值。另外，在背景值基本统计量表中，我们选取中位值作为评价和筛选的依据。

2. 评价和筛选

以全国土壤背景值为参比，珠江流域六省（区）土壤中各元素的污染指数，用下面公式计算，结果见表 12-1。

$$A_i = \frac{SC_i}{SS_i} - 1 \tag{12-1}$$

式中，A_i为某省（区）重金属元素 i 污染指数；SC_i为某省（区）重金属元素 i 土壤背景值（mg/kg）；SS_i为某重金属元素 i 的全国土壤背景值（mg/kg）。

表 12-1 中，我们可以看出珠江流域中上游云贵地区，八种重金属的土壤背景值均高于全国土壤背景值。全流域范围内，重金属砷、铊、锑、汞、铅的背景值普遍偏高，其中汞的污染指数最高。

全国其他省（区）土壤中铜、锌、铅、镉等八种重金属的土壤（A 层）背景值比较见图 12-1，可以看出，大多数重金属元素在全国各省（区）中名列前茅，特别是云、贵、桂的砷、铊、锑背景值，在全国范围内排名前 5。

表 12-1　珠江六省（区）A 层土壤中重金属的污染指数

省（区）	污染指数							
	Cu	Zn	Pb	Cd	As	Sb	Tl	Hg
云南	0.39	0.26	0.52	0.05	0.14	0.68	0.34	0.16
贵州	0.24	0.21	0.25	0.68	0.39	0.77	0.33	1.68
广西	0.12	−0.24	−0.17	−0.08	0.27	0.80	0.28	1.61
广东	−0.45	−0.47	0.23	−0.49	−0.26	−0.56	−0.08	0.47
江西	−0.11	−0.03	0.25	−0.05	0.29	−0.12	0.36	0.84
湖南	0.21	0.32	0.12	0.03	0.42	0.48	0.10	1.29
均值	0.07	0.01	0.20	0.02	0.21	0.34	0.22	1.01

综合图 12-1 分析，我们认为珠江流域八种重金属元素中，砷、铊、锑、汞的土壤背景值普遍较高，与区域内矿山分布及矿产开发有着密切关系，具有较高污

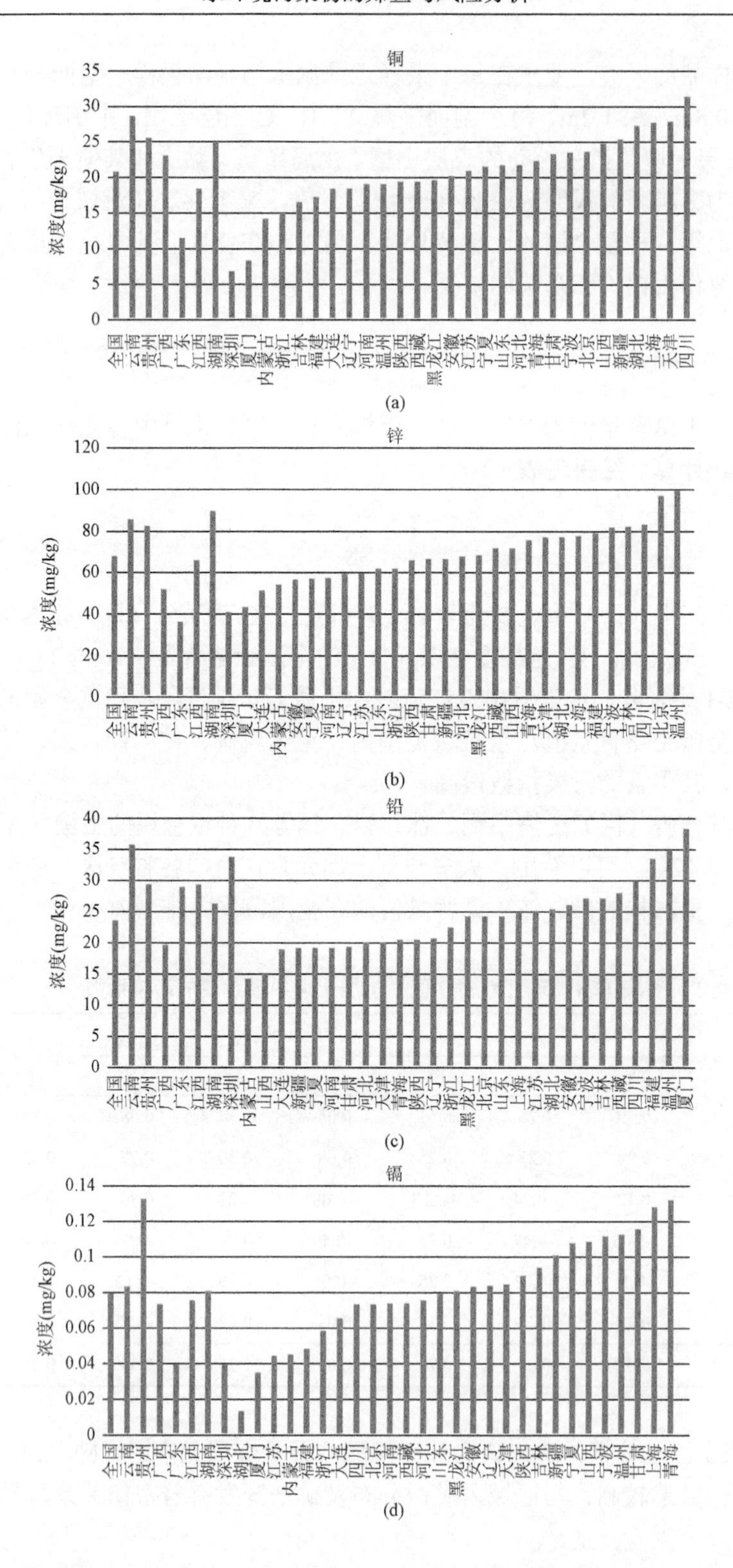
铜
35
30
25
20
15
10
5
0
浓度(mg/kg)
全国
云南
贵州
广西
广东
江西
湖南
深圳
厦门
内蒙古
浙江
吉林
福建
大连
辽宁
河南
温州
陕西
西藏
黑龙江
安徽
江苏
宁夏
山东
河北
青海
甘肃
宁波
北京
山西
新疆
湖北
上海
天津
四川
(a)
锌
120
100
80
60
40
20
0
浓度(mg/kg)
全国
云南
贵州
广西
广东
江西
湖南
深圳
厦门
大连
内蒙古
安徽
宁夏
河南
辽宁
江苏
山东
浙江
陕西
甘肃
新疆
河北
黑龙江
西藏
山西
青海
天津
湖北
上海
福建
宁波
吉林
四川
北京
温州
(b)
铅
40
35
30
25
20
15
10
5
0
浓度(mg/kg)
全国
云南
贵州
广西
广东
江西
湖南
深圳
内蒙古
山西
大连
新疆
宁夏
河南
甘肃
河北
天津
青海
陕西
辽宁
浙江
黑龙江
北京
山东
上海
江苏
湖北
安徽
宁波
吉林
西藏
四川
福建
温州
厦门
(c)
镉
0.14
0.12
0.1
0.08
0.06
0.04
0.02
0
浓度(mg/kg)
全国
云南
贵州
广西
广东
江西
湖南
深圳
湖北
厦门
江苏
内蒙古
福建
浙江
大连
四川
北京
河南
西藏
河北
山东
黑龙江
安徽
辽宁
天津
陕西
吉林
新疆
宁夏
山西
宁波
温州
甘肃
上海
青海
(d)

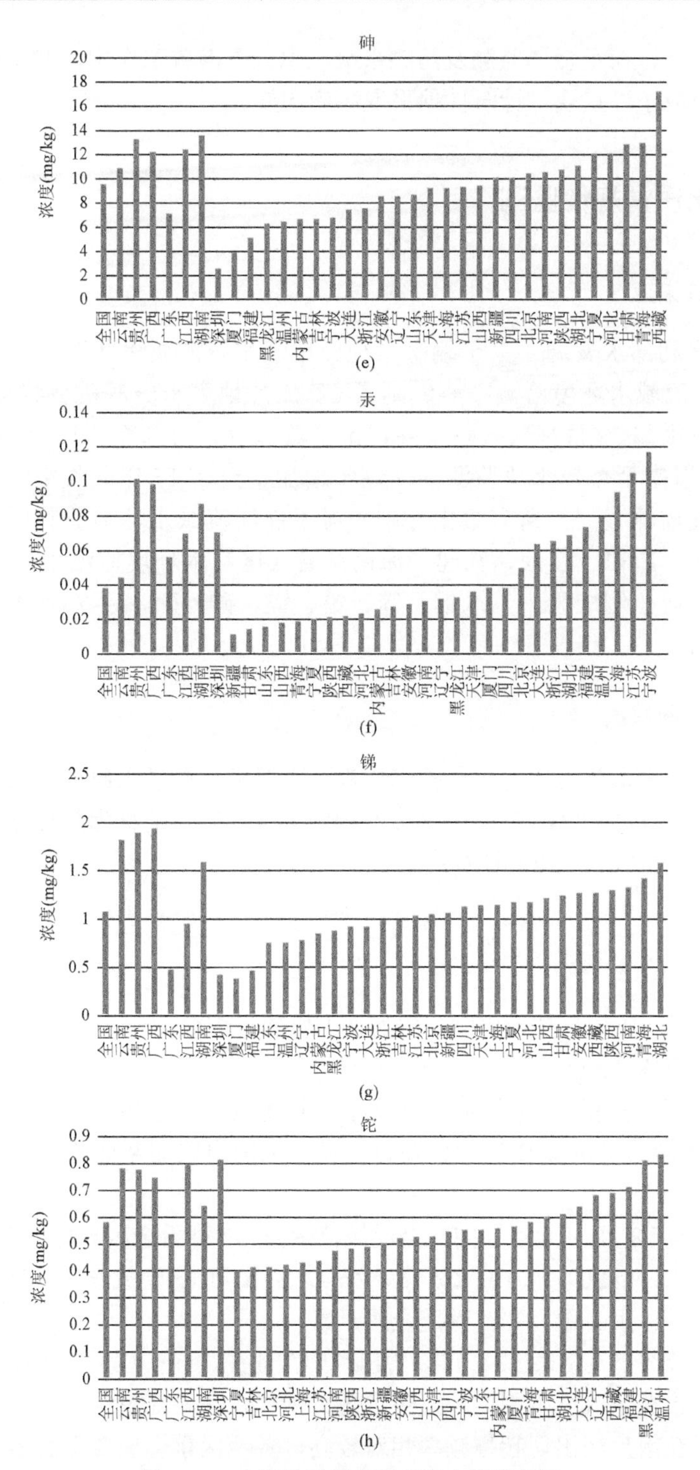

图 12-1　全国各地重金属元素土壤背景值

染风险。因此，在重金属监测及污染事故应急处置准备工作中，对本区域的砷、铊、锑、汞应予以重视，针对性地采取相应措施。

12.2.2　水质常规性监测

1. 数据来源

根据水利部水文局“关于编制《全国地表水资源质量状况月报》的通知”要求，珠江流域水环境监测中心编制了《珠江片地表水资源质量状况月报》（以下简称《月报》）。《月报》共收集并评价了流域片一百余个水质断面监测资料。自 2007 年以来至今，水质监测断面逐年增加，至 2015 年共收集了流域片 182 个水质断面监测数据。所有数据分别来源于珠江流域水环境监测中心及云南、贵州、广西、广东、江西、福建、海南 7 省（区）水环境监测中心的水质监测成果。在水质监测成果中，选铜、锌、铅、镉、砷、硒、汞 7 种重金属元素作为评价项目。

2. 评价和筛选

根据《地表水资源质量评价技术规程》中要求，单项水质项目浓度超过《地表水环境质量标准》（GB 3838—2002）中Ⅲ类标准限值的称为超标项目。超标项目的超标倍数按式（12-2）计算：

$$B_i = \frac{C_i}{S_i} - 1 \tag{12-2}$$

式中，B_i 为某水质项目超标倍数；C_i 为某水质项目浓度（mg/L）；S_i 为某水质项目的Ⅲ类标准限值（mg/L）。

通过查阅《月报》，分析汇总近 9 年的监测数据，选铜、锌、铅、镉、砷、硒、汞 7 种重金属元素作为评价项目，流域范围内监测断面单项水质项目超标情况如下。

在 2007 年 8 月～10 月期间，全流域范围内，7 种重金属超标次数由高到低，依次为 As 97＞Hg 20＞Pb 19＞Cd 15＞Zn 7＞Se 4＞Cu 1。故珠江流域近年来，主要污染物为砷、汞、铅、镉 4 种重金属元素。

在地域分布上，从表 12-2 可以看出，砷在北江、红柳江、南盘江出现超标的频率较高；汞在全流域范围内都发生过超标现象，在西江及珠三角出现超标的频率较高；铅在南盘江出现超标频率相对较高，各地区重金属典型污染物在种类和含量上各有特点。

表 12-2　水资源二级区水质重金属超标情况

水资源二级区	主要超标断面	主要超标元素	超标倍数范围	超标次数	超标倍数算术平均值	年份
北江	坪石	As	0.04～0.70	7	0.26	2007～2015
		Cd	0.56	1	0.56	
		Hg	0.1	1	0.1	
红柳江	马陇	As	0.11～5.14	4	1.74	2007～2012
		Pb	2.2	1	2.2	
		Cd	3.2	1	3.2	
南北盘江—南盘江	江边街/小龙潭/八大河/高古马	As	0.04～21.4	56	3.78	2007～2014
		Pb	0.02～3.76	16	1.23	
		Cd	0.02～18.6	6	3.93	
		Hg	0.6	1	0.6	
南北盘江—拖长江	土城/小云尚大桥	Hg	0.2～5.5	3	3.1	2013～2014
		Pb	0.16	1	0.16	
南北盘江—阳宗海	汤池	As	0.002～1.38	29	0.54	2008～2015
西江	北流/封开/平峡口/贺江	Hg	0.09～1.2	5	0.47	2007～2013
		Cd	0.2～0.33	3	0.24	
粤西桂南—九州江/罗江	—	Hg	0.06～1.8	4	0.65	2008～2015
		Cd	45.94	1	45.94	
珠三角	—	Se	0.25～0.7	4	0.42	2007～2015
		Hg	0.07～1.1	2	0.59	

12.2.3　水质毒害性重金属筛查

1. 数据来源

近几年，课题组对都柳江流域、南盘江流域、贺江流域和北江进行实地查勘和调研，进行枯水期和丰水期两次调查，采集地表水样品带回实验室进行检测分析。样品采集执行《水环境监测规范》（SL 219—2013），样品采集后经 0.45μm 滤膜过滤，加硝酸密封保存。实验室使用电感耦合等离子体质谱仪 ICP-MS（安捷伦 7900）进行检测分析，分析参数涵盖 Cu、Zn、As、Se、Pb、Cd、Fe、Mn、Co、Ni、Sb、Tl 等十多种重金属元素。

2. 评价结果

都柳江干流中锑超标现象尤为严重。《地表水环境质量标准》（GB 3838—2002）中，集中式生活饮用水地表水源地特定项目标准限值，锑为 0.005mg/L，都柳江干流地表水中锑的浓度及超标倍数见表 12-3。

表 12-3　都柳江干流地表水中锑的检测结果

样品编号	浓度/(mg/L)	超标倍数
G20	0.251 90	49.38
G19	0.068 01	12.60
G18	0.070 76	13.15
G17	0.028 75	4.75
G16	0.024 50	3.90
G15	0.189 20	36.84
G14	0.029 66	4.93
G13	0.057 65	10.53
G12	0.031 86	5.37
G10	0.018 02	2.60
G09	0.069 56	12.9
G07	0.074 87	13.97
G06	0.059 25	10.85
G05	0.013 90	1.78
G04	0.001 51	−0.70
G03	0.040 91	7.18
G02	0.058 01	10.60

对都柳江干流及源头溪流等 19 个监测点进行地表水采样分析，我们发现对样品的十多种金属元素分析中，只有锑的污染情况严重。样品中锑的浓度，几乎所有监测点均超过相关标准限值，最高超标倍数达 49.38。这与文献和新闻报道基本相符，都柳江沿江有较多重金属矿石采选和冶炼企业，砷、锑等重金属污染逐年累积，都柳江水质受到严重影响。位于都柳江中上游的三都县，其都柳江水源受到上游沿江的砷、锑、汞等总金属污染，已确定了新的水源点。

通过对南盘江干流自上游到下游的 23 个监测点的地表水采样分析，以《地表水环境质量标准》（GB 3838—2002）中的水源地要求的Ⅲ类水限值和水源地特定项目（Tl 和 Sb）限值作为评价标准。我们发现铝、锰、铁的含量都比较高，有些甚至已经超过了饮用水源地的标准；对于南盘江中游河段 S12～S15，因为地处开远市区，而开远是云南重要的重工业基地，受重金属污染严重，锰、砷、锑、铊、铅等都出现了不同程度的超标，尤其是开远河段的砷，含量超标 11 倍之多。南盘江地表水监测结果见表 12-4。

表 12-4　南盘江地表水监测结果　（单位：mg/L）

标准限值	Al	Mn	Fe	Cu	As	Cd	Sb	Tl	Pb
	—	0.1	0.3	1.0	0.05	0.005	0.005	0.000 1	0.01
S1	0.072 50	0.038 33	0.056 18	0.001 30	0.001 11	0.000 05	0.000 94	0.000 04	0.001 02
S2	0.194 24	0.035 75	0.720 46	0.003 65	0.001 60	0.000 08	0.000 55	0.000 03	0.001 67
S3	0.119 00	0.017 24	0.100 83	0.002 62	0.001 17	0.000 03	0.001 21	0.000 02	0.003 13
S4	0.131 43	0.047 76	0.107 32	0.001 81	0.002 21	0.000 02	0.000 88	0.000 02	0.001 10
S5	0.020 01	0.104 80	0.172 33	0.001 00	0.007 13	0.000 02	0.002 06	0.000 01	0.000 42
S6	0.168 84	0.021 60	0.146 66	0.001 92	0.002 69	0.000 03	0.001 64	0.000 03	0.001 29
S7	0.049 99	0.049 20	0.077 50	0.001 18	0.006 50	0.000 02	0.001 38	0.000 05	0.000 69
S8	0.033 81	0.010 86	0.048 78	0.002 95	0.007 03	0.000 02	0.001 56	0.000 05	0.002 19
S9	0.096 79	0.020 13	0.066 75	0.003 11	0.001 11	0.000 02	0.001 40	0.000 03	0.007 94
S10	0.034 74	0.012 41	0.062 27	0.001 06	0.006 48	0.000 01	0.001 35	0.000 03	0.000 80
S11	0.041 05	0.010 43	0.041 54	0.001 58	0.002 66	0.000 03	0.001 41	0.000 04	0.001 71
S12	0.199 36	0.039 70	0.303 81	0.010 77	0.002 43	0.000 08	0.001 19	0.000 03	0.015 37
S13	0.025 71	0.013 17	0.013 30	0.001 84	0.005 19	0.000 01	0.001 57	0.000 10	0.003 27
S14	0.026 11	0.013 82	0.034 96	0.001 52	0.008 57	0.000 06	0.001 55	0.000 02	0.001 22
S15	0.038 30	0.139 12	0.084 11	0.002 71	0.554 74	0.001 18	0.013 55	0.000 20	0.005 19
S16	0.059 46	0.017 22	0.082 64	0.002 51	0.005 41	0.000 01	0.001 45	0.000 13	0.002 05
S17	0.048 16	0.011 26	0.062 80	0.001 77	0.008 37	0.000 02	0.001 65	0.000 11	0.001 96
S18	0.056 02	0.008 08	0.082 29	0.001 71	0.012 81	0.000 04	0.001 97	0.000 03	0.003 06
S19	0.044 57	0.012 76	0.069 91	0.001 27	0.002 32	0.000 01	0.001 92	0.000 02	0.000 44
S20	0.075 35	0.038 23	0.189 91	0.002 97	0.002 29	0.000 05	0.001 44	0.000 02	0.001 43
S21	0.083 81	0.009 99	0.031 05	0.002 65	0.000 46	0.000 01	0.000 90	0.000 01	0.000 41
S22	0.047 89	0.003 27	0.042 51	0.001 65	0.004 33	0.000 01	0.001 78	0.000 02	0.000 84
S23	0.066 44	0.004 24	0.045 40	0.001 50	0.000 95	0.000 02	0.001 26	0.000 01	0.000 99

通过对贺江干流自上游到下游的 23 个监测点的地表水采样分析，以《地表水环境质量标准》（GB 3838—2002）中的水源地要求的Ⅲ类水限值和水源地特定项目（Tl 和 Sb）限值作为评价标准。我们发现贺江流域支流（Z1～Z9）中，某些支流的锰、砷、镉、铅和锑等都出现了不同程度的超标，证明上游河段存在一定程度的污染，这很有可能是上游一些矿山冶炼活动排放造成的。贺江流域地表水监测结果见表 12-5。

表 12-5　贺江流域地表水监测结果　　（单位：mg/L）

标准限值＼监测点	Al	Mn	Fe	Cu	As	Cd	Sb	Pb
	—	0.1	0.3	1.0	0.05	0.005	0.005	0.01
Z1	0.014 37	0.030 60	0.070 02	0.002 32	0.001 02	<0.000 06	0.000 18	0.000 35
Z2	0.114 70	0.024 45	0.322 54	0.002 46	0.000 45	<0.000 06	0.001 70	0.011 63
Z3	0.068 83	0.057 66	0.633 60	0.003 13	0.001 28	0.002 05	0.000 42	0.002 30
Z4	0.056 82	0.035 85	0.303 28	0.004 08	0.000 81	0.000 08	0.000 20	0.001 81
Z5	0.118 18	0.033 97	0.353 13	0.003 90	0.001 47	<0.000 06	0.004 35	0.009 61
Z6	0.051 43	0.010 02	0.080 30	0.002 13	0.000 30	<0.000 06	0.002 65	0.000 60
Z7	0.060 50	0.026 43	0.147 95	0.004 64	0.001 04	0.000 09	0.004 57	0.002 83
Z8	0.161 60	0.089 06	0.171 84	0.004 55	0.014 23	0.000 20	0.009 69	0.007 10
Z9	0.263 68	0.103 85	0.174 53	0.003 94	0.015 79	0.000 10	0.008 49	0.008 07
Z10	0.249 40	0.157 01	0.209 45	0.003 18	0.004 96	0.000 10	0.001 47	0.004 35
G1	0.070 58	0.023 81	0.154 45	0.015 19	0.004 14	0.000 12	0.000 78	0.004 01
G2	0.045 18	0.032 00	0.172 31	0.003 00	0.003 47	<0.000 06	0.000 27	0.001 35
G3	0.041 11	0.013 04	0.085 92	0.002 75	0.005 21	<0.000 06	0.000 32	0.000 77
G4	0.091 99	0.020 38	0.181 40	0.005 06	0.005 47	<0.000 06	0.004 73	0.001 80
G5	0.033 40	0.014 93	0.086 88	0.002 78	0.006 15	<0.000 06	0.005 24	0.000 78
G6	0.062 86	0.024 72	0.151 62	0.003 24	0.005 87	<0.000 06	0.000 40	0.002 68
G7	0.027 46	0.011 08	0.035 79	0.003 12	0.006 46	<0.000 06	0.000 41	0.000 99
G8	0.114 27	0.058 93	0.191 05	0.003 34	0.005 77	0.000 09	0.002 25	0.002 52
G9	0.088 76	0.033 84	0.108 74	0.003 41	0.006 32	<0.000 06	0.004 72	0.001 33
G10	0.156 90	0.044 90	0.135 27	0.004 34	0.008 30	0.000 08	0.001 15	0.002 18
G11	0.161 29	0.048 86	0.113 13	0.003 94	0.005 83	0.000 06	0.002 38	0.004 72
G12	0.161 66	0.055 16	0.161 16	0.003 77	0.006 69	0.000 07	0.000 66	0.001 74
G13	0.144 94	0.046 34	0.105 38	0.002 96	0.005 45	<0.000 06	0.004 93	0.002 24
G14	0.097 98	0.044 63	0.080 70	0.002 70	0.002 40	<0.000 06	0.000 67	0.001 41
G15	0.091 61	0.026 74	0.078 54	0.002 29	0.001 79	<0.000 06	0.004 76	0.000 38
G16	0.111 76	0.151 99	0.101 40	0.002 54	0.001 18	<0.000 06	0.003 41	0.001 52
G17	0.120 67	0.042 78	0.151 12	0.003 96	0.002 11	<0.000 06	0.003 15	0.002 25
G18	0.099 77	0.007 75	0.069 90	0.002 46	0.001 66	<0.000 06	0.001 98	0.001 19
G19	0.175 26	0.069 88	0.248 87	0.003 66	0.001 26	<0.000 06	0.002 15	0.001 18

通过对北江及上游支流等 10 个监测点的地表水采样分析，发现某些监测点的水样中砷、锑、铊的浓度偏离背景值较多。北江地表水监测结果见表 12-6。

表 12-6　北江地表水监测结果　　（单位：mg/L）

监测点＼标准限值	As	Sb	Tl
	0.05	0.005	0.000 1
浈江-石碣	<0.000 04	<0.000 07	<0.000 05
浈江-南雄	0.001 66	<0.000 07	<0.000 05
浈江-韶关	0.008 91	0.000 53	0.000 11
武江-韶关	0.012 78	0.001 80	<0.000 05
武江-武源乡	0.000 59	<0.000 07	<0.000 05
武江-临武县	0.007 38	0.000 42	<0.000 05
武江-坪石	0.013 46	0.000 44	<0.000 05
武江-乐昌峡	0.024 40	0.003 78	<0.000 05
北江-南水水库	0.000 96	<0.000 07	<0.000 05
北江-清远	0.003 94	0.000 69	<0.000 05
沙湾水道	0.002 20	0.001 14	<0.000 05

12.2.4　沉积物调查

1. 数据来源

课题组沉积物监测点选取在典型污染河段和主要干流支流上，断面分布见表 12-7。沉积物中重金属含量，是通过现场采集样品，并带回实验室进行分析检测得到的。沉积物样品自然风干后，用混合球磨仪（Retsch mm 400）进行研磨，过 100 目筛，检测含水率后密封保存备用。样品采用硝酸-盐酸-双氧水方法，在微波消解仪（Milestone Ethos-tc）中进行消解。消解液赶酸后，用电感耦合等离子质谱仪进行分析检测。样品的全过程分析测定，通过全程空白、平行样、标准样品等方式进行质量控制。

沉积物样品中重金属含量 C_i 采用公式（12-3）：

$$C_i = \frac{C_{i0}V}{W(1-P)} \tag{12-3}$$

式中，C_{i0} 为样品消解液中重金属含量（mg/L）；V 为消解液体积（mL）；W 为沉积物称样量（g）；P 为样品含水率（%）。

表 12-7 沉积物监测点位分布信息

监测点	水系	河流
鲁布革	南盘江	黄泥河
天峨	红水河	干流
来宾	红水河	干流
独山	都柳江	干流
坝街	都柳江	干流
富禄	都柳江	干流
老堡	都柳江	干流
南宁	邕江	干流
横县	邕江	干流
贵港	郁江	干流
象州	柳江	干流
武宣	黔江	干流
江口	浔江	干流
上宋	贺江	干流
贺街	贺江	干流
步头村	贺江	干流
都平	贺江	干流
石灰冲	北江	武江
坪石	北江	武江
韶关南郊	北江	干流
沙口	北江	干流
连江口	北江	干流
洲心镇	北江	干流
象山	西江	干流
顺德	三角洲	顺德水道
蕉门	三角洲	蕉门水道
归湖	韩江	干流

2. 评价和筛选

潜在生态危害指数源于瑞典学者 Hakanson 1980 年提出的沉积物潜在生态危害评价方法。通过评价区域沉积物中多种重金属元素的含量，赋予不同重金属元素不同的毒害系数，计算评价其潜在生态危害指数。计算公式如下：

$$RI = \sum_{i}^{m} E_{r}^{i} = \sum_{i}^{m} T_{r}^{i} \times \frac{C_i}{C_n^i} \tag{12-4}$$

式中，RI 为沉积物中多种重金属潜在生态危害指数；E_r^i 为第 i 种重金属的潜在生态危害系数；T_r^i 为第 i 种重金属的毒性系数，反映其毒性水平和生物对其污染的敏感程度；C_i 为各采样点实测值；C_n^i 为参比值。

徐争启等（2008）关于重金属毒性系数的研究，根据 Hakanson 的计算原则，结合陈静生的计算方法，重新计算了 10 种重金属元素的毒性系数。根据参考文献，重金属的毒性系数分别取 Cu 5，Zn 1，Pb 5，Cd 30，As 10，Tl 40（高博等，2008），Sb 10（杨辉等，2013）。为反映特定区域的分异性，选取河流所在省（区）A 层土壤重金属中位值作为参比值（表 12-8）。潜在生态危害系数和危害指数的评价标准见表 12-9。

表 12-8　重金属的土壤（A 层）背景值　（单位：mg/kg）

省（区）及主要城市	铜	锌	铅	镉	砷	锑	铊	汞
全国	20.7	68	23.5	0.079	9.6	1.07	0.58	0.038
云南	28.7	86	35.7	0.083	10.9	1.8	0.779	0.044
贵州	25.7	82.4	29.3	0.133	13.3	1.89	0.773	0.102
广西	23.1	51.8	19.5	0.073	12.2	1.93	0.744	0.099
广东	11.4	35.8	28.9	0.04	7.1	0.47	0.535	0.056
江西	18.5	66.1	29.4	0.075	12.4	0.94	0.787	0.07
湖南	25	90	26.3	0.081	13.6	1.58	0.637	0.087
深圳	6.9	40.9	33.8	0.04	2.6	0.42	0.809	0.071
厦门	8.4	43.3	38.4	0.035	3.9	0.38	0.563	0.038
大连	18.4	51	18.8	0.065	7.4	0.92	0.641	0.064
内蒙古	14.2	53.8	13.9	0.045	6.7	0.85	0.555	0.026
安徽	20.2	56.3	26	0.083	8.5	1.26	0.52	0.029
宁夏	21.5	56.3	19.1	0.108	12.1	1.16	0.395	0.02
河南	19	57.3	19.1	0.074	10.6	1.32	0.472	0.03
辽宁	18.5	59.1	20.7	0.084	8.6	0.78	0.677	0.032
江苏	21	60	25	0.044	9.3	1.03	0.437	0.105
山东	21.7	61.9	24.3	0.079	8.7	0.75	0.55	0.016
浙江	15	62.1	22.4	0.058	7.5	0.98	0.486	0.065
陕西	19.5	65.8	20.5	0.089	10.8	1.29	0.478	0.021
甘肃	23.4	66.8	19.3	0.116	12.9	1.24	0.6	0.014

续表

省（区）及主要城市	铜	锌	铅	镉	砷	锑	铊	汞
新疆	25.5	66.9	19	0.101	10.1	1.06	0.5	0.011
河北	21.7	68	20	0.075	12.1	1.17	0.418	0.023
黑龙江	19.7	68.4	24.1	0.081	6.3	0.88	0.807	0.033
西藏	19.5	71.7	27.9	0.074	17.3	1.26	0.69	0.022
山西	24.8	71.8	14.9	0.109	9.4	1.21	0.525	0.018
青海	22.3	75.7	20.4	0.132	13	1.42	0.58	0.019
天津	28	77.2	20	0.085	9.2	1.14	0.525	0.036
湖北	27.4	77.3	25.4	0.013	11.1	1.57	0.608	0.069
上海	27.7	78.2	24.9	0.128	9.2	1.14	0.43	0.094
福建	17.3	79.1	33.5	0.048	5.1	0.46	0.711	0.074
宁波	23.5	82.1	27	0.112	6.8	0.91	0.549	0.117
吉林	16.5	82.3	27	0.094	6.7	0.98	0.408	0.027
四川	31.5	83.4	30	0.073	10.1	1.13	0.545	0.038
北京	23.7	97.5	24.1	0.073	10.4	1.04	0.411	0.05
温州	19	100	34.9	0.113	6.4	0.75	0.831	0.08

表 12-9　潜在生态危害评价标准

	轻微	中等	强	很强	极强
E_r	<40	40～80	80～160	160～320	>320
RI	<150	150～300	300～600	>600	

表 12-10 为沉积物潜在生态危害系数和危害指数的计算值，参照表 12-9 的评价标准。我们可以看出，所设置监测点具有强和很强的潜在生态危害。从单元素的潜在生态危害来看，在所设置监测点范围内，Cd>As>Sb>Hg>Tl>Pb>Cu>Zn。在都柳江流域，潜在生态危害最大的重金属污染物是锑；在贺江流域和北江流域均为重金属镉。

表 12-10　沉积物潜在生态危害指数和系数

样品名称	E_r								RI
	Cu	Zn	Pb	Cd	As	Sb	Tl	Hg	
黄泥河-鲁布革	21.09	5.43	15.58	1725.15	24.69	80.35	22.23	—	1894.52
都柳江-独山	1.15	0.83	1.95	433.80	—	1054.50	8.80	—	1501.03
都柳江-坝街	4.80	1.01	3.55	52.20	—	803.70	18.00	—	883.26

续表

样品名称	E_r								RI
	Cu	Zn	Pb	Cd	As	Sb	Tl	Hg	
都柳江-富禄	3.55	0.69	4.75	43.50	—	140.00	16.00	—	208.49
融江-老堡	4.35	0.86	3.30	48.60	—	137.20	14.40	—	208.71
柳江-象州	8.69	16.69	16.70	8409.88	32.15	35.57	73.57	—	8593.25
红水河-天峨	8.92	2.06	6.54	811.84	16.90	33.17	12.65	—	892.08
红水河-来宾	6.42	2.44	6.56	2059.01	18.02	10.30	18.69	—	2121.45
黔江-武宣	9.66	6.46	14.21	4350.38	28.24	28.87	52.90	—	4490.72
邕江-南宁	5.63	2.17	6.84	543.93	11.45	29.84	16.55	—	616.40
邕江-横县	6.91	2.44	8.66	557.54	11.10	62.40	22.61	—	671.66
郁江-贵港	6.32	2.25	12.16	265.11	12.39	46.46	6.84	—	351.52
浔江-江口	9.47	5.04	19.37	2008.06	28.99	44.75	75.55	—	2191.23
贺江-上宋	23.91	6.82	57.35	1725.93	113.87	139.94	137.28	—	2205.11
贺江-贺街	45.51	14.80	102.98	3783.80	239.21	417.55	159.34	—	4763.19
贺江-步头村	24.64	8.71	48.16	9604.12	108.92	137.84	78.19	—	10010.59
贺江-都平	4.43	2.85	7.30	483.12	29.13	11.28	80.96	—	619.07
武江-石灰冲	90.64	27.38	115.43	5470.57	3105.43	1176.18	358.31	129.71	10473.64
武江-坪石	46.06	10.98	54.66	5328.51	1115.44	722.28	261.20	116.23	7655.34
北江-韶关南郊	45.61	26.03	41.35	35025.00	167.75	—	173.16	1378.57	36857.48
北江-沙口	69.65	48.64	107.56	40200.00	266.06	—	158.36	1492.86	42343.12
北江-连江口	21.36	31.04	24.60	18600.00	84.79	—	131.36	450.00	19343.15
北江-洲心镇	3.38	1.70	6.92	1237.50	10.15	—	110.87	200.00	1570.53
西江-象山	17.77	5.03	8.54	2031.60	24.25	165.90	30.35	110.00	2393.43
顺德水道	44.60	9.37	23.12	3819.42	45.48	166.95	55.23	117.86	4282.03
蕉门水道	56.20	9.40	11.47	2084.71	26.73	199.16	31.00	212.14	2630.82
韩江-归湖	58.16	4.76	20.93	1767.27	24.60	44.97	46.87	-	1967.55
均值	24.03	9.48	27.80	5647.06	241.12	247.35	80.42	467.48	3253.20

12.3 污染评价及调查结果

通过重金属污染事件、土壤背景值、水质日常监测数据、沉积物调查监测数据的综合分析，我们得出以下结果。

（1）综合近年来重金属污染事件，珠江流域污染事件中主要重金属污染物有砷、锑、镉、铊、铬等。

（2）珠江流域范围各省区重金属土壤（A 层）背景值，汞、锑、铊、砷、铅的背景值普遍偏高，其中汞的污染指数最高。

（3）珠江流域水功能区地表水水质，在 2007～2015 年期间的监测中，重金属超标次数较高的依次为砷、汞、铅、镉。

（4）在对都柳江、南盘江、贺江和北江的水质专项调查中，都柳江流域内锑的污染严重，南盘江流域个别河段砷的污染严重，贺江上游支流中的砷、铅、镉存在一定程度的污染，北江中砷、锑、铊高于背景值，值得关注。

（5）对珠江流域具有代表性的主要干流支流的水系沉积物进行调查，重金属单元素潜在生态危害由强及弱依次是镉＞砷＞锑＞汞＞铊＞铅＞铜＞锌。

综合以上分析评价，我们认为出现频次高、潜在风险和危害较大的五种珠江流域重金属典型污染物（锑、铊、砷、汞、镉等）是需重点关注的研究对象。这五种重金属在流域范围内矿产丰富，采选和冶炼中，难免会有对应的污染物被逐渐或突发性地释放到水体中。我们应该引起重视，提高认识，加强其监测技术开发和应用。

第13章 水源地的健康风险评价

水环境健康风险评价主要针对水环境中对人体有害的物质，这些物质可分为两类：基因毒物质和躯体毒物质。前者包括放射性污染物和化学致癌物，后者则指非化学致癌物。在一般水体中，放射性污染物污染程度很轻，因此基因毒物质仅考虑化学致癌物。根据IARC通过全面评价化学有毒物质致癌性可靠程度而编制的分类系统，属于1组和2A组的化学物质归为化学致癌物，其他为非化学致癌物（胡二邦，2000；USEPA，1986）。根据不同类型污染物通过饮水途径对人体产生的危害效应及对有害物质的大量研究结果，已建立化学致癌物和非化学致癌物所致健康危害的风险模型（USEPA，1986；USEPA，2001；高继军等，2004；郁亚娟等，2005；孙树青等，2006；Drishnan et al.，1997）。

13.1 广西水源地优控污染物的筛查

在水源地的健康风险方面，本研究以广西水源地为研究区域。广西为珠江水资源丰富的省区，江河地表水丰富，得益于脉系发达的珠江流域西江水系。从桂南的左江，桂西的右江，桂西、桂中的红水河，桂北、桂中的融江，柳江和桂北的漓江、桂江，桂东的贺江，到横贯广西的邕江、郁江、浔江，这个水系覆盖了广西的86%水域，奠定了广西城镇乡村饮用水源的基础。

调查数据显示，广西境内80个可能对水体造成有毒有机污染的企业主要有造纸、松香、农药、制药和服装漂染、水洗，其中造纸厂占这些工厂总数的50%以上，这类企业2011年排放的入河湖污水量为60725万t。

据2011年全国水利普查资料显示，广西境内生活污水排污口2011年入河湖排污废水量为37059万t，所有污水处理厂2011年入河湖排污废水量为51490万t，其对广西境内水源地的供水安全所产生的威胁是十分严重的。

水污源的来源主要是未加工处理的工业废水、生活废水。根据第一次水利普查数据，广西入河排污口按污染种类可分为重金属污染、有毒有机物污染和生活污水，2011年统计的广西区内各类排污口的入河排污量见图13-1。

在图13-1中，2011年各类型排污口的全年入河湖污水量大小顺序为：有毒有机污染＞污水处理厂＞生活污水＞无机污染＞重金属污染＞有机污染。

有毒有机污染物一般是化学药品等引起的。这些化学药品来源于化工厂、药

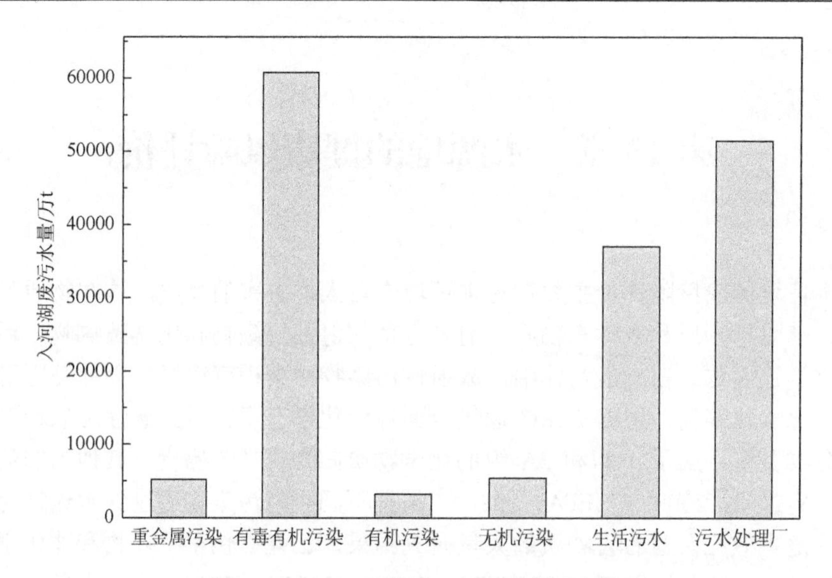

图 13-1　2011 年排污口入河湖废污水量

厂、造纸厂、印染厂和制革厂的废水，以及建筑装修、干洗行业、化学洗剂、农用杀虫剂、除草剂等。造纸厂产生的有毒有机污染主要在纸浆的氯化阶段，氯化过程中，浆中残余木素通过加成、取代、置换等反应过程，形成大量的有机氯化物（如氯苯类和氯酚类），而氯苯和氯酚类物质还是形成二噁英的关键前驱物。广西境内的造纸厂在各市均有分布，服装漂染、水洗厂等产生的有机染料、漂水、洗涤剂等都可能产生有毒有机污染物。农药、制药业有机污染方面，广西境内生产的农药种类有草甘膦、敌敌畏、二溴磷、高效氯氰菊酯、乙草胺、丁草胺、双甘膦、三氯化磷、三氧化磷，这类企业排放的废水可能造成水体中有毒有机污染。另外，农业在广西经济中所占比例较大，农业中使用的农药只有少量附着或被吸收，其余绝大部分会残留在土壤和漂浮在大气中，通过降雨、地表径流的冲刷进入地表水和渗入地表水形成污染。

2013 年 3 月与 2013 年 10 月，分枯水期、丰水期对广西 14 个设区市 23 个重要饮用水水源地采集了 46 个样品。

采用 SPE 前处理技术及 GC-MS 测试技术共同对广西水源地重点关注的污染物开展研究。

污染物识别方面，将 AMDIS 技术确认的污染物匹配值高于 60%的污染物经 NIST 谱图库检索匹配，以保证污染物定性监测结果的准确性。定量分析时，选择采用定量离子单独定量。

监测结果显示，广西水源地不同采样点检出的污染物数目有所区别，检出数目为 43～84 种。广西水源地检出污染物数目较多的采样点主要集中在河池宜州市土桥水库、南宁市邕江和玉林市的南流江水源地，居于珠江中下游交界处的梧州地区水源地检出的污染物数目相对较少。

污染物检出数目的大小在一定程度上可以反映该地受污染的程度，但其污染造成的生态风险程度还取决于污染物的种类、定量信息。将本研究建立的基于风险分析的污染物筛查排序方法应用于广西重要水源地毒害性污染物的评估当中。

13.2　优控污染物的筛查与排序

水源地的污染物危害效应评估主要考虑污染物的生物累积性及其在水环境中持久性的特征。本研究在借鉴国内外研究（环境保护部科技标准司，2010；Solomon et al.，1996；Hansen et al.，1999；Swanson et al.，1997；Finizio et al.，2001；Eriksson et al.，2006）的基础上，针对水源地提出了将污染物的检出率、毒害性分数与风险概率相结合，以检出率高于 4%的污染物作为需优先关注的污染物，并对筛查出的检出率高于 4%的 28 种污染物进行危害评估。

出于对水源地水生态保护的保守性估计，本次生态风险评价仅将污染物的持久性与累积性同时判定为低的污染物才不再进行下一步的效应评估，否则将进行综合判断并选取需要进行风险排序的重点关注污染物。

13.2.1　优控污染物的暴露性及其毒性效应参数

为了得到慢性毒性数据，将珠江流域广西区所特有的优势物种带入美国国立医学图书馆的毒理学在线数据库（TOXNET，http：//toxnet.nlm.nih.gov）以获取相关污染物的慢性毒性数据。将一定百分比物种受到保护时的最低效应浓度构建拟合曲线，本书取毒性终点浓度值（如 LC_{50}、EC_{50}、LD_{50} 等）对应于 5%的受影响累积效应百分比浓度值，当慢性数据不足时，取慢性毒性数据的最小值与评估因子（AF）值之比求得 PNEC，推导说明详见表 7-6，从而构建起广西水源地特征污染物的慢性毒性数据，结果见表 13-1。

表 13-1　广西水源地特征污染物的慢性毒性数据

CAS	污染物	Chv/(mg/L)	HC_5/(mg/L)	PNEC/(mg/L)
1912-24-9	阿特拉津	0.58	2.73	1.655
95-16-9	苯并噻唑	7.8	11.84	9.82
117-81-7	邻苯二甲酸（2-乙基己基）酯	0.65	0.33	0.49

续表

CAS	污染物	Chv/(mg/L)	HC_5/(mg/L)	PNEC/(mg/L)
108-67-8	1, 3, 5-三甲苯	0.39	1.71	1.05
84-74-2	邻苯二甲酸二丁酯	0.048	1.11	0.579
131-11-3	邻苯二甲酸二甲酯	3.3	19.78	11.54
98-86-2	苯乙酮	18	44.74	31.37
1031-07-8	硫丹硫酸酯	0.33	0.56	0.44
2921-88-2	毒死蜱	0.011	0.26	0.14
815-24-7	2, 2, 4, 4-四甲基-3-戊酮	4.4	8.3	6.35
1122-60-7	硝基环己烷	6.6	27.79	17.20
107-19-7	2-丙炔-1-醇	12	70.9	41.45
79-06-01	丙烯酰胺	3.5	9.11	6.31
32-32-1	3-氨基-9-乙基咔唑	0.015	1.01	0.51
7-88-5	胆固醇	—	0.44	0.44
110-80-5	乙二醇乙醚	820	524.96	672.48
58-08-2	咖啡因	0.49	1.85	1.17
104-76-7	2-乙基-1-己醇	2.5	22.98	12.74
36653-82-4	十六醇	0.001 8	4.19	2.09
66-27-3	甲磺酸甲酯	69	325.32	197.16
108-95-2	苯酚	3.6	0.007 2	1.80
129-00-0	芘	0.052	0.82	0.44
60-51-5	乐果	0.061	0.159	0.11
126-73-8	磷酸三丁酯	0.007	0.088	0.047 5
527-53-7	3, 4, 5-三甲基甲苯	0.15	10.34	5.24
88-89-1	2, 4, 6-三硝基苯酚	1.6	3.203	2.401
88-75-5	2-硝基苯酚	2.8	0.109	1.454 5
959-98-8	*α*-硫丹	0.54	1.30	0.92

注：一表示数据缺失

对水源地水样中污染物危害属性的评价发现，在生物累积性的低、中、高三个等级中，分别各有 25 种、3 种、0 种污染物；而对其持久性的判别也分成低、中、高三个等级，它们分别包含 17 种、4 种、7 种污染物，见表 13-2，相应的重点关注污染物的危害性及其毒性效应见表 13-3。

表 13-2　筛查出的广西水源地污染物暴露属性数据

CAS	污染物	理化性质参数			持久性		累积性		慢性毒性	
		分子量	$\lg K_{ow}$	溶解度/(mg/L)	$T_{1/2}$/d	暴露属性	BCF	暴露属性	Chv/(mg/L)	暴露属性
1912-24-9	阿特拉津	215.69	2.61	86.3	150	高	7.4	低	0.58	中
95-16-9	苯并噻唑	135.18	2.01	3200.88	15	低	9.8	低	7.8	中
117-81-7	邻苯二甲酸（2-乙基己基）酯	390.57	7.6	0.41	15	低	1700	中	—	—
108-67-8	1, 3, 5-三甲苯	120.20	3.42	80.36	38	中	84	低	0.39	中
84-74-2	邻苯二甲酸二丁酯	278.35	4.5	12.32	8.7	低	430	低	0.048	高
131-11-3	邻苯二甲酸二甲酯	194.19	1.6	692.03	15	低	5.3	低	3.3	中
98-86-2	苯乙酮	120.15	1.58	3424.34	15	低	1.3	低	18	低
1031-07-8	硫丹硫酸酯	422.92	3.66	1.24	180	高	120	低	0.54	中
2921-88-2	毒死蜱	350.59	4.96	0.83	180	高	870	中	0.011	高
815-24-7	2, 2, 4, 4-四甲基-3-戊酮	142.24	3	2092.2	38	中	44	低	4.4	中
1122-60-7	硝基环己烷	129.16	2.23	2379.83	15	低	14	低	6.6	中
107-19-7	2-丙炔-1-醇	56.06	−0.38	103301	15	低	3.2	低	12	低
79-06-1	丙烯酰胺	71.08	−0.81	180145	15	低	3.2	低	3.5	中
132-32-1	3-氨基-9-乙基咔唑	210.28	3.41	8.01	38	中	83	低	0.015	高
57-88-5	胆固醇	386.67	8.74	0.21	60	高	1900	中	—	—
110-80-5	乙二醇乙醚	90.12	−0.32	429711	15	低	3.2	低	820	低
58-08-2	咖啡因	194.19	0.16	1322.56	15	低	3.2	低	0.49	中
104-76-7	2-乙基-1-己醇	130.23	2.73	8.98×10^{-2}	8.7	低	29	低	2.5	中
36653-82-4	十六醇	242.45	6.73	26350.48	15	低	540	低	0.0018	高
66-27-3	甲磺酸甲酯	110.13	−0.65	39658.23	15	低	3.2	低	69	低
108-95-2	苯酚	94.11	1.46	2.08×10^{-2}	15	低	4.3	低	3.6	中
129-00-0	芘	202.26	4.88	4132.18	60	高	770	低	0.052	高
60-51-5	乐果	229.25	0.78	941.57	15	低	3.2	低	0.061	高
126-73-8	磷酸三丁酯	266.32	4	25.27	8.7	低	30	低	0.007	高
527-53-7	3, 4, 5-三甲基甲苯	134.22	4.1	1723.53	38	中	240	低	0.15	中
88-89-1	2, 4, 6-三硝基苯酚	229.11	1.44	2543.38	60	高	3.5	低	1.6	中
88-75-5	2-硝基苯酚	139.11	1.79	6.58	15	低	7	低	2.8	中
959-98-8	α-硫丹	406.92	3.83	86.3	180	高	160	低	0.54	中

注：—表示数据缺失

表 13-3　广西水源地重点关注污染物的危害性及其毒性效应表

CAS 号码	污染物	人体健康效应				环境效应			暴露因子	
		HV_{OR}	HV_{INH}	HV_{CAR}	HV_{NC}	HV_{FA}	HV_{FC}	HV_{BOD}	HV_{HYD}	HV_{BCF}
1031-07-8	硫丹硫酸酯	2.43	5.00	0	2	5.00	5.00	2.50	2.18	1.54
2921-88-2	毒死蜱	2.74	5.00	0	1	5.00	5.00	1.39	2.18	1.71
1912-24-9	阿特拉津	0.78	5.00	0	2	5.98	2.52	2.50	2.13	1.00
959-98-8	α-硫丹	2.81	5.00	0	2	5.00	5.00	2.50	2.18	1.60
84-74-2	邻苯二甲酸二丁酯	0.00	5.00	0	1	4.92	5.00	1.00	1.24	1.04
117-81-7	邻苯二甲酸（2-乙基己基）酯	0.00	5.00	0	1	5.00	5.00	1.00	1.41	1.08
129-00-0	芘	1.30	5.00	0	2	5.00	5.00	2.50	1.00	2.50
60-51-5	乐果	3.18	5.00	0	1	3.32	2.63	1.39	1.41	1.00
88-89-1	2, 4, 6-三硝基苯酚	2.78	5.00	0	1	4.59	3.92	2.22	1.84	1.00
95-16-9	苯并噻唑	1.48	4.43	0	2	2.02	1.37	1.39	1.41	1.00
108-67-8	1, 3, 5-三甲苯	0.35	5.00	0	1	3.16	3.26	1.60	1.70	1.66
131-11-3	邻苯二甲酸二甲酯	0.10	5.00	0	1	2.84	2.17	1.60	1.41	1.00
815-24-7	2, 2, 4, 4-四甲基-3-戊酮	1.21	4.47	0	1	2.05	2.00	2.00	1.70	1.31
98-86-2	苯乙酮	0.76		0	1	2.24	1.58	1.39	1.41	1.00
132-32-1	3-氨基-9-乙基咔唑	1.46	5.00	0	1	4.99	5.00	1.78	1.70	1.37
36653-82-4	十六醇	0.00	5.00	0	2	5.00	5.00	1.39	1.41	1.55
1122-60-7	硝基环己烷	1.37	5.00	0	1	2.59	2.12	1.39	1.41	1.07
58-08-2	咖啡因	2.04	2.76	0	1	0.63	0.00	1.17	1.41	1.00
79-06-1	丙烯酰胺	2.72	5.00	0	1	2.72	2.06	1.17	1.41	1.00
107-19-7	2-丙炔-1-醇	2.66	4.30	0	1	1.91	1.24	1.17	1.41	1.00
57-88-5	胆固醇	0.63	5.00	0	1	5.00	5.00	1.60	1.84	1.93
110-80-5	乙二醇乙醚	0.41	0.55	0	2	0.00	0.00	1.17	1.41	1.00
104-76-7	2-乙基-1-己醇	0.58	5.00	0	1	2.73	2.55	1.00	1.24	1.12
108-95-2	苯酚	1.75	4.99	0	1	2.49	1.82	1.17	1.41	1.00
66-27-3	甲磺酸甲酯	2.41	2.98	0	1	0.80	0.14	1.00	1.41	1.00
126-73-8	磷酸三丁酯	0.01	5.00	0	1	2.88	3.15	0.91	1.24	1.00
88-75-5	2-硝基苯酚	1.52	4.57	0	1	2.13	1.47	1.17	1.41	1.00
527-53-7	1, 2, 3, 5-四甲基苯	0.00	5.00	0	1	3.31	3.61	1.60	1.70	1.75

13.2.2　暴露性及其毒性效应评估的赋分

基于污染物的危害性及其对于生态系统的毒性效应水平进行了优选控制污染物的评估与排序。

污染物赋分＝对水生态环境造成的影响×污染物暴露因子　（13-1）

广西水源地重点关注污染物的危害性及其毒性效应主要考虑其所产生的生态毒性，赋分时主要考虑已检出污染物对广西水生生态环境造成的危害性影响。由于广西各水源地同属于珠江流域，研究资料显示广西待保护生物物种的慢性毒性数据代表性指示生物与珠江相同（王旭涛等，2009；姜海萍等，2012）。水生生态系统的保护目标涵盖 3 个营养级：水生植物（初级生产者）、无脊椎动物（初级消费者）和次级消费者。慢性毒性数据选择结合广西区的水生生态状况，包括作为水生生态系统生产者的硅藻类、初级消费者的浮游动物、浮游植物，以及消费者的鱼类和两栖类等生物种群，慢性毒性数据的推导说明见式（6-1），慢性毒性数据成果见表 6-2。污染物暴露因子对水生态环境危害性的影响主要考虑了包括污染物的 $T_{1/2}$ 和 BCF 值的权重值，对广西水源地的优先控制污染物赋分结果见表 13-4。

表 13-4　特征污染物赋分表

序号	CAS 编号	污染物	分数
1	959-98-8	*α*-硫丹	124
2	1031-07-8	硫丹硫酸酯	121
3	129-00-0	芘	110
4	2921-88-2	毒死蜱	99
5	1912-24-9	阿特拉津	92
6	57-88-5	胆固醇	89
7	88-89-1	2, 4, 6-三硝基苯酚	87
8	132-32-1	3-氨基-9-乙基咔唑	85
9	36653-82-4	十六醇	74
10	527-53-7	1, 2, 3, 5-四甲基苯	65
11	108-67-8	1, 3, 5-三甲苯	63
12	60-51-5	乐果	57
13	117-81-7	邻苯二甲酸（2-乙基己基）酯	56
14	815-24-7	2, 2, 4, 4-四甲基-3-戊酮	54
15	84-74-2	邻苯二甲酸二丁酯	52

续表

序号	CAS 编号	污染物	分数
16	79-06-1	丙烯酰胺	48
17	1122-60-7	硝基环己烷	47
18	131-11-3	邻苯二甲酸二甲酯	45
19	108-95-2	苯酚	43
20	95-16-9	苯并噻唑	43
21	104-76-7	2-乙基-1-己醇	40
22	107-19-7	2-丙炔-1-醇	40
23	88-75-5	2-硝基苯酚	38
24	126-73-8	磷酸三丁酯	38
25	66-27-3	甲磺酸甲酯	25
26	58-08-2	咖啡因	23
27	98-86-2	苯乙酮	21
28	110-80-5	乙二醇乙醚	11

13.3　水环境健康风险评价模型

1. 化学致癌物健康危害风险模型

$$R=\sum_{i=1}^{k}R_i \qquad (13\text{-}2)$$

式中，R_i为化学致癌物i(共k种化学物质)经食入途径的平均个人致癌年风险(年)。根据暴露剂量的不同，计算公式如下：

$$R_i<0.01,\ R_i=D_i\times Q_i/72 \qquad (13\text{-}3)$$

$$R_i\geqslant 0.01,\ R_i=[1-\exp(-D_iQ_i)]/72 \qquad (13\text{-}4)$$

式中，Q_i为化学物质i经食入途径的致癌强度系数（kg·d/mg）；72 为广西人的平均寿命（年）；D_i为化学物质i经食入途径的单位体重日均暴露剂量[mg/(kg·d)]，其计算公式为

$$D_i=2.2C_i/56.7 \qquad (13\text{-}5)$$

式中，56.7 为广西人均体重（kg）；2.2 为广西人均日饮水量（L/d）；C_i为i污染物的浓度（mg/L）。

2. 非化学致癌物健康危害风险模型

$$R_{非}=(D_i\times 10^{-6}/\mathrm{RfD}_i)/72 \qquad (13\text{-}6)$$

式中，$R_{非}$为非致癌效应指数；D_i为非化学致癌物 i 经食入途径的单位体重日均暴露剂量[mg/(kg·d)]；RfD_i 为非致癌物经口的参考剂量[mg/(kg·d)]；72 为广西人平均寿命（年）。

目前，对于饮用水中各有毒物质所引起的整体健康风险，假设各有毒物质对人体健康危害的毒性作用呈相加关系，而不是协同或拮抗关系，则饮用水总的健康危害风险（$R_{总}$）为

$$R_{总} = R_i + R_{非} \tag{13-7}$$

13.3.1　健康风险评价模型参数

健康风险评价作为毒害性污染物的长期累积性效应分析，是一项很复杂和不确定性很大的工作，各种有毒有害物质对人体健康危害产生的累积效应呈相加、协同或拮抗等多种作用关系。

准确地评价污染物质的总风险，必须有长期大量的人体病理学研究或动物实验数据的不断积累和现状观测取得的丰富资料。特别是有毒有害等污染物质在人体内积累到一定量时造成的突变效应，用简单的累积效应相加关系评价健康危害风险，其结果是不准确的，评价模型仍有待进一步完善。

本研究的化学致癌物的致癌强度系数（Q_i）、非化学致癌物的参考剂量（RfD_i）均根据 USEPA 公布的多种有毒物质有关暴露途径的参考剂量值确定，详见表 13-5 和表 13-6。

表 13-5　化学致癌物的致癌强度系数（Q_i）

化学致癌物	Q_i/(kg·d/mg)	化学致癌物	Q_i/(kg·d/mg)
硫丹硫酸酯	0.36	胆固醇	0.06
毒死蜱	0.01	乐果	0.15
苯并噻唑	0.05	2-硝基苯酚	0.11
1, 3, 5-三甲苯	0.01	丙烯酰胺	0.29
邻苯二甲酸（2-乙基己基）酯	0.014	2-丙炔-1-醇	0.47
邻苯二甲酸二甲酯	0.87	1, 2, 3, 5-四甲基苯	0.16
邻苯二甲酸二丁酯	0.33	磷酸三丁酯	0.02
苯乙酮	0.49	2-乙基-1-己醇	0.03
α-硫丹	0.51	苯酚	0.1
3-氨基-9-乙基咔唑	3.00	硝基环己烷	0.96
2, 2, 4, 4-四甲基-3-戊酮	0.11	乙二醇乙醚	0.17

续表

化学致癌物	Q_i/(kg·d/mg)	化学致癌物	Q_i/(kg·d/mg)
十六醇	0.02	咖啡因	0.1
芘	0.15	甲磺酸甲酯	0.04
2, 4, 6-三硝基苯酚	0.97		

表 13-6 非化学致癌物的参考剂量（经口途径）

非化学致癌物	RfD_i/[mg(kg·d)]
阿特拉津	0.035
邻苯二甲酸（2-乙基己基）酯	0.02
邻苯二甲酸二丁酯	0.1
苯乙酮	0.1
芘	0.03
2, 4, 6-三硝基苯酚	0.004
乐果	0.000 2
丙烯酰胺	0.002
2-丙炔-1-醇	0.002
苯酚	0.3
乙二醇乙醚	0.2

13.3.2 水源地有机污染物健康风险评价结果分析

依据各个水样的有机污染物浓度数据，按照健康风险评价模型和表 13-7 和表 13-8 中确定的评价参数，计算得到研究区域内水源地水体中有机污染物通过饮水途径造成的人均年致癌风险和非致癌风险。

表 13-7 国际机构推荐的最大可接受风险和可忽略风险水平表

机构	最大可接受风险水平	可忽略风险水平
国际辐射防护委员会	5.00×10^{-5}	—
瑞典环境保护局	1.00×10^{-6}	7.00×10^{-5}
荷兰建设与环境部	1.00×10^{-6}	1.00×10^{-8}

续表

机构	最大可接受风险水平	可忽略风险水平
英国皇家协会	1.00×10^{-6}	1.00×10^{-7}
美国环境保护局	1.00×10^{-6}	—

注：—表示数据缺失

表 13-8　USEPA 致癌与非致癌风险分级

级别	致癌风险 R	非致癌风险 $R_{非}$
极低风险	$R\leqslant5\times10^{-7}$	$R_{非}\leqslant0.8$
低风险	$5\times10^{-7}<R\leqslant1\times10^{-6}$	$0.8<R_{非}\leqslant0.9$
中风险	$1\times10^{-6}<R\leqslant1\times10^{-5}$	$0.9<R_{非}\leqslant1.0$
高风险	$1\times10^{-5}<R\leqslant1\times10^{-4}$	$1.0<R_{非}\leqslant1.1$
极高风险	$R>1\times10^{-4}$	$1.1<R_{非}\leqslant1.2$

数据显示，广西水源地化学致癌物的致癌风险水平处于 $10^{-11}\sim10^{-7}\,a^{-1}$ 之间，低于国际机构推荐的最大可接受风险（$1.0\times10^{-6}a^{-1}$），见表 13-7，但总致癌风险均高于荷兰建设与环境部（1.00×10^{-8}）和英国皇家协会（1.00×10^{-7}）的可忽略风险水平。其中，河流型水源地中浔江的致癌风险最高，为 $3.32\times10^{-7}a^{-1}$；水库型水源地中土桥水库的致癌风险最高，为 $1.32\times10^{-7}a^{-1}$；地下水型水源地中龙潭村地下水的致癌风险最高，为 $1.50\times10^{-7}a^{-1}$，它们的致癌风险的主要来源均为阿特拉津。

非化学致癌物的非致癌风险水平处于 $10^{-14}\sim10^{-10}a^{-1}$ 之间，远低于 USEPA 推荐的可接受风险水平（$1.0\times10^{-6}a^{-1}$）。其中，河流型水源地中南流江的非致癌风险最高，为 $2.62\times10^{-10}a^{-1}$；水库型水源地中澄碧河水库的非致癌风险最高，为 $1.62\times10^{-10}a^{-1}$；地下水型水源地中河池加辽地下水的非致癌风险最高，为 $1.97\times10^{-10}a^{-1}$，它们的非致癌风险的主要来源均为乐果。

从总风险来看，三种类型（河流、水库和地下水）水源地水体中有机污染物的总致癌风险均处于同一个数量级，并无显著区别；对于总非致癌风险，在同一类型的水源地内，存在较大区别，如河流型水源地南流江的总非致癌风险是西江的近 6 倍。根据表 13-8 中对其致癌风险和非致癌风险进行评级，此次监测的广西水源地均处于极低风险。

13.4　健康风险水平及分级

表 13-7 和表 13-8 分别为一些国际机构推荐的健康风险水平参考值和 USEPA 对

健康风险的分级，本书将在参考其他机构给出风险参数水平的数据基础上，按 USEPA 给出的风险分级对广西区水源地重点关注的毒害性污染物进行健康风险评价。

13.5 健康风险评价结果的分析方法

在美国，定量健康风险评价的结果已经成为各类监管规则制定的常态化决策依据，特别是在环境致癌物的控制方面。应用流行病学或毒理学数据的数学模型被用于对癌症风险上限概率的确定，这样科学家就可以用这些方法向政府提供人群个体受环境致癌化学物质暴露影响之后，发生致癌概率大小的意见。因为这些研究方法的设计之初就是针对人群中的敏感个体的，因此，产生风险的最终概率就不会被人为地低估，这样，当实际的健康风险水平应该处于较低水平时，各机构及公众就会及时地采取行动降低风险。

由于各国的国情、法律法规不同，不同国家采用的健康风险评价方法有所不同，国际化学品安全规划署（International Program on Chemical Safety，IPCS）从 1993 年起就多次召开会议，研讨健康风险评价方法的国际标准化问题。最终，与会代表达成初步共识，健康风险评价方法仍以美国国家科学院（NAS）提出的四步法为基础，包括危害识别、剂量-反应评估、暴露评估和风险表征。水源水水体中的污染物，其暴露途径包括饮水和皮肤接触，按其效应和危害程度主要分为非致癌风险和致癌风险。

13.5.1 非致癌风险评价

对于非致癌化学物质，一般认为人体对其的反应有剂量阈值，低于阈值的暴露剂量认为不产生不利于人体健康的效应，但随着超出阈值的频率和强度的加大，在人群中产生毒害性的风险也随之增加。非致癌物的评价采用非致癌效应指数 $R_{非}$，一般认为，非致癌物只有在超过某一阈值时才会对人体健康产生危害，若 $R_{非}<1$，表示非致癌风险在可以接受的范围内；若 $R_{非}>1$，则表示风险不可接受。

13.5.2 致癌风险评价

致癌物的作用通常认为是互相独立的，多种致癌物综合风险就是每种致癌物风险的加和，不需要考虑癌症的类型及致癌机质。一般来说，直接从流行病学调查所得资料的剂量-效应关系最可靠，而且最有说服力的，但是这些资料通常并不完整，尤其对长期低剂量化学物质的暴露监测资料基本查找不到。目前，在致癌风险的定量评价工作中，基本上是采用毒理学传统的剂量-效应关系，以外推模型计算出相关的致癌剂量-效应值。通常，当人体暴露在低浓度的致癌化学物质环境中时，暴露剂量率与人体致癌风险之间呈线性相关；而当暴露在相对较高浓度的致癌化学物质环境中时，人体致癌风险与暴露剂量率之间则呈指数关系。

USEPA 将 10^{-6} 作为可以接受的致癌风险水平上限，而且瑞典环境保护局、荷兰建设与环境部、英国皇家协会也都推荐 10^{-6} 作为最大可接受的致癌风险水平。

第14章 水环境污染物的风险管理体系研究

人与自然和谐相处、维护河流健康生命，把生态文明建设融入水利建设和流域管理的全过程，正成为实现“山清水秀、人水和谐、生机盎然”美好愿景，优化流域水环境修复治理方案，促进水资源健康可持续利用的重要推动力。随着环境治理的深入，我国已越来越重视以环境风险评估与预警为基础的环境风险防范和管理工作。

风险评估是一门跨学科的领域，涉及毒理学、分子生物学、生态学、工程学、统计学和社会科学等学科，以评估给定的风险源会造成某种危害的可能性。风险评估包括了分析和风险信息描述的全部过程。风险管理，是将风险评估结果与社会、经济、政治、监管和其他信息相结合的过程，用以决定如何开展管理，以及过程中存在风险的控制。20 世纪 90 年代兴起了生态系统管理，它是指在某一限定的生态系统内协调或控制人类活动，平衡长期和短期目标，并获取最大利益的行为。其基本思路就是了解生态系统结构与功能，进行管理，其管理思想强调从单要素管理向多要素、全系统综合管理的转变，实质上就是运用生态学原理和生态风险评价，强化对生态系统的结构与功能的保护，强调对生态保护的统一监督和综合管理。

“健康”的概念来源于医学，最初它主要用于人体，后来逐渐用于动植物。随后又出现了公众健康，在出现严重环境污染而影响到人体健康后，这一概念又应用到环境学和医学的交叉研究领域，出现了环境健康学和环境医学。生态系统健康是 20 世纪 80 年代国际学术界出现的新兴研究领域，主要研究人类活动、完整生态系统、分子生物及微生物系统与人类健康之间相互关系。

水环境中毒害性污染物的风险管理原则是从源头控制污染物进入水体，预测预警和保护优于修复、治理和污染控制。水体受污染物影响的循环过程是水源水—净化与利用—处理与回用—重新进入受纳水体的水质转化循环体系。这个过程中水环境的污染物具有复合污染与累积性的风险特征，因此，在污染物产生过程的各区域，开展水环境风险的分级管理是非常必要的。

2011 年，环境保护部印发《国家环境保护“十二五”科技发展规划》，将防范环境风险作为四大战略任务。

2012 年 1 月国务院颁布《关于实行最严格水资源管理制度的意见》，对实行最严格的水资源管理制度做出全面部署和具体安排。

2013 年，发布《化学品环境风险防控“十二五”规划》，提出到 2015 年基本建立化学品环境风险管理制度体系，大幅提升化学品环境风险管理能力，显著提高重点防控行业、重点防控企业和重点防控化学品环境风险防控水平。

2015 年 4 月，国务院颁布的《水污染防治行动计划》提出要“大力推进生态文明建设，以改善水环境质量为核心，强化源头控制，水陆统筹、河海兼顾，对江河湖海实施分流域、分区域、分阶段科学治理，系统推进水污染防治、水生态保护和水资源管理。

2016 年 12 月，在中共中央办公厅、国务院办公厅印发的《关于全面推行河长制的意见》中指出：“加强河湖水环境综合整治，推进水环境治理网格化和信息化建设，建立健全水环境风险评估排查、预警预报与响应机制。”

因此，从系统和综合的角度建立流域水环境风险评估与预警体系，实施流域水环境风险管理，是有效改善水环境质量，维持水生态功能和保护人体健康的重要手段之一，为我国的流域水环境管理从环境标准管理向环境风险管理的转变提供技术支撑和理论依据。

14.1　水环境污染物风险管理体系的构建

风险的概念不仅是管理有毒危险化学物质的专利，但利用风险的定义来描述有毒化学物质的管理体系已是人们的共识。风险的定义为：“用事故可能性与损失或损伤的幅度来表达的经济损失与人员伤害的度量”，可以将“风险”理解为由污染危害所形成的发生概率与环境污染危害性造成的结果所共同构成的。

我国化学物质风险评估与管理还处于初步研究探索阶段，面对新形势下国家对化学物质环境管理提出的新要求，国家有关部门制定了《危险化学品安全管理条例》（国务院 591 号令）、《危险化学品环境管理登记办法》（环境保护部 22 号令）和《新化学品环境管理办法》（环境保护部 7 号令）等化学物质领域的法律法规文件，要求对化学物质实施风险评估的全过程管理。但总体来说，我国目前在环境风险评估与预警领域相关政策措施的制定、制度体系的构建及基础研究的开展还十分欠缺，仍然任重道远。

污染化学物质风险管理体系的构建，不但要从各国的国家层面，也要从国际法、公约和议定书等层面，关注如何通过风险评估尽量减少接触有毒物质、细菌、病毒和其他有害物质，实现污染化学物质对生态环境和人体健康风险影响双下降的技术支撑和监控管理作用。

就流域而言，流域的风险管理通常包括多个要达成的目标，流域生态的退化通常涉及多个污染源和多重风险。风险管理与评估的参与者能够更好地了解生态系统各组成部分之间的相互关系，以及人类活动对流域内环境问题的影响。风险管理应使得政府、学术界、企业和其他利益相关方在一起工作，在选择管理备选方案时，利益相关方的直接参与提高了对评价结果的可接受性。特别是当社会公众的价值判断需要选择最严苛的环境保护标准，在最佳的监管方案的情况下，通过利益各相关方之间的积极对话，对于确定哪些是可能影响风险评估结论的信息，认知利益相关方风险管理决策的整个过程，最终促成风险监督管理实施方案得以认同和实施，具有重要作用。

概念模型和多变量分析有助于阐明生态系统各组成部分之间的相互关系，以及人类活动对流域内环境问题产生的影响力的大小。为了评估候选管理实施方案的好坏，可以根据他们实现管理目标的能力，通过使用适当的指标或检测临界值来加以监管。例如，当监管目标可以从控制氨的输入量中减少鱼类死亡率，那么，就可以通过预测非离子氨浓度的变化加以监管。

14.2 减少风险的措施研究

环境管理政策目标是力图完全消除所有的环境危害，或将危害降到当时技术手段所能达到的最低水平。随着对环境内在规律认识的不断提高，以及在治理环境污染过程中所付出的巨大成本，这种“零风险”的环境管理模式逐渐暴露出其弱点。

对一特定受污染水体、土壤进行有效修复及决策管理之前，往往需要知道相应的资金投入与环境及健康危险削减程度之间的关系，从而为水污染修复与管理提供有效的决策支持。党的十八大以来，国家大力推进生态文明建设，以改善水环境质量为核心，按照“节水优先、空间均衡、系统治理、两手发力”原则，贯彻“安全、清洁、健康”方针，强化源头控制，水陆统筹、河海兼顾，对江河湖海实施分流域、分区域、分阶段科学治理，系统推进水污染防治、水生态保护和水资源管理。

国务院 2015 年 4 月颁布的《水污染防治行动计划》中明确指出，到 2020 年，全国水环境质量得到阶段性改善，污染严重水体较大幅度减少，饮用水安全保障水平持续提升，地下水超采得到严格控制，地下水污染加剧趋势得到初步遏制，近岸海域环境质量稳中趋好，京津冀、长三角、珠三角等区域水生态环境状况有所好转。到 2030 年，力争全国水环境质量总体改善，水生态系统功能初步恢复。到 21 世纪中叶，生态环境质量全面改善，生态系统实现良性循环。

14.3 风险分级标准研究

风险评价的标准要为决策管理服务，在水环境风险评价方面，目前我国的水质评价工作主要还是理化指标，对于生态风险评价主要针对建设项目对生态系统及其组成因子所造成的影响，区域和规划的生态影响评价给出了生态风险分级的不同类型。

14.3.1　国外风险评价等级的划分

需要在风险评估流程开始阶段就划定空间和时间的边界，理想的情况是在风险管理规划的早期，在利益冲突出现之前各方就已达成了共识。完成这一挑战的关键是在确立管理在何地（待评估的流域规模）、何时（什么时间段），以及要达成的目标、所需耗费的成本等方面必须达成共识。

使用分级的方法有助于有效控制生态风险影响的程度，因为每一级别都会增加风险管理的复杂度和投资水平，同时也就降低了评估结果的不确定性。使用多级风险评估管理的过程中，对每一层级需监管的风险问题进行明确的论述和决策依据的阐述，均应包括在风险分析的规划方案中。

降低分级风险评估的复杂性可以通过控制风险评估的范围实现，如 Clinch 和 Powell Valley 的风险评估团队就仅评估了如何保护本地的水生生物群落。

14.3.2　我国的风险评价等级划分

在水环境方面，我国的水环境保护标准主要包括水环境质量标准、水监测规范、方法标准、水污染物排放标准等方面，但针对各类毒害性污染物形成的风险评估，流域优控污染物名录、毒性减排目前仅限于 2017 年刚颁布的《淡水水生生物水质基准制定技术指南》（HJ 831—2017）、《人体健康水质基准制定技术指南》（HJ 837—2017）、《湖泊营养物基准制定技术指南》（HJ 838—2017）。

在水环境的风险评价方面，《环境影响评价技术导则　生态影响》（HJ/T 19—2011）就经济社会活动对生态系统及其生物因子、非生物因子所产生的任何有害的或有益的作用，将生态影响划分出不利影响和有利影响，直接影响、间接影响和累积影响，可逆影响和不可逆影响等多种类型，并通过对风险评价等级的划分，对生态影响评价的一般性原则、方法、内容及技术要求做出了规定。

（1）直接生态影响。经济社会活动所导致的不可避免的、与该活动同时同地发生的生态影响。

（2）间接生态影响。经济社会活动及其直接生态影响所诱发的、与该活动不在同一地点或不在同一时间发生的生态影响。

（3）累积生态影响。经济社会活动各个组成部分之间或者该活动与其他相关活动（包括过去、现在、未来）之间造成生态影响的相互叠加。

（4）生态监测。运用物理、化学或生物等方法对生态系统或生态系统中的生物因子、非生物因子状况及其变化趋势进行的测定、观察。

（5）特殊生态敏感区。指具有极重要的生态服务功能，生态系统极为脆弱或已有较为严重的生态问题，例如，占用、损失或破坏所造成的生态影响后果严重且难以预防、生态功能难以恢复和替代的区域，包括自然保护区、世界文化和自然遗产地等。

14.4　风险管理程序研究

风险评价的技术发展分成三个阶段。第一阶段：萌芽阶段（20 世纪 70 年代至 20 世纪 80 年代初），这一阶段风险评价内涵不甚明确，仅采取了毒性鉴定的方法；第二阶段：技术准备阶段（20 世纪 80 年代中期），建立风险评价的基本框架，标志是 NAS 提出的风险评价“四步法”，即危害鉴别、剂量-效应关系评价、暴露评价和风险表征，并对各部分作了明确的定义；第三阶段：形成阶段（20 世纪 80 年代末期），建立风险评价基本的科学体系，并不断发展和完善，标志是 USEPA 制定和颁布了有关风险评价的一系列技术性文件、准则和指南，如 1986 年发布了致癌风险评价、致畸风险评价、暴露评价、超级基金场地危害评价和风险评价等指南。

在对流域水环境的风险评估过程中，管理者和利益相关方的需求可能发生变化，因此，执法部门通常需要在一个评估完成之前就必须采取行动。

流域的风险评价必须提供一个整体组织框架，首先确定采用的风险评价标准，开发出基于评价标准的概念模型和实施方案，风险评价必须将抽象环境管理目标转换为系统的、特定的、定义明确和可识别的目标。流域生态风险评价各要素关系见图 14-1。

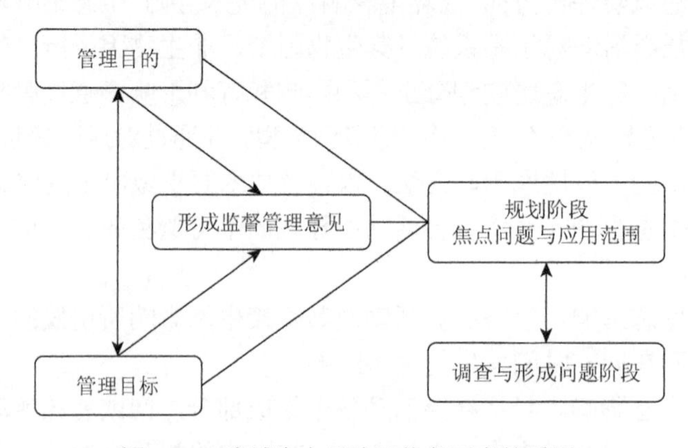

图 14-1　流域生态风险评价各要素关系图

14.4.1　风险管理方案的取舍

在没有竞争目标的情况下，如果所有可能的管理目标都能按协商的规模进行量化，选择最佳的管理方案就相对简单。然而，这种情况很少发生。在大多数流域管理活动中，存在着相互竞争的目标而且缺乏共识，监管目标可能已经预设好，也可能是面源污染，如在湖泊的富营养化问题的风险评估方面。此外，也有可能存在早期的风险分析不能适应后期管理需求的情况。

因此，当缺乏可量化的管理目标，或各利益相关方面的诉求难以获得各方同意时，可以采用某种人为赋分排序的方法确定风险管理程序，评分的方法则需要由每个利益相关方小组确定各个可以实施的，最佳和最坏的候选方案，以及相关各备选方案构建的组合方案。

虽然实际的决策过程可能因各案情况的不同而有所不同，但风险管理程序的先期确立，可以极大地促进风险管理工作的最终成功。在方案组织实施的过程中，需要注意以下几方面的问题。

第一，要确保利益相关方从过程开始阶段就参与评估实施方案的制定，特别是那些有可能对管理工作提出诉求的相关方面。由于行政区划的叠加，生态环境、社会经济利益间的差异，开展流域水环境风险评估工作是十分复杂的，前期的规划显得非常重要。规划的关键要素包括要确定和涉及的利益相关者、制定环境管理目标的机构，各方面须共同商定风险评估的重点、范围，以及需要克服的难点。

合理的风险规划目标应该是基于现有流域管理计划，不同环保组织的意见及调查结果，其他利益相关者意见数据的综合目标。因此，需要建立一个跨学科的科学家和管理团队，这个团队一方面要具备生态学的科学知识背景，另一方面也必须拥有当地的生态、社会经济发展等方面的知识和资料，才能有助于制定一套科学的评估目标和管理方案。

第二，决策的背景和利益相关方面在这个过程中的作用，应该从工作开始之初就予以明确。

第三，为达成流域的风险管理目标，经各方同意方能达成的评估方案通常要经历一个反复协商的阶段。同样，在评估过程中形成的科学研究成果的意义与成果特色，也有一套历经反复才得以完成的过程。另外，时间与经费的支持也是非常必要的外部条件。

以 USEPA 在 Clinch 和 Powell Valley 的生态风险管理方案制定过程为例，当时，对于开展有关风险评价模型的构建与影响因素的多元化分析，USEPA 进行了深入的研究，尤其是在人类活动与生态系统保护之间相关性的分析方面。为使得受美国联邦政府法律、地方法规及利益相关方等多方面影响的风险管理体系能得到各方认可，USEPA 举办了田纳西流域上游圆桌会议，这主要有助于各方面在开始阶段就能全面地参与到流域保护战略规划中来，而且流域内众多流域联盟团体可以利用风险评估结果指导他们在流域内保护和改善水质的行为。Clinch 和 Powell Valley 的风险评估团队通过确定许多可以实施的管理措施，从而实现了他们的环境管理目标。其中包括遏制和治理矿山径流，实施最佳的农业管理技术，安装路边溢流保护装置，改善废污水的排放处理设施等多套技术方案。

对于大多数自然资源的管理决策而言，很少有足够的时间和资源对多个风险源的影响进行严格的评估，这样就会使得风险评估结论的最终运用受到限制。评估的重点和范围应该取决于管理方怎样选择合适的管理措施，有些决策由于资源有限或需求压力大且紧迫，只需在要解决问题形成的过程中获取相关信息即可，但对有争议的决定，就需要开展更为详细的风险评估。

14.4.2 突发性水污染环境风险评估技术

要建立健全流域突发性水环境污染的风险管理程序，主要应关注以下四个方面的问题。

1. 风险源的识别

依照《企业突发环境事件风险评估指南（试行）》（环办〔2014〕34 号）和《尾矿库环境风险评估技术导则（试行）》（HJ 740—2015）的要求，风险源识别的目的是明确风险源的危害等级。待评估的水环境区域内可能存在着大量的危险化学物质、危险废物等危险物质的污染点源，或者存在着向主要水功能区、生态保护区和饮用水源地周边排放废污水的行为主体；由突发性水环境污染事故，如火灾、爆炸、泄漏等造成的水环境质量迅速恶化，易被排入水体的各污染源的毒害性污染物；由移动风险源造成的石油类、运输化学物质类污染源。

2. 突发性水污染环境风险快速模拟系统

从编制流域水污染防治与控制规划入手，构建水动力学模型、水质模型，完善模型参数库，一方面预测污染物负荷量及计算边界的水质控制条件；另一方面，摸清污染物迁移转化的动力学规律，进行水环境的管理容量与规划排污口容量的技术储备，为制定水污染防治与控制规划方案提供技术支撑。

3. 完善突发性污染事故应急风险评估方案

突发性水污染环境风险源的风险水平受危险物质总量、危害性大小、水体属性、与水功能区和各保护区的距离等因素的共同影响，因此，在开展突发性污染事故应急风险评估方案的构建过程中，首先，应完善污染源内污染化学物质的总量、排放强度之间的指标体系；其次，收集完善污染物的危害性质指数，如反应活性、爆炸性、水溶性和毒性大小等；第三，完善水体属性指标，包括水深、流速等水体流动性数据；第四，风险源与水生生物自然保护区、水源区的距离等指标代表了威胁程度，收集相关资料对于制定有效及时的应急预案，快速开展水环境风险评估，具有重要支撑作用。

4. 构建水环境突发性风险应急控制联合监管体系

首先，要提高突发性水污染环境污染危害出现后的控制措施准备的能力。包括提高水环境风险源监控指标、监控断面选取的典型性、有效性和经济性，建立健全风险防控、预警预测系统，建立统一的环境风险应急控制信息平台。这样可以及时发现引起突发性环境事件的诱因，有助于及时预测出将要出现的事故苗头，采取有效措施，及时避免重特大污染事件的爆发。

其次，要提高水环境突发性污染事件的防御能力。包括提高区域内的污染风险应急防御能力建设水平，建立水利部门和环境管理部门、公安消防、交通海事、卫生、安全生产监督管理等各部门之间的应急联动机制，建立应急物资的储备制度，提高公众的风险防范意识和社会参与度，对涉及水环境突发性风险防范的重大事项，应保证公开、公平和公正地向社会及时提供真实的信息。

最后，对可能会受到危害的人群聚集地、水源地、自然保护区等环境受体，要形成与环境污染风险源相互阻断的局面。例如，可以通过搬迁或隔离受威胁风险大的学校、居民区、医院等人群聚集场所，严格设置风险防控距离，并通过开展各类宣传教育和疏散演习，改进应急疏散和应急暴露的防护水平。因此，应通过对整体规划的调整，将城市未来的发展与高危产业的企业布局通盘考虑，避免工业园区与居民聚集区交互并存，缓冲区与缓冲距离过小甚至没有的高风险性布局情况的出现。

14.4.3 流域累积性水环境风险评估技术

要建立健全流域累积性水环境的风险管理程序，主要应关注污染累积性风险是否超过区域的环境自净能力，是否超出区域的环境容量。在落实国务院“实行最严格水资源管理制度”文件要求的背景下，要从水量、用水效率和水质三个方面，建立用水总量控制、用水效率控制和水功能区限制纳污“三项制度”，确立用水总量、用水效率、水功能区限制纳污“三条红线”，着力改变当前水资源过度开发、用水浪费、水污染严重等突出问题。

针对流域累积性水环境污染的风险管理程序，基本建立起重要取水户、重要水功能区和主要省界断面三大监控体系，保障“三条红线”控制指标可监测、可评价、可考核。主要应关注以下四个方面的问题。

（1）对于入河排污口、农业面源和水功能区，建议重点查勘易发生水污染事故的背景原因及条件，开展基于水功能区划从严核定水域的纳污容量，根据水功能区阶段性保护目标，确定不同阶段入河排污限制总量；严格入河排污口管理制度，达到水功能区限制排污总量的地区，要限制审批新增取水和入河排污口，同时建立水功能区水质评价体系，完善水质监督管理制度。

对于重要生态功能区、生态敏感区与脆弱区、禁止开发区的生态保护红线，应遵循《国家生态保护红线——生态功能基线划定技术指南（试行）》的要求进行流域生态风险评估技术体系的构建，主要包括综合模型的创建、指标体系的选取、等级体系的划分与评估单元的确定四部分内容。

对于重要水源地，应遵循重要饮用水水源地安全保障达标建设要求，强化对水源地的重点保护，包括划定饮用水水源保护区、强化对饮用水水源的选址论证。针对毒害性微量污染物的低剂量和长期暴露的特征，建立以系列生物标志物方法来进行毒性效应筛选和评价的技术方法。

（2）企业层面的水环境风险评估，应着重开展重点行业排放废水综合毒性的评估工作，建立排放废水毒性等级，完善高毒性废水清洁生产工艺，逐步建立重点行业综合毒性减排方案。

在流域层面，则应开展有毒有害污染物分布调查、监测和评估，筛选建立各流域优控污染物名单，建立工业废水综合毒性评价技术方法。

（3）流域累积性水环境污染的安全预警及管理模型，涉及社会经济、土地利用、污染负荷和水文情势等多类因素，包含多组计算模型，涉及模型构建、验证和数值模拟，需不断完善模块的选择，以利于流域水环境安全预警技术的逐步优化。

（4）建立流域累积性水环境风险评估管理体系要以集水区为管理空间，对各项管理环节的优控污染物风险的筛查是水环境风险管理的主要依据。一般情况下，风险管理体系包括：第一，在确定污染危害受体的条件下，根据保护对象的重要性制定保护程度；第二，通过风险识别与分析，确定主要风险源，分析其影响的范围；第三，通过风险预测，分析风险产生的概率及途径；第四，风险评价，指进行事故后果分析及可承纳水平的评估；第五，主要考虑防范或控制环境风险的措施及相应的管理决策措施；第六，要执行全过程的监督与检查，保证风险防范措施能够及时地得以落实，并运用公众的监督力量促进有关部门履行好社会责任。

参 考 文 献

白志鹏，王珺，游燕. 2009. 环境风险评价. 北京：高等教育出版社.

曹云者，韩梅，夏凤英，等. 2010. 采用健康风险评价模型研究场地土壤有机污染物环境标准取值的区域差异及其影响因素. 农业环境科学学报，29（2）：270-275.

陈锡超，罗茜，宋翰文，等. 2013.北京官厅水库特征污染物筛查及其健康风险评价. 生态毒理学报，8（6）：981-992.

邓培燕，雷远达，刘威，等. 2012. 桂江流域附生硅藻群落特征及影响因素.生态学报，32（16）：5014-5024.

董继元，王式功，尚可政. 2009.黄河兰州段多环芳烃类有机污染物健康风险评价.农业环境科学学报，28（9）：1892-1897.

范莱文 C J，韦梅尔 T G. 2010. 化学品风险评估. 北京：化学工业出版社.

高博，孙可，任明忠，等. 2008.北江表层沉积物中铊污染的生态风险. 生态环境，2：528-532.

高继军，张力平，黄圣彪，等. 2004.北京市饮用水源水重金属污染物健康风险的初步评价. 环境科学，25（2）：47-50.

顾宝根，程燕，周军英，等. 2009.美国农药生态风险评价技术. 农药学学报，11（3）：283-290.

贺涛，彭晓春，魏东洋. 2014.饮用水水源环境风险评估与管理. 北京：中国水利水电出版社.

胡二邦. 2009.环境风险评价实用技术、方法和案例. 北京：中国环境科学出版社.

胡二邦.2000. 环境风险评价实用技术和方法. 北京：中国环境科学出版社.

胡习邦，王俊能，许振成，等. 2012.应用物种敏感性分布评估 DEHP 对区域水生生态风险.生态环境学报，21（6）：1082-1087.

环境保护部科技标准司. 2010.国内外化学污染物环境与健康风险排序比较研究.北京：科学出版社.

姜海萍，朱远生，陈春梅. 2012. 珠江流域主要河湖水生态状况评价.2012 中国水文学术讨论会论文集，南京：河海大学出版社.

姜巍巍. 2011.饮用水环境内分泌干扰效应评价及因子甄别. 北京：中国科学院研究生院.

蒋丹烈，胡霞林，尹大强. 2011.应用物种敏感性分布法对太湖沉积物中多环芳烃的生态风险分析. 生态毒理学报，6（1）：60-66.

金相灿. 1990.有机化合物污染化学——有毒有机物污染化学.北京：清华大学出版社.

孔祥臻，何伟，秦宁，等. 2011.重金属对淡水生物生态风险的物种敏感性分布评估. 中国环境科学，31（9）：1555-1562.

李二平，侯嵩，孙胜杰，等. 2010.水质风险评价在跨界水污染预警体系中的应用. 哈尔滨工业大学学报，6：963-966.

李玉斌，刘征涛，冯流，等. 2011.太湖部分沉积物中多环芳烃生态风险评估. 环境化学，30（10）：1769-1774.

李子东. 2009.高效膨胀无卤阻燃剂性价比优. 粘接，7：45-45.

梁爽，李维青. 2010. 乌鲁木齐市饮用水源地水环境健康风险评价. 新疆农业科学，47（8）：1660-1664.
刘良，颜小品，王印，等. 2009.应用物种敏感性分布评估多环芳烃对淡水生物的生态风险.生态毒理学报，4（5）：647-654.
刘新，王东红，马梅，等. 2011.中国饮用水中多环芳烃的分布和健康风险评价. 生态毒理学报，6（2）：207-214.
刘征涛，王一喆，庞智勇，等. 2009.近期长江口沉积物中 SVOCs 的变化及生态风险评价. 环境科学研究，22（7）：768-772.
刘征涛，张映映，周俊丽，等. 2008.长江口表层沉积物中半挥发性有机物的分布. 环境科学研究，21（2）：10-13.
卢莎莎，顾尚义，韩露，等. 2013.都柳江水体-沉积物间锑的迁移转化规律. 贵州大学学报（自然科学版），3：131-136.
毛小苓，倪晋仁. 2005.生态风险评价研究述评. 北京大学学报（自然科学版），41（4）：646-654.
倪彬，王洪波，李旭东，等. 2010.湖泊饮用水源地水环境健康风险评价. 环境科学研究，21（1）：74-79.
孙树青，胡国华，王勇泽，等. 2006.湘江干流水环境健康风险评价. 安全与环境学报，6（2）：12-15.
唐阵武，程家丽，张化永，等. 2009.长江武汉段水体有机污染的健康风险评价. 水利学报，40（9）：1064-1069.
王立，汪正范，牟世芬，等. 2002.色谱分析样品处理. 北京：化学工业出版社.
王若师. 2012. 东江流域典型乡镇饮用水源地有毒污染物风险评价与控制对策. 北京：中国科学院研究生院.
王喜龙，沈伟然. 2002. 天津污灌区苯并（a）芘，荧蒽和菲生态毒性的风险表征. 城市环境与城市生态，15（4）：10-12.
王晓伟，刘景富，阴永光. 2010.有机磷酸酯阻燃剂污染现状与研究进展. 化学进展，22：1983-1992.
王旭涛，刘威. 2009. 珠江水生态现状及保护对策.水文，S50：113-115.
王雪梅，刘静玲，马牧源，等. 2010.流域水生态风险评价及管理对策. 环境科学学报，30（2）：237-245.
王印，王军军，秦宁，等. 2009. 应用物种敏感性分布评估 DDT 和林丹对淡水生物的生态风险. 环境科学学报，29（11）：2407-2414.
王勇泽，李诚，孙树青，等. 2007.黄河三门峡段水环境健康风险评价. 水资源保护，23（1）：28-30.
魏摇威，梁东丽，陈世宝. 2012. 土壤中外源锌对不同植物毒性的敏感性分布. 生态学杂志，31（3）：538-543.
吴利桥，赵俊风. 2014. 流域规划优先保护生态目标识别与保护要求. 人民珠江，（5）：1-3.
吴亚非，李科. 2009. 基于 SPSS 的主成分分析法在评价体系中的应用. 当代经济，3：166-168.
徐瑞祥，陈亚华. 2012. 应用物种敏感性分布评估有机磷农药对淡水生物的急性生态风险. 湖泊科学，24（6）：811-821.
徐争启，倪师军，庹先国，等. 2008. 潜在生态危害指数法评价中重金属毒性系数计算. 环境科学与技术，2：112-115.

杨辉，陈国光，刘红樱，等. 2013.长江下游主要湖泊沉积物重金属污染及潜在生态风险评价. 地球与环境，2：160-165.

杨宇，石璇，徐福留，等. 2004. 天津地区土壤中萘的生态风险分析. 环境科学，25（2）：115-118.

应光国，彭平安，赵建亮，等. 2012.流域化学物质生态风险评价——以东江流域为例. 北京：科学出版社.

郁亚娟，郭怀成，王连生. 2005. 淮河（江苏段）水体有机污染物风险评价. 长江流域资源与环境，14（6）：740-743.

原盛广. 2008. 北京市自来水中痕量有毒有机污染物的研究. 北京：北京林业大学.

张茜，刘潇威，罗铭，等. 2011. 快速溶剂（ASE）提取，凝胶渗透色谱（GPC）联合固相萃取（SPE）净化，高效液相色谱法测定土壤中的多环芳烃. 环境化学，30（4）：771-777.

张亚辉，刘征涛，刘树深. 2008. 混合物联合毒性的评价方法. 2008年中国毒理学会环境与生态毒理学专业委员会成立大会论文集.

张云凤. 2014. 都柳江水质锑污染现状及趋势分析——以贵州黔东南段为例. 环境与生活，18：35-36.

郑丙辉，李开明，秦延文，等. 2016. 流域水环境风险管理技术与实践. 北京：科学出版社.

郑德凤，史延光，崔帅. 2009. 饮用水源地水污染物的健康风险评价. 水电能源科学，26（6）：48-50.

中国环境监测总站. 1990. 中国土壤元素背景值. 北京：中国环境科学出版社.

周怀东，赵健，陆瑾，等. 2008. 白洋淀湿地表层沉积物多环芳烃的分布、来源及生态风险评价. 生态毒理学报，3（3）：291-299.

Aldenberg T. 1993. A program to calculate confidence limits for hazardous concentrations based on small samples of toxicity data.Bilthoven，RIVM Report 719102 015. National Institute of Public Health and Environment.

Aldenberg T，Jaworska J S. 1999. Bayesian statistical analysis of bimodality in species sensitivity distributions. SETAC News，19：19-20.

Aldenberg T，Jaworska J S. 2000. Uncertainty of the hazardous concentration and fraction affected for normal species sensitivity distributions. Ecotoxicology and Environmental Safety，46：1-18.

Aldenberg T，Slob W. 1993. Confidence limits for hazardous concentrations based on logistically distributed NOEC toxicity data. Ecotoxicology and Environmental Safety，100（1）：48-63.

Andresen J，Bester K. 2006. Elimination of organophosphate ester flame retardants and plasticizers in drinking water purification. Water Research，40：621-629.

Aqua Survey，Inc. 1993. Daphnia magna IQ toxicity test，technical information update. Flemington，NJ，USA：Aqua Survey，Inc.，499 Point Breeze Rd.

Aston L S，Noda J，Seiber J N，et al. 1996.Organophosphate flame retardants in needles of pinus ponderosa in the sierra nevada foothills. The Bulletin of Environmental Contamination and Toxicology，57：859-866.

ATSDR. 2009. Draft Toxicological Profile for Phosphate Ester Flame Retardants（September）// United States Department of Health and Human Services.

Bacaloni A，Cavaliere C，Foglia P，et al. 2007. Liquid chromatography/tandem mass spectrometry determination of organophosphorus flame retardants and plasticizers in drinking and surface waters. Rapid Communications in Mass Spectrometry，21：1123-1130.

Baun A，Eriksson E，Ledin A，et al. 2006. A methodology for ranking and hazard identification of xenobiotic organic compounds in urban stormwater. Science of the Total Environment，370（1）：29-38.

Bjorklund J，Isetun S，Nilsson U. 2004. Selective determination of organophosphate flame retardants and plasticizers in indoor air by gas chromatography，positive-ion chemical ionization and collision-induced dissociation mass spectrometry. Rapid Communications in Mass Spectrometry，18：3079-3083.

Brain R A，Sanderson H，Sibley P K，et al. 2006. Probabilistic ecological hazard assessment：evaluating pharmaceutical effects on aquatic higher plants as an example. Ecotoxicology and Environmental Safety，64（2）：128-350.

Brandsma S H，Leonards P E，Leslie H A，et al. 2015. Tracing organophosphorus and brominated flame retardants and plasticizers in an estuarine food web. Science of the Total Environment，505：22-31.

Bu Q，Wang D，Wang Z. 2013. Review of screening systems for prioritizing chemical substances. Critical Reviews in Environmental Science and Technology，43（31）：1011-1041.

Bureau E C.2000. IUCLID International Uniform Chemical Information Database. 2nd ed. Ispra，Italy.

Call D J，Brooke L T，Knuth，M L，et al. 1985. Fish subchronic toxicity prediction model for industrial organic chemicals that produce narcosis. Environmental Toxicology & Chemistry，4：335-341.

Cao D，Guo J，Wang Y，et al. 2017. Organophosphate esters in sediment of the great lakes. Environmental Science and Technology，51：1441-1449.

Cao S，Zeng X，Song H，et al. 2012.Levels and distributions of organophosphate flame retardants and plasticizers in sediment from Taihu Lake，China. Environmental Toxicology and Chemistry，31：1478-1484.

Cao Z，Xu F，Covaci A，et al. 2014. Distribution Patterns of Brominated，Chlorinated，and Phosphorus Flame Retardants with Particle Size in Indoor and Outdoor Dust and Implications for Human Exposure. Environmental Science and Technology，48：8839-8846.

Cardwell R D，Brancato W，Toll J，et al. 1999. Aquatic ecological risks posed by tributyltin in United States surface waters，pre-1989-1996 data. Environmental Toxicology and Chemistry，18：567-577.

Cardwell R D，Parkhurst B R，Warren-Hicks W，et al. 1993. Aquatic ecological risk. Water Environment and Technology，5：47-51.

Carlson A R，Brungs W A，Chapman G A，et al. 1984. Guidelines for Deriving Numerical Aquatic Site-Specific Water Quality Criteria by Modifying National Criteria. U.S. Environmental Protection Agency. Duluth，MN，USA：Environmental Research Laboratory.

Chen M Y，Yu M，Luo X J，et al. 2011. The factors controlling the partitioning of polybrominated diphenyl ethers and polychlorinated biphenyls in the water-column of the Pearl River Estuary in South China. Marine Pollution Bulletin，62：29-35.

Committee on Toxicity of Chemicals in Food，Consumer Products and the Environment. 2002.Risk Assessment of Mixtures of Pesticides and Similar Substances. London，UK.

Covaci A，Harrad S，Abdallah M，et al.2011. Novel brominated flame retardants：A review of their analysis，environmental fate and behaviour. Environment International，37：532-556.

Cristale J，García Vazquez A，Barata C，et al.2013a. Priority and emerging flame retardants in rivers：occurrence in water and sediment，Daphnia magna toxicity and risk assessment. Environment International，59：232-243.

Cristale J，Katsoyiannis A，Sweetman A J，et al. 2013b. Occurrence and risk assessment of organophosphorus and brominated flame retardants in the River Aire（UK）. Environment International，179：194-200.

D'Agostino R B. 1998. Tests for departures from normality//Armitage P，Colton T. Encyclopedia of BioStatistics. Chichester：John Wiley：315-324.

D'Agostino R B.1986a. Graphical analysis//D'Agostino R B，Stephens M A. Goodness-of-Fit Techniques. New York：Marcel Dekker：7-62.

D'Agostino R B. 1986b. Tests for the normal distribution//D'Agostino R B，Stephens M A. Goodness-of-Fit Techniques. New York：Marcel Dekker：367-419.

D'Agostino R B，Stephens M A. 1986c. Goodness-of-Fit Techniques. New York：Marcel Dekker：560.

Davis G A. 1994. A method for ranking and scoring chemicals by potential human health and environmental impacts. Washington DC：EPA.

Davison A C. 1998. Normal scores. In tage P，Colton T. Encyclopedia of BioStatistics. John Wiley，Chichester：John Wiley：3067-3069.

De Ortiz G S，Pinto G P，García-Encina P A，et al. 2013. Ranking of concern，based on environmental indexes，for pharmaceutical and personal care products：an application to the Spanish case.Journal of Environmental Management，129：384-397.

De Wit C A. 2002. An overview of brominated flame retardants in the environment. Chemosphere，46：583-624.

DiToro D M，Mahony J D，Hansen D J，et al. 1992. Acid volatile sulfide predicts the acute toxicity of cadmium and nickel in sediment. Environmental Science and Technology，26：96-101.

DiToro D M，Zarba C S，Hansen D J，et al. 1991. Technical basis for establishing sediment quality criteria for nonionic organic chemicals using equilibrium partitioning. Environmental Toxicology and Chemistry，10：1541-1583.

Dixon W J，Tukey J W. 1968. Approximate behavior of the distribution of Winsorized t（trimming/Winsorization 2）. Technometrics，10：83-98.

Dobbins L L，Usenko S，Brain R A，et al. 2009. Probabilistic ecological hazard assessment of parabens using Daphnia magna and Pimephales promelas. Environmental Toxicology & Chemistry，28（12）：2744-2753.

Drishnan K，Paterson J，Williams D T. 1997. Health risk assessment of drinking water contaminants in Canada：the applicability of mixture risk assessment methods. Regulatory Toxi cology and Pharmacology，26：179-187.

Duboudin C，Ciffroy P，Magaud H. 2004. Effects of data manipulation and statistical methods on species sensitivity distributions. Environmental Toxicology and Chemistry，23（2）：489-499.

ECB. 2003.Technical guidance document on risk assessment in support of commission directive 93/67/EEC on risk assessment for new notified substances，commission regulation（EC）no.1488/94 on risk assessment for existing sunstances，derective 98/8/EC of the European Parliament and of the Council concerning the placing of biocidal products on the market. Part II. Environmental Risk Assessment. European Chemicals Bureau，European Commission Joint Research Center，European Communities.

Erickson R J，Stephan C E. 1988. Calculation of the Final Acute Value for Water Quality Criteria for Aquatic Organisms. PB88-214994. National Technical Information Service. VA，USA：Springfield.

Eriksson E，Baun A，Mikkelsen P S. 2006. A methodology for ranking and hazard identification of xenobiotic organic compounds in urban stormwater.Science of the Total Environment，370：29-38.

Ernst W.1988. Evaluation of contaminants of low degradability in estuaries. Biotechnology，129：60-63.

European Commision. 2000. Regulation（EC）No. 2364/2000 of 25 October 2000 concerning the fourth list of priority substances as foreseen under Council Regulation（EEC）No. 793/3. Ispra，Italy.

European Commission Joint Research Center. 2003. Parliament and of the Council concerning the placing of biocidal products on the market. Part II. Luxembourg：European Commission Joint Research Center.

European Commission Joint Research Center. 2003. Technical guidance document on risk assessment in support of commission directive 93/67/EEC on risk assessment for new notified substances，commission regulation（EC）no. 1488/94 on risk assessment for existing substances，directive 98/8/EC of the European Parliament and of the Council concerning the placing of biocidal products on the market. Part Ⅱ. Luxembourg.

European Commission Joint Research Center. 2003. Technical guidance document on risk assessment in support of commission directive 93/67/EEC on risk assessment for new notified substances，commission regulation（EC）no. 1488/94 on risk assessment for existing sunstances，derective 98/8/EC of the European Parliament and of the Council concerning the placing of biocidal products on the market. Part Ⅱ.

European Commission. 1995. Regulation（EC）No. 2268/95 of 27 September 1995 concerning the second list of priority substances as foreseen under Council Regulation（EEC）No. 793/3. Ispra，Italy.

European Union OJOF. 2006. Directive 2006/11/EC of the European Parliament and of the Council of 15 February 2006 on pollution caused by certain dangerous substances discharged into the aquatic environment of the Community. Brussels.

Evans M，Hastings N，Peacock B. 2000. Statistical Distributions. 3rd ed. New York：Wiley：221.

Filliben J J.1975. The probability plot correlation coefficient test for normality. Technometrics，17：111-117.

Finizio A，Calliera M，Vighi M.2001. Rating systems for pesticide risk classification on different ecosystems. Ecotoxicology and Environmental Safety，49（3）：262-274.

Fisk P R.2003. Prioritisation of flame retardants for environmental risk assessment. United kingdom.

Forbes V E，Hommen U，Thorbek P，et al. 2009.Ecological models in support of regulatory risk assessmentsof pesticides：developing a strategy for the future. Integrated Environmental Assessment and Management，5（1）：167-172.

Fries E，Puttmann W. 2001.Occurrence of organophosphate esters in surface water and ground water in Germany. Journal of Environmental Monitoring，3：621-626.

Fries E，Puttmann W. 2003. Monitoring of the three organophosphate esters TBP，TCEP and TBEP in river water and ground water（Oder，Germany）. Journal of Environmental Monitoring，5：346-352.

Ghose A K，Crippen G M. 1987. Atomic physicochemical parameters for three-dimensional-structure-directed quantitative structure-activity relationships；2. Modeling dispersive and hydrophobicinteractions. Journal of Chemical Information and Computer Sciences，27：21-35.

Giddings J M，Hall L W，Solomon Jr K R. 2000. Ecological risks of Diazinon from agricultural use in the Sacramento-San Joaquin river basins，California. Risk Analysis，20：545-572.

Giesy J P，Solomon K R，Coats J R，et al. 1999. Chlorpyrifos，ecological risk assessment in North American aquatic environments. Reviews in Environmental Contamination and Toxicology，160：1-129.

Gilbert R O. 1987. Statistical Methods for Environmental Pollution Monitoring. New York：Van Nostrand Reinhold：313.

Giubilato E，Zabeoa A，Critto A，et al. 2014. A risk-based methodology for ranking environmental chemical stressorsat the regional scale.Environment International，65：41-53.

Giulivo M，Capri E，Kalogianni E，et al. 2017. Occurrence of halogenated and organophosphate flame retardants in sediment and fish samples from three European river basins. Science of the Total Environment，586：782-791.

Gomez-Gutierrez A，Garnacho E，Bayona J M，et al. 2007.Screening ecological risk assessment of persistent organic pollutants in Mediterranean sea sediments. Environment International，33（7）：867-876.

Green N，Schlabach M，Bakke T，et al. 2008. Screening of Selected Metals and New Organic Contaminants 2007. NIVA Report 5569-2008.

Guérit I，BocquenéG，James A，et al. 2008. Environmental risk assessment：a critical approach of the European TGD in an *in situ* application. Ecotoxicology and Environmental Safety，71：291-300.

Häkkinen J，Malk V，Posti A，et al. 2013. Environmental risk assessment of the most commonlytransported chemicals：case study of Finnish coastal areas. World Maritime University Journal of Maritime Affairs，12：147-160.

Hall L W，Jr M C，Scott W D，et al. 2000. A probabilistic ecological risk assessment of tributyltin in surface waters of the Chesapeake Bay watershed. Human and Ecological Risk Assessment，6：141-179.

Hansen B G，van Haelst A K，van Leeuwen K，et al. 1999. Priority setting for existing chemicals european union risk ranking method. Environmental Toxicology and Chemistry，18（4）：772-779.

Harris J C，Arthur D. 1981. Rate of hydrolysis//Lyman W J，Reehland W F，Rosenblatt D H. Research and Development of Methodsfor Estimating Physicochemical Properties in Organic Compoundsof Environmental Concern. Final Report，Phase II. Cambridge：U.S. Army Medical Research and Development Command.

He M J，Luo X J，Chen M Y，et al. 2012. Bioaccumulation of polybrominated diphenyl ethers and decabromodiphenyl ethane in fish from a river system in a highly industrialized area，South China. Science of the Total Environment，419：109-115.

He W，Qin N，Kong X Z，et al. 2014.Water quality benchmarking（WQB）and priority control screening（PCS）of persistent toxic substances（PTSs）in China：Necessity，method and a case study. Science of the Total Environment，472：1108-1120.

Henríquez-Hernández L A，Montero D，Camacho M，et al. 2017. Comparative analysis of selected semi-persistent and emerging pollutants in wild-caught fish and aquaculture associated fish using Bogue（Boops boops）as sentinel species. Science of the Total Environment，581-582：199-208.

Hogg R V，CraigA T. 1995. Introduction to Mathematical Statistics. 5th ed. PrenticeHall：Upper Saddle River：564 .

Horrocks A R，Davies P J，Kandola B K，et al. 2007. The potential for volatile phosphorus-containing flame retardants in textile back-coating. Journal of Fire Sciences，25：523-540.

Hose G C，van Den Brink P J. 2004.Confirming the species-sensitivity distribution concept for endosulfan using laboratory，mesocosm，and field data. Archives of Environmental Contamination and Toxicology，47（4）：511-520.

Hsu H P. 1997. Probability，Random Variables，and Random Processes. Schaum's Outline Series，New York：McGraw-Hill：306.

Huang X，Sillanpaa M，Duo B. 2008.Water quality in the Tibetan Plateau：metal contents of four selected rivers. Environmental Pollution，156（2）：270-277.

Iqbal M，Syed J H，Katsoyiannis A，et al. 2017. Legacy and emerging flame retardants（FRs）in the freshwater ecosystem：a review. Environmental Research，152：26-42.

Jagoe R H，Newman M C. 1997. Bootstrap estimation of community NOEC values.Ecotoxicology，6（5）：293-306.

Jin X，Gao J，Zha J，et al. 2012. A tiered ecological risk assessment of three chlorophenols in Chinese surface waters. Environmental Science and Pollution Research，19（5）：1544-1554.

Jr L W H，Giddings J M. 2000. The need for multiple lines of evidence for predicting site-specific ecological effects. Human and Ecological Risk Assessment，6：679-710.

Jones S L，Schultz T W. 1995. Quantitative structure-activity relationships for estimating the no-observable-effects concentration in fathead minnows（*Pimephales promelas*）.Quality Assurance and Safety of Crops & Foods，4：187-203.

Kaplan S，Garrick B J. 1981. On the quantitative definition of risk. Risk Analysis，1：11-27.

Kater B J，Lefèvre F O B. 1996. Ecotoxicologische risico analyse in de Westerschelde. RIKZ report 96.007. Middelburg，the Netherlands：Rijksinstituut voor Kust en Zee.

Kawagoshi Y，Fukunaga I，Itoh H. 1999. Distribution of organophosphoric acid trimesters betweenwater and sediment at a sea-based solid waste disposal site. Journal of Material Cycles and Waste Management，1：53-61.

Kawagoshi Y，Nakamura S，Fukunaga I. 2002.Degradation of organophosphoric esters in leachate from a sea-based solid waste disposal site. Chemosphere，48：219-225.

Kim J W，Isobe T，Chang KH，et al. 2011. Levels and distribution of organophosphorus flame retardants and plasticizers in fishes from Manila Bay，the Philippines. Environmental Pollution，159：3653-3659.

Kincaid L E，Bartmess J E. 1993. Evaluation of TRI release in Iniana，Louisiana，Ohio，Tennessee and Texas. TN. Tennessee：Center for Clean Products and Clean Technologies，University of Tennessee，1993.

Klaine S J，Cobb G P，Dickerson R L，et al. 1996a. An ecological risk assessment for the use of the biocide dibromonitrilopropionamide（DBNPA）in industrial cooling systems. Environmental Toxicology and Chemistry，15：21-30.

Klepper O，Bakker J，Traas T P，et al. 1998. Mapping the potentially affected fraction（PAF）of species as a basis for comparison of ecotoxicological risks between substances and regions. Journal of Hazardous Materials，61：337-344.

Knoben R A E，Beek M A，Durand T P. 1998. Application of species sensitivity distributions as ecological assessment tool for water management. Journal of Hazardous Materials，61：203-207.

Lackey R T. 1997. Ecological risk assessment：use，abuse and alternatives. Environmental Management，21：808-821.

Laniewski K H，Borén H，Grimvall A. 1998. Identification of volatile and extractable chloroorganics in rain and snow. Environmental Science and Technology，32：3935-3940.

Lassen C，Lokke S. 1999. Brominated flame retardants：substance flow analysis and assessment of alternatives. Danish Environmental Protection Agency.

Leonards P，Steindal E H，Veen I V D，et al. 2011. Screening of organophosphor flame retardants 2010. SPFOreport 1091/2011. TA-2786.

Lepper P. 2002. Towards the derivation of quality standards for priority substances in the context of the water framework directive. Aachen：Fraunhofer-InstituteMolecular Biology and Applied Ecology.

Liu X，Ji K，Choi K.2012. Endocrine disruption potentials of organophosphate flame retardants and related mechanisms in H295R and MVLN cell lines and in zebrafish. Aquatic Toxicology，114-115：173-181.

Luit R J，Beems R B，Benthem J van，et al. 2003. Inventory of revisions in the EC Technical Guidance Documents（TGDs）on Risk assessment of chemicals. Bilthoven：Dutch National Institute for Public Health and the Environment.

Luo X J，Mai B X，Yang Q S，et al. 2008. Distribution and partition of polycyclic aromatic hydrocarbon in surface water of the Pearl River Estuary，South China. Environmental Monitoring and Assessment，145：427-436.

Malarvannan G，Belpaire C，Geeraerts C，et al.2015. Organophosphorus flame retardants in the European eel in Flanders，Belgium：occurrence，fate and human health risk. Environmental Research，140：604-610.

Marklund A，Andersson B，Haglund P. 2003. Screening of organophosphorus compounds and their distribution in various indoor environments. Chemosphere，53：1137-1146.

Marklund A，Andersson B，Haglund P. 2005. Traffic as a source of organophosphorus flame retardants and plasticizers in snow. Environmental Science and Technology，39：3555-3562.

Marklund A，Andersson B，Haglund P. 2005a. Organophosphorus flame retardants and plasticizers in air from various indoor environments. Journal of Environmental Monitoring，7：814-819.

Marklund A，Andersson B，Haglund P. 2005b. Organophosphorus flame retardants and plasticizers in Swedish sewage treatment plants. Environmental Science and Technology，39（19）：7423.

Martin E，Novak J. 1999. Mathematica® — 4 Standard Add-on Packages. Champaign IL：lfram Research：535.

Martínez-Carballo E，Gonzalez-Barreiro C，Sitka A，et al.2007. Determination of selected organophosphate esters in the aquatic environment of Austria. Science of the Total Environment，388：290-299.

Matsukami H，Suzuki G，Tue N M，et al. 2016. Analysis of monomeric and oligomeric organophosphorus flame retardants in fish muscle tissues using liquid chromatographyeelectrospray ionization tandem mass spectrometry：application to Nile tilapia（Oreochromis niloticus）from an e-waste processing area in northern Vietnam. Emerging Contaminants，2（2）：89-97.

Meeker J D，Cooper E M，Stapleton H M，et al. 2013. Urinary metabolites of organophosphate flame retardants：temporal variability and correlations with house dust concentrations. Environmental Health Perspectives，121：580-585.

Mei Y，Luo X J，Chen S J，et al. 2008. Organochlorine pesticides in the surface water and sediments of the Pearl River Estuary，South China. Environmental Toxicology and Chemistry，27：10-17.

Meyer J，Bester K. 2004. Organophosphate flame retardants and plasticisers in wastewater treatment plants. Journal of Environmental Monitoring，6：599-605.

Michael J R，Schucany W R.1986. Analysis of data from censored samples//D'Agostino R B，Stephens M A. Goodness-of-Fit Techniques. New York：Marcel Dekker：461-496.

Millard S P，Neerchal N K. 2001. Environmental Statistics with S-PLUS. Boca Raton，FL USA：CRC Press：830.

Mitchell J，Egeghy P，Cohen Hubal E A，et al. 2013. Comparison of modeling approaches to prioritize chemicals based on estimates of exposure and exposure potential. Science of the Total Environment，458-460：555-567.

Mood A M，Graybill F A，Boes D C. 1974. Introduction to the Theory of Statistics. 3rd ed. Tokyo：McGraw-Hill：564.

Morales-Caselles C，Riba I，Sarasquete C，et al.2008.The application of a weight of evidence approach to compare the quality of coastal sediments affected by acute（Prestige 2002）and chronic（Bay of Algeciras）oil spills. Environmental Pollution，156（2）：394-402.

Murray K E，Thomas S M，Bodour A A. 2010. Prioritizing research for trace pollutants and emerging contaminantsin the freshwater environment.Environmental Pollution，158：3462-3471.

Naito W，Miyamoto K I，Nakanishi J，et al. 2002. Application of an ecosystem model for aquatic ecological risk assessment of chemicals for a Japanese lake. Water Research，36（1）：1-14.

Newman M C，Ownby D R，Mézin L C A，et al. 2000. Applying species sensitivity distributions in ecological risk assessment，assumptions of distribution type and sufficient numbers of species. Environmental Toxicology and Chemistry，19：508-515.

Owen D B. 1968. A survey of properties and applications of the non-central t-distribution. Technometrics，10：445-478.

Pakalin S，Cole T，Steinkellner J，et al.2007. Review on Production Processes of Decabromodiphenyl Ether（decaBDE）Used in Polymeric Application in Electrical and Electronic Equipment，and Assessment of the Availiability of Potential Alternatives to decaBDE. Brussel，Belgium.

Parkhurst B R，Warren-Hicks W，Cardwell R D，et al. 1996. Methodology for Aquatic Ecological Risk Assessment. RP91AER-1. Alexandria：Water Environment Research Foundation.

Posthuma L，Glenn W S，Theo P T. 2002. Species Sensitivity Distributions in Ecotoxicology .New York：Lewis Publishers.

Posthuma L，Zwart D D. 2009.Predicted effects of toxicant mixtures are confirmed by changes in fish species assemblages in Ohio，USA，Rivers. Environmental Toxicology And Chemistry，100：1094-1105.

Regnery J，Puttmann W. 2010. Occurrence and fate of organophosphorus flame retardants and plasticizers in urban and remote surface waters in Germany. Water Research，44：4097-4104.

RIVM. 1997a. National Environmental Outlook 4. Netherlands：Alphen aan den Rijn.

RIVM. 1997b. Achtergronden bij de Milieubalans 97. Netherlands：Alphen aan den Rijn.

Rodil R，Quintana J B，Lopez-Mahia P，et al. 2009. Multi-residue analytical method for the determination of emerging pollutants in water by solid-phase extraction and liquid chromatography-tandem mass spectrometry. Journal of chromatography A，1216：2958-2969.

Rodil R，Quintana J B，Reemtsma T.2005. Liquid chromatography-tandem mass spectrometry determination of nonionic organophosphorus flame retardants and plasticizers in wastewater samples. Analytical Chemistry，77：3083-3089.

Ruan T，Wang Y，Wang C，et al. 2009. Identification and evaluation of a novel heterocyclic brominated flame retardant tris（2，3-dibromopropyl）isocyanurate in environmental matrices near a manufacturing plant in southern China. Environmental Science and Technology，43：3080-3086.

Sasaki K，Takeda M，Uchiyama M. 1981. Toxicity，absorption and elimination of phosphoric acid triesters by killifish and goldfish. Bulletin of Environmental Contamination and Toxicology，27：775-782.

Saito I，Onuki A，Seto H. 2007. Indoor organophosphate and polybrominated flame retardants in Tokyo. Indoor Air，17：28-36.

Sanderson H，Johnson D J，Reitsma T，et al. 2004. Ranking and prioritization of environmental risks of pharmaceuticals in surface waters.Regulatory Toxicology and Pharmacology，39：158-183.

Santín G，Eljarrat E，Barceló D. 2016. Simultaneous determination of 16 organophosphorus flame retardants and plasticizers in fish by liquid chromatography–tandem mass spectrometry. Journal of Chromatography A，1441：34-43.

Shao Q. 2000. Estimation for hazardous concentrations based on NOEC toxicity data：an alternative approach. Environmetrics，115（13）：583-595.

Slooff W，Canton J H. 1983. Comparison of the susceptibility of 11 freshwater species to 8 chemical compounds. II.（Semi）chronic toxicity tests. Aquatic Toxicology，4：271-282.

Slooff W，De Zwart D. 1991. The pT-value as environmental policy indicator for the exposure to toxic substances. RIVM report 719102 003. Bilthoven，Netherlands：National Institute for Public Health and the Environment.

Slooff W. 1983. Benthic macroinvertebrates and water quality assessment，some toxicological considerations. Aquatic Toxicology，4：73-82.

Solomon K R，Baker D B，Richards R P，et al. 1996. Ecological risk assessment of atrazine in North American surface waters. Environmental Toxicology And Chemistry，151（44）：31-76.

Solomon K R，Chappel M J. 1998. Triazine herbicides：ecological risk assessment in surface waters//Ballantine L，McFarland J，Hackett D. Triazine Risk Assessment，ACS Symposium Series，Vol. 683. Washington，D.C.：American Chemical Society：357-368.

Solomon K R，Giesy J P，LaPoint T W，et al. 2013. Ecological risk assessment of atrazine in North American surface waters. Environmental Toxicology and Chemistry，32（1）：10-11.

Solomon K R. 1996. Overview of recent developments in ecotoxicological risk assessment. Risk Analysis，16：627-633.

Solomon K，Giesy J，Jones P. 2000. Probabilistic risk assessment of agrochemicals in the environment. Crop Protection，19：649-655.

Stackelberg P E，Furlong E T，Meyer M T，et al. 2004. Persistence of pharmaceutical compounds and other organic wastewater contaminants in a conventional drinking-water-treatment plant. Science of The Total Environment，329：99-113.

Staples C A，Davis J W. 2002. An examination of the physical properties，fate，ecotoxicity and potential environmental risks for a series of propylene glycol ethers . Chemosphere，49（1）：61-73.

Steen R J C A，Leonards P E G，Brinkman U A T，et al. 1999. Ecological risk assessment of agrochemicals in European estuaries. Environmental Toxicology and Chemistry，18（7）：1574-1581.

Stephens M A. 1974. EDF statistics for goodness of fit and some comparisons. Journal of the American Statistical Association，69：730-737.

Stephens M A. 1982. Anderson-Darling test for goodness of fit//Kotz S，Johnson N L. Encyclopedia of Statistical Sciences，Vol. 1. New York：Wiley：81-85.

Stephens M A. 1986a. Tests based on EDF statistics//D’Agostino R B，Stephens M A. Goodness-of-Fit Techniques. New York：Marcel Dekker：97-193.

Stephens M A. 1986b. Tests based on regression and correlation//D’Agostino R B，Stephens M A. Goodness-of-Fit Techniques. New York：Marcel Dekker：195-233.

Strempel S，Scheringer M，Ng C A，et al. 2012. Screening for PBT chemicals among the "existing" and “new” chemicals of the EU. Environmental Science and Technology，46（11）：5680-5687.

Struijs J，van de Kamp R，Hogendoorn E A. 1998. Isolating organic micropollutants from water samples by means of XAD resins and supercritical fluid extraction. RIVM report 607602 001. Bilthoven，the Netherlands：National Institute of Public Health and the Environment.

Sundkvist A M，Olofsson U，Haglund P. 2010. Organophosphorus flame retardants and plasticizers in marine and fresh water biota and in human milk. Journal of Environmental Monitoring，12：943-951.

Suter G W II . 1993. Ecological Risk Assessment. Boca Raton FL：Lewis Publishers：538.

Suter G W II. 1998a. Comments on the interpretation of distributions in "Overview of recent developments in ecological risk assessment." Risk Analysis，18：3-4.

Suter G W II. 1998b. An overview perspective of uncertainty//Warren-Hicks W J，Moore D R J. Uncertainty Analysis in Ecological Risk Assessment. Pensacola：SETAC Press：121-130.

Suzuki G，Tue N M，Malarvannan G，et al.2013. Similarities in the endocrine disrupting potencies of indoor dust and flame retardants by using human osteosarcoma（U2OS）cell-based reporter gene assays. Environmental Science and Technology，47：2898-2908.

Swanson M B，Davis G A，Kincaid L E，et al. 1997. A screening method for ranking and scoring chemicals by potential human health and environmental impacts. Environmental Toxicology and Chemistry，16（2）：372-383.

Tan X X，Luo X J，Zheng X B，et al. 2016. Distribution of organophosphorus flame retardants in sediments from the Pearl River Delta in South China. Science of the Total Environment，544：77-84.

The Cadmus Group，Inc. 1996a. Aquatic Ecological Risk Assessment，Version 1.1. Alexandria：Water Environment Research Foundation.

The Cadmus Group，Inc. 1996b. Aquatic Ecological Risk Assessment Software User's Manual，Version 2.0. RP91-AER1. Alexandria：Water Environment Research Foundation.

Tollbäck J，Tamburro D，Crescenzi C，et al. 2006. Air sampling with Empore solid phase extraction membranes and online single-channel desorption/liquid chromatography/mass spectrometry analysis：determination of volatile and semi-volatile organophosphate esters. Journal of Chromatography A，1129：1-8.

United Nations Environment Programme（UNEP）. Stockholm Convention text and annexes as amended in 2009. http：//chm.pops.int/Convention/tabid/54/language/en-US/Default.

USEPA. 1985a. Guidelines for Deriving Numerical National Water Quality Criteria for the Protection of Aquatic Organisms and Their Uses. PB85-227049. U.S. Environmental Protection Agency. Springfield：National Technical Information Service.

USEPA.1985b. Federal Register，50：30784-30796. July 29. U.S. Washington D.C.

USEPA.1985c. Ambient Water Quality Criteria for Copper—1984. EPA 440/5-84-031. Washing ton D.C.：U.S. Environmental Protection Agency，Office of Water Regulations and Standards：141 .

USEPA . 1986. Superfund public health evaluation manual. Washington D.C.

USEPA.1987a. Ambient Aquatic Life Water Quality Criteria for Silver（Draft）. EPA-440/587-011. U.S. Environmental Protection Agency，Office of Research and Development，Duluth：Environmental Research Laboratory.

USEPA.1987b. Ambient Aquatic Life Water Quality Criteria Document for Zinc，1987. NTIS No. PB87-153581. U.S. Environmental Protection Agency，Duluth：Environmental Research Laboratory：207.

USEPA.1992. Framework for ecological risk assessment. EPA/630/R-92/001. Risk Assessment

Forum.

USEPA. 1993. Provisional Guidance for quantitative risk assessment of polycyclic aromatic hydrocarbons.

USEPA.1994a. Interim Guidance on Determination and Use of Water-Effect Ratios for Metals. EPA-823-B-94-001 or PB94-140951. U.S. Washington D.C.：Environmental Protection Agency：90.

USEPA.1994b. Use of the Water-Effect Ratio in Water Quality Standards. EPA-823-B-94001. Washington D.C.：U.S. Environmental Protection Agency，Office of Science and Technology：153.

USEPA.1994c. Interim Guidance on Interpretation and Implementation of Aquatic Life Criteria for Metals. U.S. Washington D.C.：Environmental Protection Agency，Health and Ecological Criteria Division.

USEPA.1994d. Pesticides registration rejection rate analysis. Ecological effects. EPA 738R-94-035，U.S. Washington D.C.

USEPA.1996. 1995 Updates：Water Quality Criteria Documents for the Protection of Aquatic Life in Ambient Water. EPA-820-B-96-001. U.S. Washington D.C.：Environmental Protection Agency，Office of Water.

USEPA. 1997. Exposure Factors Handbook. Washington D.C.：Office of Research and Development.

USEPA.1998a. 1998 Update of Ambient Water Quality Criteria for Ammonia. EPA-822R-98-008. U.S. Washington D.C.：Environmental Protection Agency，Office of Water.

USEPA.1998b. Ambient Aquatic Life Water Quality Criteria，Diazinon，Draft，9/28/98. U.S. Washington D.C.：Environmental Protection Agency，Office of Water.

USEPA.1998c. Guidelines for Ecological Risk Assessment. EPA/630/R-95/002F. Washington D.C.：U.S. Environmental Protection Agency，National Center for Environmental Assessment.

USEPA.1999.National recommended water quality criteria-correction. Washington D.C.

USEPA. 2001. Supplement risk assessment（Part 1）. guidance for public health risk assessment. Washington D.C.

USEPA. 2005.Guidelines for Carcinogen Risk Assessment. Washington D.C.

USEPA.2012. Estimation Programs Interface Suite for Microsoft Windows v. 4.11.Washington D.C.

van den Eede N，Dirtu A C，Neels H，et al. 2011. Analytical developments and preliminary assessment of human exposure to organophosphate flame retardants from indoor dust. Environment International，37：454-461.

van der Veen I，de Boer J. 2012. Phosphorus flame retardants：properties，production，environmental occurrence，toxicity and analysis. Chemosphere，88：1119-1153.

van Leeuwen C J，Hermens J L M. 1995. Risk Assessment of Chemicals. An Introduction，Dordrecht，the Netherlands：Kluwer Academic Publishers.

van Straalen N M. 1990. New methodologies for estimating the ecological risk of chemicals in the environment//Price D G. Proceedings of the 6th Congress of the International Association of Engineering Geology. The Netherlands：Rotterdam：165-173.

van Straalen N M，Bergema W F. 1995. Ecological risks of increased bioavailability of metals under soil acidification. Pedobiologia，39：1-9.

van Straalen N M，Denneman C A. 1989. Ecotoxicological evaluation of soil quality criteria.

Ecotoxicology and Environmental Safety，18（3）：241-251.

van Straalen N M，Schobben J H，de Goede R G.1989. Population consequences of cadmium toxicity in soil microarthropods.Ecotoxicology and Environmental Safety，17（2）：190-204.

Venier M，Salamova A，Hites R A.2015. Halogenated flame retardants in the Great Lakes Environment. Accounts of Chemical Research，48（7）：1853-1861.

Wang G，Du Z，Chen H，et al. 2016. Tissue-specific accumulation，depuration，and transformation of Triphenyl Phosphate（TPHP）in Adult Zebrafish（Danio rerio）. Environmental Science and Technology，50：13555-13564.

Wang R，Tang J，Xie Z，et al.2015b. Occurrence and spatial distribution of organophosphate ester flame retardants and plasticizers in 40 rivers draining into the Bohai Sea：North China. Environmental Pollution，198：172-178.

Wang X L，Tao S，Dawson R W，et al.2002. Characterizing and comparing risks of polycyclic aromatic hydrocarbons in a Tianjin wastewater irrigated area. Environmental Research，90：201-206.

Wang X W，Liu J F，Yin Y G. 2011. Development of an ultra-high-performance liquid chromatography-tandem mass spectrometry method for high throughput determination of organophosphorus flame retardants in environmental water. Journal of Chromatography A，1218：6705-6711.

Wei G L，Li D Q，Zhou M N，et al.2015. Organophosphorus flame retardants and plasticizers：sources，occurrence，toxicity and human exposure. Environmental Pollution，196：29-46.

Wheeler J，Grist E，Leung K，et al. 2002.Species sensitivity distributions：data and model choice. Marine Pollution Bulletin，45（SI）：192-202.

WHO.1998. Environmental Health Criteria 209. International Program on Chemical Safety. Geneva Switzerland：World Health Organization.

Yan X J，He H，Peng Y，et al.2012. Determination of organophosphorus flame retardants in surface water by solid phase extraction coupled with gas chromatography-mass spectrometry. Chinese Journal of Analytical Chemistry，40：1693-1697.

Zabel T F，Cole S. 1999.The derivation of environmental quality standards for the protection of aquatic life in the UK. Water and Environment Journal，13：436-440.

Zeng X Y，He L X，Cao S X，et al.2014. Occurrence and distribution of organophosphate flame retardants/plasticizers in wastewater treatment plant sludges from the Pearl River Delta，China. Environmental Toxicology and Chemistry，33：1720-1725.

Zheng X B，Xu F C，Chen K H，et al. 2015. Flame retardants and organochlorines in indoor dust from several e-waste recycling sites in South China：composition variations and implications for human exposure. Environment International，78：1-7.

Zheng X，Xu F，Luo X，et al. 2016. Phosphate flame retardants and novel brominated flame retardants in home-produced eggs from an e-waste recycling region in China. Chemosphere，150：545-550.

[illegible] and [illegible] in [illegible]. [illegible]: [illegible]
[illegible] S, Sandberg J, [illegible]. [illegible] consequences in [illegible] in anthropocentric [illegible] and [illegible] Society, [illegible]
Vu[illegible], [illegible] R. 2015. [illegible] at [illegible]. Journal of [illegible] Management, [illegible]
Xu [illegible], [illegible] H, et al. 2017. [illegible] and [illegible] of [illegible]. IEEE [illegible], [illegible] and [illegible] Sciences and [illegible], [illegible]
Xu [illegible], [illegible] 2018. [illegible] and [illegible] in [illegible] Environmental Pollution, [illegible]
Yan [illegible], [illegible] 2017. [illegible] [illegible] Environmental [illegible]
Zhang [illegible], [illegible] 2017. Development of [illegible] method [illegible] Journal of [illegible]
Zhang [illegible], [illegible] et al. 2017. [illegible] environmental [illegible]. [illegible]
Zhang [illegible], Zhang [illegible] 2017. [illegible] distribution [illegible]. [illegible] Pollution [illegible]
[illegible] environmental [illegible] Chemical Safety [illegible]
Zhao [illegible], et al. 2017. Determination of [illegible] by solid phase extraction [illegible] with gas chromatography [illegible] spectrometry. [illegible] Journal of Analytical Chemistry, [illegible]
Zhao [illegible] 1999. [illegible] of environmental quality [illegible] in the [illegible] of [illegible] and [illegible]. [illegible] Journal, [illegible]
Zhou [illegible], He [illegible], et al. 2016. Occurrence and [illegible] of [illegible] in [illegible] treatment [illegible]. [illegible] Ecotoxicology and Environmental Safety, [illegible]
Zhu [illegible], [illegible] 2017. [illegible] and [illegible] in [illegible] Science of the Total Environment, [illegible]
Zhu [illegible], [illegible] 2016. [illegible] [illegible]